小動物の臨床薬理学

尾﨑　博
西村　亮平 著

文永堂出版

表紙デザイン:中山　康子(株式会社ワイクリエイティブ)

はじめに ── 本書執筆の経緯

　これまで十年近く，獣医薬理学の各論部分を教えてきました．しかし，教える知識の大半は人の医療に関することで，獣医学らしい講義とは程遠いものでした．これではいけないと一念発起して勉強することを決意したのですが，内外ともに獣医臨床薬理学の教科書や資料は見当たりませんでした．五里霧中の中で，臨床の西村亮平先生にいろいろとお聞きしているうちに，改めて臨床の知識が無いことを痛感させられました．このようなやりとりの中，二人で勉強の成果をまとめてみようかということになりました．しかも，どうせまとめるなら批判に耐え得るようなものにしたいと考えるようになり，文永堂出版(株)の松本　晶編集長に相談したところ，獣医畜産新報誌に連載記事を載せていただくということで作業が始まりました．(尾﨑)

　獣医畜産新報誌での連載は，1997年9月から数えて26項目42回に及び，2001年12月に終了しました．

　獣医畜産新報の連載の仕事の中で，今まで薬効のみを見て何気なく使っていた薬がいかに多いかを痛感させられました．より効果的でより安全な薬物療法を行う上では，当然その基礎となる知識が重要です．その点では獣医畜産新報誌の連載は，自分にとって大変良い勉強の場になったこと，そして臨床薬理学（薬物治療学）の面白さに再度気づかせてくれたという点で大変有意義なものでした．(西村)

　本書はこのように，獣医畜産新報誌の連載記事「臨床獣医薬理学」をもとに出来上がりました．最近の多くの専門書は，それぞれの分野の数多くの専門家がうんちくを傾けて書く例が多く，少人数での執筆は多くありません．専門から離れたところの記載は，複数の参考書で確認するなど，十分に精査したつもりですが，内容的にはまだまだ稚拙であることは十分に自覚しています．ただし，二人で仕上げた分，自分たちの書きたいことを書くという姿勢は貫けたように思います．この内容で果たして出版して良いものかと，この期に及んで迷う有様ですが，我が国では初めての獣医臨床薬理学の出版物ということで，ご容赦いただきたいと思っています．今後，読者の皆様のご意見を取り入れつつ，数年後の改訂版へ向けて今から準備に取りかかりたいと考えています．(尾﨑，西村)

　本書の執筆に当たり，浦川紀元（東京大学名誉教授），唐木英明（東京大学教授），佐々木伸雄（東京大学教授）の各先生方には常に励ましのお言葉を頂き心より感謝しています．また，長谷川篤彦（東京大学名誉教授，現日本大学教授），今井壮一（日本獣医畜産大学教授），佐伯英治（日本獣医畜産大学講師），深瀬　徹（明治薬科大学講師）の各先生方からは，様々なアドバイスや貴重な写真を提供していただきました．そして，佐藤晃一（山口大学助教授），堀　正敏（東京大学助手）の各先生には原稿を幾度も読んで頂きました．各先生方のご協力に対し深謝申し上げます．

　最後に，文永堂出版(株)の永井富久氏，石田美佐子氏，松本　晶氏にお礼を申し上げたいと思います．

平成 15 年 3 月 1 日

尾　﨑　　博
西　村　亮　平

目　　次

1. 吸入麻酔薬　1
2. 注射用全身麻酔薬　15
3. 静穏薬・鎮静薬　27
4. 抗てんかん薬　37
5. オピオイド　43
6. 局所麻酔薬　55
7. 血管拡張薬　61
8. 強心薬　79
9. 抗不整脈薬　99
10. 血液凝固系に作用する薬物　107
11. 利尿薬　119
12. 呼吸器系の薬　127
13. 胃疾患の治療薬　135
14. 腸疾患の治療薬　151
15. NSAIDs：非ステロイド性抗炎症薬　165
16. 副腎皮質ステロイド薬（コルチコステロイド）　183
17. アレルギー性疾患の治療薬　195
18. 糖尿病の治療薬　207
19. 生殖器疾患の薬　225
20. 抗腫瘍薬　237
21. 抗菌薬　261
22. 抗真菌薬　283
23. 駆虫薬　289
24. 殺虫薬　301
25. 問題行動の治療薬　311
26. ワクチン　319
27. 動物医療における医薬品と法規制　329
28. 薬に関するインフォームド・コンセント　335

　付　表　341
　索　引　353

薬物投与法 略語一覧

SID	1日1回投与	IV	静脈内投与
BID	1日2回投与	IM	筋肉内投与
TID	1日3回投与	SC	皮下投与
QID	1日4回投与	PO	経口投与
EOD	1日おき投与	IT	気管内投与
		IC	心腔内投与
		IP	腹腔内投与

注意：本書に記載の薬物の適応，使用法，用量などに関し，著者ならびに出版社はいかなる責任を負うものではありません．記載には十分な注意を払っていますが，誤記や誤植などがあり得るからです．個々の患者の状態を把握し，あらゆる可能性を考慮して十分注意のもとに使用してください．動物薬に関しては，添付書類にある指示を熟読し，これに従ってください．

1. 吸入麻酔薬
Inhalation anesthetics

Overview

　外科手術はもちろんのこと，他の様々な外科的処置においても，動物の意識を消失させ痛覚を麻痺させる全身麻酔薬の使用頻度は高い．かつては注射麻酔薬が多く使われたが，今日では，麻酔時間を任意にコントロールでき，安全性の高い吸入麻酔薬が日常の診療でも広く使われている．特に，安全性や使いやすさから，イソフルランとセボフルランの小動物臨床分野での使用頻度が増している．麻酔事故を防ぐためにも，麻酔薬の基礎的事項を十分理解しておくことが大切である．

吸入麻酔薬
- 亜酸化窒素（笑気）　nitrous oxide（N_2O）
- ジエチルエーテル　diethyl ether
- ハロタン　halothane
- イソフルラン　isoflurane
- セボフルラン　sevoflurane
- エンフルラン　enflurane

Basics　麻酔の基礎知識

　全身麻酔の目的は，①催眠（自然睡眠に似た人工睡眠），②刺激による覚醒反応消失，③鎮痛，④筋弛緩，⑤反射抑制，にある．単独でこれらが得られにくい場合，あるいは麻酔薬の量を減らしたい場合は，麻酔補助薬を用いる．

■1　麻酔深度

　多くの薬理学の教科書には，Guedelがエーテル麻酔で作った第1期から第4期にわたる麻酔深度表が記載されている．しかし，実際の麻酔では，吸入麻酔薬単独で麻酔することはまれで，麻酔前投薬，導入薬，鎮痛薬など様々な薬剤が併用されるため，この表を基準に麻酔深度を正確に判定することは難しい．また，麻酔深度による全身兆候の変化は各薬剤によっても異なるので，この表が臨床の現場で直接に役立つとは思われない．しかし，麻酔深度の大まかな分類を知っておくことはきわめて重要であり，表1-1に概要を挙げておく．

表1-1　麻酔深度の分類

分　類	一　般　徴　候
第1期 （痛覚消失期）	麻酔導入から意識消失の手前までの時期で，エーテル，笑気などの無痛期がこの期に属す．意識は消失することなく応答できるが，痛覚は著しく減弱する．
第2期 （興奮期）	意識は消失し，興奮がみられ，反射は亢進する．呼吸は不規則で促迫し，活発な眼球運動，血圧上昇，頻脈がみられ，見かけ上の興奮状態となる．円滑な麻酔導入には，この時期を速やかに通過させることが重要である．
第3期 （外科麻酔期）	(1) 浅麻酔期 　規則的な呼吸に戻り，骨格筋の弛緩も得られる．眼球振盪が起こり，眼瞼，結膜，角膜反射は徐々に抑制される．嚥下反射は消失する．検査や小手術に適した麻酔期である． (2) 中麻酔期 　呼吸は規則的で，あらゆる手術に適した状態となる．眼球運動，喉頭反射，眼瞼反射は消失し，ついで対光反射，喉頭反射，嚥下反射が消失する．この時期に維持するように麻酔管理を行うことが重要である． (3) 深麻酔期 　呼吸抑制が著明になり，血圧は低下し，眼球は乾燥気味で固定化する．
第4期 （延髄麻痺期）	延髄の呼吸・循環中枢が抑制され，あらゆる反射が消失した状態である．放置すると死に至る．

■2　麻酔薬の動態（導入と維持）

1．導　　入

　吸入麻酔薬は，気体として肺より血液中に吸収され，脳に運ばれ麻酔作用を表す．生体ではまず血液が平衡に達し，血流豊富な組織（脳，心臓など），さらに血流の少ない組織（他の臓器，筋肉，脂肪など）が平衡に達する．吸入麻酔薬の作用は麻酔薬の脳における分圧（P_{anes}）に依存し，また脳の麻酔薬分圧は，肺胞での分圧に依存する．麻酔の導入を早くする，あるいは術中に麻酔が覚めかかった時に早く十分な麻酔深度にもどすためには，以下の様にすればよい．

1）麻酔薬をより速くより多く肺胞に運搬する

　肺胞の麻酔薬濃度は，肺への運搬と肺からの取り込みに依存し，肺への運搬量は，吸気濃度と肺胞換気量に依存する．したがって，以下の2つの操作を行えば麻酔の導入が速まる．

a．吸気麻酔薬の濃度を上げる

　吸気麻酔薬濃度は，気化器の種類と設定（流量），薬物の物理化学的性質，揮発性，麻酔回路などにより左右されるが，臨床的に重要なのは気化器のダイヤルセッティングと流量である．キャリアガス（酸素など）の流量を増やせば，麻酔回路内の麻酔薬濃度はより速く上昇し，さらにより高濃度の麻酔薬を投与すれば，すなわち気化器のダイヤルセッティングを上げれば，より速く臨床的に必要な麻酔レベルまで達する．高濃度の麻酔薬を投与すれば同時に肺胞濃度の上昇率が増強される（濃度効果）．

b．肺胞換気量を増加する

　肺胞換気量が増加すれば，より速く吸気麻酔薬濃度と肺胞麻酔薬濃度が近づく．ただし，換気量があま

り過剰だと動脈血の二酸化炭素分圧が低下し，脳血管が収縮して脳血流量が減少し，かえって脳の麻酔薬濃度の上昇は遅延する．

2）血液への溶解度の低い薬剤を使用する

吸入麻酔薬は，血液／ガス分配係数の小さいものほど，導入と覚醒が速い．したがって，血液／ガス分配係数が小さいセボフルラン，亜酸化窒素などを使用する．

BOX-1　血液-ガス分配係数と麻酔導入時間との関係

血液／ガス分配係数とは，平衡状態に達したときに麻酔薬がガス相と血液相の2つの相にどのような比で分布するかという指標である．吸入麻酔薬の血液への溶解度は血液／ガス分配係数（λ）で表される．

血液／ガス分配係数が大きいエーテル，メトキシフルランは，血液への溶解度が高いため，動脈血中の麻酔薬分圧上昇は遅く，麻酔の導入，覚醒も遅い．すなわち，麻酔状態が得られる麻酔薬分圧を得るためには，大量の麻酔薬を血液に取り込ませなければならない．

血液／ガス分配係数が小さいセボフルラン，亜酸化窒素などは，血液への溶解度が低いため，動脈中の麻酔薬分圧上昇が速く，麻酔の導入，覚醒が速い．

血液／ガス分配係数

- 亜酸化窒素：0.47
- ハロタン：2.3
- エンフルラン：1.9
- イソフルラン：1.4
- セボフルラン：0.63

（血液／ガス分配係数が大きいと，動脈中の麻酔薬分圧上昇は遅く，麻酔の導入，覚醒は遅い．導入時には，大量の麻酔薬を血液に取り込ませなければならない．）

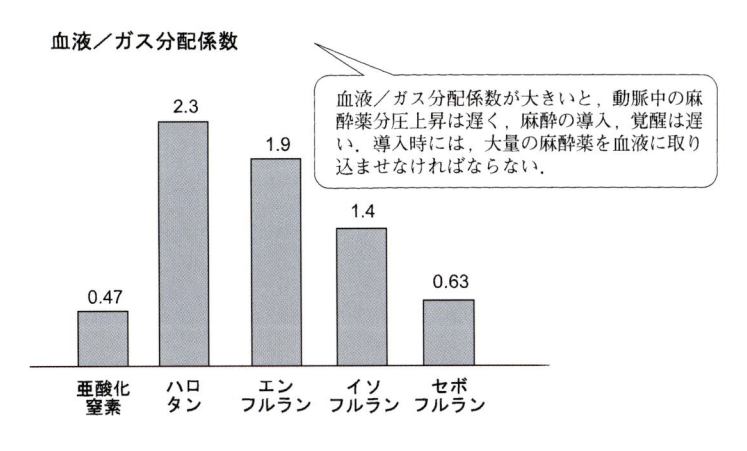

図1-1　各種吸入麻酔薬の血液／ガス配分係数

BOX-2　MAC（minimum alveolar concentration；最小肺胞内濃度）

吸入麻酔薬の麻酔強度の指標の1つである．強い痛みに対する体動反応を指標としたED_{50}をいう．実験的には50%の動物が疼痛刺激（ネズミでは尾を鉗子で挟む）に対して反応を示さなかったときの麻酔薬肺胞内濃度を基準に算出される（V/V%）．

吸入麻酔の場合，血液中濃度と脳組織の濃度は分圧平衡にあると考えてよい．したがって，ハロタンのMACが0.85%という場合，脳が0.85%のハロタンと平衡状態にあることを表現している．MACはED_{50}値であり，MAC値が小さいことは麻酔作用が強いことを示す．通常は終末呼気における濃度で表され，吸入濃度あるいは気化器のダイヤルセッティングとは異なるので注意してほしい．

MACは加齢，体温低下（ハロタンの場合，10℃の体温低下でMACは約50%低下：ラットにおける実験

データ），中枢抑制作用を持つ薬物（トランキライザー，鎮静薬，オピオイド，注射麻酔薬など）の投与，重篤な疾患，妊娠などで低下する．一方，体温上昇により MAC は上昇する．

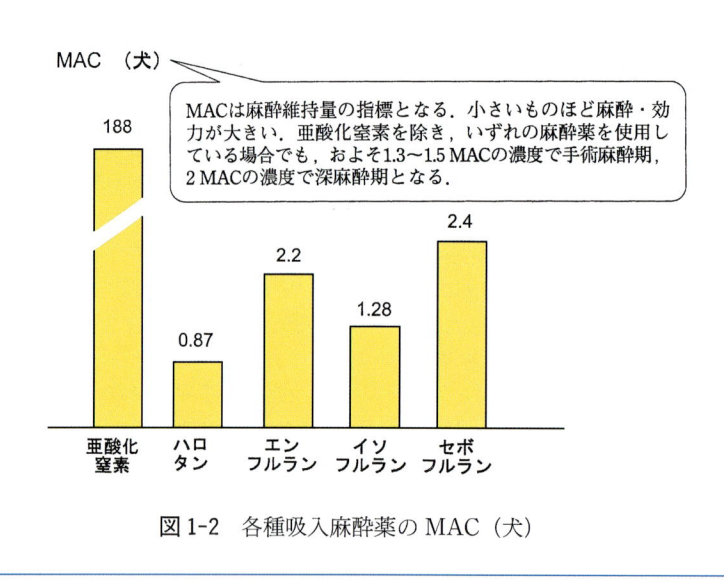

MAC（犬）

薬物	MAC
亜酸化窒素	188
ハロタン	0.87
エンフルラン	2.2
イソフルラン	1.28
セボフルラン	2.4

> MACは麻酔維持量の指標となる．小さいものほど麻酔・効力が大きい．亜酸化窒素を除き，いずれの麻酔薬を使用している場合でも，およそ1.3〜1.5 MACの濃度で手術麻酔期，2 MACの濃度で深麻酔期となる．

図1-2　各種吸入麻酔薬の MAC（犬）

2．麻酔の導入覚醒時間を左右する生体側の因子

麻酔の導入，覚醒時間を左右する生体側の因子としては，心拍出量，肺胞の状態などが挙げられる．

a．心拍出量

　心拍出量が低下すると，血流の分布も変化する．生命維持にとって最も重要な脳血流量や心臓の冠血流量は保持されるが，内臓や筋肉の血流が著しく減少する．すなわち，脳と心臓に麻酔薬が集中することになる．

　一般に，心拍出量が低下している動物では導入が速く，また興奮しているストレス下の動物では導入が遅くなる．このため心疾患があり心拍出量が低下している場合は麻酔薬による心筋抑制が出やすく注意が必要である．

b．肺胞の変化

　肺胞に滲出液，肺気腫，肺線維症などがあり拡散が阻害されていると，肺胞から血液への麻酔薬摂取が低下する．心臓病などで肺水腫を起こしている動物では麻酔がかかりにくく，麻酔中も状態が安定しにくい．このような場合には，肺胞換気量を増してやるとよい．

3．麻酔薬の各臓器への分布

　麻酔作用を示すためには麻酔薬が中枢神経系のみに分布すればよいが，現実には全身の臓器に分布する．その分布する量は各臓器によって異なるが，これを規定する要因として，組織血流量，溶解度（組織／血流）などがある（表1-2）．血流の豊富な臓器ほど麻酔薬の飽和は速く，脳などでは5〜20分で飽和する．一方，血流の少ない臓器はゆっくり飽和するが，長時間麻酔を行った場合には，脂肪や筋などに分布した麻酔薬の再分布により覚

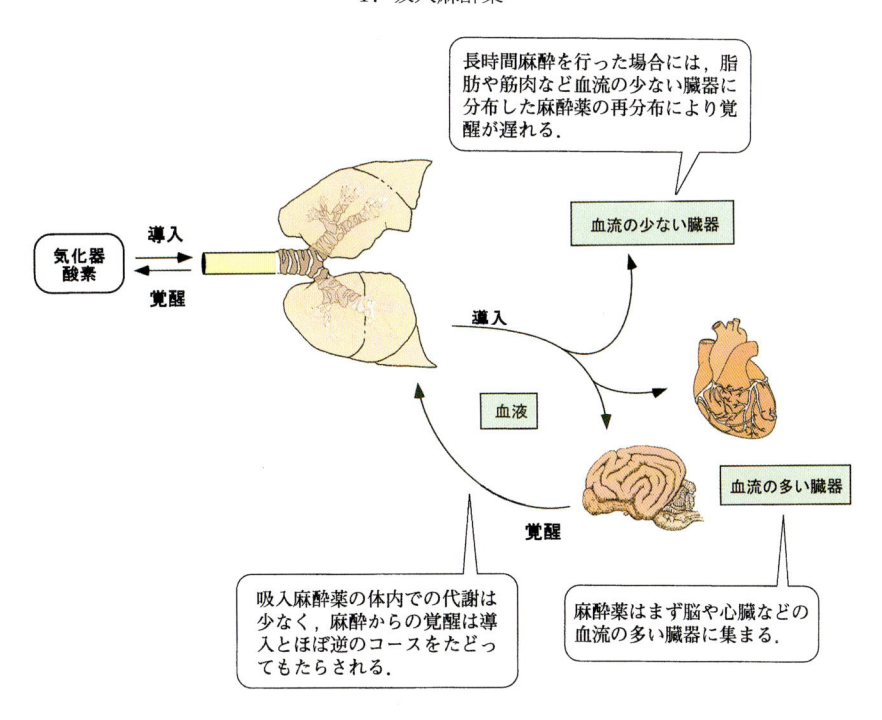

図1-3 麻酔の導入と覚醒，臓器分布

表1-2 各臓器の麻酔薬分布

血流の程度	臓器	分布比（およその%）
血流が豊富な組織	脳，心臓，肝臓，腎臓，腸，脾臓，肺	75%
血流が中程度の組織	筋肉，皮膚	20%
血流の少ない組織	脂肪	5%
血流が非常に少ない組織	骨，腱，軟骨	2%

醒が遅れる（図1-3）．

4．麻酔からの回復（覚醒）

　麻酔からの回復の過程は，導入の過程を逆にたどる．吸入麻酔薬の体内での代謝は少なく，大部分は肺から未変化のまま呼気として排出される．肺胞換気，血流，血液と組織への溶解度が，導入時と同様に覚醒時にも関係する．覚醒の速さに関連するもう1つの重要な要因は，麻酔時間である．麻酔時間が長くなれば，血流量の少ない組織にも多くの麻酔薬が取り込まれるため，覚醒に長時間を要する．血液への溶解度の高い薬剤（ハロタンなど）で顕著に現れる．

　生体内での吸入麻酔薬の代謝経路は麻酔薬により大きく異なるが，通常は肝臓で代謝される．生体内代謝率も薬剤により異なり，ハロタンで高く，セボフルラン，エンフルランでは低く，イソフルラン，亜酸化窒素ではさらに低い．無機フッ素イオンなど毒性を持つ代謝物が産生されるものもあるため（図1-4），急性あるいは慢性毒

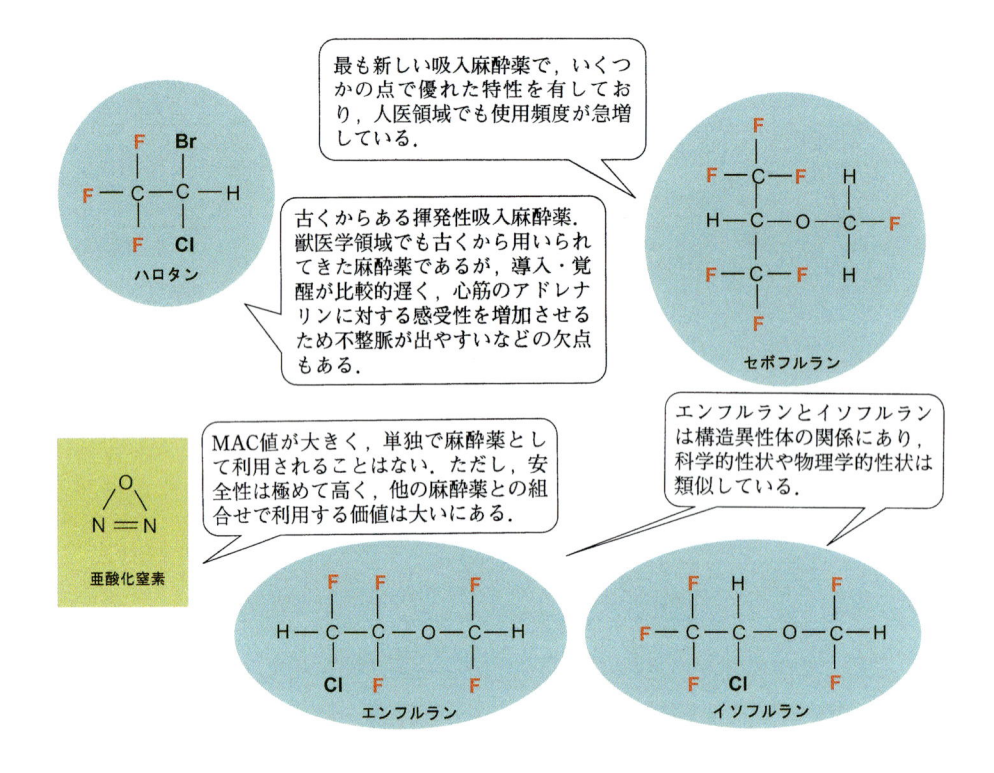

図1-4 吸入麻酔薬の化学構造とその特徴

性が問題となる可能性がある．

Drugs　薬の種類と特徴

　吸入麻酔薬には，ガス麻酔薬（亜酸化窒素，別名：笑気）と揮発性麻酔薬（エーテル，ハロタン，エンフルラン，イソフルラン，セボフルランなど）がある．前者は臨界温度が低く，沸点も常温よりはるかに低いために常温常圧では気体の状態である．一方，揮発性麻酔薬は臨界温度が高く，沸点も常温に近いため常温では液体の状態である．使用時には，前者には高圧ボンベ，減圧弁と専用の流量計が，後者には気化器が必要である．

　吸入麻酔薬はすべての動物種（小動物，大動物，野生動物，爬虫類，鳥類）に使用できる．以下それぞれの吸入麻酔薬の特徴について述べるが，循環器系および呼吸器系に及ぼす一般的影響については，前述の項を参照して欲しい．また，表1-3に吸入麻酔薬の好ましい一般的性質を列挙する．

1．亜酸化窒素（笑気）

　亜酸化窒素は，血液／ガス分配係数が小さい（0.47）ため，麻酔の導入，覚醒が速いほか，呼吸器系，循環器系の抑制が小さく，また気道刺激がきわめて弱く気道分泌が少ないなどの利点を持つ．しかし麻酔作用が弱いため，単独で麻酔薬として用いることはできない．そのため通常は，酸素を亜酸化窒素と1：2（最低限でも25％以

表1-3 吸入麻酔薬の好ましい性質

1. 十分な麻酔力を持つ
2. 調節性に富み，導入，覚醒が速い（安全性に富む）
3. 副作用が少ない（循環呼吸器系の安定，毒性が低い）
4. 刺激性が無く匂いも悪くない
5. 不燃性である
6. 他の薬剤と併用しやすい

上，安全を見越して30％以上としたほうがよい）で混合してキャリアガスとして用い，さらに他の吸入麻酔薬と併せて使用する．これにより，併用する麻酔薬の総量を減じ，それらの持つ副作用を軽減することができる．このような効果は，MACが比較的低い人（104％）では十分に得られるが，MACが高い動物（犬：188％，猫：255％）では十分でない．すなわち人で75％の亜酸化窒素を用いれば，これで約0.75MAC分の麻酔効果が得られるため，手術麻酔期（合計1.3〜1.5MAC）を得るために必要な併用麻酔薬の濃度を0.5〜0.7MACと低く抑えることができる．これに対して動物では，高濃度で用いても0.25〜0.4MAC分の麻酔効果しか得られないため，併用麻酔薬の減少効果はあまり顕著ではない．

吸入麻酔薬による麻酔事故の大部分は，何らかの理由による低酸素血症によるものである．亜酸化窒素を用いている場合には，吸入酸素濃度低下による低酸素血症とならないよう常に注意する必要があり，麻酔回路内に酸素濃度計を置くことが望ましい．

また，通常の空気（窒素が約80％）を吸入していた気胸，気腫，閉塞腸管などの閉鎖腔を持つ動物に，高濃度の亜酸化窒素（残りは純酸素で窒素は0％の場合）を吸入させると，腔が膨張し，呼吸困難，循環不全などを引き起こすことがある．これは，亜酸化窒素に比べ窒素の血液／ガス分配係数が非常に小さい（血液に溶ける量が少ない）ためであり，窒素が大部分を占める閉鎖腔に亜酸化窒素が血液から拡散するスピードに比べ，血液中に窒素が取り込まれるスピードが非常に遅いためである．

同様の問題が，亜酸化窒素を高濃度で吸入させた後，麻酔終了時に急に空気を吸入させた時にも生じる．すなわち，吸入ガスが［亜酸化窒素＋酸素］から［窒素＋酸素］に変わったときに，血液から肺胞に拡散する亜酸化窒素のスピードが，肺胞から血液に取り込まれる窒素の量を大幅に上回るため，肺胞内の酸素濃度が大きく低下する(拡散性低酸素症)．これらを防ぐためには，麻酔前に予め十分に純酸素を吸入させ，脱窒素を行った後亜酸化窒素を吸入させる，また亜酸化窒素吸入終了後はしばらく純酸素を吸入させることなどが必要である．

亜酸化窒素は，引火性と爆発性はないが，助燃性があるので注意する．

2．ジエチルエーテル

ジエチルエーテルは，通常単にエーテルと呼ばれることが多い．エーテルは，亜酸化窒素と同様長い歴史を持つ麻酔薬であり，現在でもラットやマウスなどの実験動物では用いられている．しかしエーテルは引火性と爆発性があるほか，血液／ガス分配係数が大きく，また気道刺激性も強いため麻酔の導入，覚醒が遅く，臨床例ではほとんど用いられていない．エーテルは交感神経の刺激作用があり，循環器系がよく維持される他，呼吸器系の抑制も比較的小さいという利点がある．反面，唾液と気道分泌液の産生を刺激し，術後に高頻度に悪心が生じる．

3. ハロタン

ハロタンは，1956年に獣医学領域に導入され，現在も幅広く用いられている麻酔薬である．ハロタンは，強力な麻酔作用を持つ反面，血液／ガス分配係数が比較的大きい（2.3）ので，他の薬剤に比べ麻酔の導入は遅く，また回復も遅い（図1-5）．

ハロタンの気道粘膜の刺激作用は比較的小さいとされ，気管支拡張作用もあるため，気管支痙攣の危険性が高い患者に多用されてきた．気管支拡張作用は，後述のイソフルラン，エンフルランでも同様にあるとされている．

ハロタンは，心筋のカテコールアミンに対する感受性を増加させ，麻酔中に不整脈が出現しやすい．また少量のエピネフリン（アドレナリン）投与によって期外収縮が惹起されるため，手術中に止血あるいは局所麻酔薬との併用を目的にエピネフリンを投与することは避ける．不整脈が発現した場合には，他の吸入麻酔薬への変更が最も効果的な処置となる．その他，人ではまれに術後肝炎を引き起こすことが報告されている．

ハロタンは，化学的にやや不安定であり，安定剤（チモール）が少量含まれている．長年気化器を使っているとこのチモールが蓄積し，故障の原因となるので注意する．

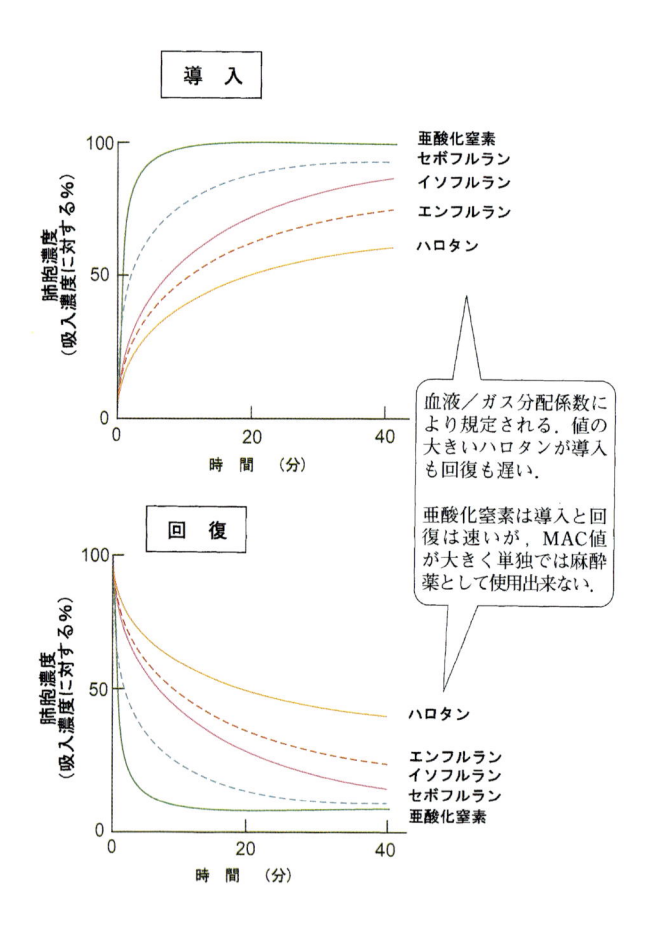

図1-5 各種吸入麻酔薬の導入と回復の速度

4．イソフルラン

イソフルランはエンフルランの構造異性体で，MAC はハロタンとエンフルランの中間である．血液／ガス分配係数が比較的小さく，麻酔の導入・覚醒が速いのが特徴である．

心筋のカテコールアミンに対する感受性がほとんど変化しないので，不整脈が生じ難い．筋弛緩作用も強い．化学的に安定で保存剤の必要がなく，生体内代謝率も非常に低く，また直接の組織毒性もほとんどない．これらの特長から，近年獣医学領域でも幅広く用いられるようになった．

5．セボフルラン

セボフルランは麻酔作用は比較的弱いが，血液／ガス分配係数が非常に小さく，導入・覚醒が非常に速いのが特徴である．気道刺激性が小さく，マスク導入がやりやすく，心筋のカテコールアミンに対する感受性も変化しない．生体内代謝率はイソフルランよりも高い．ソーダライムと反応して化合物が生成され，これが組織毒性を持つと報告されているが，臨床的に問題となることはない．イソフルランとともにセボフルランも最近多用されるようになってきた吸入麻酔薬である．

6．エンフルラン

エンフルランは，心筋のカテコールアミンに対する感受性をあまり変化させず，化学的に安定で保存剤の必要がなく筋弛緩作用も強い．しかし，他の吸入麻酔薬に比べ循環・呼吸抑制が強く，また，特に猫で高濃度吸入中に筋攣縮や不随意運動あるいは痙攣発作を生じることがあるため，獣医領域ではあまり用いられていない．

BOX-3　全身麻酔薬の作用機序

全身麻酔薬の作用機序については現在でも不明な点が多いが，従来から非特異説（unitary theory）と特異説（agent specific theory）の2つの考え方があった．非特異説は，全身麻酔薬，特に吸入麻酔薬はあらゆる臓器，組織細胞の生体膜に作用し，膜接近を乱すことによって生体機能全般に及ぶ不全状態を引き起こすという考え方である．特異説は，注射麻酔薬の章で述べたように受容体に特異的に結合することによって意識消失や鎮痛，不動化など麻酔に必要な現象を引き起こすという考え方である．これまでは吸入麻酔薬は非特異的な作用を示すとする考え方が強かったが，最近ではGABA受容体やNMDA受容体への関与が明らかとなり非特異説は姿を消しつつある．しかし吸入麻酔薬の作用が非特異性に富んでいることは間違いなく，受容体・イオンチャネルだけでなく，神経伝達物質遊離機構や再取込み機構など神経情報伝達全般に作用を及ぼすことも明らかとなっている．

Clinical Use　吸入麻酔の実際

■1　吸入麻酔の一般的手順と注意点

麻酔管理で重要なのは，麻酔中だけではない．様々な事態を想定した術前の十分な準備，十分な麻酔モニター

とこれによる呼吸，循環系などの維持，術後の管理なども非常に大切である．以下，吸入麻酔の一般的手順を列記する．手技の詳細は麻酔学の教科書で確認して欲しい．

1．動物の術前評価と麻酔導入前の準備と処置

1) 麻酔をかける前に動物の評価を行う．
2) この評価により，それぞれの動物に適した麻酔方法のプランニングをする．
3) 麻酔器，麻酔薬，輸液，麻酔中に使用する薬剤，麻酔モニターなどを準備する．
4) 動物の保定，麻酔前の動物の不安やストレスの軽減，さらに術中の自律神経反射抑制などのため，トランキライザー，鎮静薬，鎮痛薬，麻薬（オピオイド），抗コリン薬などの麻酔前投与を行う．

2．麻酔の導入と維持

1) 麻酔導入前に十分な酸素吸入を行う．
2) 注射麻酔薬あるいは吸入麻酔薬による麻酔導入を行う．
3) 気道確保のための気管内挿管を行う．
4) 吸入麻酔薬を用いた麻酔の維持を行う．
5) 麻酔深度は，深すぎず，浅すぎず適切なレベルに保つよう常に注意を払う．
6) 麻酔モニターにより動物の各種生理機能を監視しこれを制御する．

3．術後（周術期）の疼痛管理

1) 術後動物の苦痛の除去と，術後の回復促進を目標とした非麻薬系鎮痛薬，麻薬などの全身投与を行う．
2) 硬膜外鎮痛，局所麻酔などを用いた積極的な鎮痛処置を行う．

■2　吸入麻酔薬全般の副作用

1．循環器系に対する影響

すべての吸入麻酔薬は，心血管系に対して用量依存性に抑制性の変化を生じる．これは，直接の心筋抑制作用と交感神経-副腎系活動の低下による．

犬においては，イソフルランとセボフルランの心血管系に及ぼす影響は類似している．これらの薬剤を吸入させると，心拍数は軽度増加し，また全身血管抵抗の低下に伴い動脈圧は用量依存性に低下する．一回拍出量は軽度減少するが，心拍数の増加により心拍出量はあまり変化しない．これらの変化は，手術麻酔期の範囲であれば，生理的変動の範囲内から大きくは外れることはない．

ハロタンによる変化も，イソフルランとセボフルランと同様であるが，心拍数はほとんど変化しない．ハロタンには，心筋のカテコールアミンに対する感受性を高める作用があるので，不整脈が出現しやすく注意が必要である．

エンフルランでは比較的強い循環器抑制が現れ，動脈圧，心拍出量等の低下が最も大きい．カテコールアミンへの感受性増加による不整脈は，ハロタンに比べるとエンフルランでは小さい．イソフルランやセボフルランではさらに小さくなる．

実際の吸入麻酔下では，これらの麻酔薬自体の作用に加え様々な条件により循環系の変化は修飾を受ける．手

術などによる侵害刺激は，交感神経を刺激し，心拍数，動脈圧，心拍出量を増加させる．一方，人工呼吸器による調節呼吸は，胸腔内圧を上昇させることにより静脈還流量を低下させ，ひいては心拍出量を低下させる．さらに，呼吸抑制による$PaCO_2$の上昇は，心臓機能を直接抑制し，末梢血管を拡張させる反面，交感神経を刺激することにより間接的に循環器系を刺激する．通常はこの影響の方が強いので心拍出量および血圧は上昇する．

麻酔，手術操作に伴う体温低下は，交感神経緊張を低下させ，心拍数，動脈圧，心拍出量の低下を引き起こす．また体温が低下すると，前述（BOX-2参照）のようにMACは低下する．したがって，体温が低下した場合に麻酔薬気化器のダイヤルセッティングをそのままにしておくと麻酔深度が深くなり，これに伴う循環器抑制がさらに加わることになるので十分注意する．

2．呼吸器系に対する影響

すべての吸入麻酔薬は呼吸器系を抑制する．低濃度では，一回換気量は低下するが，呼吸数が増加するので，全体の換気量の減少は小さい．高濃度になると一回換気量も呼吸数も低下するので換気量は大きく減少する．2～3 MACの濃度では呼吸停止が起きるので十分注意する．

麻酔濃度が増加すると，肺の死腔も増加するので，肺胞換気量はさらに低下する．肺胞換気量が低下すると$PaCO_2$が上昇するが，正常な状態では$PaCO_2$の増加は延髄と末梢の化学受容器を刺激し，呼吸中枢を興奮させる．しかし，麻酔薬はこの作用を用量依存性に抑制するので，低換気状態は十分に是正されない．この様な呼吸抑制はエンフルランで最も強く，ハロタンでは小さい．

3．肝臓，腎臓に対する影響

すべての吸入麻酔薬は，腎血流量と糸球体濾過率を低下させ麻酔中は尿量が低下する．麻酔中の腎機能は，動物の水和状態および循環状態に強く影響されるため，腎機能の維持のために輸液および動脈圧の維持が重要である．

エンフルランとセボフルランは代謝産物である無機フッ素が，セボフルランではこれに加えソーダライムと反応して産生される物質も加わり，腎毒性を惹起する可能性が指摘されている．ただし，通常の使い方で問題となることはまれである．

吸入麻酔薬は，肝臓における薬物代謝を直接抑制し，また肝血流量の低下を介してこれを間接的に抑制する．また，吸入麻酔薬はそれ自身が肝細胞障害を引き起こす可能性がある．吸入麻酔薬の肝毒性には，単に肝酵素が上昇する軽度のものから致死的なものまであるが，重度の影響が出ることはまれである．さらに，すべての吸入麻酔薬で肝血流量および肝への酸素運搬量の低下によって肝細胞障害を引き起こす可能性があるが，ハロタンで最も大きく，イソフルランやセボフルランはその程度は小さい．人ではハロタン麻酔後の肝炎（ハロタン肝炎）が報告されている（22,000～35,000例に1例）．その発生機序は不明であるが，何らかの免疫的機序が働いているものと考えられている．ハロタン肝炎の動物における発生についてはよく分かっていない．

4．骨格筋に対する影響

骨格筋に対する影響の中で最も重大な問題は悪性高熱である．悪性高熱の発生は非常にまれであるが（人では15,000～50,000例に1例），いったん発症すると急激な体温上昇とともに，頻脈，不整脈，筋硬直，チアノーゼが現れ，適切な治療を行わないと致死率は60～70%ときわめて高い．骨格筋の筋小胞体のCa^{2+}チャネル（リアノジン受容体）の遺伝的変異により，Ca^{2+}遊離が異常に亢進することから発症することが明らかにされている．症状

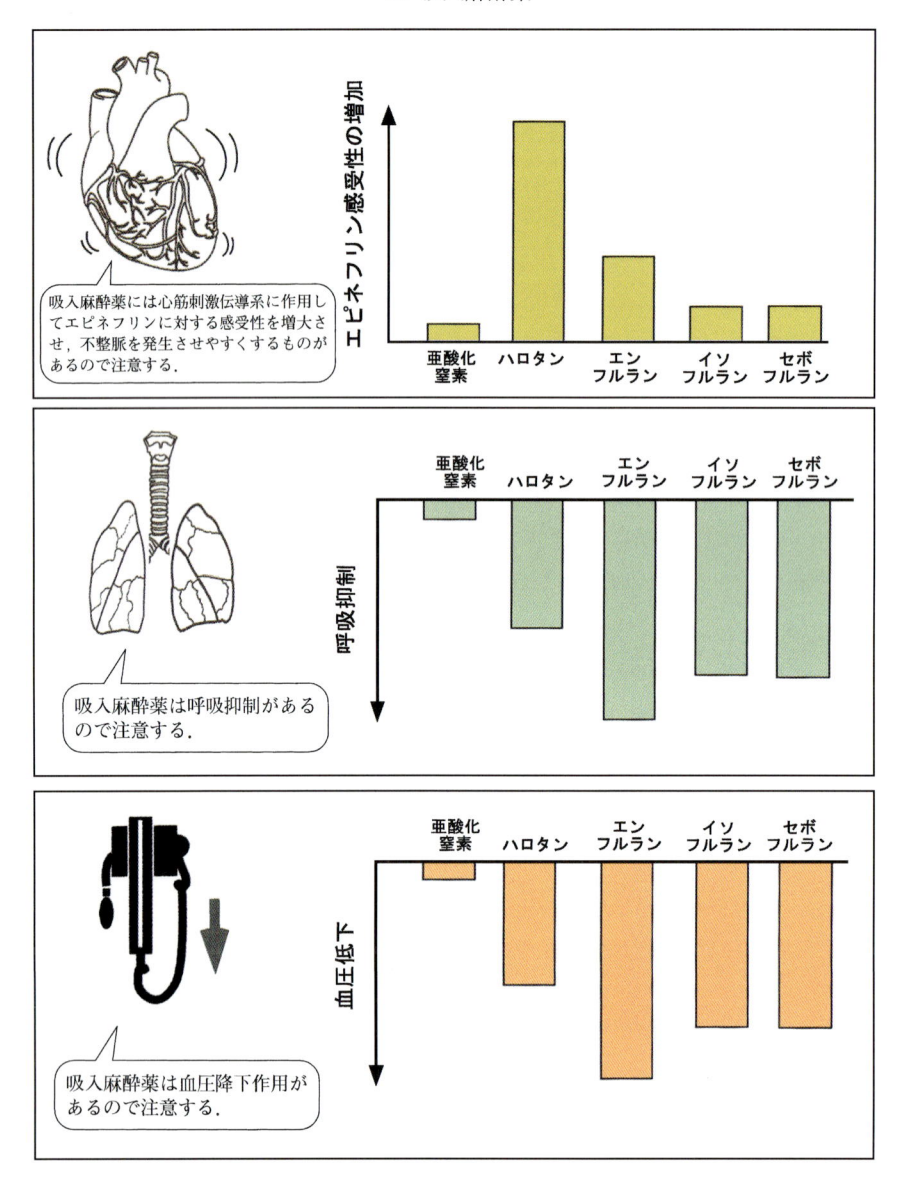

図1-6　麻酔薬の主な副作用とその序列
　循環，呼吸器系に対する吸入麻酔薬のマイナス作用として，エピネフリンの催不整脈作用の増大，呼吸抑制，血圧低下などがある．棒グラフの小さいものほどこれらの副作用が小さく，安全性が高い．
注：カラムの高さはおよその目安

がみられたら直ちに麻酔薬の投与を中止し，必要な処置をとる（BOX-4参照）．

■3　吸入麻酔薬の取り扱い：排出ガスに対する注意

　通常の動物病院の設備では，術者あるいはその補助者は好むと好まざるとに関わらず麻酔器から排出される微量の吸入麻酔薬（排出ガスあるいは余剰ガス）を吸引することになる．これまで，微量の吸入麻酔薬が及ぼす術者に対する毒性に関し多くのサーベイが行われてきたが，幾つかの点で未だ明確な答えが出ていないのが現状で

BOX-4　ダントロレン　dantrolene

　骨格筋の収縮は筋小胞体からの Ca^{2+} 遊離によって起こる．ダントロレンはこの Ca^{2+} 遊離を抑制することによって骨格筋の興奮収縮連関を抑制する．ハロセンなどの吸入麻酔薬は Ca^{2+} 遊離を増強するが，この作用は通常ではあまり強くない．遺伝的に筋小胞体の Ca^{2+} チャネル分子に異常があると，麻酔薬に対する感受性が増加し，骨格筋細胞内の Ca^{2+} 濃度が異常に上昇して収縮し，悪性高熱症となる．

　万一，悪性高熱症が現れたら，直ちに麻酔を中止し，麻酔回路を新しいものに取り替え，副腎皮質ステロイド，プロカイン，重炭酸ナトリウム，ダントロレン（2〜5 mg/kg），純酸素を直ちに投与し，体を冷やす．

ある．しかし，たとえリスクが小さいとしても，麻酔ガスの吸引は可能な限り避けるよう努力すべきである．これは，手術の当事者だけではなく，手術に立ち会う飼い主に対しても考慮されるべき事項である．以下，これまでに指摘されている排出ガスによる毒性について説明する．

　生殖器毒性：　幾つかのサーベイが，流産の確率が高くなることを指摘しているが，否定する報告もある．実験的には低濃度の亜酸化窒素ガスが精原細胞を障害することも知られている．またハロタンの代謝物に催奇形性があるとの報告もある．術者に妊娠の可能性のある場合には，特に注意が必要である．

表 1-4　各種の吸入麻酔薬の性質

一般名	亜酸化窒素	エーテル	ハロタン	エンフルラン	イソフルラン	セボフルラン
商品名	笑気	麻酔用エーテル	ハロタン フローセン	エトレン	イソフル	セボフレン
沸点	-88.5	34.6	50.2	56.5	48.5	58.6
蒸気圧 (25℃)	44.8	535	290	225	295	197
血液／ガス分配係数	0.47	12.0	2.3	1.9	1.4	0.63
MAC(%) 犬	188	3.04	0.87	2.0	1.28	2.4
猫	255		1.19	2.37	1.63	2.58
人	105		0.75	1.6	1.2	2.0
爆発性	−	+	−	−	−	−
導入，覚醒	速	遅	中間	中間	速	速
気道刺激	−	+++	−	+?	+?	−
分泌過多	−	+	−	−	−	−
呼吸抑制	−	−	+	++	++	++
筋弛緩	−	+++	+	++	++	++
循環抑制	±	−	+	++	+	+
末梢血管	収縮	一部拡張	拡張	拡張	拡張	拡張
血圧	やや上昇	上昇	下降	下降	下降	下降
心拍数	やや上昇	上昇	変化せず	やや上昇	上昇	上昇
不整脈			+			
肝障害			±			
腎障害				±		
代謝率(%)	不明	3.6	20	2.4	0.2	1.5〜4

発がん性： 女性の麻酔技術者に，がん発症の確率が高いとの報告がある．これを否定する報告もあり，確定はしていない．

肝毒性： ハロタンの肝毒性はよく知られており，継続的な排出ガスの吸引は肝炎の発生率を高める．他の吸入麻酔薬についても，代謝物が肝毒性をもたらす可能性があり，十分な注意が必要である．

腎毒性： エンフルランやイソフルランなどの吸入麻酔薬はフッ素を含有しており，これが腎毒性の原因となる．特に女性で毒性発現の可能性が高いといわれ，注意が必要である．

ポイント

1. 吸入麻酔薬には程度の差はあるものの，循環器抑制と呼吸抑制がある．麻酔中は十分な麻酔モニターのもとで呼吸・循環に対する観察を怠ってはならない．
2. 麻酔の深度は適切なレベルに保つよう常に注意を払う．深すぎる麻酔も浅すぎる麻酔も生体には危険性が高い．また常に偶発事故(呼吸停止，循環不全など)に対する準備を怠らない．
3. 麻酔前は原則として絶食させる．また原則として麻酔前投与を行い，麻酔中は輸液，保温などに努める．
4. 亜酸化窒素は，麻酔力が弱いため他の吸入麻酔薬と組み合わせて用いる．低酸素血症とならないよう十分注意する．
5. エーテルは，可燃性，爆発性がある．
6. ハロタンは，心筋のカテコールアミンに対する感受性を高め不整脈を起こす．エピネフリン(アドレナリン)やノルエピネフリン(ノルアドレナリン)との併用は禁忌である．
7. 非脱分極性筋弛緩剤(ツボクラリン，パンクロニウム，スキサメソニウム)を用いるときは，筋弛緩作用は吸入麻酔薬によって増強されるので減量が必要である．
8. イソフルラン，セボフルランは導入，覚醒が速く，副作用も小さいため，小動物臨床でも幅広く用いられるようになってきている．

2. 注射用全身麻酔薬
Parenteral anesthetics

Overview

注射用全身麻酔薬は，特殊な装置がなくても使用可能であり，また手技的にも簡便なため獣医領域では広く用いられている．ただし，一般に麻酔作用をもたらす用量と呼吸抑制を起こす用量がきわめて近く，また大部分の麻酔薬が麻酔深度の調節性を欠くため，使用にあたっては麻酔事故を起こさぬよう十分な注意が必要である．

バルビツール酸誘導体
- ペントバルビタール pentobarbital
- チオペンタール thiopental
- チアミラール thiamylal

解離性麻酔薬
- ケタミン ketamine

その他
- プロポフォール propofol

Drugs and Clinical Use　薬の基礎知識と臨床応用

注射麻酔薬には，大きく分けてペントバルビタールやチオペンタールなどのバルビツール酸誘導体とケタミンなどの解離性麻酔薬があり，さらに新しい薬剤としてプロポフォールがある（図2-1）．プロポフォールは，現在人体薬として盛んに使われており，動物薬としても入手可能となった．

注射麻酔薬は，麻酔導入薬として用いられる場合と，比較的短時間の全身麻酔薬として用いられる場合がある．新しい吸入麻酔薬が開発され獣医学領域においても用いられるようになると，注射麻酔薬の全身麻酔薬としての役割は小さくなってきた．しかし，吸入麻酔薬だけでは手術操作などの侵襲から生体を完全に防御できないことが明らかになり，また作用時間が短く麻酔調節性を持ったプロポフォールが新しく登場したことにより，再び注射麻酔薬が注目されるようになってきた．その他，吸入麻酔薬が手術場で働く人々の健康に及ぼす影響，吸入麻酔薬の環境破壊への懸念なども，注射麻酔薬が再度注目されている要因の1つである．

さらに，従来から用いられてきたケタミンが，痛みの伝達に重要な役割を果たしているNMDA受容体の拮抗薬であることが明らかとなり，疼痛管理という面からも有用な薬剤であることが認識されつつある．

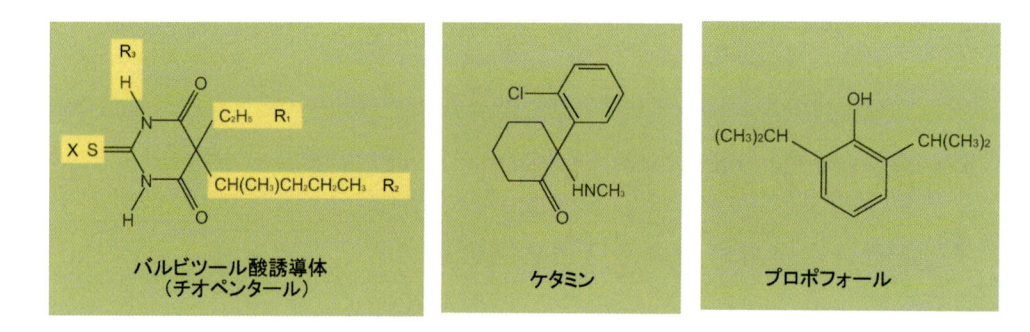

図 2-1　各種の注射用全身麻酔薬の構造

バルビツール酸誘導の中で獣医領域ではチオペンタールが最もよく使われる。R_1, R_2, R_3の置換基を導入することにより作用時間が異なる様々な誘導体ができる。

■1　バルビツール酸誘導体

バルビツール酸には数多くの誘導体があるが，化学構造および作用時間からいくつかのグループに分類される。臨床的には作用時間による分類が重要であり，表2-1に示すように，長時間作用型，短時間作用型，超短時間作用型に分けられる。一般に，長時間型のものは主として抗てんかん薬として，短時間作用型のものは全身麻酔薬として，超短時間型のものは単独で麻酔薬，あるいは麻酔導入薬として用いられる。

表 2-1　代表的なバルビツール酸誘導体の作用時間による分類

分類	作用時間	代表的な薬剤
長時間作用型	6～12時間	フェノバルビタール（鎮静薬，抗てんかん薬として使用される）
短時間作用型	1～3時間	ペントバルビタール
超短時間作用型	10～20分	チオペンタール，チアミラール

1．バルビツール酸誘導体の作用

中枢神経系： バルビツール酸誘導体は，大脳皮質，視床などを抑制し，さらに動物の覚醒状態の維持に重要な役割を果たしている網様体賦活系を抑えることにより鎮静・麻酔作用を発揮する。バルビツール酸誘導体の作用発現は迅速で，ペントバルビタールでは静脈内投与後30～60秒で，脂溶性が最も高いチオペンタール，チアミラールでは15～30秒で麻酔状態が得られる。ペントバルビタールでは1～3時間，チオペンタールでは10～20分間麻酔効果が持続する。

バルビツール酸誘導体は神経細胞の活動を抑制し，中枢神経系の酸素消費量を大幅に低下させることも知られている。例えば，チオペンタールを投与すると用量依存性に大脳酸素消費量が低下し，最大約45％減少する。これにより脳血流量が減少するため，脳血管は収縮し，脳の血液容量が減少し結果的に頭蓋内圧は低下する。動脈圧が減少してもこれを上回って頭蓋内圧が低下するため脳灌流圧は上昇する（脳灌流圧とは動脈圧と頭蓋内圧の差をいう）。このようなバルビツール酸誘導体の作用は，脳保護作用をもたらすため，中枢神経系に問題のある場

2. 注射用全身麻酔薬

合の麻酔導入薬として適している．

　循環・呼吸器系： バルビツール酸誘導体の循環器系に及ぼす影響は，動物の状態，投与速度，投与量などによって変化するが，通常は心拍数は上昇する．これは交感神経や圧反射刺激あるいは迷走神経核の抑制（犬では小さい）による．一方，心収縮力ならびに一回拍出量は低下するが，心拍出量は心拍数の増加によりいったん増加し，

BOX-1　注射麻酔薬の作用機序

　中枢神経系の活動性は，興奮性および抑制性機能のバランスによって調節されている．注射麻酔薬投与によって見られる催眠，鎮痛状態などは興奮性機能を抑制するか，抑制性機能を亢進させることによって作り出すことができる．最も重要な興奮性神経伝達物質は，アミノ酸であるL-グルタミン酸であり，脳，脊髄に広く分布するNMDA（N-methyl-D-aspartate）受容体あるいはAMPA（α-amino-3-hydroxy-5-methyl-4-isoxazole propionate）受容体に結合してニューロンの脱分極を生じさせる．一方，抑制性の伝達物質で重要なのはγ-アミノ酪酸（GABA）でありGABA受容体（特にGABA$_A$受容体）に結合してニューロンの過分極を生じさせる．大部分の注射麻酔薬は，このどちらかあるいは両方の受容体に関与している．

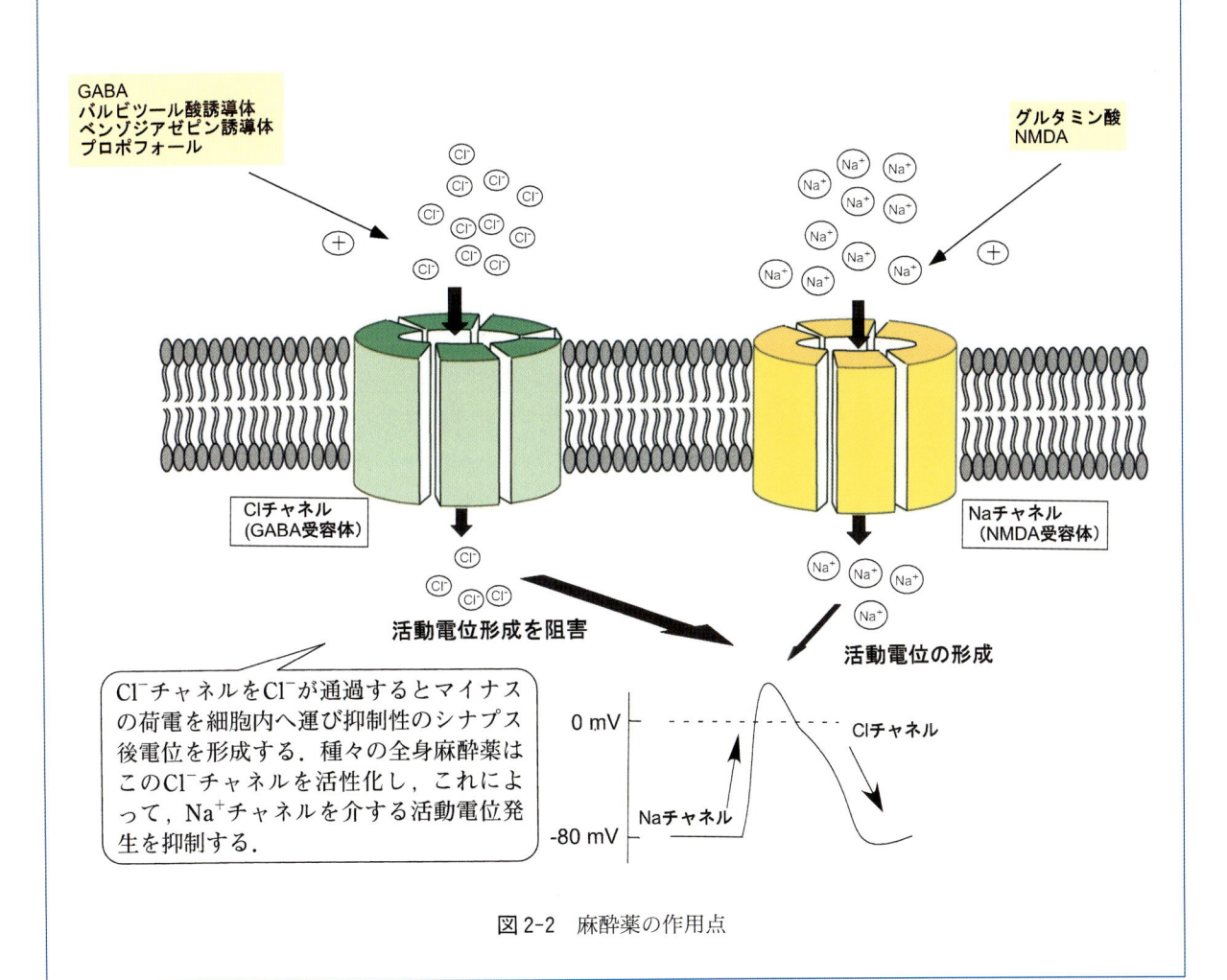

Cl$^-$チャネルをCl$^-$が通過するとマイナスの荷電を細胞内へ運び抑制性のシナプス後電位を形成する．種々の全身麻酔薬はこのCl$^-$チャネルを活性化し，これによって，Na$^+$チャネルを介する活動電位発生を抑制する．

図2-2　麻酔薬の作用点

その後減少する．全身血管抵抗は，投与後やや低下しその後徐々に回復する．このため，動脈圧は薬剤投与後低下しその後徐々に回復する．動脈圧の低下には，血管運動中枢の抑制も関連している．

バルビツール酸誘導体を投与すると不整脈が認められることがあり，チオペンタール，チアミラールでは頻度が高い．通常認められる不整脈は心室性期外収縮であり，2段脈（洞拍動と心室性の期外収縮が交互に現れる）として現れることが多い．この不整脈は一過性であり，しばらくすると自然に消失する．この不整脈は麻酔前投薬の使用により大幅に減少させることができる．

バルビツール酸誘導体は呼吸中枢抑制を介して，呼吸を強く抑制する．意識消失量と無呼吸を来す用量の間隔，すなわち安全域が狭く，外科麻酔期を得ようとすると無呼吸になりやすい．無呼吸はバルビツール酸誘導体の投与速度が速いと生じやすいので，動物の状態を見ながらゆっくり投与することである程度防ぐことが可能である．麻酔前投薬を使用すると，必要な麻酔薬の投与量が少なくなり無呼吸になりにくい．

バルビツール酸誘導体は，呼吸数と一回換気量の両者の減少によって分時換気量を減少させ，動脈血中の CO_2 分圧の変化に対する呼吸中枢の反応性も抑制するため，低換気状態が持続しやすい．このためバルビツール酸誘導体を用いる場合には，気管挿管や呼吸管理を行う．その他，猫ではバルビツール酸誘導体投与後，喉頭痙攣が起こりやすいため注意が必要である．これは，麻酔前投薬の使用あるいは喉頭への局所麻酔薬の適応により防ぐことができる．

その他の臓器：バルビツール酸誘導体は，血管平滑筋に対する抑制作用により容量血管（静脈）を拡張させ，特に脾臓血管を拡張させるため脾腫が生じ，これによりHt値も低下する．肝臓および腎臓に対しては，直接の作用は示さないが，肝血流量，腎血流量を低下させるため，肝不全，腎不全を増悪させる可能性がある．またバルビツール酸誘導体は，全身の代謝率を低下させるため，血管拡張作用や体温中枢抑制作用と相まって体温を低下させる．そのほかバルビツール酸誘導体は胎盤を容易に通過するので，胎子への影響にも注意が必要である．

2．バルビツール酸誘導体の代謝

ペントバルビタール：ペントバルビタールの代謝は，主として肝臓のシトクロムP450系を用いて行われる．覚醒は主として代謝依存性に生じ，犬では全投与量の30〜45％が代謝された時点で覚醒する．このため肝機能不全があると覚醒が遅延する．また，グルコースがペントバルビタールの肝臓における代謝に干渉するため，輸液で高濃度のグルコースを使うと麻酔覚醒が遅れることが知られている．

バルビツール酸は長期に投与すると肝臓のシトクロムP450薬物代謝系を強力に誘導するので，他の薬剤を併用している場合に注意が必要となる．また，このことが原因でバルビツール酸自身の代謝が促進され，次第に効果が減弱し，耐性が形成される．

チオペンタール：チオペンタールの代謝も肝臓が中心であるが，一部，脳・腎臓でも代謝を受ける．チオペンタールによる麻酔状態からの覚醒は，薬剤代謝よりも，薬剤の生体内での再分布の要素が大きい．チオペンタールを静脈内投与すると薬剤は急速に血流豊富な組織（脳，心臓，肝臓，腎臓，腸，脾臓，肺）へ分布し，脳内濃度は急速に上昇する．このためチオペンタールを投与すると迅速に麻酔状態を得ることができる．すなわち，脳内チオペンタール濃度は1〜2回の体循環でピークに達し，例えばチオペンタールを2.5 mg/kg/10 secで投与すると約30秒で入眠する．循環が続くと薬剤は次第に血流の少ない組織（筋肉と皮膚；心拍出量の20％を受ける）へ再分布し，脳内濃度は急速に減少する（図2-3）．チオペンタールは体内からの消失半減期が長い（約12時間）にもかかわらず，投与後20〜30分と短時間で覚醒するのは大部分がこの再分布による．しかし，高用量のチオペンタールを投与する，あるいは何度か追加投与を行うと，体内組織が飽和して再分布先が大幅に減少し，ペント

バルビタールと同様に覚醒が代謝依存性となり，回復が極端に遅くなる．最終的にチオペンタールはさらに血流の少ない組織（脂肪；心拍出量の約5%を受ける）に再分布し，約6時間で血漿と平衡に達するが，チオペンタールは脂溶性が高いため長時間脂肪組織に停留することになる．

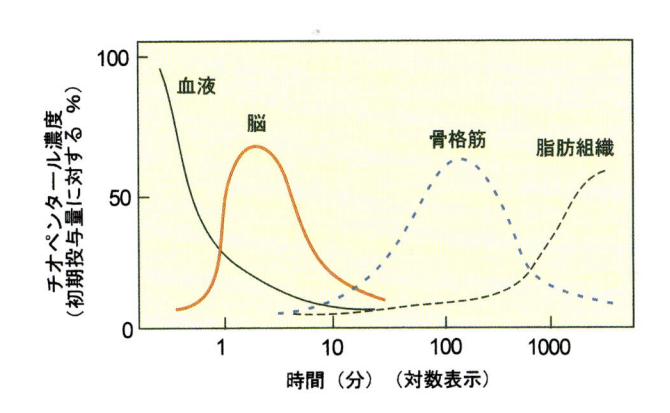

図2-3 チオペンタールの体内分布変化
　静脈内に注射されたチオペンタールは，まず血液から脳に急速に（1分以内）分布する．その後骨格筋さらに脂肪組織へとゆっくりと再分布し，覚醒に至る．肝における代謝はきわめて遅い．

3．バルビツール酸誘導体の作用時間などを左右するその他の因子

肥　　満： バルビツール酸誘導体の脂溶性は高いが脂肪組織の血流は非常に少ない．肥満動物で実際の体重から投与量を決定すると，その大部分がまず血流豊富な臓器に分布するため，肥満でない動物より脳内濃度が高くなり，麻酔深度が深くなり過ぎやすい．これはいずれのバルビツール酸誘導体でも同様である．したがって肥満動物においては，理想体重に基づいて用量を決定する必要がある．

循環血液量低下，ショック： 循環血液量の減少あるいはショック時には，脳，心臓などの重要臓器を保護するために，これらの臓器に心拍出量の大部分を集中させる．このような状態において通常量のバルビツール酸誘導体を投与すると，麻酔深度が深くなり過ぎる．

血漿タンパク値： バルビツール酸誘導体は一定の割合でタンパク質と結合する．このタンパク質と結合したバルビツール酸誘導体は，薬理学的に不活性であり，結合していないものだけが作用を発揮する．血漿タンパク値が変化すると結合率も変化するため，低タンパク血症があると作用が増強される．特にタンパク結合率の高いチオペンタールを低タンパク血症の動物に使用する場合には注意が必要である．

酸塩基平衡： バルビツール酸誘導体が血液中に入ると一部はイオン化する．イオン化の割合は，血液pHに左右されるが，イオン化していない非分極型のみが細胞の細胞膜を通過し，作用を発揮できる．したがって，pHが低下すると（アシドーシス）非イオン化分画が増大し効果が増強され，pHが上昇すると（アルカローシス）非イオン化分画が減少し効果も低下する．例えばチオペンタールでは，正常のpH 7.4の時には61%が非イオン型であるのに対し，pH 7.2では83%が非イオン型となる．したがって，アシドーシスの動物にバルビツール酸誘導体を用いる場合には十分な注意が必要である．

視覚犬：ボルゾイ，アフガンハウンド，グレーハウンド，サルーキ，イタリアングレーハウンドなどの視覚犬と呼ばれる犬種（背が高く，痩せており，筋肉量も少ないという共通の特徴がある）では，チオペンタールを投与すると血中濃度が長時間高く維持される．これらの犬種はチオペンタールによる麻酔の覚醒が遅延し円滑でない．これは相対的な筋肉量が少ないこと，体脂肪が少ないことおよびチオペンタールの肝臓での代謝が十分でないことなどによると考えられる．このため視覚犬にチオペンタールを用いる場合には麻酔前投薬の使用などにより投与量を大幅に減少させるか，吸入麻酔薬，プロポフォールなど他の麻酔導入法を用いることが推奨される．

4．バルビツール酸誘導体の臨床応用と注意点

ペントバルビタールは，従来全身麻酔薬として幅広く用いられてきた．しかし，現在ではその使用は限定されてきている．その理由として，ペントバルビタールを単独で用いた場合，麻酔に必要な用量は約 25 mg/kg であることが多いが，個体によってまた動物の状態によってその量は大きく異なること，また，持続時間についても個体によって幅が大きいこと，覚醒が円滑でなく長時間かかることなどが挙げられる．

ペントバルビタールを投与する場合，興奮期を避けるために約 1/3 から半量を比較的急速に投与する．効果が十分得られるまで 30〜60 秒かかるので，その後状態をみながら，必要な効果が得られるまで，ゆっくり追加していく．ペントバルビタールの投与量を減らし，導入覚醒を円滑にするために麻酔前投薬を用いることがすすめられるが，前投薬を用いている場合は，ペントバルビタールの必要量が 1/2〜1/3 以下になる場合もあるので注意を要する．作用時間は通常 1〜3 時間であり，さらに延長させる場合には少量（当初投与量の 1/4〜1/3 量）のペントバルビタールを追加する．

チオペンタール，チアミラールは，吸入麻酔の麻酔導入薬として用いられることが多いが，短時間の検査等に用いられることもある．その投与量はペントバルビタールとほぼ同じで，前投薬の効果も同様である．チオペンタール，チアミラールは効果の発現が速く，投与後 15〜30 秒で最大効果が得られる．このため興奮期が出現しにくく，動物の状態を見ながら投与しやすい．

チオペンタールは強アルカリ性であり，血管外に漏れると組織壊死の原因となる可能性がある．このためこれらの薬剤は必ず静脈内投与で用い，筋肉内，皮下投与は行わない．また，静脈内投与時にも血管外に漏らさないように注意が必要である．万一血管外に大量に漏れた場合には，リドカインを少量含んだ生理食塩水を漏れた部分に注入し，希釈すると効果的である．

バルビツール酸誘導体自体には鎮痛作用がないかあるいは非常に弱いので，完全な麻酔導入を確認してから手術を行うなどの注意が必要である．

前述のような副作用や欠点を克服するためにいくつかの組み合わせが用いられている．その 1 つが鎮静薬，トランキライザー，鎮痛薬の前投与であり，これによりバルビツール酸誘導体の用量を大幅に減少させたり，心室性期外収縮を防止することが可能である．その他，チオペンタールとリドカインの組み合わせによって，チオペンタールの用量を減らし，また心室性期外収縮を防止することなどが期待できる．ただし，この両剤は混合すると沈殿するため，別々に投与する必要がある．

いずれのバルビツール系薬剤を用いる場合にも，下記条件にあてはまる時は十分な注意が必要であり，他の薬剤を用いることも考えた方がよい：ショックや脱水，アシドーシス，脾腫，低タンパク血症，心室性期外収縮，肝不全，腎不全，視覚犬．

■2 解離性麻酔薬

解離性麻酔薬は，新皮質-視床系を抑制する一方で，大脳辺縁系（海馬）を賦活化することにより中枢神経機能を分離するため，意識消失と鎮痛の持続時間にアンバランスがみられことからこの名が付けられた．すなわち，解離性麻酔薬を投与すると動物は目を大きく見開いたままカタレプシー様に意識を消失し，周囲環境に対して無反応となる一方で，鎮痛作用も示す．解離性麻酔薬には，ケタミン，フェンサイクリジン，ティレタミンがあるが，日本で臨床に用いられているのはケタミンだけである．

ケタミンは，薬剤投与後迅速に麻酔効果を発揮し，静脈内でも筋肉内投与でも（あるいは経口投与でも）使用できるため，多くの動物種で幅広く用いられている．ケタミンは，通常はトランキライザーあるいは鎮静薬と組み合わせて用いられる（表2-2）．

ケタミンの安全性は比較的高く，バルビツール酸誘導体と比べ呼吸抑制が小さい．安全域（LD_{50}/ED_{50}）は，ペントバルビタールの5倍である．また繰り返し投与しても，耐性や合併症を引き起こすことは少ない．

表2-2　犬および猫におけるトランキライザー，鎮静薬とケタミンの併用例

	薬物1	薬物2
犬	アセプロマジン 0.2mg/kg IM ジアゼパム 0.2～0.4mg/kg IV メデトミジン 40μg/kg IM	ケタミン 10～20mg/kg IM ケタミン 2～4mg/kg IV ケタミン 5mg/kg IM
猫	アセプロマジン 0.2mg/kg IM ジアゼパム 0.2～0.4mg/kg IV メデトミジン 80μg/kg IM	ケタミン 10～30mg/kg IM ケタミン 2～4mg/kg IV ケタミン 4～6mg/kg IM

1．ケタミンの作用

中枢神経：ケタミンは，新皮質-視床系を抑制し，大脳辺縁系（海馬）を賦活するため，投与により脳波と意識の間に解離が認められる．ケタミンによっては，適切な手術麻酔期とはならない．すなわち覚醒しているように見える麻酔であり，目は開いており，瞳孔は散大し，時に眼球振とうが見られることがある．角膜が乾燥するため人工涙液などによる保護が必要で，特に猫ではこの処置が大切である．また，無目的な筋肉運動が認められるが，これは，麻酔が浅くなったことを意味するわけではない．このようにケタミンによる麻酔時には動物は複雑な徴候を示すため，麻酔深度の判定が難しい．また屈曲反射，対光反射，角膜反射，喉頭，咽頭反射は高用量を投与しないと消失しない．

一方，ケタミンは体性痛に対して強力な鎮痛作用を示すが，内臓痛は抑えないかあるいは非常に弱いのが欠点である．このため腹腔内，胸腔内の手術を行う場合には，内臓痛を抑える薬剤を併用する必要がある．また筋弛緩作用がないか逆に緊張させてしまうため，筋弛緩作用を持った薬剤と併用する必要もある．

循環・呼吸器系：ケタミンは，心筋に直接作用してこれを抑制するが，ケタミンの交感神経刺激作用により心拍出量，心拍数，平均動脈圧，肺動脈圧，中心静脈圧はいずれも増加し，心筋酸素消費量も大幅に増加する．一方，末梢血管抵抗については，増加または減少の二様に作用する．このような作用を持つため，ケタミンは高血圧，心不全，動脈瘤のある動物に対しては慎重に投与するか，使用を控えた方がよい．

ケタミンを投与すると，呼吸はいったん浅く多くなるが，次第に正常に戻ることが多い．ただし，多くの場合血液ガスの性状に影響を及ぼすことはない．しかし，高用量になると呼吸抑制作用が生じることがあるので注意が必要である．またケタミン投与時の特徴的な呼吸様式として持続性吸息呼吸（吸気の終わりに休止期がくる）が見られることが多い．

その他：ケタミンは唾液分泌を増加し，これが呼吸障害の原因となり得る．このため通常はアトロピンなどの副交感神経遮断薬が併用される．

2．ケタミンの代謝

ケタミンのタンパク結合率は犬で53％，猫では37〜53％と低く，さらに脂溶性が高い．このためケタミンは筋肉内投与によっても急速に全身に分布するので作用の発現が速く，生体利用率も90％を超える．経口投与によってもケタミンは体内に吸収されるが，最初に肝臓を通過するため，代謝により生体利用率は20％以下となる．

ケタミンを静脈内投与すると，30〜90秒で麻酔効果が現れ，通常の投与量であれば3〜10分間持続する．筋肉内投与によっても3〜5分間で効果が現れ，10〜15分後には最大効果に達し，犬では20〜30分，猫では30〜60分間効果が持続する．麻酔からの覚醒は，チオペンタールと同様，主としてケタミンが血流の豊富な脳などの組織から血流の少ない組織へ再分布することによる．

犬においては，ケタミンは主として肝臓で代謝される．一方，猫では大部分が腎臓から未変化のまま排出され，肝臓での代謝はほとんど受けない．このため，腎機能が低下している猫では慎重に投与するか，使用しない方がよい．猫の消失半減期は約1時間であり，これは投与経路には左右されない．

3．ケタミンの臨床応用と注意点

ケタミンは，通常トランキライザー，鎮静薬と併用される（特に犬）．一般的に用いられる薬剤としては，キシラジン，メデトミジン，アセプロマジン，ジアゼパム，ミダゾラム，ブトルファノールなどがある．これらの薬剤を用いた場合には，循環呼吸器系の抑制が出現しやすくなるので，注意が必要である．また，唾液分泌を刺激するため，通常は副交感神経遮断薬（アトロピンなど）を併用する．

ケタミンを単独で投与した場合，麻酔からの覚醒は円滑ではなく，興奮したり，鳴いたり，暴れたりすることが多い．さらに，ケタミンは，単独で使用した場合筋弛緩作用を欠くため，通常トランキライザーや鎮静薬と併用する必要がある．また，前述のように肝疾患（特に犬）および腎疾患（特に猫）がある場合には，使用を避けた方がよい．さらに頭蓋内圧上昇作用と痙攣誘発作用があるので，中枢神経系の手術例や，頭部外傷，脳腫瘍，脊髄疾患には使用しない方がよく，眼球手術時の麻酔としても避けた方がよい．これに加え，ケタミンは，脳血流量を増加させる一方で，脳酸素消費量は不変かあるいは増加させるので，頭蓋内圧を上昇させる．このため頭蓋内に占拠性病変あるいは頭部外傷を持つ動物では禁忌となる．また，ケタミンは痙攣発作を引き起こす可能性があるので（猫より犬で生じやすい），てんかん発作のある動物，あるいは脊髄造影など痙攣発作を引き起こす可能性がある検査の麻酔薬としては使用しない．ベンゾジアゼピン系薬などのトランキライザーを併用すると痙攣を抑えることができる．その他，心拍数が増加し，心筋酸素消費量も増加するため，心疾患がある場合には十分注意する必要がある．

ケタミンは，例えばバルビツール酸誘導体と比べてその使用が非常に容易であり，また通常は循環機能が十分保たれ，呼吸抑制作用も比較的小さいため，麻酔中のモニタリングがおろそかになりがちである．しかし，投与量が多い場合や他の薬剤との併用，あるいは動物の状態により呼吸循環抑制を招く可能性があることに，十分注

意する必要がある．

■3　その他：プロポフォール

　プロポフォール（2,6-ジイソプロピルフェノール）は，アルキルフェノール系の新しい静脈麻酔薬であり，人では超短時間作用型の催眠薬，全身麻酔薬または全身麻酔の導入薬，あるいは間欠投与もしくは持続投与による全身麻酔薬として用いられている．プロポフォールは，分布，代謝，排泄が速く，麻酔導入が迅速で覚醒も速やかである．また反復投与しても蓄積作用は少ないなどの優れた特徴を持つ．

　プロポフォールはほとんど水に溶けないため大豆油，グリセロール，卵レシチン（静注用脂肪乳剤とほぼ同一組成）との縣濁液の形で供給されている．この溶媒は保存剤を含まないため，細菌が増殖しやすい．このためアンプルを開封した後は，室温では6時間以内に，冷蔵では24時間以内に使用する必要がある．プロポフォールは，通常の輸液剤のラインから混合して投与しても問題はない．

1．プロポフォールの作用

　中枢神経系：　プロポフォールの中枢神経系への作用様式は，バルビツール酸誘導体のそれに似ている．プロポフォールを静脈内に投与すると30〜60秒で円滑に麻酔状態が得られる．低用量では，鎮静効果が得られ周囲環境に無関心となり，用量を増すと意識消失が得られる．麻酔からの覚醒は迅速で円滑である．プロポフォールは，吸入麻酔薬と異なり，脳の自己調節能を保つ．またバルビツール酸誘導体と同様，頭蓋内圧および眼球内圧を低下させ，脳の酸素消費量も低下させる．一方，プロポフォールは，鎮痛作用が非常に弱いか無いため，全身麻酔薬として使用する場合には注意が必要である．

　循環・呼吸器系：　プロポフォールは，心筋に対して直接抑制作用を示す．また動脈および静脈を拡張させるため，動脈圧は低下する．プロポフォールを投与すると，比較的強い呼吸抑制が見られ，これは投与速度が速い時および高用量を投与した時に顕著である．このため，投与の際には動物の状態を見ながら15〜30秒ごとに1/4量ずつ投与する方法が推奨される．

2．プロポフォールの代謝

　プロポフォールは，血液脳関門を容易に通過するため，投与後迅速に麻酔作用が発現する．プロポフォールは体内に取り込まれると，血漿タンパク質と高率(95〜99％)に結合するため，低タンパク血症のある動物では，作用が強く発現するので注意が必要である．

　プロポフォールは，肝臓で急速に代謝され，グルクロン酸抱合による不活性代謝物が腎臓より排出される．しかし，プロポフォールの血漿クリアランスは肝血流から予想されるそれよりも大きいため，肝臓以外の組織（肺内皮細胞や腎臓）でも代謝を受けているものと考えられている．このため肝不全や腎不全がある場合にも，代謝時間は余り変化せず，短時間で覚醒する．犬における消失半減期はチオペンタールよりはるかに短く，約1.4時間である．しかし，プロポフォール麻酔からの覚醒には，チオペンタールと同様に薬物代謝よりも脳から他の組織への再分布の方が重要であり，例えば犬では約10〜15分で覚醒し，20〜30分で投与前の状態に回復する（猫では覚醒が遅く，約30分）．このようにプロポフォールは，作用時間が短く，蓄積性がないため持続投与が可能であり，維持麻酔薬として用いることもできる．

　猫は犬や人のようにグルクロン酸抱合能を持たないため，反復投与した時に問題を生じる．プロポフォールはフェノール化合物の1つであるが，猫はこれを十分代謝できないため，反復投与すると他のフェノール化合物の

場合と同様，赤血球に対して酸化障害を与え，ハインツ小体の増加とともに，覚醒遅延，食欲不振，嗜眠，下痢などが認められる．犬ではこのような問題は生じず，視覚犬でも安全に使用することができる．

プロポフォールは，胎盤を通過する．妊娠動物に対する安全性は確立されていないが，新生犬はプロポフォールに対する十分な抱合能を持つため，帝王切開時の麻酔薬として適している．

3. プロポフォールの臨床応用と注意点

プロポフォールは，全身麻酔の麻酔導入薬として，またレントゲン検査などの短時間の検査，簡単な歯科処置，小手術，バイオプシーなどの簡単な処置のための麻酔薬として有用である．麻酔導入薬として用いる場合の必要量は 5.5～7.0 mg/kg とされているが，気管内挿管を行う場合，猫ではこれよりも高用量を必要とする場合が多い．一方，麻酔前投薬としてトランキライザーや鎮静薬を併用している場合には，必要量が 2/3 から 1/2 程度に減少するため，麻酔が深くなりすぎないように十分注意する必要がある．麻酔の維持薬として用いる場合の必要量は，0.1～0.4 mg/kg/min 程度である．

人においては，静脈内投与時の疼痛が 1 つの問題となっているが，犬や猫においては，明らかな痛みを示すことはない．またチオペンタールと異なり，血管外に漏らしても，組織障害を与えることはない．

表 2-3 主な注射用全身麻酔薬の比較

薬	利　点	欠　点
チオペンタール	導入が迅速 強力な麻酔作用 頭蓋内圧を低下させ，脳の酸素消費を下げる	鎮痛作用が弱い 筋弛緩作用が弱い 呼吸抑制が出やすい 安全域が比較的狭い
ケタミン	筋肉注射が可能 呼吸抑制が比較的小さい	鎮痛作用が弱い 筋弛緩作用が弱い 覚醒が円滑でない
プロポフォール	導入が迅速で円滑 麻酔深度の調節が容易 頭蓋内圧を低下させ，脳の酸素消費を下げる	鎮痛作用が弱い 呼吸抑制作用が強い

ポイント

1. 麻酔前投薬の投与によって，注射麻酔薬の使用量を減少させることができ，麻酔導入が円滑となり副作用も軽減しやすい．
2. ペントバルビタールやチオペンタールなどのバルビツール酸誘導体は，安全域が狭く呼吸抑制が出やすい．また，投与法は静脈内投与に限られる．
3. ケタミンは筋肉内投与が可能で使用が比較的容易である．ただし，鎮痛作用や筋弛緩作用は弱い．通常はトランキライザーや鎮静薬と併用して用いる．
4. 新しい麻酔薬であるプロポフォールは，麻酔深度の調節が容易で，獣医臨床においても重要な薬になると考えられる．ただし，呼吸抑制がやや強く，また容易に細菌が繁殖するため取り扱いに注意が必要である．使用は静脈内投与に限られる．
5. 麻酔深度や持続時間は動物の代謝の影響を受けやすい．肝疾患や腎疾患などがある場合には十分注意して投与する必要がある．

3. 静穏薬・鎮静薬
Tranquilizers and sedatives

Overview

　鎮静薬とは動物の自発運動を低下させる薬物をいう．小動物臨床においては，検査や簡単な痛みを伴わない外科的処置あるいは麻酔前投薬の目的でこの鎮静薬が多用される．静穏薬（トランキライザー）とは動物の不安を減少させ，攻撃性を和らげる作用を示す薬物を指すが，用量を上げれば鎮静作用を示す．これらの薬は人医療では主として睡眠導入や精神神経障害の治療に用いられているが，動物医療では鎮静や麻酔前投薬の目的で用いられ，人医療とは異なる使われ方がされている．

フェノチアジン系薬
- アセチルプロマジン　acetylpromazine
- クロールプロマジン　chlorpromazine
- プロマジン　promazine

ブチロフェノン系薬
- ドロペリドール　droperidol
- アザペロン　azaperone

α_2アドレナリン受容体作動薬
- メデトミジン　medetomidine
- キシラジン　xylazine
- デトミジン　detomidine
- クロニジン　clonidine

α_2アドレナリン受容体拮抗薬
- ヨヒンビン　yohimbine
- アチパメゾール　atipamezole

ベンゾジアゼピン系薬
- ジアゼパム　diazepam
- ミダゾラム　midazolam
- フルニトラゼパム　flunitrazepam
- フルマゼニル（拮抗薬）　flumazenil

Basics　中枢抑制の基礎知識

　人医療では，鎮静 sedation や静穏作用 tranquilizing action を持つ中枢神経抑制薬がよく使われる．以前は，精神病の治療に用いる薬を強力精神安定薬 major tranquilizer，単に不安緊張を抑制する薬を穏和精神安定薬 minor tranquilizer と呼んでいた．現在では，従来同一の項目に分類されていた薬の機序が明らかに異なることから，精神安定薬という言葉を廃し，前者を抗精神病薬と呼び(フェノチアジン系薬が主に使われる)，後者を抗不安薬(主としてベンゾジアゼピン系薬が用いられる)と呼んでいる．また，不眠の治療を目的として，これらの中枢神経抑制薬が催眠薬として使われることも多い．これらの薬は一般に，用量に応じて抗不安作用，鎮静作用，催眠作用，一部では麻酔作用などに移行していくので，作用機序に応じて整理したほうが理解しやすい（図 3-1）．

　一方，動物医療では抗精神病薬というカテゴリーはなく，催眠薬という使い方もほとんどないので，人医療における分類はあまり実際的でない．獣医領域では静穏薬（静穏作用を示し，動物はリラックスし，周囲環境に無関心だが，完全には眠ってはいない，刺激で覚醒する）と鎮静薬（穏やかな中枢神経系の抑制作用と催眠作用を示す，強い刺激を与えると覚醒する）と分類するのが実際的であり，獣医麻酔学の教科書ではそのような分類が多い．

　動物医療では，臨床に際しての様々な処置を行う上で，主として動物を鎮静化させ不動化する目的で，あるいは全身麻酔の前投与薬として使用される．

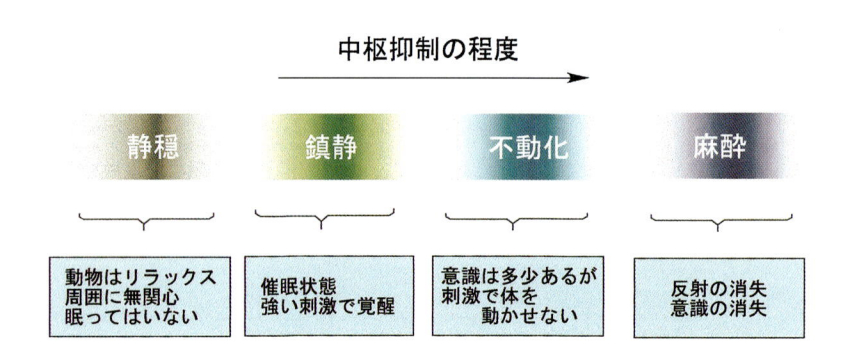

図 3-1　中枢抑制の段階

Drugs　薬の基礎知識

■1　フェノチアジン誘導体

　アセチルプロマジン，クロールプロマジン，プロマジンなどがある．中枢神経におけるドパミン神経の大部分は，中脳と視床下部に存在し，線条体，前頭葉，大脳辺縁系，視床下部の正中隆起に投射している．これらフェノチアジン系薬は，主としてドパミン受容体に拮抗して抑制作用を示すと考えられている．他に，アドレナリン受容体，ヒスタミン受容体，セロトニン受容体に対しても遮断作用を有している．さらに，Ca^{2+}チャネルなどに

対する直接の抑制作用もある．Ca^{2+}結合タンパク質であるカルモジュリンと結合して活性を抑制する作用もよく知られており，きわめて多様な薬理作用が鎮静作用に関与すると考えられる．

嘔吐中枢の近傍には化学受容器引金帯 chemoreceptor trigger zone（CTZ）とよばれる領域があり，脳内の化学的刺激を感知して嘔吐中枢へと刺激を送る機能を持っているが，この機構にはドパミン神経が関与している．フェノチアジン系薬はこのドパミン神経に拮抗するので，中枢性に嘔吐を抑える．併用することによりモルヒネなどの麻薬性鎮痛薬の催吐作用を抑えることができる．

■2 ブチロフェノン系薬

ドロペリドール，アザペロンなどがある．三環構造を持つフェノチアジン系薬とは化学構造は異なるが，作用機序は類似している．アザペロンは，輸送に際し静穏，闘争防止を目的として，あるいは麻酔前投与などを目的として豚で用いられている．

■3 $α_2$アドレナリン受容体作動薬および拮抗薬

メデトミジン，キシラジン，デトミジン，クロニジンなどがあり，この中で，$α_2$受容体に対する選択性はメデトミジンが最も高い（表3-1）．$α_2$アドレナリン受容体作動薬は，鎮痛，筋弛緩作用を伴った強力な鎮静作用を示し，他の鎮静，鎮痛薬とは相加，相乗的に作用する．

中枢神経系においてノルエピネフリン（ノルアドレナリン），エピネフリン（アドレナリン）は脳幹網様体の刺激閾値を低下させて覚醒レベルを高める．中枢ではアドレナリン受容体として$α_1$，$α_2$，$β_1$，$β_2$，$β_3$などのサブタイプが分布するが，$α_2$アドレナリン受容体作動薬は橋背側部の青斑核に存在する$α_2$受容体を刺激することにより鎮静作用を発揮するといわれる．橋，脊髄における刺激伝達を遮断することによる鎮痛作用もある．また，中枢性，介在ニューロン伝達を抑制することによる筋弛緩作用も強い．

$α_2$アドレナリン受容体は，アドレナリン神経に対してシナプス前抑制をかけ，ノルエピネフリン放出を抑制している（自己受容体によるネガティブフィードバック機構）（図3-2）．$α_2$刺激薬はこのフィードバック機構を選択的に刺激してアドレナリン神経の興奮を抑え，鎮静作用をもたらす．近年，$α_2$アドレナリン受容体はシナプス後膜にも存在し抑制性に働いていることも明らかとなり，この機構を介した抑制作用も加わり，強力な鎮静作用を発揮すると考えられるようになった（図3-2）．

$α_2$受容体に対する拮抗薬として，ヨヒンビン，アチパメゾールがあり覚醒に用いられる．

表3-1　各$α_2$アドレナリン受容体作動薬の選択性

薬物名	選択性（$α_2:α_1$）
クロニジン	220：1
キシラジン	160：1
デトミジン	260：1
メデトミジン	1,620：1

■4 ベンゾジアゼピン系薬

ジアゼパム，ミダゾラム，フルニトラゼパムなど非常に多くの薬が開発されている．ベンゾジアゼピン系薬は

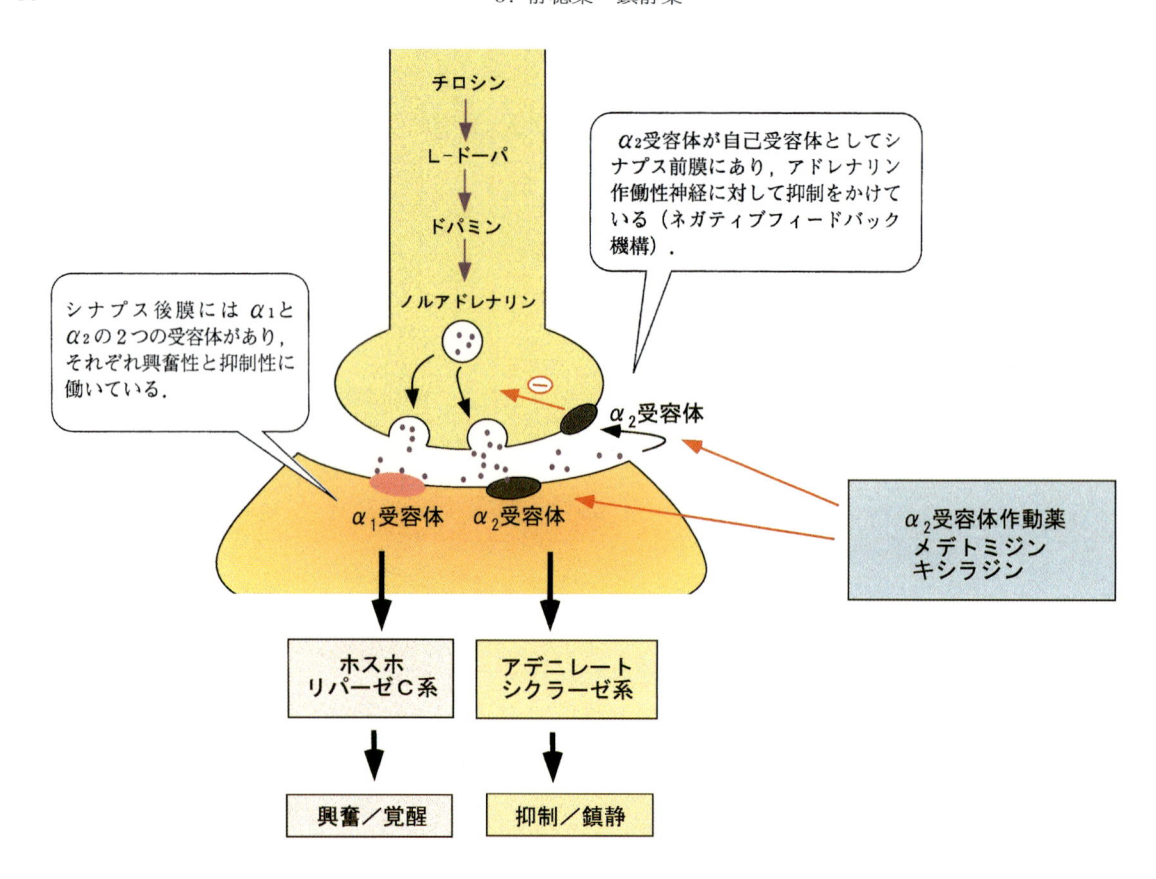

図3-2 脳のアドレナリン神経におけるα₂受容体の役割

人では抗不安薬，催眠薬，抗痙攣薬として用いられる*．大脳皮質，視床，小脳，中脳，海馬，延髄，脊髄など各部位の中枢神経細胞のベンゾジアゼピン受容体に結合し，GABAの作用を増強することにより作用を発揮し（BOX-1参照），静穏作用，鎮静作用，抗痙攣作用，筋弛緩作用などを示す（表3-2）．鎮静薬の中では最も治療係数が高く，安全性の高い薬剤である．

特異的受容体拮抗薬としてフルマゼニルがある．ベンゾジアゼピン系薬による鎮静の解除，あるいは呼吸抑制の改善に用いられる．

BOX-1　GABA受容体とCl⁻チャネル

脳内には興奮性と抑制性の神経が存在し，2つの神経がうまくバランスをとることによって調和を保っている（図3-3）．抑制性の神経伝達物質にはγアミノ酪酸（GABA）やグリシンがある．GABA受容体にはGABA$_A$とGABA$_B$受容体があり，前者はCl⁻チャネルの機能を持っている．後者はGタンパク質と共役する代謝調節型の受容体である．

---

* ベンゾジアゼピン系薬には，①抗不安作用，②抗痙攣作用，③催眠作用の3つのスペクトルがある．薬の種類によってそれぞれの強さに違いがあり，使い分けされる．

Cl⁻チャネルを構成するタンパク質にはα，β，γ，δの4種類のサブユニットがあり，これらの4〜5個が組み合わさって1つのチャネルが形成される．それぞれのサブユニットは4個の膜貫通領域があり，その中で2番目の領域（S-2）が互いに向き合ってCl⁻が通過するポア（穴）を形成する（図3-4）．

　5種類のサブユニットの中にもさらに多くの亜型があり（α1-6，β1-4，γ1-4，δ1-2），これらの組合せが，チャネルの開口時間，イオンの通過量などを規制し，複雑なCl⁻電流の波形を作って，脳における神経興奮を多様なものとしている．また，組合せによってベンゾジアゼピン受容体を持つものと持たないものとになる．GABA受容体が1個ないし2個のGABAで占拠されるだけでもCl⁻チャネルは活性化されるが，同時にベンゾジアゼピン受容体が占拠されると，相乗的にチャネルが活性化される．

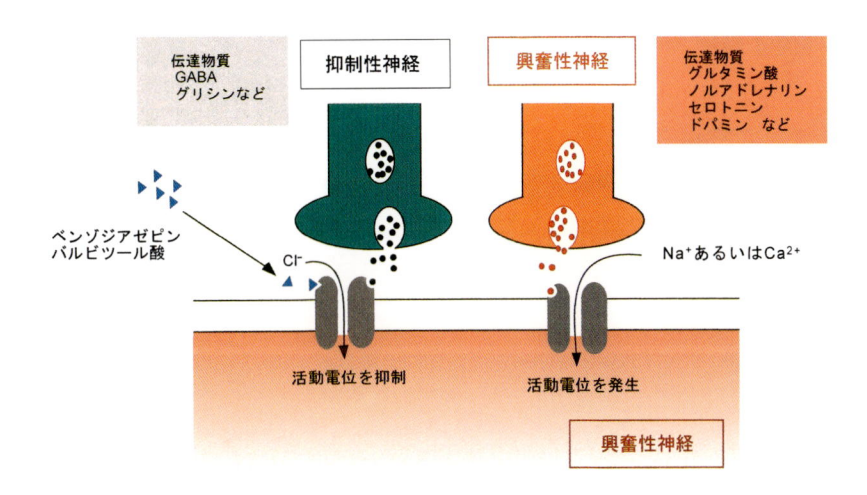

図3-3　脳における興奮性神経と抑制性神経

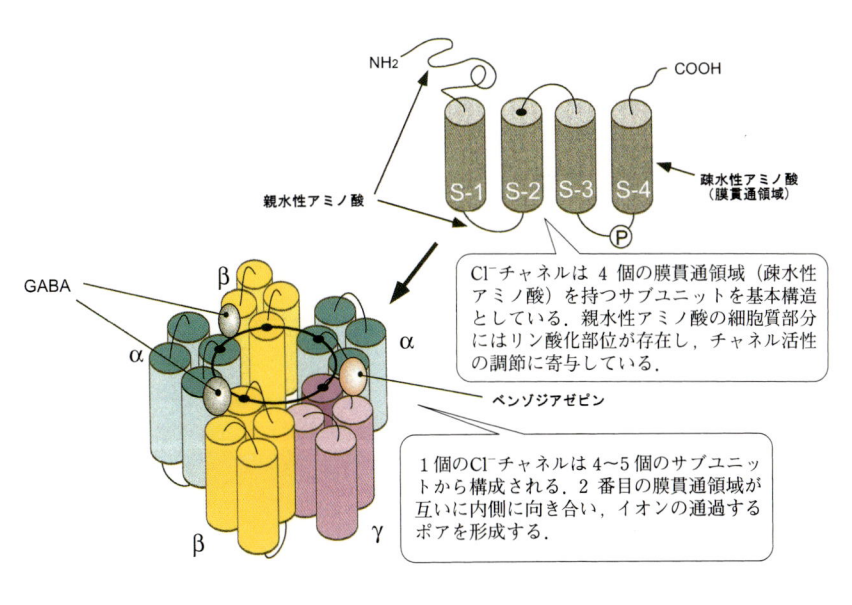

図3-4　GABA受容体とCl⁻チャネル

3. 静穏薬・鎮静薬

ベンゾジアゼピン誘導体 → Cl⁻チャネル（＋）
バルビツール酸誘導体 → Naチャネル（＋／−）
フェノチアジン誘導体 → Caチャネル（−）

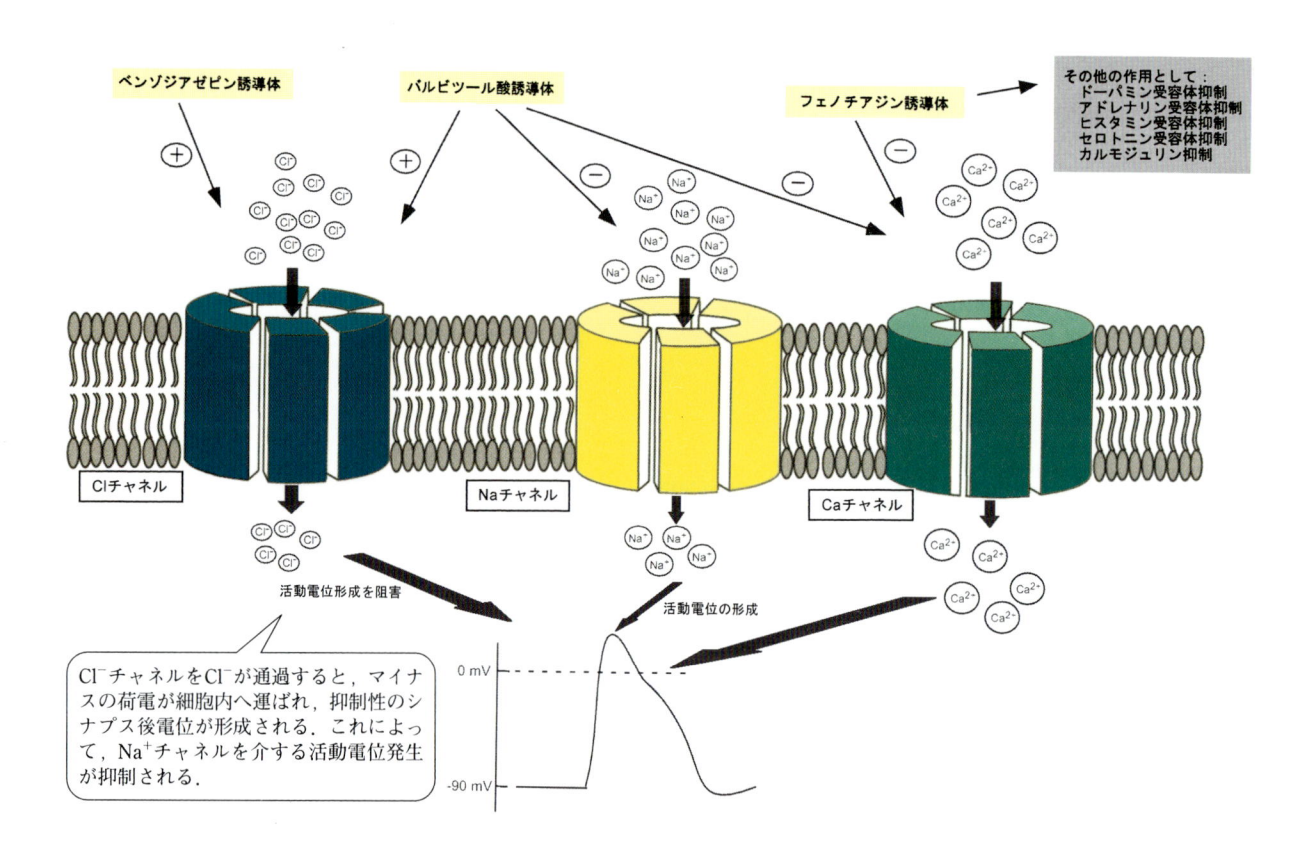

その他の作用として：
ドーパミン受容体抑制
アドレナリン受容体抑制
ヒスタミン受容体抑制
セロトニン受容体抑制
カルモジュリン抑制

活動電位形成を阻害／活動電位の形成

Cl⁻チャネルをCl⁻が通過すると，マイナスの荷電が細胞内へ運ばれ，抑制性のシナプス後電位が形成される．これによって，Na⁺チャネルを介する活動電位発生が抑制される．

図 3-5 各種の静穏薬・鎮静薬の作用点

表 3-2 ベンゾジアゼピン誘導体の作用

作用	説明
抗不安作用	少量では意識や高次の精神機能に影響なく，選択的に不安や緊張を軽減する．
行動に対する作用	自発運動を抑制する． 探索行動（新しい環境に対する恐怖や不安に基づく行動）：少量で増大，大量で減少する． 攻撃行動を抑制する．
抗痙攣作用	種々の刺激による痙攣作用を抑制する．
筋弛緩作用	脊髄反射の抑制を機序とする中枢性の筋弛緩作用を示す．
自律神経反応の抑制作用	交感神経興奮反応を抑制し，血圧上昇，心臓機能亢進作用が抑制される．
催眠作用	単独でも見られ，また他剤の作用も増強する．
麻酔薬，鎮痛薬の増強作用	吸入麻酔薬やモルヒネの作用を増強する．

Clinical Use　臨床応用

　静穏薬や鎮静薬が臨床的に用いられるケースとしては，何らかの処置を行う上で鎮静が必用な場合と，全身麻酔の麻酔前投与薬として用いる場合がある．表3-3に鎮静が必要あるいは有効な処置の例を，表3-4には麻酔前投与薬を用いる目的を挙げた．実際に用いられる鎮静法では，薬剤を単独で使用する場合もあるが，いくつかの薬剤を組み合わせて使用する方が好ましい（NLAの項参照：後述）．これは，複数の薬剤をそれぞれ少ない用量

で組み合わせると，より強力な作用をより少ない副作用で得られるためである．ただし，ここで注意しなくてはいけないのは，鎮静と麻酔は異なるということである．複数の薬剤を組み合わせると，組合せによっては軽い鎮痛作用を伴った強力な鎮静効果が得られる．しかし，鎮静は痛みのないあるいは軽い痛みを伴った処置までに限るべきであり，思わぬ事故を防ぐためにも，また動物愛護の観点からも，痛みを伴う処置あるいは小手術には麻酔を用いなくてはならない．

表3-3　鎮静が必要あるいは有効な処置の例
1．画像診断（X線，超音波，CT）
2．耳道，口腔内処置・検査
3．ガーゼ交換，ギプス着脱
4．抜糸
5．生検
6．放射線治療
7．輸送，闘争防止

表3-4　麻酔前投薬の目的（1〜3が特に重要）
1．動物のストレス軽減（不安や恐怖心を取り除く）
2．動物の化学保定（円滑で安全な作業）
3．円滑で安全な麻酔導入
4．術前鎮痛
5．筋弛緩
6．導入，維持麻酔薬使用量の低減
7．術後の興奮，疼痛抑制

■1　鎮静ならびに麻酔前投与薬として用いる場合

1．フェノチアジン系薬

　海外の獣医領域では，フェノチアジン系薬の中ではアセチルプロマジンが最も幅広く用いられている．しかし，アセプロマジンは日本国内では市販されておらず，個人輸入に頼らざるを得ない．
　フェノチアジン系薬を動物に投与すると，外部刺激に対して無関心になるが，催眠作用はあまり強くない．また驚いて咬む，なわばりを守ろうとする，攻撃的であるなどの行動は残ることが多い．単独で鎮痛作用はないが，他剤の鎮痛効果を増強する．弱い筋弛緩作用もある．
　長所として，安全域が広く，呼吸に及ぼす影響も小さく，循環器系に及ぼす影響も全体としては中程度であること，ある程度の抗不整脈作用があること，中枢性に嘔吐を抑えること（麻薬性鎮痛薬などの嘔吐性の薬剤と一緒に用いるとよい）などが挙げられる．一方，副作用として，末梢性α_1受容体に対する拮抗作用により末梢血管が拡張し血圧低下が生じること，交感神経系の抑制（中枢，神経節）による徐脈や血圧低下の可能性があること，てんかん誘発閾値を下げることなどが挙げられ，脱水性の低血圧のある症例あるいはてんかんの症例には禁忌である．その他体温中枢の抑制による体温低下がある．さらに，抗ヒスタミン作用があるので，アレルギー皮膚テストを行う際の不動薬としては不適当である（後述のキシラジンはアレルギーテストに使用できる）．

2．ブチロフェノン系薬

　小動物領域では，ドロペリドールが使われている．ブチロフェノン系薬は，フェノチアジン系薬と比べさらに安全域が広いが，単独で使用されることはあまりなく，ケタミンや麻薬と併用されることが多い．人では幻覚，不快感，攻撃性を示すことがあるが，動物でも投与後興奮したり攻撃的になることがあり，また錐体外路系兆候（振戦，強直，カタレプシー：ドパミン欠乏のパーキンソン病に類似）を示すこともある．これらの作用は単独でも組合わせ投与でも発現し，フェノチアジン系薬より出現しやすい．このことが，フェノチアジン系薬に比べ使用頻度が少ない理由の1つとなっている．得られる作用はフェノチアジン系薬によるものに類似しているが，てん

かん誘発閾値には影響しないといわれている．

3. α_2アドレナリン受容体作動薬

　小動物領域で用いられるα_2アドレナリン受容体作動薬としては，キシラジンとメデトミジンがある．α_2アドレナリン受容体作動薬の作用の特徴としては，中枢性に作用して非常に強力な鎮静作用を示すと同時に，軽い鎮痛作用を持つこと（短時間：キシラジンで5～15分，メデトミジンで15～30分），中枢性の筋弛緩作用を持つことが挙げられる．その他の特徴として，他の鎮静・鎮痛薬と相加，相乗的に作用すること，呼吸抑制はあまり強くないことが挙げられる．さらに，最大の特徴として，臨床的に有効な拮抗薬（アチパメゾール）を持ち，任意の時点で鎮静状態から覚醒できることにある．以前はヨヒンビンが用いられたが，製剤として市販されていないこと，用量過多で興奮状態になりやすいことなどで現在はほとんど用いられていない．アチパメゾールは，メデトミジン投与後どの時点で用いても問題ないが，ケタミンをメデトミジンと併用している場合には，ケタミンの作用がほぼ消失した時点で投与する必要がある．また，キシラジンに対するアチパメゾールの使用は，安全性が確認されているわけではないので，獣医師の責任のもとに使用しなくてはならない．

　しかし，α_2アドレナリン受容体作動薬は，このように優れた作用を持つ反面，副作用も比較的強い．末梢性α_2受容体に対する作用として，末梢血管収縮がある．すなわち，末梢血管床にはα_1とα_2の受容体が存在し，いずれの受容体が刺激されても収縮し，血圧は上昇しようとする．しかし，生体は圧反射により強い徐脈を引き起こし心拍出量を下げ，血圧上昇に拮抗しようとする．このためα_2アドレナリン受容体作動薬による血圧上昇は軽度だが，強い徐脈と1～2度のA-Vブロックがみられる．また，心拍出量は，徐脈と末梢血管収縮による心臓に対する後負荷上昇により30～50%低下する．この徐脈自体はアトロピンで防止できるが，血圧上昇は抑制されず，むしろ一時的ではあるが強い高血圧状態になり小血管の破綻，出血を招く可能性があるので原則として使用しない．

　その他の副作用としては，弱いが呼吸抑制がある．すなわち，投与量が多くなると呼吸中枢抑制の二酸化炭素濃度（PCO_2）に対する反応低下が起こり，一回換気量，呼吸数低下がみられる．また多くの例で，特に猫では，CTZ刺激による嘔吐が見られる．さらに，特に猫では体温中枢の抑制により比較的強い体温低下がみられる．また，膵臓のβ細胞にあるα_2受容体を刺激することによりインスリン放出を抑制し血糖値の上昇が起こる．

　α_2アドレナリン受容体作動薬はきわめて有用な薬であるが，上記の理由から若いあるいは健康な動物を中心に使用することがすすめられる．

4. ベンゾジアゼピン系薬

　小動物領域では，主としてジアゼパム，ミダゾラム，フルニトラゼパムなどが用いられている．この中ではミダゾラムのみが水溶性で，筋肉内投与が可能である．ベンゾジアゼピン系薬は，動物を落ちつかせる，あるいは従順にする作用があるが，健康な動物では鎮静作用は弱く，猫では興奮作用を見ることがある．そのため，臨床的には鎮静の目的で単独で用いられることは少ない．他の鎮静薬・鎮痛薬と相加・相乗的に働くため，これらの薬剤と組み合わせて用いられることが多い．しかし，疾患例，老齢動物では単独でも鎮静作用が出現しやすい．

　ベンゾジアゼピン系薬の特徴としては，①循環器系の抑制が小さい（ただしジアゼパムは溶剤のプロピレングリコールが大量になると抑制作用を示す），②呼吸器系の抑制も小さいため安全性が高い，③痙攣発作を抑える作用がある，④多シナプス性反射を抑制し中枢性に筋弛緩を起こす，⑤食欲刺激作用が認められる，などが挙げられる．ベンゾジアゼピン系薬には，臨床応用可能な拮抗薬（フルマゼニル）があるが，価格が非常に高いのが難点である．

■2 組合せによる神経弛緩鎮痛法（NLA，neurolept-analgesics）

人では，ドロペリドールとフェンタニルといった神経遮断薬と麻薬性鎮痛薬の組み合わせにより，意識を失わせることなく手術可能な鎮痛作用を得ることができる（周囲に無関心な深い鎮静状態）．この様な方法をニューロレプト無痛法（neurolept-analgesia，NLA）と呼んでいる（表3-5）．その他，NLA変法として，ジアゼパムやミダゾラムとブトルファノールやブプレノルフィンなどの組合せも用いられるようになってきた．前述の動物で用いられる組合せによる鎮静法も，その大部分がNLAの概念に当てはまるものである．しかしメデトミジンとミダゾラムといった，この概念に該当しない組み合わせもある．

NLAは，主として攻撃的な犬の保定，猫の鎮静を伴った鎮痛，プアリスク例の麻酔前の鎮静・鎮痛を得るために用いられる．

表3-5 NLAの例

NLAの組み合わせの例	用量
ドロペリドール と フェンタニル	20mg/mlと0.4mg/mlの合剤を1ml/7〜10kg IM
アセプロマジン と ブトルファノール	0.05mg/kgと0.2mg/kg IM
ミダゾラム と ブトルファノール	0.1mg/kgと0.2mg/kg IV, IM
メデトミジン と ブトルファノール	0.02mg/kgと0.1mg/kg IM

表3-6 静穏薬，鎮静薬の持続時間および効果比較

薬物名	商品名	持続時間	鎮静作用	鎮痛作用	筋弛緩作用	副作用
アセチルプロマジン		3〜6時間	+	−	−	+
ドロペリドール	ドロレプタン	1〜2時間	+	−	−	+
ジアゼパム	ホリゾン	1〜3時間	+/−	?	+	+/−
ミダゾラム	ドルミカム	1〜2時間	+/−	?	+	+/−
キシラジン	セラクタール	0.5〜1時間	++	+	+	++
メデトミジン	ドミトール	1〜1.5時間	++	+	+	++

表3-7 静穏薬，鎮静薬，抗てんかん薬

薬物名	商品名	用量
アセチルプロマジン	PromAce	0.05〜0.2mg/kg SC, IM, IV 最大総量 4mg
ドロペリドール	ドロレプタン	2.2mg/kg IM
ジアゼパム	ホリゾン	0.1〜0.5mg/kg IV
ミダゾラム	ドルミカム	0.1〜0.3mg/kg IM, IV
フルマゼニル（ベンゾジアゼピン拮抗薬）	アネキセート	0.022〜0.11mg/kg IV
キシラジン	セラクタール	0.5〜1.0mg/kg IV 1.0〜2.0mg/kg IM
メデトミジン	ドミトール	犬：20〜80μg/kg IM 猫：80〜150μg/kg IM
アチパメゾール（α_2拮抗薬）	アンチセダン	犬：メデトミジンの4〜6倍量 猫：メデトミジンの2〜4倍量

ポイント

1. 静穏作用・鎮静作用は，中枢神経系のドパミン受容体拮抗（フェノチアジン系薬），α_2 アドレナリン受容体刺激（α_2 刺激薬），$GABA_A$ 受容体-Cl^- チャネルの活性化（ベンゾジアゼピン系薬）などを機序としている．
2. ベンゾジアゼピン系薬は安全域が大きく安心して使用できる．
3. α_2 アドレナリン受容体刺激薬は確実で安全な鎮静をもたらすことから，小動物臨床においてきわめて重要な薬物である．ただし，循環系に対して比較的強い影響を及ぼすため，若くて健康な動物を中心に使用することがすすめられる．

4. 抗てんかん薬
Antiepileptic drugs

Overview

　てんかんとは，種々の病因による慢性の脳疾患で，大脳ニューロンの過剰発射に起因する反復性の発作をいう．突発的で一過性の痙攣発作を特徴とし，しばしば意識障害を伴っている．小動物におけるてんかんの症例は多く，犬で2～3％，猫で0.5％にみられるという．

バルビツール酸誘導体
- フェノバルビタール　phenobarbital
- プリミドン　primidone

ベンゾジアゼピン誘導体
- ジアゼパム　diazepam
- クロナゼパム　clonazepam
- ニトラゼパム　nitrazepam

ヒダントイン誘導体
- フェニトイン　phenytoin
- メフェニトイン　mephenytoin

その他
- バルプロン酸ナトリウム　sodium valproate
- 臭化カリウム　potassium bromide

Basics　てんかんと抗てんかん薬の基礎知識

　てんかんとは，「大脳ニューロンの電気的異常発射に起因する慢性反復性発作を主徴とする疾患（症候群）であり，頭蓋内の非進行性疾患を原因とするもの」と定義されている．しかし"てんかん"あるいは"発作"という言葉は，特に獣医学領域では曖昧に使われる事が多く，種々の誤解や混乱が見られる．
　発作を起こす原因には数多くのものがあり，まず頭蓋外のものと頭蓋内のものに分けられる．さらに頭蓋外の原因としては中毒などの体外由来のものと，肝性脳症・腎不全などの代謝障害や心疾患，内分泌疾患による体内由来のものに分けられる．また頭蓋内の原因には，脳腫瘍や脳炎などによる進行性のものと非進行性のものがあ

り，前述のようにこの中で非進行性のもののみをてんかんと呼ぶ．

てんかんは，従来特発性と症候性に大きく分類されてきたが，近年，特発性か症候性かはっきり確定できないものを潜因性として分類するようになってきている．特発性てんかんは真性てんかんとも呼ばれ，特定される原因がなく遺伝的な神経伝達物質のアンバランスがその要因として疑われているものである．一方，症候性てんかんとは，器質性病変によるもので，頭部外傷や脳炎などの急性期から回復した一定期間後（通常は6ヵ月〜3年後）に反復して発作が生じるものである．したがって，頭部外傷の急性期や脳腫瘍などの慢性進行性神経疾患に合併する発作はそれが再発性であっても，てんかんからは除外される．

てんかん発作は，症状や程度により部分発作と全般発作とにも分けられる．人では，臨床症状および脳波所見からその中でさらに多くの亜型に分類されている．獣医学領域では，ほとんどの場合その分類は臨床症状のみから行われているが，人における分類体系にあてはめて考えられている．犬や猫で見られるてんかん発作は，大部分が全般発作であり，その中でも1〜2分間続く強直間代発作が犬では約80％，猫では約60％を占める．その他，猫では間代発作が，犬では強直発作が比較的多い．部分発作としては，"ハエとり行動"（飛んでいるハエを咬もうとする様な動作）や発作的に絶え間なくほえ続けたりする複雑部分発作が知られている．

てんかん発作の機序は不明な点が多いが，病的な神経細胞の異常放電を原因としている．したがって，治療薬の基本はこの異常興奮をいかに抑制するか，あるいは異常興奮の正常細胞への伝搬をいかに阻止するかということになる．各種の抗てんかん薬の選択は，てんかんの原因や発作の型によって決定する．また，原則として1種類の薬で治療するが，単剤で効果が得られないときは複数の薬を併用することもある．さらに，服薬をやめればてんかんは必ず再発するので，飼い主への教育は重要である．急な服薬中止は，発作再発や重積状態を誘発するので注意する．

抗てんかん薬としては，以下のような様々な中枢神経抑制薬が用いられる．

1．バルビツール酸誘導体

各種のバルビツール酸誘導体のなかでフェノバルビタールが古くから用いられている．獣医領域においても現在最も広く用いられる代表的な薬である．催眠や過度の鎮静効果を起こすよりも低用量で特異的に痙攣を抑制する効果がある．持続時間も長く，安全性も高い．プリミドンはバルビツール酸誘導体の類縁化合物で，作用はフェノバルビタールと似ている．生体内では，フェノバルビタールとフェニルメチルマロンアミドに代謝されて作用する．

2．ベンゾジアゼピン誘導体

ベンゾジアゼピンには多くの誘導体があるが，ジアゼパム，クロナゼパム，ニトラゼパムなどが抗てんかん薬として用いられる．

3．ヒダントイン誘導体

フェニトイン，メフェニトインなどがある．これらの薬は，Cl^-チャネルであるGABA受容体やベンゾジアゼピン受容体との相互作用によりCl^-チャネルを活性化し，過剰興奮を抑えることによると考えられている．フェニトインは人ではよく使われている抗てんかん薬であるが，犬では半減期が短く治療濃度に達することが難しく，またその血中濃度および作用に個体差も大きいことから，あまり用いられていない．

4. そ の 他

バルプロン酸ナトリウムは，GABA分解酵素であるGABAトランスアミナーゼの阻害薬であり，局所でのGABAの濃度を上昇させて神経興奮を抑制する．臭化カリウムは，作用機序ははっきりしていないが，動物医療ではしばしば用いられる．

Clinical Use　臨床応用

てんかん発作に対しては，抗てんかん薬による治療を行う．しかし，全てのてんかん発作が薬による治療の対象となるわけではなく，1回のみの発作あるいは発作の頻度が低い場合，非常に軽い発作の場合には経過観察とする場合もある．ただし，てんかん発作は，発作が生じるたびに次に発作が起こる可能性が高まっていくと考えられるので，この点は十分考慮に入れる必要がある．抗てんかん薬投与の対象となるのは，重度の発作，重積発作，発現頻度が4～6週間に1回以上，発作の頻度が増加している場合などである．

抗てんかん薬による治療を行う場合，飼い主に十分な説明をし，同意が得られる必要がある．すなわち，①抗てんかん薬の投与を行っても多くの場合発作が完全に消失するわけではなく，治療の目標は発作頻度を減少させることにある，②この目標を達成できる動物は70～80％程度である，③投薬が長期に及ぶ（一生投与し続ける場合もある），④その間に発作の頻度・程度をきちんと記録し，抗てんかん薬の血中濃度を加味しながら投薬量を調節する必要がある，⑤発作が消失したからといって突然投薬をやめると重度の発作を生じる可能性があり，減薬する場合にも長期間かける必要がある，⑥薬の副作用（特に肝機能障害）に関する定期的検査が必要である，などを十分理解してもらう必要がある．

■1　フェノバルビタール

抗てんかん薬として最も一般的に用いられているのはフェノバルビタールである．フェノバルビタールは効果が高く，費用も安く，投与も容易なため犬でも猫でも使いやすい．フェノバルビタールは，通常2～2.5 mg/kg，PO，BIDで投与を始めるが，血中濃度が安定するのには7～10日かかるので，2週間後に効果の評価を行う．また，フェノバルビタールの吸収と排泄は個体差が比較的大きいことから，血中濃度のモニタリングも行うことが望ましい．なお血中濃度測定は，最も濃度が低い次回の投薬直前に行う．この用量で十分な効果が見られない場合は，まず投薬量を2倍にして2週間後に評価し，それでも十分でない場合には2週間ごとに25％ずつ増量する．維持用量の設定は臨床症状を優先するが，血中濃度を測定することによって，十分な効果が得られない場合，それが治療域（犬；25～40 μg/ml，猫；10～30 μg/ml）に達していないためかそれ以外の原因か探ることが可能である．また血中濃度が治療域を超えて高くなりすぎていないか監視することができる．さらに，最高濃度（投薬2～4時間後）と最低濃度を測定すれば，1日2回投与で十分なのかについても評価することができる．いったん維持用量が決まったら，投薬を継続し6ヵ月ごとに血中濃度の測定と肝酵素および肝機能検査測定を行う．フェノバルビタールの投与によって発作のコントロールは可能ではあるが，鎮静状態となるようであれば用量を20％ずつ減量して経過観察する．その他フェノバルビタールの副作用として，投薬開始後多飲，多尿，過食が認められることがあるが，多くの場合は1～2週間で消失する．また前述のように肝毒性を示す場合があるが，これは血中濃度が高いときに生じやすいので注意を要する．

プリミドンは，肝臓でフェノバルビタールとフェニルエチルマロンアミドに代謝されプリミドン自身とともに

効果を発揮する．臨床効果はフェノバルビタールと比較して明らかに優れているわけではない．また肝障害が生じやすいためフェノバルビタールで十分な効果が得られない場合，単独（犬：10〜15 mg/kg，PO，TID）あるいはフェノバルビタールと組み合わせて用いられることがある．フェノバルビタールと組み合わせる場合には，フェノバルビタールの血中濃度が治療域を超えないように投与量を調節する必要がある．猫では代謝に長時間を要するため使用されない．

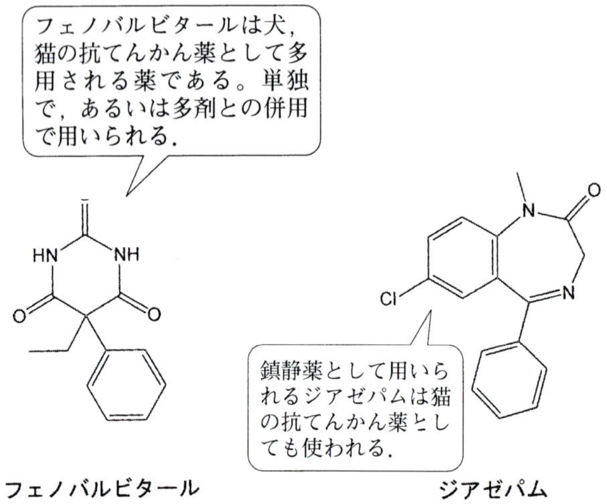

> フェノバルビタールは犬，猫の抗てんかん薬として多用される薬である．単独で，あるいは多剤との併用で用いられる．

> 鎮静薬として用いられるジアゼパムは猫の抗てんかん薬としても使われる．

フェノバルビタール　　　　　ジアゼパム

図4-1　抗てんかん薬の化学構造

■2　臭化カリウム

　フェノバルビタールの血中濃度が治療域に達しているにもかかわらず，発作のコントロールが十分できない場合には，フェノバルビタールと他の薬剤との組み合わせ投与を考慮する．現在，犬および猫でフェノバルビタールとの組み合わせ投与に最もよく用いられている薬剤は，臭化カリウムである．臭化カリウムは，投与開始から血中濃度が定常状態に達するまで長期間を要するが，上述のように本剤は，フェノバルビタールと併用する場合には最初から維持量（20〜40 mg/kg，PO，SIDあるいはこれを2分割して投与）を投与し，血中濃度を徐々に上げる．定常状態に達するのには約4ヵ月（猫では約2ヵ月）かかるといわれているので，4〜6ヵ月後に血中濃度測定を行い，治療域（1.0〜2.0 mg/ml）にあるかどうか調べるとよい．なおフェノバルビタールの血中濃度は，治療域の中間にあるようにする．フェノバルビタールの代わりに単独で用いる場合には，血中濃度を急速に上昇させるために負荷量を投与した後，維持量を投与する．すなわち，フェノバルビタール投与量を半量とした後，臭化カリウム50 mg/kg，PO，BIDを5日間投与して血中濃度を上昇させ，その後フェノバルビタールの代わりに上述の維持量を投与する．臭化カリウムの副作用としては，嘔吐，食欲不振，便秘，運動失調などが認められる．また腎臓から排泄されるため，腎不全動物への投与は注意を要する．

■3 ベンゾジアゼピン系薬

ジアゼパムは，主として猫でフェノバルビタールなどの他の薬剤と組み合わせて(0.5～1.0 mg/kg, PO, BID, TID)用いられている．また，フェノバルビタール単独で発作をコントロールできない犬に対して，同じベンゾジアゼピンの1つであるクロナゼパム(0.5 mg/kg, PO, BID)と組み合わせても用いられる．しかし，その効果はあまり長期には持続しない．

■4 バルプロン酸ナトリウム

バルプロン酸ナトリウム(20～60 mg/kg, PO, BID, TID)は，フェノバルビタールと組合わせて用いると，特に大型犬で効果的な例があることが報告されている．

表 4-1 抗てんかん薬の用量

薬物名	商品名	用量
フェノバルビタール	フェノバール	2～2.5mg/kg PO BIDから開始し，必要に応じて増量する．血中濃度が治療域(犬；25～40μg/ml，猫；10～30μg/ml)を超えないように注意する．
プリミドン	マイソリン	10～15mg/kg PO TID
ジアゼパム	ホリゾン	0.5～1.0mg/kg PO BID, TID
クロナゼパム	リボトリール	0.5mg/kg PO BID
バルプロン酸ナトリウム	バレリン	20～60mg/kg PO BID, TID
臭化カリウム		20～40mg/kg PO SID あるいは2分割

ポイント

1. 抗てんかん薬投与の対象となるのは，重度の発作，重積発作，発現頻度が4～6週間に1回以上，発作の頻度が増加している場合などである．
2. 多くの場合，抗てんかん薬で発作が完全に消失するわけではない．治療の目標は，発作頻度を減少させることにある
3. 服薬をやめればてんかんは必ず再発する．急な服薬中止は，発作再発や重積状態を誘発する．

5. オピオイド
Opioid analgesics

Overview

　痛みは生体への有害刺激に対する防御的あるいは警告的反応であり，動物にとって最も不快な症状といえる．痛みは化学伝達物質の産生によって生じ，受容体を通して知覚神経が刺激され，脊髄の神経伝導路を介して大脳皮質知覚領に伝えられ，認知される．痛みの伝導経路の各所にはオピオイドを伝達物質とする抑制性神経があり，痛覚神経との間でバランスを取っている．鎮痛薬には，主として中枢神経系で作用する外因性のオピオイドと，末梢および中枢で作用する解熱性鎮痛薬NSAIDsがある（第15章）．

麻薬系オピオイド
- モルヒネ morphine
- フェンタニル fentanyl

非麻薬系オピオイド
- ブトルファノール butorphanol
- ブプレノルフィン buprenorphine
- ペンタゾシン pentazocine

オピオイド拮抗薬
- ナロキソン naloxone

Basics　痛みの基礎知識

■1　局所での痛みの反応

　組織に傷害が起こると，その部位でpHが低下し，タンパク質分解酵素が細胞外へ放出される．これをきっかけにカリクレイン（タンパク質分解酵素）が活性化し，血漿中のキニノーゲンからブラジキニンが産生される．ブラジキニン以外にも類似物質であるカリジン，メチオニール，リジール，ブラジキンなど（これらを総称してプラズマキニンという）も産生される．
　一方，傷害部位では，マクロファージや肥満細胞などの炎症性細胞が浸潤してくる．肥満細胞からはセロトニンやヒスタミンが放出され，痛覚受容器をさらに刺激する．リンパ球，マクロファージなどの複数の細胞からは

インターロイキン-1やインターロイキン-6が放出され，線維芽細胞や血管内皮細胞からのプロスタグランジン(PG)E₂産生が刺激される．ブラジキニンやPGE₂はそれ自体痛覚受容器を刺激する作用はないが，神経末端の自由終末の興奮性を高める感作物質として作用する（発痛増強物質）．

■2　中枢での痛みの反応

　痛覚を中枢へと伝導させる神経は，一次知覚神経といわれ，C線維とAδ線維がある（図5-1）．化学的刺激，機械的刺激，熱刺激などの発痛誘発要因はこれら一次知覚神経線維の自由終末の痛覚受容器を刺激する．一次知覚神経の細胞体は背根神経節（dorsal root ganglia：DRG）に存在し，C線維やAδ線維などの一次知覚神経を介した痛覚は，背根を経て脊髄背角に入る．一次知覚神経線維は，脊髄背角に終止し，直接あるいは介在ニューロンを介して脊髄侵害受容ニューロンにシナプス結合する．この痛覚上行路は，脊髄視床路と呼ばれ脊髄背角を出ると，中心管の腹側を交叉して，反対側の腹側索を上行し，視床・大脳皮質に達する．一方，脊髄からは骨格筋に至る遠心性神経が腹角に存在し，動物が痛みを感じると，何か危険なものと接触したと判断してこれを興奮させ，脊髄反射を介して回避行動をとらせる．

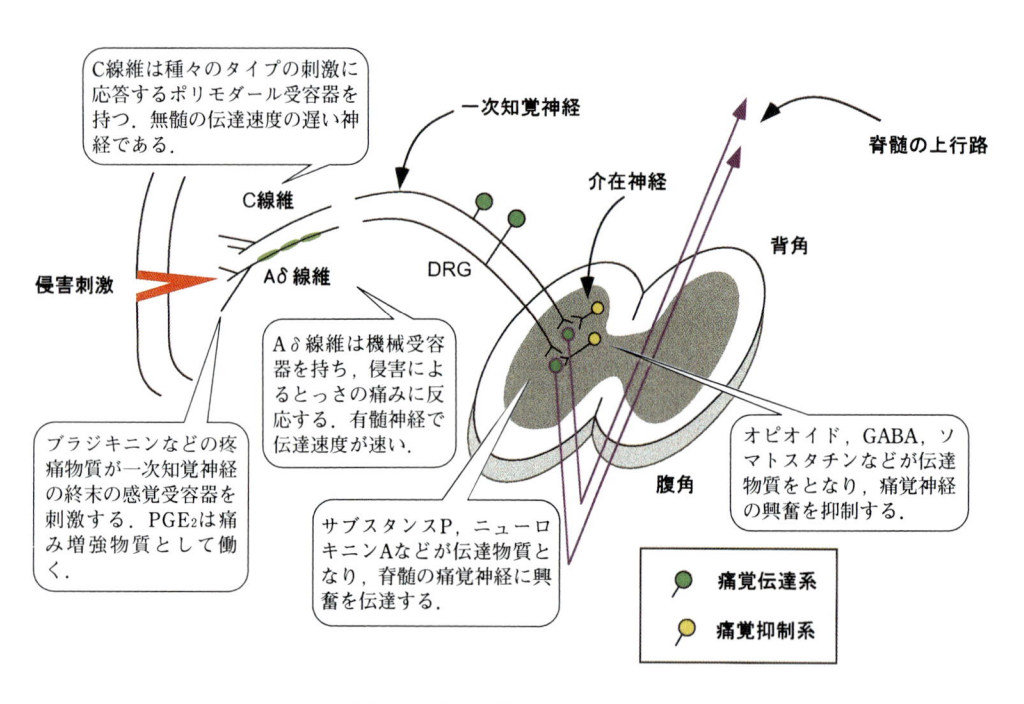

図5-1　侵害刺激と痛みの伝導

　痛覚伝導には，タキキニンと総称されるペプチド性神経伝達物質であるサブスタンスPとニューロキニンAが働いている．特にサブスタンスPは重要で，C線維では50％，Aδ線維では20％に存在している．その他，グルタミン酸も一次知覚神経の伝達物質として重要である．
　痛覚伝導の経路には様々な抑制性神経が存在し，痛覚神経とバランスを保っている．抑制性神経の伝達物質としては，エンケファリンやエンドルフィンなどのオピオイドペプチド類が主役を演じている（図5-2）．その他の伝

5. オピオイド

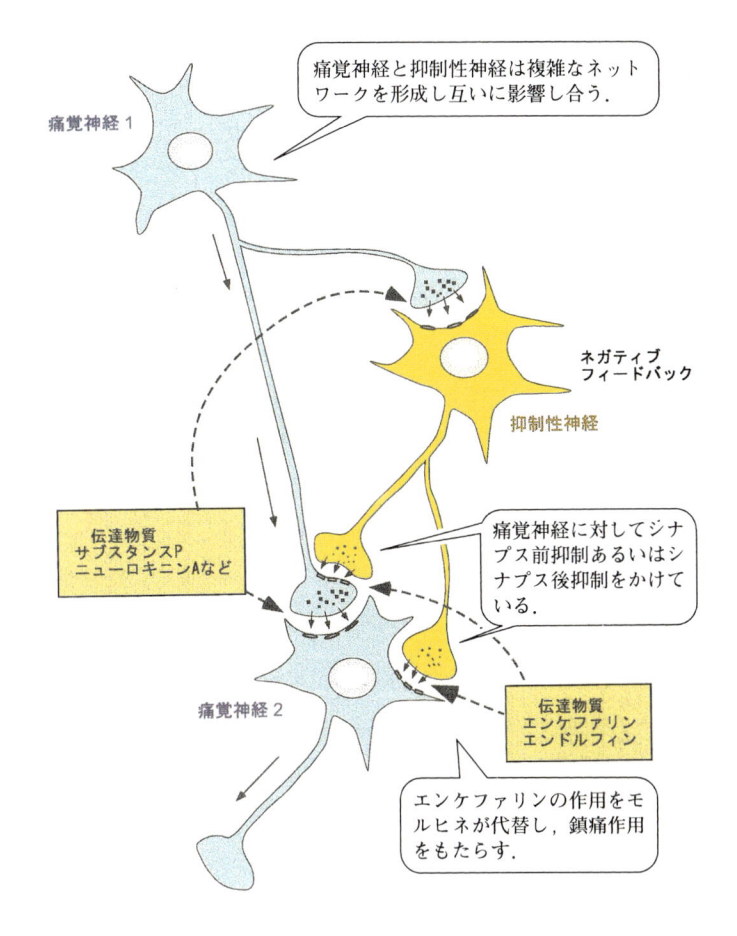

図5-2 痛覚神経系ネットワークとモルヒネの作用点（概念図）

痛覚伝達の一連の経路の中で，脊髄や延髄，脳における興奮性細胞の複数の箇所でサブスタンスPが神経伝達物質として関わる．この働きを抑える抑制性神経も存在し，両者がバランスをとって痛みの制御を行っている．興奮性神経は抑制性神経にも突起を出し，ネガティブフィードバックをかけている．単に抑制性神経の興奮を促すだけではなく，長期に刺激を繰り返すと内因性のオピオイドやオピオイド受容体のmRNAレベルを増加させる働きをしていることも明らかとなっている．抑制性神経は，興奮性細胞の節前線維ならびに節後線維の両者に働いている．麻薬であるモルヒネには内因性オピオイドと同じ作用があるので，鎮痛作用を示すことになる．

BOX-1　感覚受容体，VR1

痛みを誘発する侵害刺激は，化学的，機械的，熱などの多様な刺激に対して反応するポリモーダル侵害受容器によって感知されることは分かっていたが，長らくその実態は不明であった．これらの事は，辛子の成分であるカプサイシンの受容体（バニロイド受容体）に関する最近の研究から次第に明らかになりつつある．カプサイシン受容体は1997年にCaterinaらによってクローニングされた．6回膜貫通型の陽イオンチャネルで（図5-3），VR1と命名された．その後，この受容器はカプサイシンだけではなく，水素イオンや熱に対

しても感受性を持つことがわかり，ポリモダール受容器の本体と考えられるようになった．

ただし，カプサイシンは外因性リガンドであり，内因性のリガンドについてはまだ分かっていない．

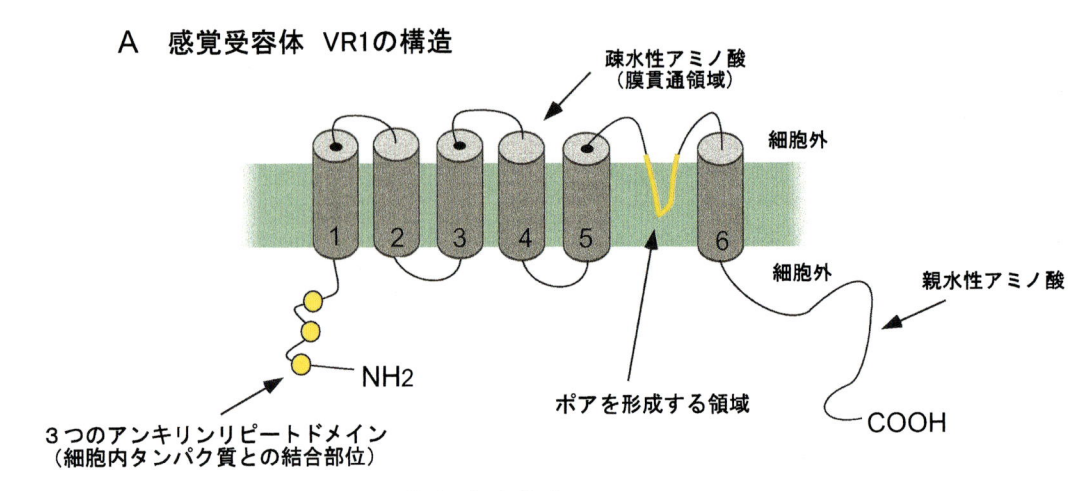

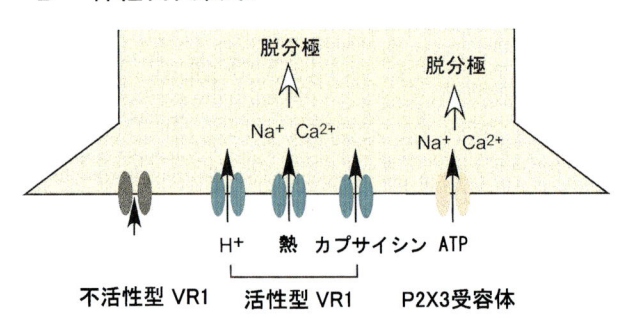

図5-3 カプサイシン受容体VR1の構造（A）と機能モデル（B）
第5と第6膜貫通領域の間の疎水領域がポアを形成すると考えられている．VR1はカプサイシン，虚血によるpH低下，あるいは炎症による熱（閾値は43℃）によって活性化される．

BOX-2　一次知覚神経のもう1つの役割

　DRGに細胞体を持つ一次知覚神経には，痛みを脊髄へと上行性に伝える役割の他に，末梢側から種々の神経ペプチドを放出して炎症作用，免疫活性化作用をもたらすといった効果器的な作用を有している．神経細胞体で作られるサブスタンスPの95％は末梢端で分泌されるともいわれ，毛細血管の透過性を亢進させる役割を果たす．サブスタンスPとともに分泌されるCGRPは血管拡張を引き起こす．

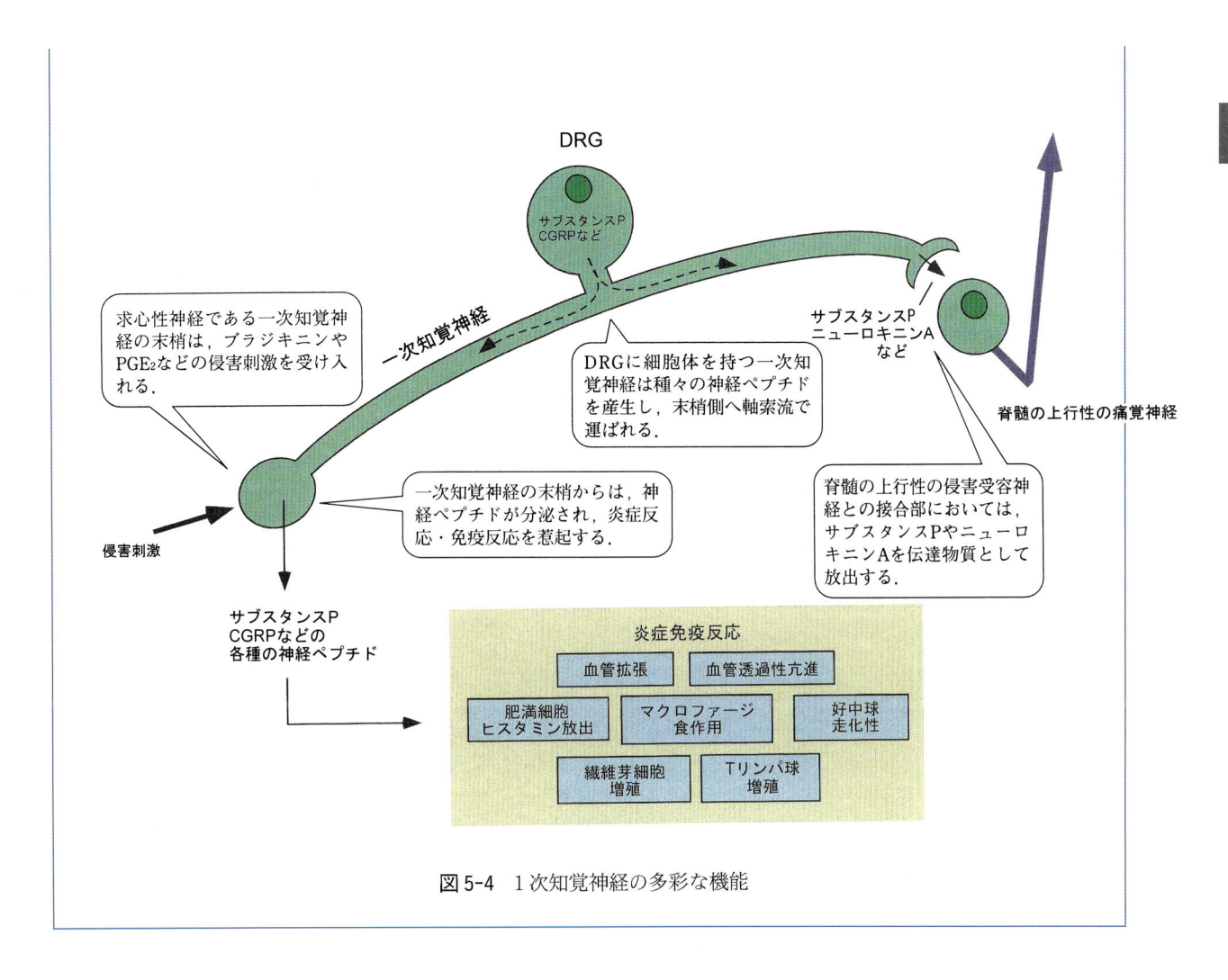

図5-4 1次知覚神経の多彩な機能

達物質として，セロトニンやノルアドレナリンなどのモノアミン類，GABA，ソマトスタチンなどがある．

■3 痛みの種類

痛みは，発生機構により3つに分類される．

1. 生理的な疼痛

障害を引き起こす強度を持った，化学的刺激，熱刺激，機械的刺激は秒単位の急性痛を誘発し，生体にとって警告反応となる．例えば針を刺したときのような急激な痛みは一次痛とも呼ばれ，鋭く，速く，局在性の痛みであって，Aδ線維で伝えられる．Aδ線維は有髄線維であり跳躍伝導するので伝導速度が速い．細胞障害に際して細胞内から漏出するK^+やATPは知覚神経を直接興奮させ，Aδ線維を介して瞬時に痛みを惹起する．この反応にはATP受容体の中でカチオンチャネルであるP_{2X3}受容体が関与する．最近，P_{2X3}受容体ノックアウトマウスが

作成され，急性期の痛みの感受性が低下していることが明らかにされた．

もう1つの痛覚受容器として最近VR1と呼ばれるイオンチャネルの存在が明らかになった（BOX-1）．これは，熱，機械的，化学的刺激などいずれのタイプの刺激にも応答するポリモーダル受容器であり，炎症メディエーターによって修飾を受ける．この経路を介する痛みは二次痛と呼ばれ（鈍く，遅く，び漫性の痛み），無髄の伝導速度の遅いC線維で伝えられる．

中枢においても痛みを伝える2つの経路が存在する．1つは，脊髄－視床－大脳皮質と直行する経路で，時間的にも空間的にも識別性の高い一次痛の経路である．もう1つは，脊髄－延髄－中脳へと投射する経路で，痛みの部位がはっきりしない持続性の二次痛の経路である．臨床的により問題となるのは，後者の二次痛である．

2．炎症性疼痛

組織の損傷や炎症ではじまる疼痛で，通常では痛みを誘発しない刺激でも痛みの回路が感作されているため生ずるものである．鈍く，うずくような痛みで，原因が発生してから数分から数日の単位で進行・消退する．

炎症部位ではPGE_2，ブラジキニンやセロトニンなどが産生される．これらの物質は神経自由終末の興奮性を高める感作物質として作用し炎症性疼痛を起こす．

3．神経因性疼痛

その他，神経の切断や損傷に伴う痛みがある．数時間から数日，あるいは数ヵ月の単位で経過する．

■4　内臓の痛み

本来，内臓には痛みは存在しない．牛などで，局所麻酔のみで内臓の手術ができるのはこのためである．しかし，疝痛などのように内臓はしばしば自発的に痛みを起こす．これは内臓の平滑筋の収縮によると考えられている．平滑筋が強く収縮すると局所の貧血と組織液の酸化，細胞内からのK^+の漏出，発痛物質の蓄積が起こり痛みが発生すると考えられている．内臓痛や深部痛があると，しばしばそれが体表に放散し痛みを起こすことがある．これを関連痛という．

■5　オピオイド

ケシの種子から得られる阿片 opium には種々のアルカロイドが含まれ，阿片アルカロイドと呼ばれるが，その1つであるモルヒネは，きわめて強力な鎮痛作用を持つ．モルヒネとその誘導合成薬であるペンタゾシン，完全合成薬であるペチジン，メサドン，フェンタニルなどはオピオイドあるいはオピエートと総称される．

生体内にはモルヒネと受容体を共有する生理的なリガンドであるエンケファリン類（メチオニン-エンケファリン，ロイシン-エンケファリン），エンドルフィンおよびダイノルフィン類があり，内因性オピオイドといわれる．これら内因性オピオイドの中で，エンケファリン類は特定のニューロンの終末に貯蔵され神経伝達物質として機能している．エンドルフィンは拡散して血中に入りホルモンとして機能している．オピオイドは脳や脊髄などの中枢神経に存在するばかりでなく，胃腸管と膀胱の壁内神経層にも存在し，平滑筋の運動を支配している．これら内因性オピオイドはペプチドであり，経口適用ができず，また脳-血液関門を通過できないなどの理由で薬として利用できない．

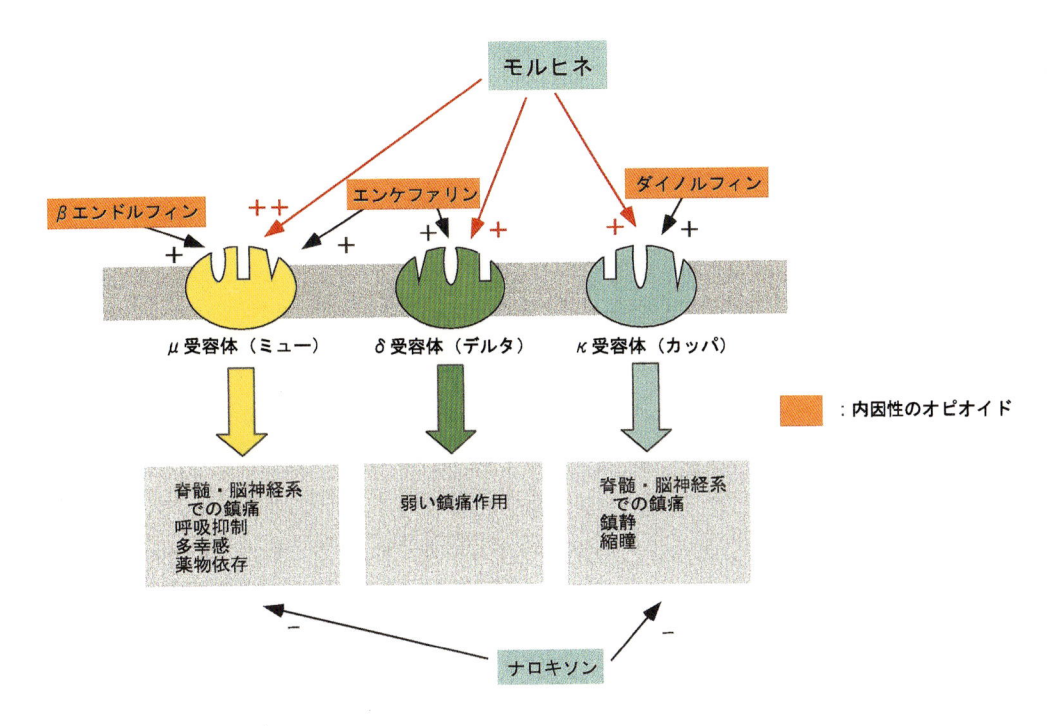

■6 オピオイド受容体

オピオイド受容体には4つのサブタイプ，μ（ミュー），κ（カッパ），δ（デルタ），σ（シグマ）がある（図5-5）．オピオイド受容体はいずれも7回膜貫通型であり，Gタンパク質と共役して作用を発揮する．多くの神経細胞ではオピオイド受容体刺激によりK^+チャネルが活性化し，過分極を生じさせてCa^{2+}チャネルの流入を阻害し，細胞膜の興奮性を低下させる．また，cAMP産生を促す経路もある．この様な作用によって脊髄や脳内の痛覚神経の

図5-5 オピオイド受容体と作動薬
　オピオイド受容体には，μ, δ, κ, σの4種類が知られており（ここではμ, δ, κの3種類を表示），それぞれ7回膜貫通型のGTPタンパク質結合の受容体である．それぞれ異なる内因性オピオイドが結合し異なる機能を担っているが，強力な鎮痛発現にはμ受容体の果たす役割が大きい．モルヒネはいずれの受容体にも結合するが，特にμ受容体への作用が強い．拮抗薬のナロキソンは，μとκの受容体を遮断する．

シナプス伝達が抑制される．図5-5には主要な受容体である，μ, κ, δ受容体の役割を示している．この中で，強力な鎮痛発現に重要なのはμ受容体である．δ受容体は不快感や幻覚などに関係しているといわれるが，オピオイド受容体拮抗薬のナロキソンで拮抗されないため，通常のオピオイド受容体とは区別されている．

モルヒネの鎮痛作用および作用点は未だ完全に解明されているわけではないが，末梢の痛覚受容器から大脳皮質の知覚領にいたる痛覚伝導の種々のレベルで作用しているものと考えられている．特に，脊髄背角細胞に対する直接抑制と視床に対する作用が重要といわれる（表5-1）．

表 5-1　生体内オピオイドが関与する神経部位と反応

部 位	反 応
脳 幹	呼吸抑制，咳，嘔吐，悪心，縮瞳，胃液分泌
視 床	強力な痛覚抑制
脊 髄	痛覚伝達における知覚神経と上行神経との仲介，修飾（抑制性）

Drugs　薬の基礎知識

上述のようにオピオイド受容体は生理的に生体の各部位に存在するので，外因性に与えたモルヒネも多彩な作用を示す．

■1　麻薬系オピオイド

1．モルヒネ

代表的オピオイドであるモルヒネは(図5-6)，中枢神経系の主としてμ受容体で作用し，意識の消失なしに強力な鎮痛作用を発揮する．モルヒネは安価で長く用いられてきた薬剤であり，多くの研究がなされてきたにも関わらず，モルヒネに匹敵するバランスのとれた鎮痛効果を示す合成薬剤は開発されていない．モルヒネは，経口的ならびに非経口的に投与されるが，脂溶性が低いため効果が発現するまでの時間が長い．その作用時間は3～6時間で，犬や霊長類では鎮静作用も見られる．また脊髄に対し硬膜外にも適用することができる．

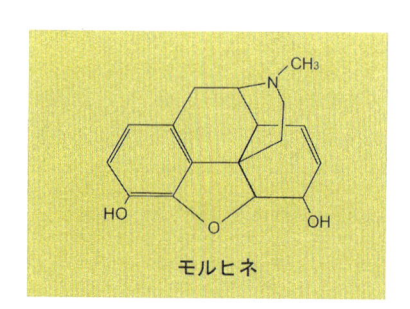

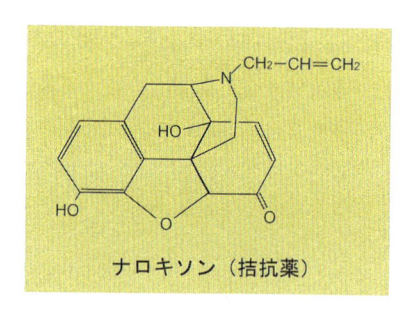

図5-6　モルヒネとその拮抗薬であるナロキソンの化学構造

中枢神経作用：　内臓痛を含め全ての痛みに対して確実な鎮痛が得られるのが，麻薬性鎮痛薬の最大の特徴である．鎮痛と鎮静作用を示すとともに不安や恐怖心を軽減する働きもある．ただし猫では用量が多くなると逆に興奮させるので，低用量で用いる必要がある．人では多幸感を催す．

循環器に対する作用：　心血管系に対する直接の抑制は少ないが，迷走神経核刺激による徐脈が見られるため抗コリン薬の投与を行う．また，犬では静脈内投与によりヒスタミン放出による血圧低下の可能性があるため，筋肉内，皮下あるいは経口で投与する．

呼吸抑制： 呼吸中枢の CO_2 に対する感受性を低下させ，呼吸抑制を起こす．この副作用は鎮痛作用を示す用量で発現し，用量を増せば呼吸停止に至る．モルヒネの急性中毒の主要な要因であり，注意が必要である．

鎮咳作用： モルヒネは低用量から咳反射を抑制する．鎮痛作用との相関はなく，異なる受容体を介する作用といわれている．阿片アルカロイドのなかではコデインの鎮咳作用が強く，鎮咳薬として用いられる．

嘔　吐： モルヒネは脳の嘔吐中枢引金帯 chemo-receptor trigger zone (CTZ) をドパミン受容体を介して直接刺激し，嘔吐を起こす．これもモルヒネの副作用となるが，抗ドパミン作用を持つフェノチアジン系あるいはブチロフェノン系トランキライザーと併用することにより防止することができる．ただし，モルヒネの嘔吐にはあまり不快感はないという．

消化器系： 腸管平滑筋運動を抑制することにより，便秘を起こす．下痢に適応すると止瀉作用を示す．止瀉薬であるロペラミドはモルヒネのこの様な作用に注目して開発された．一方，モルヒネは幽門括約筋や胆道の出口にあるオッジ括約筋を収縮させトーヌスは強く亢進する．したがって，胆石を持つ患者(人)に投与すると，胆道内圧力が亢進して発作を誘発する．胆石(泥)を持つ犬は多いが，オピオイドによる痛みの発作(急性腹症)があるかどうかは分かっていない．

縮　瞳： 犬を含め大部分の動物では縮瞳がみられる．猫では逆に散瞳する．

2．フェンタニル

フェンタニルは，合成の麻薬系オピオイドで，モルヒネの75〜125倍の強さを持つ．また脂溶性が高く，血液脳関門を通過しやすいため，効果発現も早い(静脈内投与で約30秒；ヒスタミン遊離作用はない)．しかし効果持続時間が短いため，バランス麻酔による維持麻酔の一剤としてあるいは術後鎮痛を目的として持続投与して用いられることが多い．また最近皮膚に貼り付けて使用するパッチ剤が利用可能となった．本剤は効果発現までに時間はかかるが長時間効果が持続する．手術12〜24時間前に貼ることによって72〜104時間にわたって鎮痛効果が得られる．モルヒネと異なり鎮静作用はほとんど示さない．フェンタニルは，人ではモルヒネに比べて便秘，吐き気などの副作用が少ないという．

■2　非麻薬系オピオイド

非麻薬系オピオイドは拮抗性鎮痛薬とも呼ばれ，一部の受容体には agonist あるいは partial agonist として，一部の受容体に対しては antagonist として作用する．これらの薬剤はある一定の用量を超えると効果が増大しない天井効果を示す．このため呼吸抑制，中枢抑制，嗜好癖などが小さい反面，鎮痛効果も麻薬系オピオイドに比べると弱い．

1．ブトルファノール

ブトルファノールは κ 受容体に対して作動薬として，μ 受容体に対して弱い拮抗薬として作用する．その作用時間は比較的短く1〜4時間である．また鎮痛効果が投与量を増しても，それ以上増強されないという天井効果を示すため，中等度の痛みには有効だが，強い痛みには無効である．薬剤の保管，使用に特別な規制がなく，また副作用も少ないので，様々な動物種に使用できるという大きな利点がある．ベンゾジアゼピン系薬と組み合わせて，動物の鎮静化にも使用できる．その他，鎮咳作用や制吐作用も示す．

2．ブプレノルフィン

ブプレノルフィンは，μ受容体に対する部分的な作動薬であり，作用はブトルファノールに類似している．ブプレノルフィンは，効果発現に時間がかかるが，作用時間が長い（～12時間）．

■3　オピオイド受容体拮抗薬

オピオイド受容体の特異的拮抗薬としてナロキソンがある（図5-5）．臨床的にはモルヒネの急性中毒（呼吸抑制や嘔吐など）からの回復に対して使用される．

Clinical Use　臨床応用

■1　動物における疼痛管理

これまで動物は人と比べ痛みに鈍感といわれてきたが，最近の研究によれば，動物と人の間には痛みに対する感覚に大きな差はないといわれている．前述のように，疼痛は動物の防御反応になくてはならないものである．以前は術後の動物に鎮痛薬を投与すると，それにより動物が傷を保護しなくなるので有害だとの意見もあったが，現在では否定されている．術後の疼痛を考えた場合，痛みの生体防御機能としての有益な面は小さく，苦痛と回復の妨げという有害な面の方が遙かに大きい．

また，近年痛みに対する認識が深まり，飼い主の中にも疼痛に関心を持つ人が増えてきている．このような社会的ニーズに応えるためにも，積極的な疼痛管理が望まれている．動物における疼痛管理の主体は薬物療法であるが，中でもオピオイドはその中心となる薬剤である．

動物の疼痛管理で重要なことは，①動物が痛みを感じていると思ったら，はっきりしなくても治療を開始すること，②疼痛の発生前または強くなる前に予防的に鎮痛処置を行うこと（「先取り鎮痛」という）であり，いったん疼痛が強くなった後では，鎮痛処置の有用性，成功率は低下するを知っておく必要がある．

■2　疼痛の評価（行動の変化）

動物における痛みの臨床的評価を行う場合には，問診による飼い主からの聴取に加え，病歴，行動の変化，姿勢，歩行，触診などから推測していく．中でも行動の変化の評価がその中心となる．

動物は，痛みがあるときには，不安そうな表情を示すあるいは緊張し，痛みがある部分に近づいたり触ると大声で鳴くあるいは攻撃的な反応を示す．また心地よさそうに休まず，自分で痛い部分をなめたりかんだりする．痛みがある動物は，活動性が過剰となるか，あるいは逆に活動性が低下する．痛みが強い場合には，刺激がなくても「ワンワン」あるいは「クンクン」と鳴き，落ち着きがなくなり，痛みを最も少なくできる様に盛んに位置を変えることが多く，狂乱したように暴れることもある．一方，活動性が低下する場合には，動きに伴う痛みを最も少なくするため，時々しか動かず，周囲環境に対する関心が低下したようにおとなしくなり，身を固くし，痛みのある部分を防御する．また，走ったり，跳んだり，階段を上がったりするのをいやがり，跛行や姿勢の変化を示す．軽い痛みの場合には，行動の変化はあまりなく，不安そうな表情を示す．この他，痛みに伴って，頻脈，頻呼吸，高血圧，不整脈，散瞳，流涎，高血糖などが認められることもあるが，原疾患，麻酔方法，手術内容などにより大きく左右されるため絶対的なものではない．前述の行動の変化と併せて考慮することが必要である．

■3 麻薬系オピオイドと非麻薬系オピオイドの使い分け

麻薬系オピオイドを投与した場合の反応は，量および対象動物によって異なる．低用量では共通して鎮痛効果が得られるが，中用量以上になると犬，霊長類，ラット，ウサギでは中枢抑制(鎮静)が出現するのに対して，猫，馬，反芻獣，豚では中枢興奮が出現しやすい．これは中枢神経内のオピオイド受容体の分布の違いによると考えられている(犬，霊長類では，扁桃と前頭葉のオピオイド受容体の数が，猫，馬などのおよそ2倍ある)．ただし犬でも急速静注すると興奮作用が出ることがある．この興奮はドパミンあるいはアドレナリン受容体を間接的に刺激することによると考えられている．したがってトランキライザーなどによる抑制が可能である．麻薬系オピオイドは，鎮痛効果は強力だが，取り扱いに免許が必要で薬剤の管理や記録が煩雑であるといった難点がある．

一方，非麻薬系オピオイドは，副作用も少なく薬物管理も比較的容易なので使用しやすいが，鎮痛作用も麻薬系オピオイドと比べ劣る．また，用量をある程度以上増やしてもそれ以上の効果の増大が見られない天井効果を示す．このためオピオイドを使用する場合には，術後の軽度から中程度の痛みには非麻薬系オピオイドを，中等度から重度の痛みには麻薬系オピオイドを用いることがすすめられる．

■4 耐　　性

オピオイドは繰り返しの投与により耐性を生じる．人ではモルヒネを連用(通常2〜3週間)すると耐性が生じ鎮痛，呼吸抑制作用などが現れにくくなる．ただし縮瞳作用には耐性が現れ難く，麻薬中毒患者の特徴の1つに縮瞳が挙げられている．動物においても同様に耐性が認められるが，臨床の場で動物にモルヒネを長期間連用することはまれであり，このような問題が生じる可能性は低い．さらに，人ではモルヒネを連用すると精神的および身体的の薬物依存症が現れ，突然中止すると苦悶，振戦，呼吸障害，虚脱などの禁断症状が発現する．動物における精神的および身体的の薬物依存症についてはよく分かっていない．

表5-2　各種オピオイドの用量，持続時間および効果の比較

薬品名	商品名	用量	持続時間	鎮痛作用	鎮静作用	副作用
モルヒネ		犬：0.25〜1.0mg/kg IM, SC 猫：0.05〜0.1mg/kg IM, SC	4〜6時間	++	+	+
フェンタニル	フェンタネスト	犬・猫：0.001〜0.002mg/kg IV 犬：0.001〜0.006mg/kg/hr IV 猫：0.001〜0.004mg/kg/hr IV	15〜20分	+++	−	+
ブトルファノール	スタドール	0.2〜0.5mg/kg IM, IV, SC	1〜4時間	++	+/−	+/−
ブプレノルフィン	レペタン	0.01〜0.02mg/kg IM, SC	6〜12時間	++	+/−	+

ポイント

1. オピオイドには強力な鎮痛作用がある．その他，消化管運動抑制作用（止瀉作用），鎮咳作用がある．
2. 高用量で呼吸抑制作用があり，副作用として十分な注意が必要である．
3. 動物の疼痛管理で重要なことは，疼痛が発生する前から予防的に鎮痛処置を行うことであり，いったん疼痛が強くなった後では，鎮痛処置の有用性，成功率は低下する．
4. 術後の軽度から中程度の痛みには非麻薬系オピオイドを，中等度から重度の痛みには麻薬系オピオイドを用いるとよい．
5. 麻薬の使用に際しては，麻薬施用者としての登録が必要で，届け出のない場合には処方することができない．

6. 局所麻酔薬
Local anesthetics

Overview

　局所麻酔薬は，意識の消失を伴わずに局部の痛みだけを抑制する薬である．局所麻酔薬は獣医学領域においては牛の臨床では広く用いられているが，小動物臨床の現場では表面麻酔を除いてあまり多くは用いられていない現状にある．しかし，人においては，末梢神経ブロック，脊椎麻酔，硬膜外麻酔など非常に幅広く使われており，また小動物臨床においても，他の薬剤との併用で優れた術後の疼痛管理効果が得られることが示されるようになり，今後より多く用いられるようになると考えられる．

エステル型
- プロカイン procaine
- オキシブプロカイン oxybuprocaine
- テトラカイン tetracaine

アミド型
- リドカイン lidocaine
- ブピバカイン bupivacaine
- ジブカイン dibucaine

Basics　局所麻酔の基礎知識

■1　各所麻酔薬の種類と特徴

　局所麻酔薬の一般的構造として，脂質親和性部分－中間鎖－親水性部分からなるが，中間鎖がエステル結合しているエステル型と，アミド結合しているアミド型の2種類に分類される（図6-1）．エステル型の局所麻酔薬には，プロカイン，オキシブプロカイン，テトラカインがあり，アミド型のものには，リドカイン，ブピバカイン，ジブカインなどがある．

1．エステル型

　プロカイン：　基本的な局所麻酔薬であり，効果，毒性比較の基準となる．主に浸潤麻酔に用いられる．

テトラカイン： プロカインの5〜10倍の効果を持ち，脊椎麻酔に用いられることが多い．麻酔作用は強く，運動麻痺が強く生じ，作用時間が長い．また比較的毒性が強い．

2．アミド型

リドカイン： 作用発現が速く，作用時間はプロカインより長い．より広範囲に作用し，組織障害性が少なく，安定性も高いので使いやすい．抗不整脈薬としても幅広く用いられている．

ブピバカイン： 作用発現時間は中間的であるが，作用時間が長い．麻酔作用は強く，運動神経よりも知覚神経の麻痺の方が強いため，術後鎮痛や慢性疼痛の治療に適している．

ジブカイン： 人では脊椎麻酔に用いられている．麻酔作用はテトラカインよりも強く，作用時間もやや長い．組織刺激性が強く皮下注入で壊死を起こす．このため局所浸潤麻酔には用いられない．

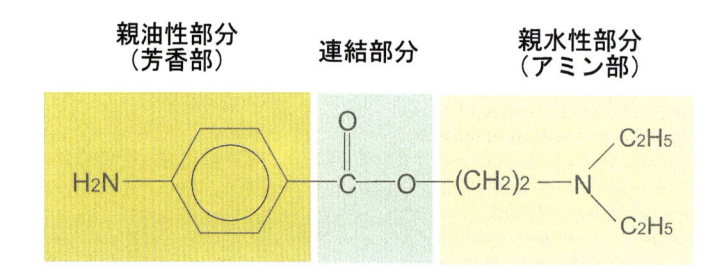

図6-1 局所麻酔薬の化学構造

　局所麻酔薬は親油性の芳香部と親水性のアミン部とからなり，これをつなぐ中間鎖（連結部）がエステル結合かアミン結合かで，エステル型とアミン型に分類される．連結部分が長いと効力は高まるが同時に毒性も増加する．いずれも，pKaが8〜9の弱塩基化合物であり，生体内のpHでは大部分がイオン化型として，一部が非イオン化型として存在する．図はプロカインの構造を示す．

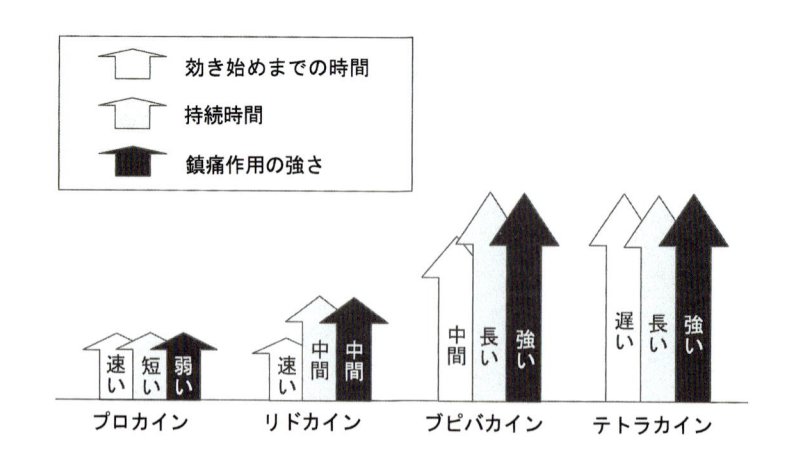

図6-2 各種局所麻酔薬の作用時間と効力の比較

■2 局所麻酔薬の作用

局所麻酔薬は，神経線維の伝導を可逆的に遮断することによって作用を発揮するが，これは以下の様な機序による．局所麻酔薬の大部分は弱塩基で，生体内pHで大部分はイオン型(プロトン付加型)として存在するが，一部の非イオン型(脂溶性)のものが神経内に入り込む．軸索内に入った局所麻酔薬が，イオン型になると，Na^+チャネルやK^+チャネルを内側から占拠しイオン透過性を阻害する．これにより活動電位の発生と，伝達が遮断され，神経伝導が阻止される．(図6-3)．

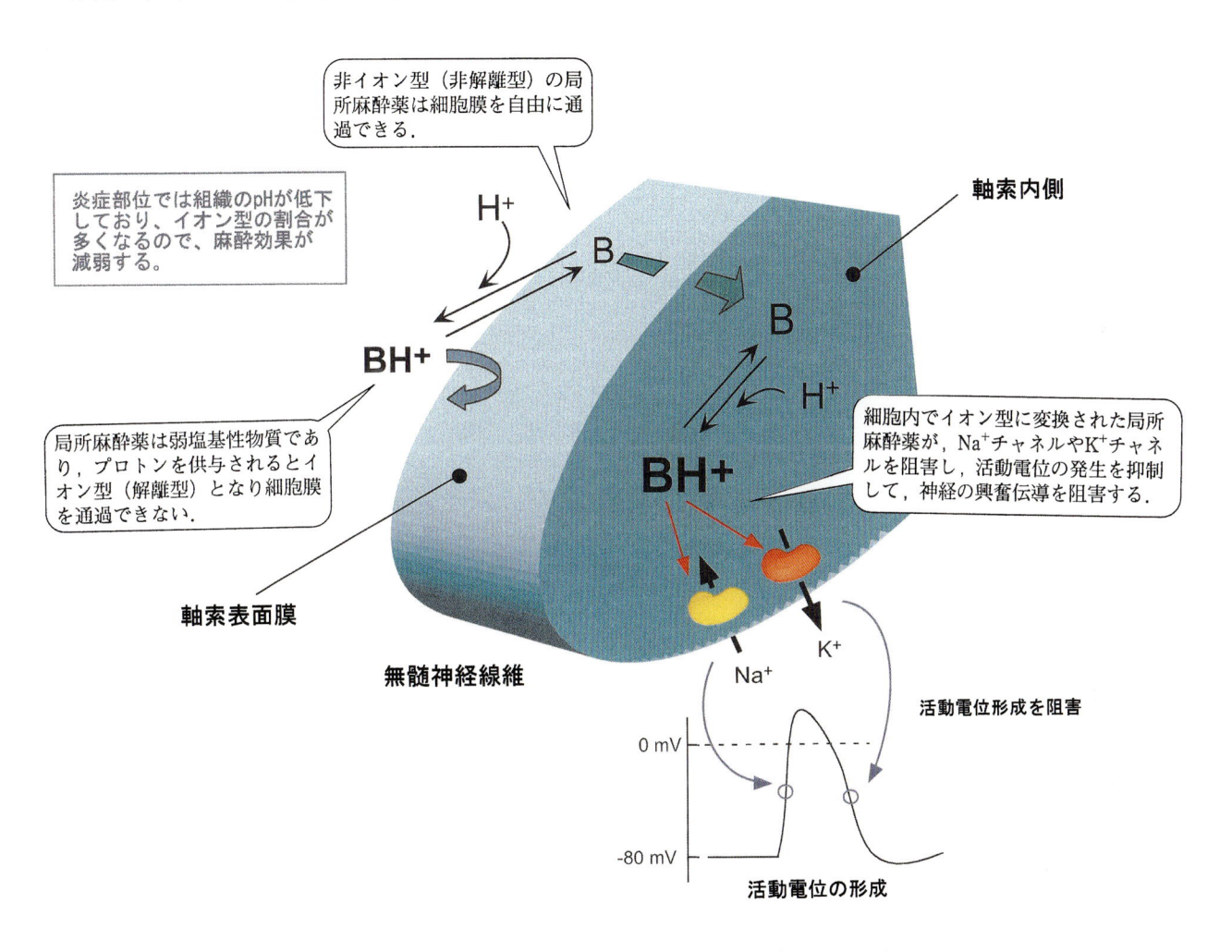

図6-3 局所麻酔薬の細胞膜通過過程と活動電位抑制の機序

局所麻酔薬は，B線維(交感神経節前線維)，C線維(無髄；痛み，温度)＞Aδ線維(痛み，温度)＞Aα線維(運動，固有受容器)の順に神経伝導を阻害するため，感覚としては，痛覚＞冷たさ＞温かさ＞触覚＞深部覚(＞運動神経)の順に失われる．各種局所麻酔薬の作用の強さは，テトラカイン＞ブピバカイン＞リドカイン＞プロカインの順となるが，これはNa^+チャネルへの結合性の差による．

局所麻酔薬は，正常な皮膚からはほとんど吸収されず，損傷を受けた皮膚，粘膜，呼吸器上皮，筋肉内，皮下，静脈内投与で吸収される．一方，炎症や感染のある部位ではpHが低く，膜透過性の非イオン型に変換されにくい

ので神経細胞内で十分な濃度が得られず作用が減弱する．

　局所麻酔薬の作用時間は吸収と代謝時間によるが，エピネフリンなどで血管を収縮させると作用時間が延長する．また，全身への吸収が抑えられるため副作用も軽減されるが，エピネフリン添加の局所麻酔薬を誤って血管に投与するとエピネフリンによる全身反応が生じる可能性がある．一方，過剰のエピネフリンは末梢部分では血管収縮により局所壊死を起こす可能性もある．

　局所麻酔薬は，心臓のイオンチャネルに対しても抑制的に働き，興奮性，刺激伝導速度，心筋収縮力などを抑制するので，抗不整脈薬としても用いられる．中でもリドカインは幅広く用いられ，特に心室性不整脈に対して有効性が高い（第9章）．

表 6-1　各種局所麻酔薬の特徴

薬剤名	商品名	効　力*	毒　性*	作用発現	持続時間
エステル型					
プロカイン	オムニカイン他	1	1	1分	1時間
テトラカイン	テトカイン	10	10	5〜10分	1.5〜2時間
アミド型					
リドカイン	キシロカイン	2	1	2〜3分	1〜1.5時間
ブピバカイン	マーカイン	8	8	3〜5分	3〜5時間
ジブカイン	ペルカミン	15	15	10分	2.5〜3時間

＊：プロカイン＝1とする．

■3　局所麻酔薬の副作用

　局所麻酔薬も投与量が多くなれば，全身への吸収量が増加し，全身反応を示す．局所麻酔薬の血中濃度が増加すると，中枢神経刺激，続いて抑制症状が発現する．低濃度で発現する刺激作用は，徐脈，血圧上昇，過呼吸，興奮，嘔吐，振戦，間代性痙攣などで，高濃度での抑制作用は，血圧低下，呼吸抑制，意識消失，昏睡などである．

Clinical Use　臨 床 応 用

　局所麻酔法には，表面麻酔，局所浸潤麻酔，末梢神経ブロック，脊椎麻酔，硬膜外麻酔などがある．小動物臨床においては，現在のところ表面麻酔を除いてあまり用いられていないが，今後，術後疼痛管理の面で広く用いられていくものと考えられる．小動物領域で使用頻度が高い薬剤は，リドカインとブピバカインである．犬におけるリドカインとブピバカインの中毒量は，それぞれ 11〜20 mg/kg，3.5〜4.5 mg/kg であり，中毒発現を予防する上で，リドカインでは 4 mg/kg 以下，ブピバカインでは 2 mg/kg 以下で用いる．猫における中毒量は，犬よりかなり低いので十分な注意が必要である．

■1　各種の麻酔法

1．表 面 麻 酔

　粘膜や角膜を表面から麻酔する．スプレー，点眼液，ゼリー，液体など様々な剤型で用いられており，眼科検

査・処置，気管内挿管，鼻カテーテル留置，尿道処置などに広く使用されている．

2．浸潤麻酔

局所麻酔薬を局所(皮膚，筋肉，腹膜など)に浸潤させ，その部分を麻酔する方法である．手技は容易だが，麻酔薬が比較的大量に必要であり，また切開部位に麻酔薬が存在するという問題点がある．

3．硬膜外麻酔

第7腰椎・仙椎間の硬膜外に局所麻酔薬を投与する方法である．獣医領域での安全性も高く優れた方法であるが，硬膜外に投与するためには，麻酔あるいは深い鎮静が必要であるため，使用頻度は高くない．

■2 術後の疼痛管理

近年術後鎮痛の重要性が広く認識される様になってきた．局所麻酔薬は，単独で術後鎮痛に用いるには作用時間が短いが，他の鎮痛法と組み合わせると優れた効果を発揮する．例として犬における以下の様な投与部位が挙げられる．いずれも前述の最大使用量を超えない様に投与する必要がある．

1) 腕神経叢： 肘から下の部分の手術における術後疼痛管理に効果的である．
2) 肋　間： 開胸術前，術後あるいは肋骨骨折時に肋間筋に投与する．
3) 胸腔内： 胸腔内にカテーテルを留置し，局所麻酔薬を投与する．開胸術，肋骨骨折時に効果的である．また作用メカニズムはよく分かっていないが，乳腺摘出術，慢性膵炎，胆嚢切開術，腎手術，腹腔手術時にも効果を発揮する．
4) 関節内： 関節手術時に関節内および関節周囲に投与する．
5) 術　創： 術創あるいは骨折整復部位に塗布する様に投与する．

ポ イ ン ト

1. 小動物領域で使用頻度が高い薬は，リドカインとブピバカインである．中毒発現を予防する上で，犬ではリドカインは4 mg/kg，ブピバカインは2 mg/kg以下で用いる．猫における中毒量は，犬より大幅に低いので注意が必要である．
2. 局所麻酔薬はpHが低いとイオン化型が多くなり作用が減弱する．したがって，炎症や感染部位では高用量を必要とする
3. 術後疼痛管理に他の薬剤と併用すると優れた効果を発揮する．
4. リドカインは，抗不整脈薬としても多用されている．

7. 血管拡張薬
Vasodilators

Overview

　人医領域では血管系の障害に起因する疾病が急増しており，多くの血管作動薬が開発されている．全身性の高血圧，心臓や脳循環の改善，心不全治療を目的とする末梢血管の拡張などが血管拡張薬の対象となっている．また，二次的な心肥大や動脈硬化などの増殖性病変の進行を防ぐ目的でも投与される．血管拡張薬は，最近獣医領域でも使用頻度の増している薬物である．伴侶動物の高齢化に伴い増加しているうっ血性心不全や心筋症などによる心不全が主な適応症となっている．

<u>ニトロ化合物</u>
- ニトログリセリン nitroglycerin
- 硝酸イソソルビド isosorbide dinitrate

<u>カルシウムチャネル阻害薬</u>
- ベラパミル verapamil
- ジルチアゼム diltiazem
- ニフェジピン nifedipine
- アムロジピン amlodipine
- ニカルジピン nicardipine
- ニトレンジピン nitrendipine
- ニルバジピン nilbadipine
- ペニジピン penidipine
- マニジピン manidipine

<u>交感神経抑制薬</u>

a．α受容体遮断薬
- プラゾシン prazosine

b．β受容体遮断薬
- プロプラノロール propranolol
- アテノロール atenolol
- メトプロロール metoprolol

アンギオテンシン変換酵素阻害薬
- カプトプリル captopril
- エナラプリル enalapril
- ベナゼプリル benazepril
- ラミプリル ramipril

アンギオテンシンⅡ受容体拮抗薬
- ロサルタン losartan

血管拡張薬
- ヒドララジン hydralazine
- ブドララジン budoralazine

Basics 血圧調節の基礎

■1 血流維持の意義と血圧の調節機構

血液は，各臓器に酸素や二酸化炭素を運ぶと同時に，栄養素を供給している．栄養素の供給という視点からみると，血流は必要量の20〜30倍量を与えており，また二酸化炭素の除去という視点からは約25倍の血流が確保されている．酸素の末梢組織への供給量は4倍程度なので，酸素の供給さえ確保しておけば他の成分の輸送は十分確保されていることになる．

生命の維持にとってもっとも重要なのは，心臓と脳への血液供給である．何か異変が生じた場合，これら2つの臓器への血流は他の器官の血流を振り替えてでも確保される．さらに，臨床の現場で特に問題となるのは異物の代謝と排泄を担う腎血流である．

各臓器へ血液が供給されるためには一定の圧力が必要となる．血圧は血管内腔容積と血液容積の2つの関係で決まる．それぞれ，神経性調節（交感神経および非アドレナリン非コリン作動性神経）ならびに体液性調節（ホルモン系）を受ける．

1．神経性調節

反射による調節であり，中枢の交感神経系興奮が関与する即時型の調節系である．血圧の低下は，頸動脈洞と大動脈弓に存在する血圧センサーで感知され，脳幹の血管運動中枢に伝わる．この刺激は交感神経系を興奮させ，βアドレナリン受容体反応として，心拍数と心収縮力が増大することにより，心拍出量を改善し血圧を維持する．同時にαアドレナリン受容体反応を介して末梢血管平滑筋が収縮し，血圧の維持と重要臓器への血液の優先的な分布が計られる(図7-1)．

2．体液性調節

血管運動中枢の興奮は以下に示す液性因子を介しても血圧を調節する．いわば，神経系とホルモン系の連携プレーともいえる調節系である．また，神経性の調節とは独立した調節系も存在する．

1) 副腎髄質からのエピネフリン（アドレナリン），ノルエピネフリン（ノルアドレナリン）の遊離

心筋のβ_1受容体を介して収縮力の増大をもたらすとともに，血管平滑筋のα_1受容体を介して血管を収縮さ

せる．この機構は血圧を積極的に上げたい時に働く調節機構と考えられている．

2）遠心性腎交感神経を介したレニン分泌

遠心性の腎交感神経の興奮は傍糸球体装置からのレニン分泌を促し，アンギオテンシンIIの産生を亢進する．アンギオテンシンIIは血管収縮（動脈，静脈）を起こすとともに，副腎からアルドステロンを分泌させ，Na^+と水の再吸収を促進して循環血液量を増し，血圧を上昇させる．レニン-アンギオテンシン系は血圧が正常レベルよりも下がった時に働く調節機構と考えられている（図7-1）．

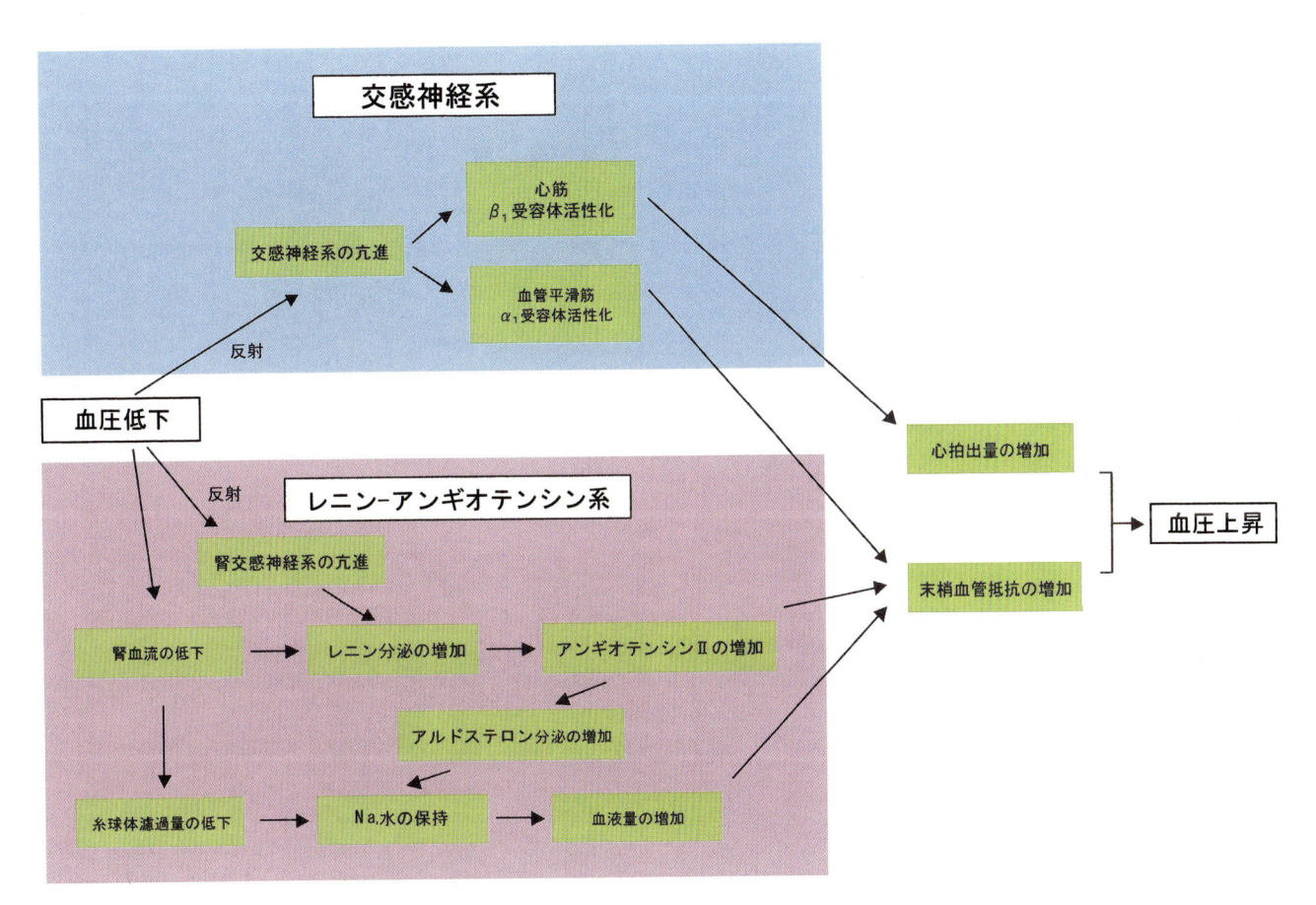

図7-1 血圧調節における交感神経系とレニン-アンギオテンシン系の連携

3）バソプレッシン（抗利尿ホルモン）の分泌

血漿浸透圧の上昇，あるいは圧受容体の興奮をきっかけとする反射を介した機序で，脳下垂体後葉からバソプレッシンが分泌される．バソプレッシンは腎尿細管での水の再吸収を促進し循環血液量を増すとともに，血管収縮を起こす作用もあり，血圧を上昇させる．

4）その他の液性因子

血圧を調節する液性因子は他にも多数あり，重要な役割を果たしている．例として，ヒスタミン，セロトニン，キニン類，心房ナトリウム利尿ホルモン，エンドセリン，アドレノメジュリン，一酸化窒素（NO），プロスタグランジン類などがある．これらは，全身性あるいは局所ホルモンとして作用する．

■2 血管の構造と平滑筋の収縮機構

1. 血管壁の構造

血管壁は，外膜，中膜，内膜の3層からなる．外膜は結合組織層で，太い血管では神経，栄養血管などが分布している．中膜は平滑筋層で，中型以下の動脈では交感神経終末が分布している．内膜は1層の内皮細胞からなる．以前，内皮細胞は血液と組織を隔てる単なるバリアーと考えられていたが，最近では血管平滑筋弛緩因子（一酸化窒素），プロスタグランジンI_2（プロスタサイクリン），エンドセリンなどを産生分泌する分泌細胞としての機能が明らかとなり注目されている（BOX-1）．

2. 血管壁の神経支配

血管は一般的に交感神経系の影響が強い．例外として，唾液腺など一部の臓器の血管には副交感神経支配が分布し，二重支配を行っている．副交感神経系は，むしろ心臓の機能の調節（抑制）を介して血圧を調節している．

血管に分布する抑制性の神経は，非アドレナリン非コリン作動性抑制神経（NANC）である．この神経の伝達物質としては，vasoactive intestinal peptide(VIP)，calcitonin gene related peptide(CGRP)，さらに一酸化窒素(NO)などがある．一酸化窒素は血管内皮細胞からも遊離されるので，血管平滑筋は神経と内皮細胞に由来する一酸化窒素により二重に支配されていることになる．

BOX-1　血管内皮細胞の機能

血管内皮細胞は，心血管系の全ての内面をおおう一層の細胞層であり，血液と間質との境界をなし，受動的，選択的透過性を示す．ちなみに毛細血管は一層の内皮細胞のみからなる．近年，内皮細胞は多くの生理活性物質を産生し，血管の緊張や血小板凝集を制御していることが明らかになった．

分泌細胞としての主な機能には以下のものがある．

1) プロスタグランジンI_2の産生： プロスタグランジンI_2は強い血管弛緩作用と血小板凝集抑制作用を有している．一方，血小板が作るトロンボキサンA_2は強い血管収縮作用と血小板凝集作用がある．生理的には両者がバランスを保つことにより，血流と血管の修復を調節していると考えられている（陰陽バランス説）．

2) 内皮細胞由来弛緩物質の遊離： 1980年，米国のFurchgottにより発見されたもので，1988年にIgnarroらおよびMoncadaらにより一酸化窒素（NO）であることが明らかにされた．現在では一酸化窒素以外に，細胞膜の過分極因子の存在も示唆されている．Furchgott, Ignarroそしてニトログリセリンの作用が一酸化窒素であることを明らかにしたMuradの3名は1998年のノーベル医学生理学賞を受賞した．

3) エンドセリンの遊離： 1988年，柳沢らにより発見された物質である．その作用は多岐にわたるが，循環系においては，強力な血管平滑筋収縮作用ならびに血管内皮細胞に作用して一酸化窒素合成を盛んにする作用，さらに強心作用を有している．

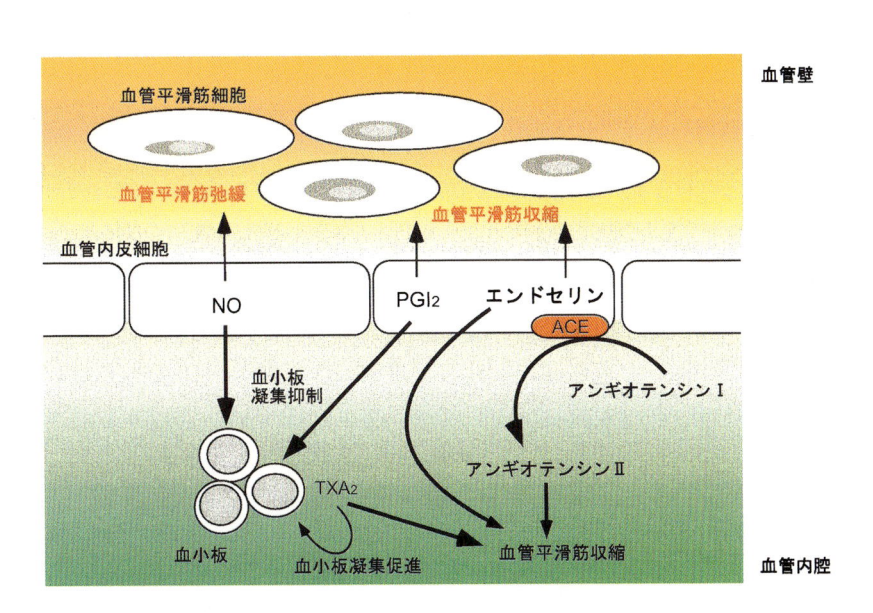

図7-2 血管内皮細胞の多彩な機能

3. 平滑筋の収縮機構

横紋筋，平滑筋を問わず，筋収縮はアクチンフィラメントとミオシンフィラメントの滑走によって生じる．骨格筋・心筋などの横紋筋のON-OFFスイッチはアクチン側にあるトロポニンが担うが，平滑筋では重鎖と軽鎖の2つのコンポーネントからなるミオシン分子のうち軽鎖がミオシン軽鎖キナーゼによりリン酸化され収縮が開始する．ミオシン軽鎖キナーゼはCa^{2+}とカルモジュリンで活性化される．したがって，細胞内のCa^{2+}濃度上昇が平滑筋収縮の引き金となる（図7-3）．

カルシウムチャネル阻害薬(後述)は，Ca^{2+}流入経路の1つであるL-型Ca^{2+}チャネルに直接作用してチャネル活性を抑制し，細胞内Ca^{2+}濃度の増加を抑制して平滑筋を弛緩させる（図7-4）．

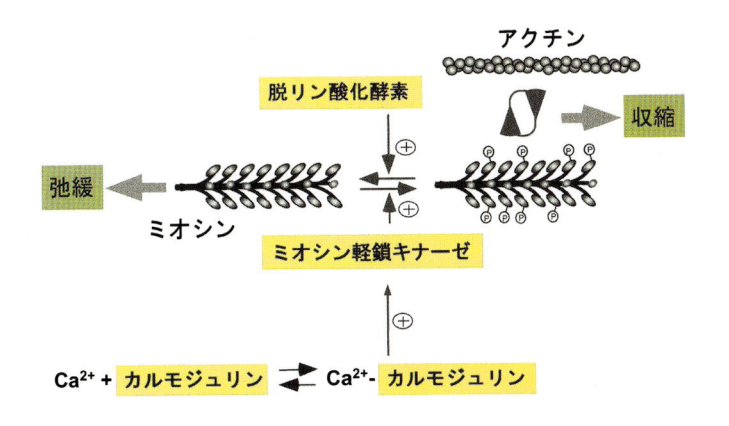

図7-3 平滑筋収縮タンパク質のCa^{2+}による制御機構

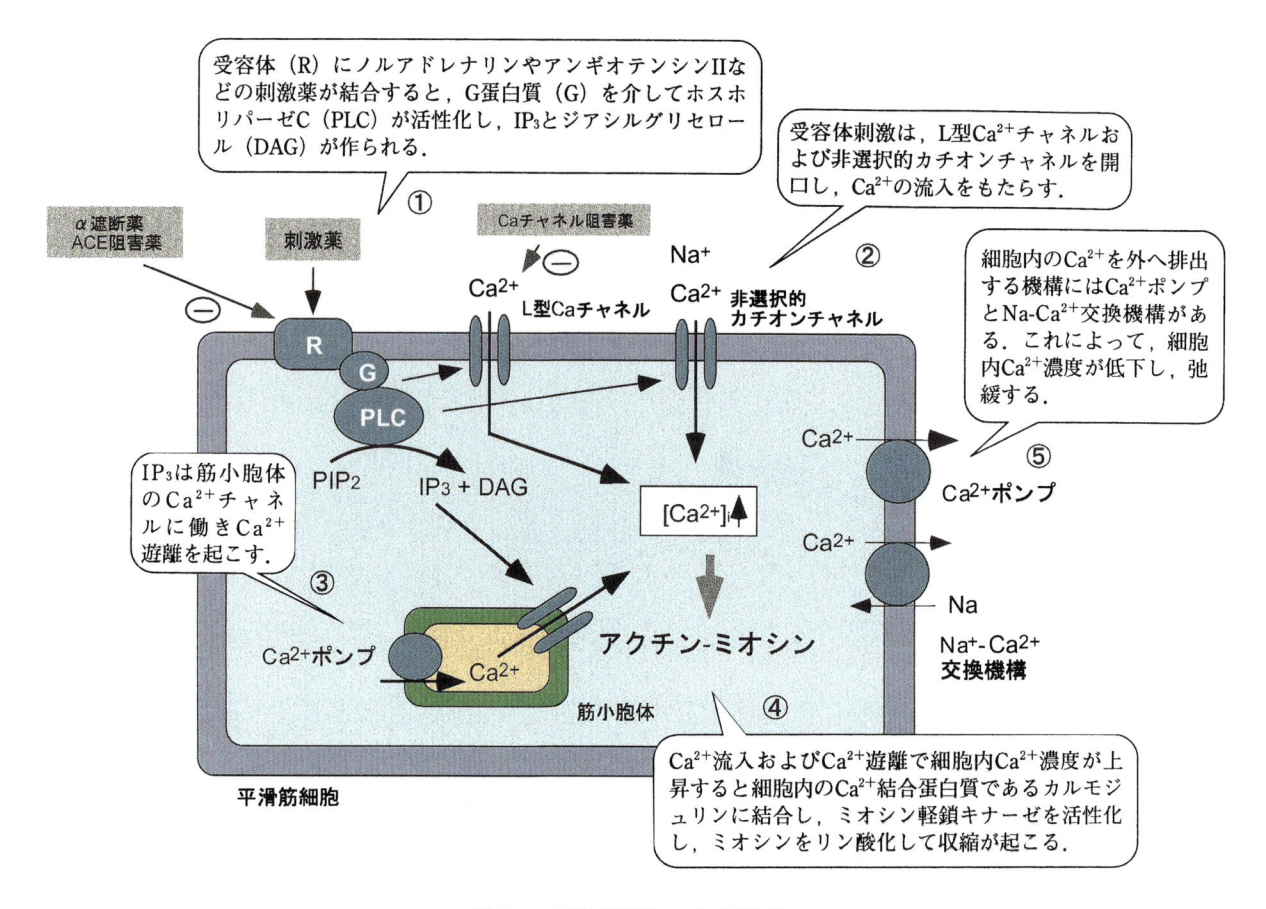

図7-4 平滑筋細胞のCa²⁺動態

Drugs　血管拡張薬の種類と特徴

■1　ニトロ化合物（亜硝酸薬）

　ニトロ化合物は一酸化窒素を供給する薬剤である（NO donor）．すなわち，生理的に血管内皮あるいは非アドレナリン非コリン作動性抑制性神経から遊離される一酸化窒素を補う役割を果たす．一酸化窒素は，動脈も弛緩させるが，冠状血管と静脈に対する弛緩作用が特に強く，心臓にはほとんど作用しない．他の血管拡張薬と比べると，心筋の虚血状態を改善する作用が強い（図7-5）．

　ニトロ化合物の作用は，血管平滑筋細胞のグアニル酸シクラーゼの活性化と，これに続くcGMP濃度の上昇による．K^+チャネル活性化による細胞膜の過分極（興奮性の低下），Ca^{2+}チャネルの抑制によるCa^{2+}流入の抑制，ミオシン燐酸化過程のCa^{2+}感受性の低下など，複数の機序がcGMPの上昇によって引き起こされ血管平滑筋を弛緩させる．

　ニトロ化合物を使う際，投与量のコントロールがうまくできないと過度の血圧低下をもたらすので注意する．また，長期の連用によって依存性と耐性が生じやすい．獣医学領域においてニトロ化合物が用いられるのは，うっ

7. 血管拡張薬

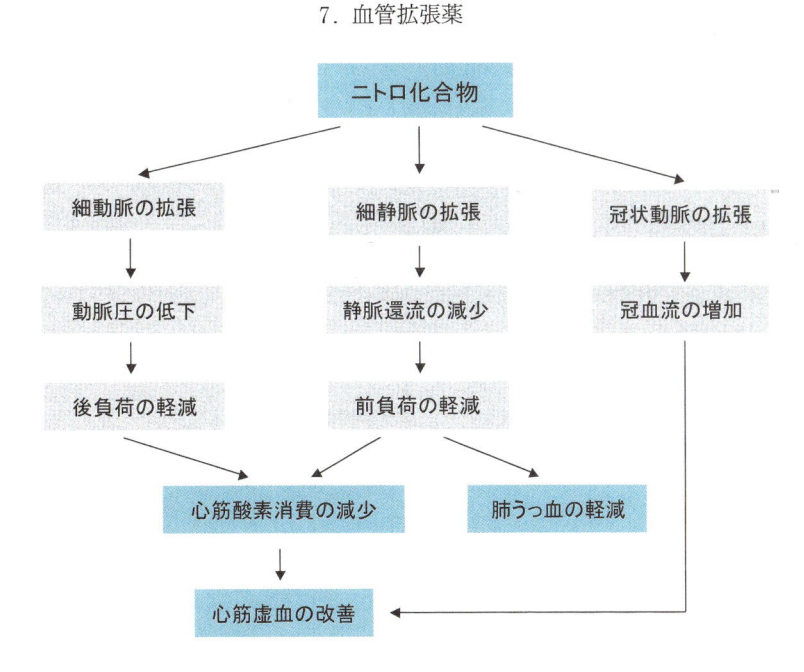

```
                    ニトロ化合物
         ┌─────────────┼─────────────┐
         ↓             ↓             ↓
     細動脈の拡張    細静脈の拡張    冠状動脈の拡張
         ↓             ↓             ↓
     動脈圧の低下    静脈還流の減少   冠血流の増加
         ↓             ↓             │
     後負荷の軽減    前負荷の軽減     │
         └──────┬──────┴──────┐      │
                ↓             ↓      │
          心筋酸素消費の減少  肺うっ血の軽減
                ↓                    │
            心筋虚血の改善 ←──────────┘
```

図7-5 ニトロ化合物による心筋虚血改善の機序

血性心不全による肺水腫の治療を目的とした場合が多く，緊急時あるいは重度の肺水腫に対し利尿剤とともに用いられる．この効果は，静脈を拡張し心臓に還流する血液量（前負荷）を減少させることにより得られる．

代表的なニトロ化合物として，ニトログリセリンと硝酸イソソルビドがある．ニトログリセンリンは，人では抗狭心症剤として100年以上の歴史を持つ薬剤である．消化管からは吸収されないので，舌下錠，注射，軟膏，テープなどとして用いる．硝酸イソソルビドは内服可能な亜硝酸薬である．

■2　カルシウムチャネル阻害薬（カルシウム拮抗薬またはカルシウムブロッカー）

血管平滑筋の収縮は細胞内 Ca^{2+} 濃度の上昇により生じる（図7-4）．カルシウムチャネル阻害薬は平滑筋の主要な Ca^{2+} 流入経路である Ca^{2+} チャネルを閉鎖して，血管平滑筋を弛緩し，血管を拡張させる．試験管内実験で，栄養液中の Ca^{2+} 濃度を増加させるとその抑制作用が拮抗される関係にあることから，カルシウム拮抗薬またはカルシウムブロッカーとも呼ばれる．ベラパミル，ジルチアゼム，ニフェジピンが代表的な薬である．

Ca^{2+} チャネルは心筋細胞にもあるので，カルシウムチャネル阻害薬は心筋の活動も抑制する．Ca^{2+} チャネル依存性の高い刺激伝導系の心筋細胞はカルシウムチャネル阻害薬に対する感受性がさらに強く，薬剤投与により房室結節伝導速度は低下し，絶対的不応期は延長し，これによって不整脈も改善される．その他，血管の部位によっても若干の感受性の差が見られる（表7-1）．

1．フェニルアルキルアミン系薬

カルシウムチャネル阻害薬としては最も歴史が古く，ベラパミルを代表とする．血管平滑筋弛緩作用とともに心筋に対しても抑制的に働く．ベラパミルは特に刺激伝導系の歩調取りをする特殊心筋細胞への選択性が強いために，心不全でしばしば発現する不整脈を抑制するという特徴もある（第9章参照）．さらに，ベラパミルは心臓

の栄養血管である冠状動脈を広げる作用もある．これら複数の作用により，心筋保護作用をもたらし，心機能を改善する．

2．ベンゾチアゼピン系薬

ジルチアゼムが代表的な薬である．我が国で開発された薬剤で，ベラパミルと同様に比較的心臓のCa^{2+}チャネルに対して特異性が高いが，心筋抑制作用がベラパミルより弱いため，血管系への作用を期待する場合はベラパミルと比べ使いやすい．

3．ジヒドロピリジン系薬

ニフェジピン，ニカルジピン，ニトレンジピン，アムロジピン，ニルバジピン，ベニジピン，マニジピンなど多くの誘導体がある．ベラパミルやジルチアゼムと比べ，血管に対する選択性が高く，人ではもっぱら高血圧の治療薬として用いられる．上記のジヒドロピリジン系薬には選択性など作用の特徴に大差はないが，持続時間に差があり，投与回数を調節できる（例：ニトレンジピン，アムロジピン，マニジピンは持続時間が長い）．

表 7-1　代表的カルシウムチャネル阻害薬の臓器特異性

	ベラパミル (フェニルアルキルアミン系)	ジルチアゼム (ベンゾチアゼピン系)	ニフェジピン (ジヒドロピリジン系)
末梢血管拡張作用	＋	＋	＋＋＋
椎骨動脈，脳動脈拡張作用	±	＋	＋＋
冠動脈拡張作用	＋＋	＋＋	＋＋＋
腎動脈拡張作用	＋	＋	＋＋
洞調律および房室伝導系への抑制作用	＋＋	＋	±

■3　交感神経抑制薬

交感神経抑制薬には，交感神経系の作用を効果器の受容体レベルでブロックするもの，アドレナリン作動性神経終末からの伝達物質放出を抑制するもの，交感神経中枢性に作用して働くものなどがある．獣医領域で使われるのは主に受容体拮抗薬で，伝達物質放出阻害剤（グアネチジン，レセルピンなど）や中枢性のα_2受容体刺激薬（クロニジンなど）が使われることはほとんどない．

1．α受容体遮断薬

血管平滑筋では，交感神経が興奮するとα_1作用により血管が収縮して血圧が上昇する．α_1遮断薬として，プラゾシンなどがあり，心拍数や心拍出量を直接変化させることなく血管を拡張させる．動脈，静脈ともに強力な血管拡張作用を示すため，混合型血管拡張薬とも呼ばれる．

もっとも頻度の高い副作用は低血圧であり，投与開始直後に生じやすいので注意する．

2．β受容体遮断薬

最近プロプラノロールをはじめとするβ遮断薬の抗高血圧作用が注目されている．作用が穏やかで使いやすい

というのが理由の1つである．β受容体に非選択的なプロプラノロール，ブプラノールや，β_1受容体に選択的なアテノロール，メトプロロールなど多数の製剤があり，副作用も少ない．理論的には，β_2刺激が冠血管で弛緩作用を示すことから，非特異的なβ遮断薬に比べβ_1の選択的な遮断薬が優れている．β遮断薬には，内因性交感神経刺激作用（Intrinsic sympathomimetic activity：ISA）のあるものとないものとがある（BOX-2参照）．

　β遮断薬の血圧低下作用は末梢血管抵抗の減少による．この作用には，①心筋収縮の抑制，②腎からのレニン分

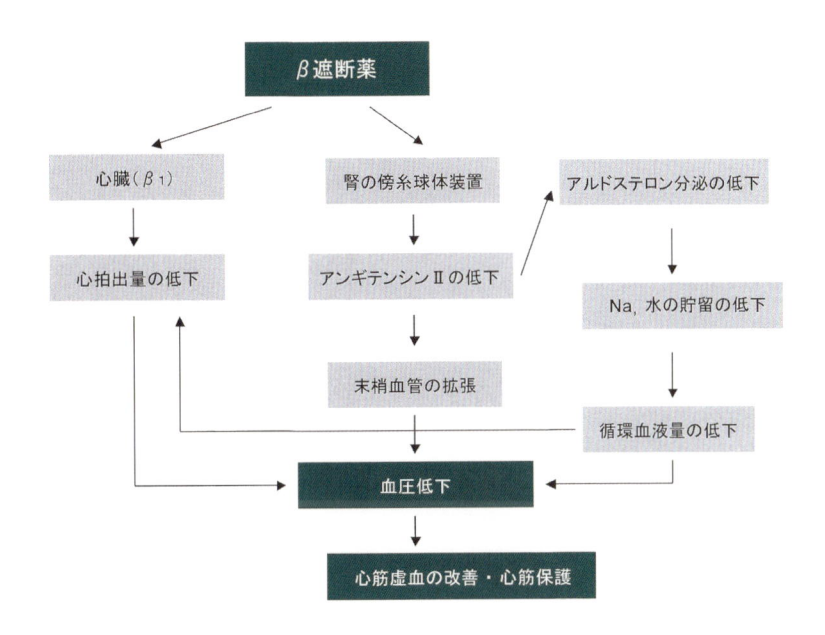

図7-6　β遮断薬による血圧低下作用の機序

BOX-2　ISA（Intrinsic sympathomimetic activity；内因性交感神経刺激作用）

　受容体において拮抗的に作用する薬物には，それ自身で弱いながらも受容体を刺激する作用を有することがある．このような拮抗薬は部分活性化薬といわれる．

　通常のβ遮断薬は，内因性カテコールアミンが存在する場合，これとβ受容体で拮抗して効果を表す．これに対して，ISAを持つβ遮断薬は，内因性カテコールアミンが存在する場合には，同様にβ遮断効果を示すが，カテコールアミン枯渇時，すなわち安静時などで交感神経活性が低下している場合には，軽度ではあるが逆にβ刺激作用を示すことになる．このような性質から，ISAを有するβ遮断薬は，これを持たないβ遮断薬と比べて心機能抑制が比較的軽度で徐脈や房室ブロックを起こしにくく，投与初期に考慮しなくてはならない少量漸増法がたやすくできる，また重症の心不全にも比較的安全に使用できる，といった利点があるとされている．

　現在30種あまりもβ遮断薬が開発され市場に出ている．これらは，β_1に選択性のあるものとないものに分類されるが，さらに各々はISAのあるものとないものとに分類されている．

泌の抑制，③中枢の交感神経の抑制，などの機序が関与すると考えられている（図7-6）．β遮断薬は降圧作用だけではなく，心拍数低下作用と心筋抑制効果を示し心筋酸素需給バランスを改善し，さらに抗不整脈作用も示す．

■4　アンギオテンシン変換酵素阻害薬（ACE阻害薬）

レニン-アンギオテンシン系という複雑な血圧調節機構の中で（図7-1,7），直接血管（動脈および静脈）を収縮させる物質はアンギオテンシンIIであり，最終的にアンギオテンシンIIを作り出す酵素が，アンギオテンシン変換酵素（angiotensin converting enzyme；ACE）である．アンギオテンシンIIは血管平滑筋収縮作用に加え，副腎髄質からのアルドステロン分泌を増加させるので，これによって体液量が増加して二次的に血圧を上げる作用もある．したがって，ACE阻害薬は，動脈および静脈拡張薬として作用し，血清アルドステロン濃度を減少させるため，うっ血性心不全に対する治療薬としてきわめて有用である．

アンギオテンシンIIには血管収縮作用だけではなく，血管平滑筋細胞の増殖を盛んにして動脈硬化を促進させる作用があり，また心肥大を促進させる作用もある．したがってACE阻害薬は，慢性，増殖性の病変を伴う心臓や血管系などの循環器疾病にも有効である．特に，心肥大抑制作用を含む心筋保護作用は，他の血管拡張薬と比べACE阻害薬の持つ大きな利点といえる．

ACE阻害薬は，他の血管拡張薬と比べ効果が高いにもかかわらず，副作用が少なく使いやすい．副作用としては低血圧があるが，発現頻度は低い．また，腎機能低下例，両側腎血管性高血圧（人）などでは，降圧によりさらに腎機能が低下する場合がある．

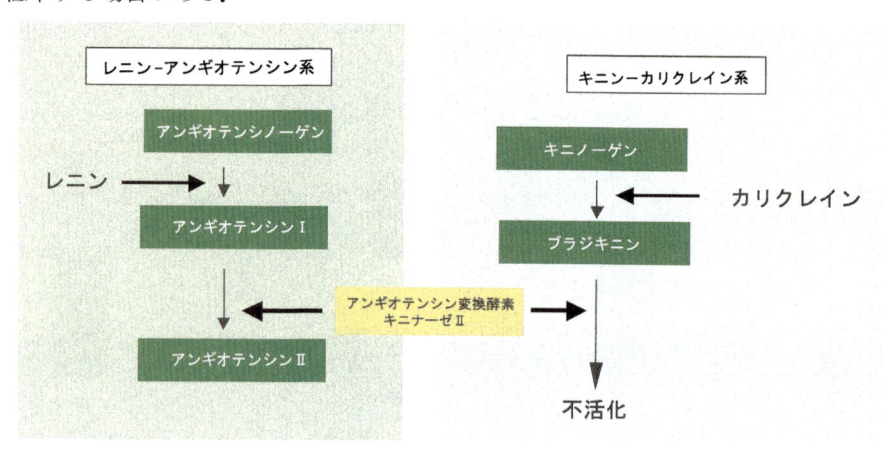

図7-7　レニン-アンギオテンシン系とキニン-カリクレイン系の関係
　アンギオテンシン変換酵素とキニナーゼIIは同一の酵素であるため，アンギオテンシン変換酵素阻害薬は同時にブラジキニンの産生を増加させる．ブラジキニンは血管内皮細胞に働きNOの合成を盛んにするので，血管拡張をもたらすが，気道粘膜を刺激して空咳を誘発したり，血管浮腫などの副作用をもたらす．

1．カプトプリル

カプトプリルは最初に開発されたACE阻害薬であるが，現在では12種類以上の類似薬が市販されている．

2．エナラプリル

エナラプリルは犬の僧帽弁閉鎖不全症を適応とした動物薬で，獣医領域で最も頻繁に用いられている血管拡張

薬である．エナラプリルは肝臓で活性型のエナラプリラートに転換され作用を発揮する．この薬は，作用持続時間が長いため一日1〜2回の投与でよい．

3．ベナゼプリル，ラミプリル

ベナゼプリルは，最近新たに動物用医薬品として開発されたACE阻害薬で，肝臓で代謝されベナゼプリラートに変換されて作用を発現する．投与後2〜3時間で血中濃度がピークに達し，その半減期は約24時間と他剤に比べ長い．排泄は50%が腎臓から，50%が胆汁から行われる．ラミプリルも同様に，胆汁排泄型で長時間作用型のACE阻害薬である．

■5　アンギオテンシンII受容体拮抗薬

アンギオテンシン受容体はAT_1とAT_2に細分類されており，血管収縮作用やアルドステロンの分泌にはAT_1受容体が関与している．最近，ロサルタンなどのAT_1受容体拮抗薬が開発され臨床の場でも使われ始めた．アンギオテンシンIIの作用そのものを受容体レベルで抑えるので，ACE阻害薬と比べ作用がより直接的で効果の切れ味もいいことが大規模臨床試験で証明されている．ACE阻害薬により生成されるブラジキニン（図7-7）による副作用として，空咳き（人）や血管浮腫があるが，AT_1受容体拮抗薬には，理論的にもまた実際にもこのような副作用が存在しない．

ロサルタンの代謝産物であるEXP 3174はロサルタンの10倍強い活性を持つ．ロサルタンの作用は緩徐で持続的であるが，その理由として体内で徐々に生成される代謝産物のEXP 3174が関与しているといわれる．犬ではACEだけではなくキマーゼによってもアンギオテンシンIIへの変換が行われる（BOX-3）．したがって，理論的にはAT_1受容体拮抗はACE阻害に比べ優れており，AT_1受容体拮抗薬はACE阻害薬に代わるものとして，今後獣医領域でも使われることになると予想される．

BOX-3　キマーゼ

最近，アンギオテンシンIIの生成にはアンギオテンシン変換酵素（ACE）とは別にキマーゼと呼ばれる酵素が関与することが明らかにされている．キマーゼは肥満細胞で合成され，分泌顆粒中に貯蔵され，脱顆粒に伴い細胞外へ放出される．細胞外へ分泌されたキマーゼは細胞外マトリックスに結合して固定化酵素として存在する．

キマーゼの役割は動物種により差があり，特に人や犬でこの酵素によるアンギオテンシンIIの産生の割合が高いといわれる．また，キマーゼは心肥大の増悪に強く関係するともいわれている．キマーゼはACE阻害薬で抑制されないことから，ACE阻害薬と比べてアンギオテンシン受容体拮抗薬が優れている，という理論的な根拠にもなっている．

■6　その他の血管拡張薬

その他の血管拡張薬として，ヒドララジン，ブドララジンなどがある．これらは細動脈の拡張作用があり古くから使用されていることから単に「血管拡張薬」とも呼ばれる．作用点は血管平滑筋であるが，作用機序は未だ

によく分からない．Ca^{2+}チャネル阻害作用や収縮タンパク質抑制作用など，複数の機序を持つと考えられている．動脈拡張作用により，動脈圧を低下させ（後負荷減少），肺水腫を軽減し，左房拡張に伴う咳を減少させるため，僧帽弁閉鎖不全症によるうっ血性心不全の治療に用いられる．近年他に多くの薬剤が開発されたことで使用頻度は減少しているが，ACE阻害薬抵抗性の僧帽弁閉鎖不全症で代替薬剤あるいは併用薬剤として用いられることがある．

7 利尿薬

利尿薬は，細胞外液量を減少させ，その結果循環血液量を減少させ，さらに心拍出量を減少させることにより降圧効果を示す．ただし，カリウム喪失という代謝系への副作用のため，特にチアジド系利尿薬は次第に使われなくなってきている．一方，最近注目されているのが，アルドステロン拮抗薬のスピロノラクトンである．血管拡張作用はないが，虚血性の心疾患にはACE阻害薬と同等の効果があることが最近証明された（利尿薬の詳細は第11章参照）．

BOX-4　血管拡張薬投与の原則

血管拡張薬や利尿薬は心臓への負荷を軽減し，弱った心臓を休ませる薬で，心不全の原因を取り除く薬ではない．このことは，症状が回復したからといって投薬をやめれば，原因が解決されない限り症状はすぐに元へ戻ることを意味する．場合によっては，リバウンドが出て治療開始以前よりもかえって症状が悪化することもあり得る．したがって，飼い主には素人判断で薬を飲む回数や量を加減するのは厳禁であることをよく説明する必要がある．症状が改善した後で投薬量を徐々に少なくすることも可能であるが，一般に心不全の多くは老化に伴う疾病で，生涯投薬を続けることが基本である．

Clinical Use　臨床応用

小動物臨床において，血管拡張薬が最も一般的に使用されているのはうっ血性心不全と心筋症に対してであり，その他二次性高血圧に対しても使われる．

1　うっ血性心不全の治療

犬の心不全で圧倒的に多いのはうっ血性心不全，すなわち容量過負荷による心不全であり，なかでも僧帽弁逆流症の関係した心不全が多くを占める．いったん心不全が生じると生体はそれに対して代償機構を働かせ，心機能を維持しようとする．心不全症状の多くは，心臓そのものの問題よりはこの代償作用が過剰に働くことにより出現すると考えられている．このため心不全の治療では，まずは心仕事量を減らすことと，そして過剰な容量負荷と心拡張を減らすことに主眼が置かれ，その後，心不全のステージの進行に伴って強心薬を加えていくというのが一般的な考え方である．このなかで，心仕事量を減らし，容量負荷と心拡張を軽減させるために投与されるのが，血管拡張薬と利尿薬である．慢性心疾患では，これらの薬剤だけで十分な症状の改善が得られることが多い．

血管拡張薬として最も頻繁に用いられるのはACE阻害薬である．ACE阻害薬は，アンギオテンシンⅡの生成を減らすだけでなく，血清アルドステロン濃度を低下させる作用を持ち，血管拡張ならびに容量負荷の軽減の両方の作用も持つため，治療効果が高い．またACE阻害薬は副作用が少なくて使いやすく，さらに心肥大の促進を抑制する作用もあるため，心不全症状が軽度の段階から使用されることが多い．

ACE阻害薬の中でカプトプリルは1日2～3回の投与が必要で（犬：0.5～2 mg/kg，PO，BID，TID，猫：2 mg/kg，PO，BID，TID），エナラプリルと比較して胃腸障害が出現しやすい．また，薬物の約50％が腎臓から排泄されるため，腎不全動物では投与量を減らす必要がある．一方，エナラプリルは，作用持続時間が長いため1日1～2回の投与でよく（犬，猫：0.25～0.5 mg/kg，PO，SID，BID），また犬での胃腸障害もまれであるため使いやすい．しかし，薬物の大部分が腎臓から排泄されるため，腎不全動物では，十分な注意が必要である．ベナゼプリルもエナラプリルと同様に半減期が長く，犬における投与量は，0.25～1.0 mg/kg，PO，SIDである．ベナゼプリルは，排泄が腎臓と肝臓で半々に行われることから，腎不全のある患者でも使いやすい．

ACE阻害薬は，高窒素血症を引き起こすことがあるため注意が必要である．これは心不全動物では，糸球体濾過量を維持するために，腎輸出細動脈を収縮させ，糸球体内圧を保っているが，ACE阻害薬を投与すると輸出細動脈の拡張が生じ，糸球体濾過量が低下することがあるためである．したがって，ACE阻害薬を使用する場合は，投与前，そして投与後約1週間で血液検査を行い，異常が認められた場合は投与量を減らす必要がある．また，利尿薬を併用している場合は利尿薬の投与を中止する．

一方，重度のうっ血性心不全による肺水腫がありACE阻害薬では十分なコントロールができない場合，ACE阻害薬に加え静脈拡張薬を投与することによって臨床症状の改善が得られる場合がある．また，緊急時あるいは重度の肺水腫に対しては，ACE阻害薬を利尿剤とともに用いるとよい．静脈拡張薬の代表的なものはニトロ化合物であり，ニトログリセリンと硝酸イソソルビドがよく用いられる．ニトログリセリンは，消化管からは吸収されないので，舌下錠，注射，軟膏，テープなどとして用いるが，軟膏を使用する場合には動物では耳介に塗布する（犬：0.65～2.5 cm（チューブから出した長さ），TID）．また，緊急時に舌下錠（0.3 mg/3～5 kg）を包皮内あるいは腟内に投与することもある．硝酸イソソルビドは，内服可能な硝酸剤であり，犬における投与量は0.5～2.0 mg/kg，PO，BID，TIDである．使用にあたっては，過度の血圧低下を来さないように注意する．

■2　特発性心筋症の治療

特発性心筋症は心筋に異常を来す疾患であり，その原因はよく分かっていない．特発性心筋症は，大きく拡張型心筋症，肥大型心筋症，拘束型心筋症の3つに分けられる．犬では拡張型心筋症が大部分を占める．これに対して，猫では肥大型心筋症が最も多く，次いで拘束型心筋症も多くみられる．拡張型心筋症は最近ではほとんど見られなくなった．拡張型心筋症では，心筋が拡張することによって，心拍出量を維持するために十分な圧を生み出すことができず，また容量過負荷が生じることによってさらに壁のストレスが増加し，心不全が進行する．一方，肥大型心筋症では，筋細胞の過剰な成長により，心室容量が顕著に減少し，拡張期充満容量と一回拍出量が大幅に減少する．拘束型心筋症では，心内膜，心内膜下あるいは心筋の広範囲な部位に線維症がみられ，主な異常は左室の線維症による二次的な拡張期充満障害による．

犬の拡張型心筋症の治療では，心拍出量の確保，うっ血性心不全症状の軽減，不整脈のコントロールが主な目標となる．投薬の中心は強心薬であるジギタリス，ACE阻害薬，利尿薬であり，必要に応じて抗不整脈薬や他の薬剤を加える．また，急性心不全症状を呈している場合には，カテコールアミン，PDE Ⅲ阻害薬，ニトログリセリン，気管支拡張薬，鎮痛薬，酸素吸入などを併用する必要がある．この中で血管拡張薬の使い方は，基本的に

前述のうっ血性心不全と同様であるが，ジギタリス投与で心拍数が有意に減少しなかった場合には，心拍数の管理を目的にβ遮断薬あるいはカルシウムチャネル阻害薬を追加するとよい．

　β遮断薬としてはプロプラノロール，アテノロールなどが主に使われる．プロプラノロールの用量は，0.2〜1.0 mg/kg，PO，TID で（または 0.02〜0.06 mg/kg，IV，ゆっくり投与），アテノロールは 0.2〜1.0 mg/kg，PO，SID，BID，その他メトプロロールは，犬で 5〜60 mg/kg，PO，TID，猫で 2〜15 mg/kg，PO，TID とされている．β遮断薬は気管平滑筋を収縮させるので，呼吸器疾患のある場合は慎重に投与する．β遮断薬は本来，心臓の収縮力を弱める作用を持つため心不全には禁忌とされていたが，拡張型心筋症に伴う心不全にかえって有効な場合があることが知られるようになってきたため，最近，拡張型心筋症に伴う心不全の進行を遅らせる薬としても注目されるようになってきた．しかし，その使用にあたっては，心不全の状態を厳密にチェックし，投与初期には慎重に管理する．

　カルシウムチャネル阻害薬としては，ベラパミル，ジルチアゼムなどが用いられる．ベラパミルの犬における投与量は，0.5〜2.0 mg/kg，PO，TID である．ジルチアゼムは，低用量（0.25 mg/kg，PO）から始め，十分な効果が得られるまで徐々に増量する（犬：0.5〜1.5 mg/kg，PO，TID；猫：0.5〜2.5 mg/kg，PO，TID）．ベラパミルとジルチアゼムを比較すると，心筋収縮抑制作用がジルチアゼムでは弱いので，ジルチアゼムが好んで用いられる．

　猫の肥大型心筋症の治療では，心室充満の改善，うっ血性心不全症状の軽減，不整脈のコントロールおよび血栓塞栓症の予防が主な目標となる．急性心不全症状を呈している場合には，できるだけストレスがかからないように利尿薬，ニトログリセリン，気管支拡張薬，β遮断薬あるいはカルシウムチャネル阻害薬，抗不整脈薬，抗凝固薬を投与し，さらに酸素吸入などを行う．なお，ジギタリスやカテコールアミンは状態をさらに悪化させるため基本的には禁忌である．維持療法としては，利尿薬であるフロセミド，カルシウムチャネル阻害薬であるジルチアゼム（0.5〜2.5 mg/kg，PO，TID）あるいはアムロジピン（0.625 mg/head，PO，SID）もしくはβ遮断薬であるプロプラノロール，アテノロール（上述の犬の用量と同様），さらには抗凝固薬としてアスピリン（25 mg/kg，PO，3日ごと）などが用いられる．

■3　高血圧の治療

　高血圧は人では頻繁に見られる疾患で，その大部分は特発性あるいは本態性高血圧である．一方，犬や猫でも高血圧を呈する例があることが知られるようになってきたが，それらは大部分が二次性のものであり，犬では腎疾患，副腎皮質機能亢進症，糖尿病，肝疾患，褐色細胞腫，猫では腎疾患，甲状腺機能亢進症などに伴うことが多い．しかし，動物において，どのレベルからを高血圧とするかの定義ははっきりしておらず，また年齢や動物種，品種によっても血圧の正常値範囲は異なるものと考えられる．さらに，明らかに血圧が高い動物でも，これに関連すると考えられる臨床症状を伴わない例も多く存在することから，高血圧の診断は，繰り返し血圧測定を行うこと，そして症状との関連性を注意深く観察することによって慎重に行う必要がある．

　高血圧の状態が慢性に経過すると，細動脈が収縮した状態が続き，さらに動脈硬化症へと進行する．このような変化は，毛細血管の低酸素状態，組織損傷，出血，梗塞を引き起こし，眼，腎臓，心臓，脳など多数の器官に損傷を与える可能性がある．例えば，眼では眼球内出血，網膜剥離，緑内障などの原因となり得る．また，脳では高血圧による動脈のスパスムあるいは出血が生じる可能性があり，痙攣発作，失神，虚脱，運動失調など様々な神経症状の原因となることがある．その他，鼻出血の原因ともなる．

　腎疾患を原因とする高血圧は腎性高血圧と呼ばれ，水やナトリウム排泄の低下に伴う循環血液量の増加，レニ

ン分泌の増加，プロスタグランジン代謝の異常などが血圧上昇の原因となる．腎性高血圧は，腎血管性高血圧（腎動脈に動脈硬化症や血管炎を来し狭窄や閉塞を生じて起こる），腎実質性高血圧，尿路閉塞性高血圧の3つに分けられる．腎疾患は高血圧を増悪し，また高血圧は腎疾患を悪化させる．すなわち，腎疾患と高血圧の間に悪循環を生じることになる．したがって，血管拡張薬による血圧のコントロールは，腎疾患の対症療法以上に重要な意味を持つ．

重度の高血圧があり臨床症状を伴う場合には，元となる疾患の他に高血圧自体に対する治療も必要となる．治療は塩分制限，減量などとともに薬物療法を行う．薬剤としては，β遮断薬，ACE阻害薬，カルシウムチャネル阻害薬などが一般的に用いられるが，単独では十分な効果が得られず，複数の薬剤を組み合わせて用いる場合も少なくない．薬剤の効果は当初は1〜2週間ごとにチェックし，十分な効果が得られているか，あるいは血圧が下がりすぎていないか検査する．薬の使い方としては，まず1種類の薬物の投与から始め，2〜3週間後にその効果を評価したのち他の薬を試すか決める．また，利尿薬も併用されることが多いが，利尿薬単独で十分な効果が得られることはまれであり，また使用にあったては高窒素血症を来さないよう十分注意する必要がある．

腎性高血圧において最も多く用いられている薬物は，ACE阻害薬であるが，先にも述べた通り使用にあたっては高窒素血症に十分注意する．また腎輸入細動脈を拡張するカルシウムチャネル阻害薬も腎血流を改善する効果が高い．慢性腎不全および甲状腺機能亢進症による高血圧の猫には，カルシウムチャネル阻害薬であるアムロジピンが有効である．その他，α遮断薬，β遮断薬などの降圧薬も使われる．ただし，腎疾患により機能低下が進んだ症例に用いると，降圧により腎血流が低下し，腎機能をさらに悪化させることがあるので注意する．

褐色細胞腫による高血圧に対してはα遮断薬が有効であり，プラゾシンが用いられる．また，猫の甲状腺機能亢進症では，心拍数や心拍出量も低下させることからβ遮断薬であるアテノロールやプロプラノロールが用いられる．

BOX-5　心不全治療の基本：前負荷と後負荷

　心臓から送り出された血液は，大動脈に入り各臓器に送り込まれる．各臓器を巡った血液は静脈を通って心臓に戻る．心臓はまず，血液を送り出すときに動脈の抵抗に逆らって血液を送り出すために負荷を受ける．この心臓から血液が出て行くときにかかる負荷を「後負荷 afterload」という（正確には心筋が収縮するときにかかる荷重をいう）．一方，各臓器を還流して静脈にもどってきた血液も心臓に対して圧力をかけることになりこれを「前負荷 preload」という（正確には心筋がある長さに引き伸ばされるときにかかる荷重をいう）．心臓はこれら2種類の負荷に常にさらされ，仕事をしていることになる．この負荷が過剰となっている場合，これを小さくしてやれば心臓の仕事量は減り，心不全が改善される．

　心臓への負荷を軽減するには様々な方法がある．

　<u>第1の方法</u>は，細動脈を拡張し後負荷を減少させる方法である．細動脈の拡張は心拍出量を増加させ，僧帽弁逆流を減らし，組織灌流を改善する．<u>第2の方法</u>は，静脈を拡張して血液が蓄えられるスペースを作ってやる方法であり，これによって前負荷が軽減する．静脈の拡張は肺うっ血による不安，頻脈，過呼吸，呼吸困難を改善する．<u>第3の方法</u>は，循環血液量を少なくしてやる方法で，利尿薬を用いる方法である．

　この様に，心臓の機能に直接影響を与えずに，血管を拡張させ，あるいは循環血液量を減らして，心臓に

かかる負荷を取り除いて働きすぎの心臓を休ませることが，慢性に経過する心不全治療の基本となる．

さらに，カルシウムチャネル阻害薬のような血管拡張薬には，心筋自体に働いて収縮を抑制する作用，刺激伝導系を抑制して不整脈を抑制する作用，冠血管を拡張して心筋への酸素供給を改善する作用などがある．

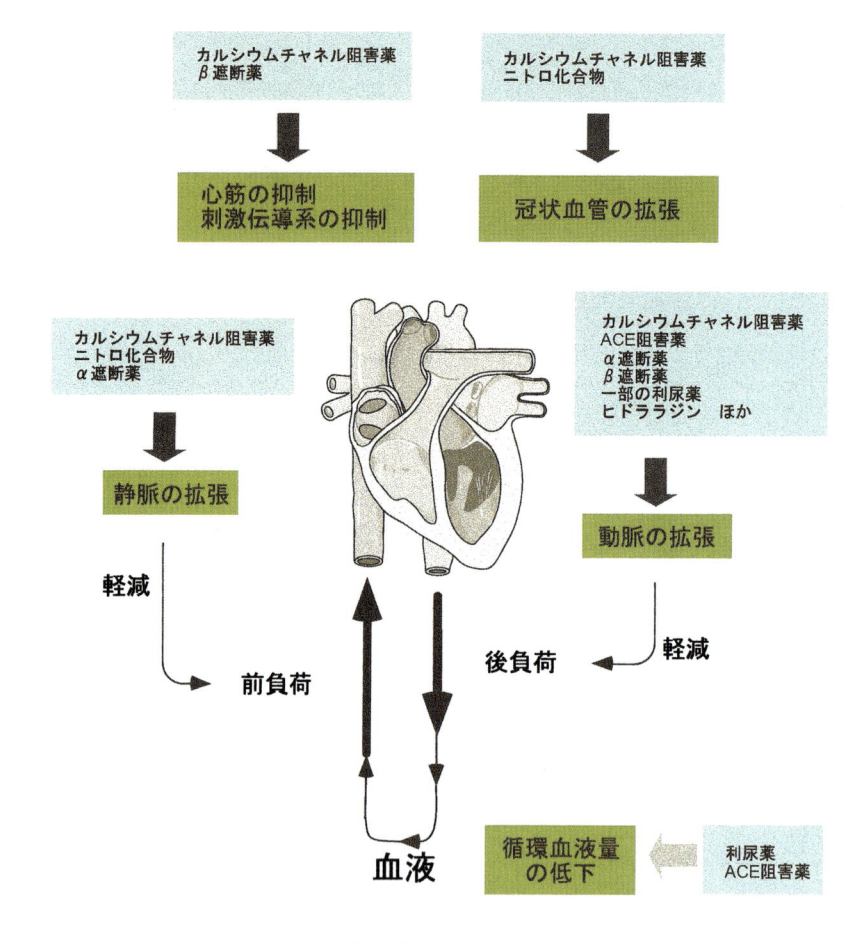

図7-8 前負荷と後負荷，各種血管拡張薬の作用点

表 7-2 血管拡張薬一覧

薬品名	商品名	主な適応症	用量・用法
カルシウムチャネル阻害薬			
ベラパミル	ワソラン	心房細動，肥大性心筋症	犬：0.5〜2mg/kg PO TID 猫：0.5〜1mg/kg PO TID
ジルチアゼム	ヘルベッサー	高血圧，上室性不整脈	0.25mg/kg PO から始め； 犬：0.5〜1.5mg/kg PO TID 猫：0.5〜2.5mg/kg PO TID
アムロジピン	ノルバスク，アムロジン		犬：0.1mg/kg PO SID 猫：0.625mg/head PO SID
ニトロ化合物			
ニトログリセリン	軟膏バソレーター，舌下錠ニトロペン	うっ血性心不全，うっ血性心不全による肺水腫	軟膏ー犬：0.65〜2.5cm 耳介 TID 舌下錠ー犬：0.3mg/3〜5kg
硝酸イソソルビド	ニトロール		犬：0.5〜2.0mg/kg PO BID, TID
交感神経系抑制薬（α遮断薬）			
プラゾシン	ミニプレス	うっ血性心不全	犬：15kg 以下では 1mg TID 　　15kg 以上では 2mg TID
交感神経系抑制薬（β遮断薬）			
プロプラノロール	インデラル	上室性・心室性不整脈，肥大性心筋症	犬，猫：0.2〜1.0mg/kg PO TID 　　　　0.02〜0.06mg/kg IV ゆっくり投与
アテノロール	テノーミン		犬：0.2〜1.0mg/kg PO SID, BID 猫：6.25〜12.5mg/頭 PO SID
メトプロロール	セロケン，ロプレソール		犬：5〜60mg/head PO TID 猫：2〜15mg/head PO TID
アンギオテンシン変換酵素阻害薬		うっ血性心不全	
カプトプリル	カプトリル		犬：0.5〜2mg/kg PO BID, TID 猫：2mg/kg PO BID, TID
エナラプリル	エナカルド，レニベース		犬，猫：0.25〜0.5mg/kg PO SID, BID
ベナゼプリル	フォルテコール，チバセン		犬：0.25〜1.0mg/kg PO SID
ラミプリル	バソトップ	うっ血性心不全	犬：0.125〜0.25mg/kg PO SID
その他			
ヒドララジン	アプレゾリン	高血圧	犬：0.5mg/kg PO BID から始め，臨床症状に応じて，3mg/kg, BID まで 猫：0.5〜0.8mg/kg PO BID

ポイント

1. 心不全により血圧が低下すると，正常値を維持するために神経性および体液性調節が働く．慢性状態では，特にレニン-アンギオテンシン-アルドステロン系が亢進する．
2. 血管拡張薬や利尿薬は心臓への負荷を軽減し，弱った心臓を休ませる薬で，心不全の原因を取り除く薬ではない．生涯投薬を続けることを基本とする．

3. ACE阻害薬は，他の血管拡張薬と比べ効果が高いにもかかわらず，副作用が少なく使いやすい．ただし，高窒素血症には注意が必要である．
4. ニトロ化合物は細胞内で一酸化窒素を遊離して作用する．特に静脈，冠血管を強く拡張させる．
5. カルシウムチャネル阻害薬は血管平滑筋弛緩作用とともに，心筋に対しても抑制的に働くため，高血圧，肥大性心筋症，不整脈などに使われる．
6. β受容体遮断薬は，降圧作用のほか，心拍数低下，心筋抑制作用効果を示す．作用が穏やかで使いやすい．

8. 強 心 薬
Cardiotonics

Overview

　犬と猫の平均寿命が延びるにしたがって循環器系の疾患が増加している．特に犬の僧房弁閉鎖不全症に伴ううっ血性心不全は，獣医診療の中の慢性疾患においても中心的な疾病となっている．心疾患に対する治療には，心臓そのものを対象にしたものと，循環器系全般を考慮して心臓への負担を軽減する治療法とがある．心臓はきわめてダイナミックに活動する臓器であり，また心臓に作用する薬は一般に切れ味がよい．急性あるいは慢性疾患を問わず，強心薬は薬理作用を十分に理解した上で使用する必要がある．

強心配糖体
- ジゴキシン　digoxin
- メチルジゴキシン　methyldigoxin
- ジギトキシン　digitoxin
- ウワバイン　ouabain（G-ストロファンチン　G-strophanthin）

カテコールアミン薬
- ドパミン　dopamine
- ドブタミン　dobutamine
- エピネフリン　epinephrine（アドレナリン　adrenaline）
- イソプロテレノール　isoproterenol（イソプレナリン　isoprenaline）
- ノルエピネフリン　norepinephrine（ノルアドレナリン　noradrenaline）
- フェニレフリン　phenylephrine

ホスホジエステラーゼ阻害薬
- アムリノン　amrinone
- ミルリノン　milrinone
- オルプリノン　olprinone

キサンチン誘導体
- テオフィリン　theophylline
- アミノフィリン　aminophylline

その他

● ピモベンダン pimobendan

Basics 1　心筋の興奮と収縮の基礎知識

■1　心筋の活動電位と収縮機構

　横紋筋である骨格筋の活動電位は，Na$^+$チャネルの開口とその急速な不活化，さらにK$^+$チャネルの活性化という，比較的単純な機序によって成り立っている．これをきっかけに細胞内にある筋小胞体のCa^{2+}チャネルが開口

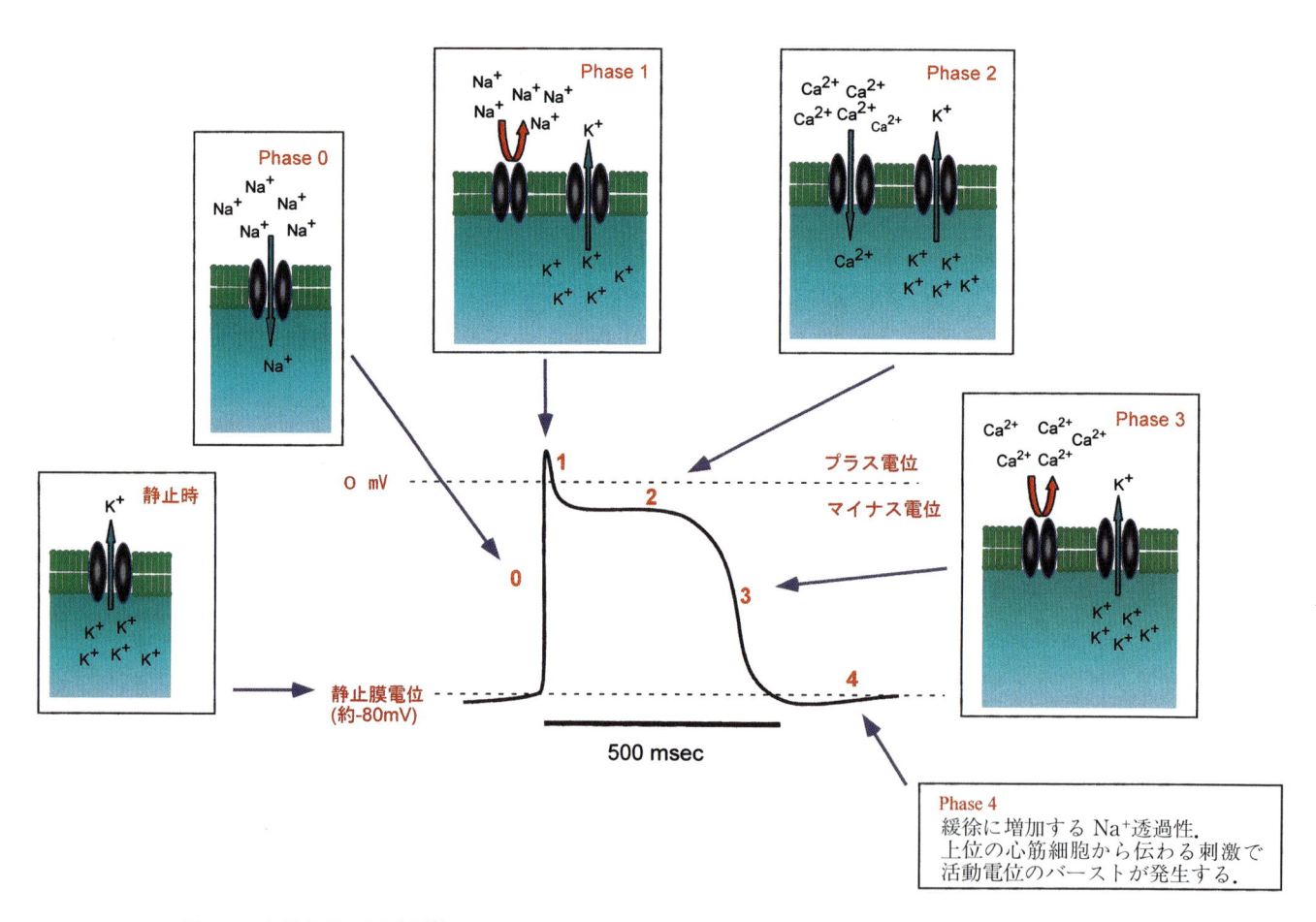

図8-1　心筋細胞の活動電位
　心房や心室の心筋細胞の活動電位の波形は，以下のようにPhase 0からPhase 4の5相から成り立っている．Phase 2のプラトー相でCa^{2+}流入が起こり，これが収縮の引き金となる．

Phase 0：　静止レベルからの急速な脱分極相
Phase 1：　ゼロ電位を超える膜電位の逆転相
Phase 2：　長いプラトー相
Phase 3：　再分極相
Phase 4：　いったん静止膜電位以下になった後に緩徐に増加する相

心筋の興奮収縮連関

①活動電位の発生に従って，L型Ca^{2+}チャネルを介してCa^{2+}が細胞内へ流入する．（ただし，これだけでは収縮を発生させるには十分ではない．）

▼

②Ca^{2+}チャネルを介するCa^{2+}流入は筋小胞体のCa^{2+}チャネル（リアノジン受容体）に作用する．Ca^{2+}によるCa^{2+}遊離機構によって筋小胞体に貯えられているCa^{2+}が一斉に放出される．

▼

③アクチンについているトロポニンにCa^{2+}が結合すると，アクチン線維とミオシン線維の滑走（収縮）が起こる．

▼

④細胞質内のCa^{2+}はNa^+-Ca^{2+}交換機構を介して細胞外へ排出され，また筋小胞体のCa^{2+}ポンプによって小胞体へ戻る．

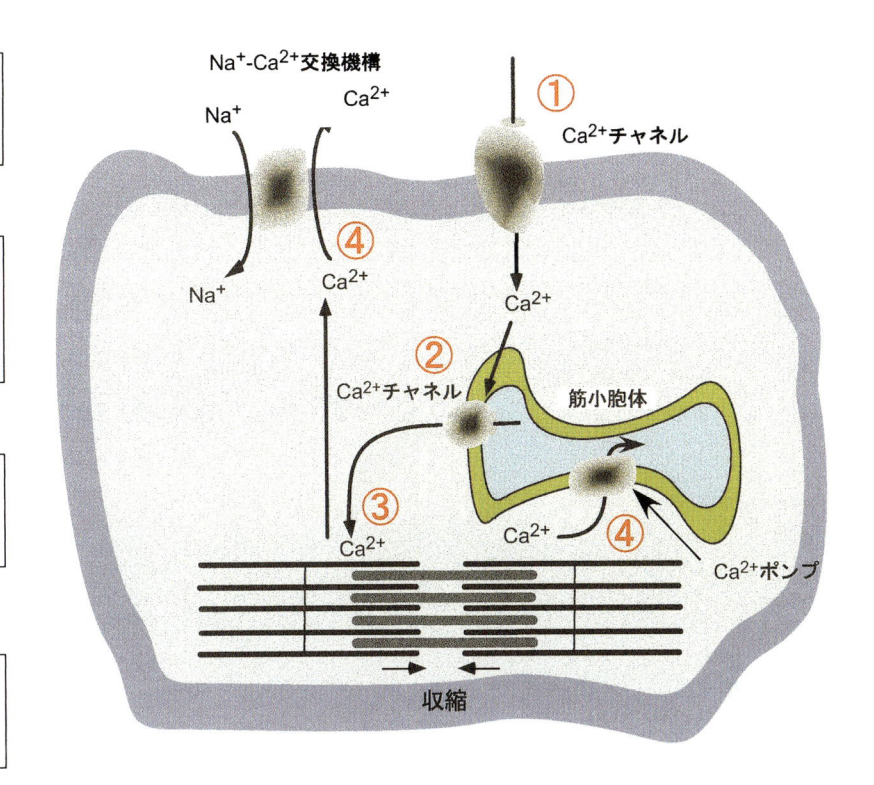

図8-2　心筋の興奮収縮連関
　心筋細胞膜の興奮（活動電位の発生）から収縮張力発生に至る経路は，興奮収縮連関とよばれ，Ca^{2+}が重要な役割を果たしている．

し，細胞質内にCa^{2+}が遊離・拡散して収縮タンパク質を活性化する．これに対して，同じ横紋筋である心筋細胞も細胞膜のNa^+チャネルの活性化をきっかけとする活動電位の発生を起点に収縮を開始するが，心筋の活動電位を構成するイオン電流は複雑で，特にプラトー相におけるCa^{2+}チャネルの活性化を特徴としている（図8-1）．Ca^{2+}チャネルを通って細胞内に流入する少量のCa^{2+}が，筋小胞体に働いて多量のCa^{2+}遊離を引き起こし，収縮を発生させる（図8-2）．

　心筋の収縮タンパク質系の構成は骨格筋のそれと同様である．すなわち，太い線維を構成するミオシンがATPase活性を持ち，アクチン線維（細い線維）上を滑走することにより力を生じて収縮張力を出す．アクチン線維はトロポミオシンというタンパク質で裏打ちされ，そこには一定の間隔でT, C, Iという3つのサブフラグメントからなるトロポニンが結合している．このうちトロポニンCがCa^{2+}結合タンパク質であり，細胞内のCa^{2+}濃度上昇はトロポニンCへのCa^{2+}結合を引き起こし，収縮が起こる（図8-3）．

　活動電位が終了した後は，Na^+-Ca^{2+}交換機構，筋小胞体のCa^{2+}ポンプの2つの機構により細胞内Ca^{2+}濃度は減少し筋肉は弛緩する（一部，細胞膜のCa^{2+}ポンプも寄与する）（図8-2）．

　心筋のエネルギー代謝は，骨格筋と比べ解糖系（嫌気的代謝）への依存度が低く，ミトコンドリアの電子伝達系による好気的代謝に対する依存性が高い．心筋は全エネルギーの70％を収縮に，種々のイオン輸送に15％，そ

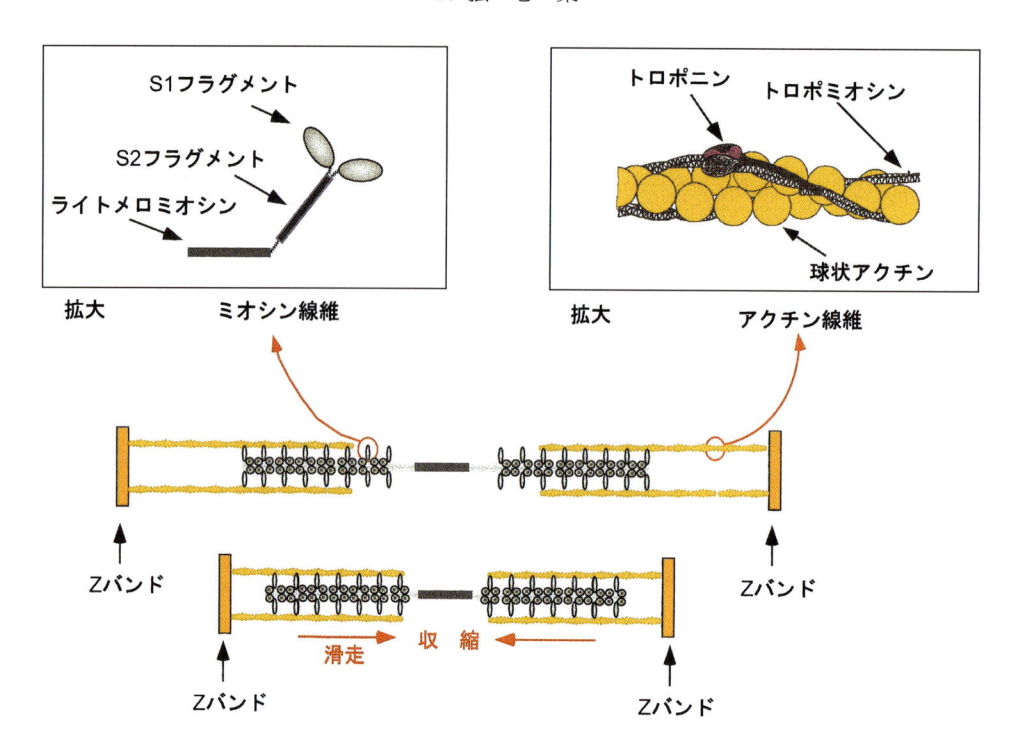

図8-3 心筋の収縮タンパク質

心筋は横紋筋であり，収縮タンパク質の構成は骨格筋のそれと同様である．ミオシン線維（太い線維）とアクチン線維（細い線維）とから構成される．アクチン線維上にあるトロポミオシンに付着するトロポニンがCa^{2+}結合タンパク質であり，これにCa^{2+}が結合することによりミオシン線維とアクチン線維が滑走して収縮が発生する．

の他の合成機構に15%を消費している．

■2 心筋の神経支配

心臓の自律神経支配は心臓交感神経と心臓迷走神経（心臓副交感神経）で，前者は興奮性に，後者は抑制性に心臓を制御している．これらの遠心性神経は延髄から出ているが，頚動脈洞と大動脈弓にある圧受容器，頚動脈小体と大動脈体の化学受容器からの反射を介して機能している．

心臓交感神経は，ノルエピネフリンの$α_1$作用を介して心房および心室筋の収縮力を増強し，心拍数を増加させる．心臓迷走神経はアセチルコリンを介して洞房結節や房室結節に働き心拍数を減らし，房室伝導を遅くし，さらに心房筋の収縮を弱めるなどの作用を示す．

Basics 2　心不全の基礎知識

■1 心不全

心不全とは，正常な充満圧で体の代謝要求量に見合う血液循環ができない状態を指し，その原因は大きく，圧

過負荷，容量過負荷，原発性心疾患および心室充満に対する機械的障害の4つに分けられる．

圧過負荷による心不全： 大動脈狭窄，肺動脈狭窄など，流出路の抵抗が高く，心拍出量を維持するために心室が圧を増す必要がある場合に生じる．心筋は代償性の求心性肥大を起こす．

容量過負荷による心不全： 僧帽弁や三尖弁の閉鎖不全あるいは心シャントの場合に生じる．収縮ごとに血液が逆流するため，心室内の血液量が増す．心筋は，より多くの血液を駆出できるよう拡張し，さらに代償性にある程度肥大する（遠心性肥大）．拡張が進行すると，最終的にそれ以上の拡張を肥大で代償できなくなり，代償不能となる．

原発性心疾患による心不全： 拡張型あるいは肥大型心筋症により生じる．拡張型心筋症では，心筋収縮力が不十分で心拍出量が十分維持できず，さらに駆出量が減少することにより心室内の血液量が増し，容量過負荷も加わって心不全が進行する．一方，肥大型心筋症では，筋細胞の過剰な成長により，心室容量が顕著に減少し，拡張期充満容量と一回拍出量が大幅に減少する．

心室充満に対する機械的障害による心不全： 心嚢水貯留により右室と右房の拡張不全（心タンポナーデ）が生じ，拍出量が減少する．

■2 心不全に対する代償反応

心不全に陥ると，循環器の恒常性維持のため様々な機構が働くが，まず正常な収縮期圧を維持することが中心となる．代償機構として，以下の3つが挙げられる．

交感神経系の亢進： 最も迅速な反応であり，βアドレナリン反応を介して心筋の収縮力が高まり，心拍数も増加することにより心拍出量を改善し血圧を維持する．またαアドレナリン反応を介した血管収縮により血圧の維持を計り，同時に静脈還流の増加により心拍出量を増加させるように働く．しかし，これらの反応が進むと心臓の仕事量を増大させ，心不全を更に悪化させるようになる．

ホルモン反応および細胞外液量の増量： 心拍出量の低下は腎血流量を低下させ，これによって腎からのレニン分泌が起こり，アンギオテンシンIIとアルドステロンの産生を促す．これらは，末梢血管抵抗を増大させ，Na^+と水を保持することにより体液量を増加させて，血圧を上昇させる．しかし，この循環血液量を弱った心臓が処理しきれないと，末梢組織や肺に浮腫が生じる．これらの反応が進行するとさらに心臓の仕事量を増大させ，心不全を悪化させる（図8-4）．

心筋肥大： 心筋細胞に慢性のストレスが加わると，心臓の体積は増大し，壁は肥厚する．初期は収縮力の増大に寄与するが，次第に線維化が進み，収縮力は減弱する．

■3 心不全の臨床徴候

心不全の臨床徴候は，大きく前方心不全徴候と後方心不全徴候に分けられる．前方心不全は，心臓が，ポンプとして前方（大動脈から前方）に血液を十分駆出できないために，結果として全身血圧の低下が生じ，運動不耐性，粘膜蒼白，四肢冷感，大腿動脈拍動微弱などの徴候が現れる．一方，後方心不全（うっ血性心不全）は心臓の後方（静脈系）に血液がせき止められることにより起こる．左側後方型と右側後方型があり，前者では，肺静脈圧が上昇し，肺水腫を，右側後方心不全では，後大静脈，頚静脈拡張，肝腫大，腹水，胸水などの症状が現れる．

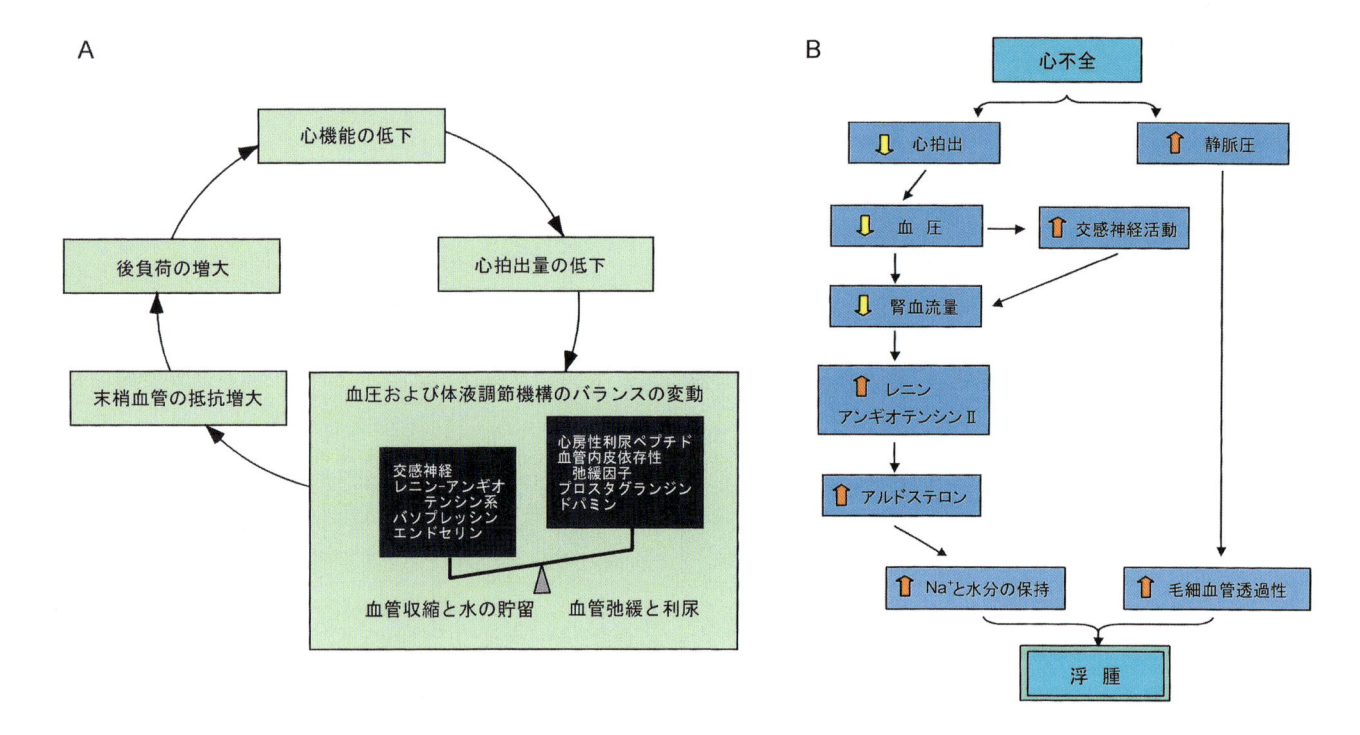

図 8-4 A：心機能低下の悪循環，B：心不全と浮腫の関係

A：心機能の低下は心拍出量の低下を招く．これを克服するために交感神経系やレニン-アンギオテンシン系などの種々のシステムが亢進し，血管収縮と体液の貯留をもたらす．しかし，末梢血管の抵抗の増大や体液の増大は，心臓に対する後負荷を増して心機能を逆に悪化させてしまう．B：心不全が続くと2つの経路を介して浮腫が生じる．1つは，心臓への前負荷が増加して静脈圧が増加し，毛細血管の透過性が亢進して生じる．もう1つの経路は，血圧低下に伴って代償性に亢進するレニン／アンギオテンシン／アルドステロン系で，Na^+排泄が低下して体液量が増加することによる．

BOX-1　まぎらわしい用語：心臓にとっての前方と後方

　心臓が，ポンプとして前方（大動脈）に血液を十分駆出できないために起こるものを前方心不全徴候という．血液の駆出については出る方向を前方とするためにこのような用語が用いられる．ところで，心臓から血液が出て行くときにかかる負荷を「後負荷 afterload」という．すなわち，後負荷が増すことにより前方心不全徴候が誘起される．生理学用語で後負荷とは，「心筋が収縮するときにかかる荷重」を指す．

　一方，心臓の後方で血液がせき止められることにより起こる徴候を後方心不全徴候と呼んでいる．各臓器を還流して静脈にもどってきた血液は心臓に対して圧力をかけることになりこれを「前負荷 preload」というが，前負荷が増すことにより後方心不全徴候が誘起されることになる．生理学用語で前負荷とは，「心筋がある長さに引き伸ばされるときにかかる荷重」を指す．（前負荷と後負荷の軽減法は第7章を参照）

■4 心不全のステージ

心不全患者をその機能によりステージ分けすることにより，どの程度の治療を行えばよいかの決定や，その治療に対する反応の判断を行うことができる．International Small Animal Cardiac Health Council は，表8-1に示すように心不全を3つのステージに分け，治療のガイドラインも示している．

表8-1 International Small Animal Cardiac Health Councilによる心不全のステージ分けと治療のガイドライン

	ステージ	症状	推奨される治療薬
I	無症状	心疾患はあるが臨床症状はない．	ACE阻害薬
II	軽度から中等度の心不全	安静時や軽い運動時に運動不耐性，咳，呼吸促迫などの症状が認められる．	利尿薬，ACE阻害薬，強心配糖体
III	重度の心不全	呼吸困難，重度の腹水，重度の運動不耐性など明らかな臨床症状が安静時にも見られる．	利尿薬，ACE阻害薬，強心配糖体，静脈拡張薬

■5 心不全の治療と管理

心不全治療の目的は大きく，①心仕事量を減らす，②過剰な容量負荷と心拡張を減らす，③心臓の効率を改善する，の3つに分けられる．このうち①と②に対しては，血管拡張薬（第7章参照）あるいは利尿薬（第11章参照）が投与される．強心薬を投与する目的は，③の心臓の効率を改善することにあり，ジゴキシンなどの陽性変力作用を持つ薬剤を用いる．しかし，慢性の心臓疾患の多くの症例では，心筋の収縮力にはまだ余力があって維持されており，容量の過負荷と心仕事量を減少させるだけで十分な効果が得られることが多い．

■6 小動物の心臓疾患

犬において最も頻繁に認められる心疾患は，小型犬に多い僧帽弁閉鎖不全症であり，次に，大型犬に多い拡張型心筋症，先天性心疾患（動脈管開存，肺動脈狭窄，大動脈狭窄，心室中隔欠損，ファロー四徴症など），フィラリア症などである．猫では，肥大型心筋症などが多く見られる．

Drugs 強心薬の種類と特徴

■1 強心配糖体（ジギタリス製剤）

強心配糖体はジギタリス類（*Digitalis purpurea* や *Digitalis lanata*）の葉や（図8-5），キョウチクトウ科の *Strophanthus* 類の種子から抽出される（表8-2）．この他，カエルの皮膚毒，ヘビ毒の成分としても存在する．最近では動物の生体内に生理的に強心配糖体（ウワバイン）が存在することが明らかになっている．

強心配糖体は，作用域と毒性域の差が小さく，細心の注意のもとに使用する必用があり，常に臨床家を悩ませる薬である．古典的な強心薬であるが，慢性心不全に対する強心薬としては，現在でもなお重要な薬である．

表 8-2 強心配糖体を含む植物

植物種	配糖体
Digitalis purpurea	ジギトキシン
	ジゴキシン
Digitalis lanata	ジゴキシン
	ラナトシド C
Strophanthus kombe	K-ストロファンチン
Strophanthu gratus	G-ストロファンチン

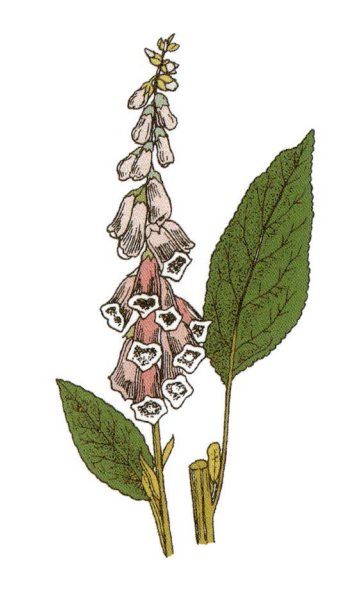

図 8-5 アカキツネノテブクロ *Digitalis purpurea*（ゴマノハグサ科）

　強心配糖体とは，ステロイド誘導体をゲニン（アグリコン）とする配糖体で，強心作用を持つものの総称である（図 8-6）．糖を持たなくても強心作用が発現するので強心ステロイド cardiotonic steroid ともいわれる．糖はステロイド母核にある結合部位と Na^+, K^+-ATPase との結合の強さに影響を与え，糖のないゲニン体は作用が弱くて持続性が短く，臨床的に用いられることはない．代表的な強心配糖体には，ジゴキシン，ジギトキシン，ウワバイン（G-ストロファンチン）などがある．

　強心配糖体の作用の特徴を決定するのは水溶性である．水溶性はステロイド環につく OH 基の数に依存し，ウワバイン＞ジゴキシン＞ジギトキシンの順に水に溶けやすい．消化管からの吸収性は水溶性の逆，すなわち水に溶けにくいものほど吸収が良く，ジギトキシン＞ジゴキシン＞ウワバインの順となる．したがってジゴキシン，ジギトキシンは経口剤として用いられる．ウワバインは水溶性であることから，実験研究用の試薬として多用される．その他メチルジゴキシンも臨床ではよく用いられるが，その性質はジゴキシンと似ている．

　ジギトキシンの多くは血漿タンパク質へ結合するため，体内に蓄積しやすい．これに対して，ジゴキシンはそのような作用は少なく，作用発現が速くてまた作用の持続時間も短い．この様なジゴキシンの特徴は，副作用が常に問題となる強心配糖体の中にあって利点となるため，臨床的に最も広く用いられている．ジギトキシンは肝で代謝を受けた後に糞便中に排泄される．一方，ジゴキシンは体内で代謝を受けずに直接尿中に排泄される．したがって，肝障害のある場合にはジギトキシンの投与量を減らす必要がある．

　強心配糖体は，収縮力，心拍数，興奮伝導に対して3つの重要な作用がある．収縮力に対する作用だけではなく，これら3つの作用が複合して良い結果をもたらすと考えられている（表 8-3）．

　うっ血性心不全の個体に対しては心収縮力を増加して心拍出量を増加する．心拍出量の増加は亢進した交感神経系の活動を元のレベルに戻し，末梢血管抵抗を減少し，さらに心拍数も減少させて血液循環全体を改善する．その結果，心臓の負担が減弱して浮腫が改善される．

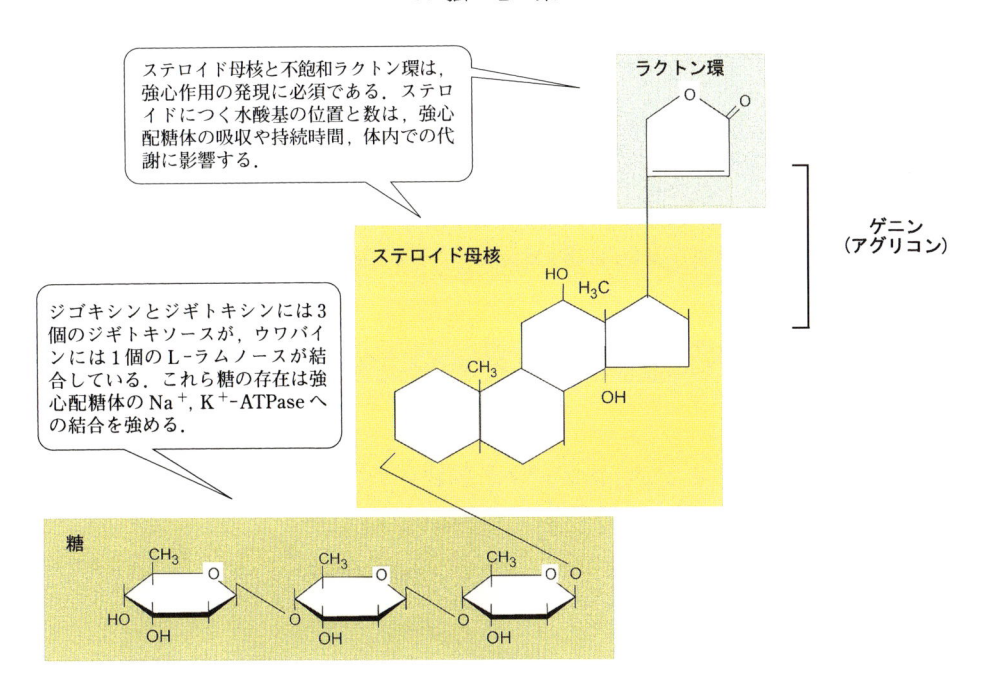

図8-6 強心配糖体の化学構造

ラクトン環 — ステロイド母核と不飽和ラクトン環は，強心作用の発現に必須である．ステロイドにつく水酸基の位置と数は，強心配糖体の吸収や持続時間，体内での代謝に影響する．

ステロイド母核

ゲニン（アグリコン）

糖 — ジゴキシンとジギトキシンには3個のジギトキソースが，ウワバインには1個のL-ラムノースが結合している．これら糖の存在は強心配糖体のNa^+, K^+-ATPaseへの結合を強める．

表8-3 強心配糖体の3つの作用

陽性変力作用 Positive inotropic action	心筋収縮力を増強する．カテコールアミン類ほど強力ではない．
陰性変周期作用 Negative chronotropic action	心拍数を減少させる．これは迷走神経を介する作用で，心筋に対する直接の作用ではない．この作用は後述のカテコールアミン類にはみられない重要な特徴である．
陰性変伝導作用 Negative dromotropic action	興奮伝導作用を遅くする作用．抗不整脈作用をもたらす．しかし，中毒量では強心配糖体自身の作用で細胞内のCa^{2+}濃度が過負荷の状態となり，あらゆる型の不整脈が出るようになる．

一方，健康な個体では心収縮力は増加するが，心拍出量は逆に低下し，心機能を低下させる．これは十分な心筋の拡張が得られず，ポンプ機能の改善とはならないからである．陰性変周期作用すなわち徐脈作用は十分な拡張期をもたらすことから，ポンプ機能改善に対する強心配糖体の重要な作用の1つである．

強心配糖体により利尿作用が見られるが，これは主として全身循環の改善によるものである．

強心配糖体の作用機序： 強心配糖体に共通の作用は，細胞膜に存在するNa^+, K^+-ATPase阻害であり，強心作用もこれに依存している．心筋細胞に限らず全ての興奮性細胞にはNa^+, K^+-ATPase（Na^+-K^+ポンプ）が存在し，細胞内のNa^+を細胞外へ運び，細胞外のK^+を細胞内へ取り入れることにより細胞膜を介してNa^+とK^+の濃度勾配を形成する．同じく細胞膜に存在するNa^+-Ca^{2+}交換機構はNa^+とCa^{2+}を反対側に輸送するタンパク質で，Na^+, K^+-ATPaseにより形成されたNa^+濃度勾配を利用して細胞内のCa^{2+}を細胞外へくみ出す働きをしている．強心配糖体によってNa^+, K^+-ATPaseが抑制されると，結果的に細胞内Ca^{2+}濃度が増加して心筋の収縮力

8. 強 心 薬

強心配糖体の作用点

以下の順序で細胞内 Ca^{2+} 濃度を増加させ，強心効果を発揮する．
1. Na^+，K^+-ATPase を抑制
2. 細胞内の Na^+ 濃度が増加
3. Na^+-Ca^{2+} 交換機構が抑制され，Ca^{2+} 濃度が増加する．この Ca^{2+} は筋小胞体へ蓄えられ，次回の Ca^{2+} 遊離の増大につながる．

カテコールアミン薬の作用点

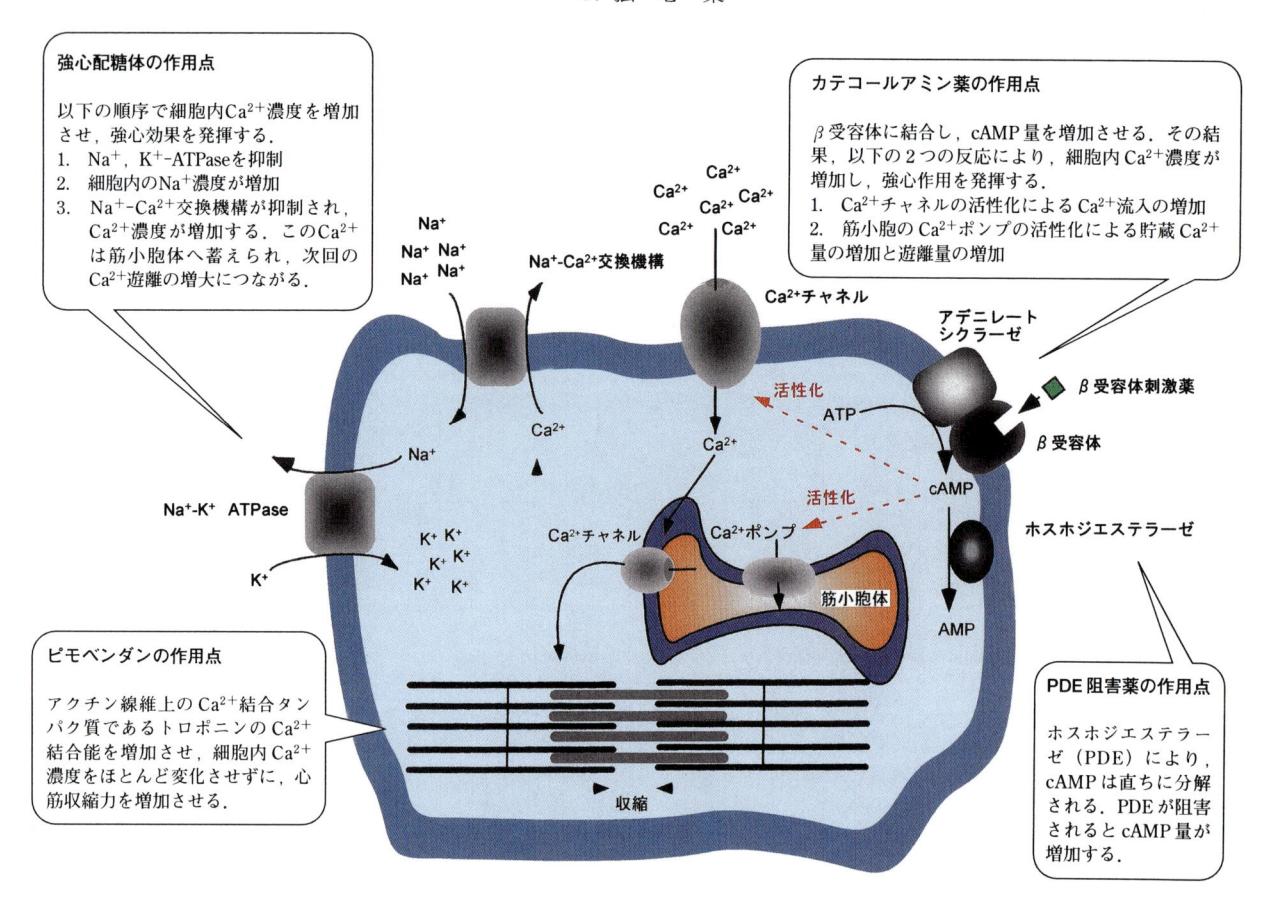

β 受容体に結合し，cAMP 量を増加させる．その結果，以下の 2 つの反応により，細胞内 Ca^{2+} 濃度が増加し，強心作用を発揮する．
1. Ca^{2+} チャネルの活性化による Ca^{2+} 流入の増加
2. 筋小胞の Ca^{2+} ポンプの活性化による貯蔵 Ca^{2+} 量の増加と遊離量の増加

ピモベンダンの作用点

アクチン線維上の Ca^{2+} 結合タンパク質であるトロポニンの Ca^{2+} 結合能を増加させ，細胞内 Ca^{2+} 濃度をほとんど変化させずに，心筋収縮力を増加させる．

PDE 阻害薬の作用点

ホスホジエステラーゼ（PDE）により，cAMP は直ちに分解される．PDE が阻害されると cAMP 量が増加する．

図 8-7　各種の強心薬の作用機序

心筋を電気刺激すると細胞内 Ca^{2+} 濃度の上昇に伴って収縮が発生する．

強心配糖体ウワバインを添加すると，細胞内 Ca^{2+} 濃度が増加し，収縮力が増加することから，これが強心効果の作用機序であることが分かる．

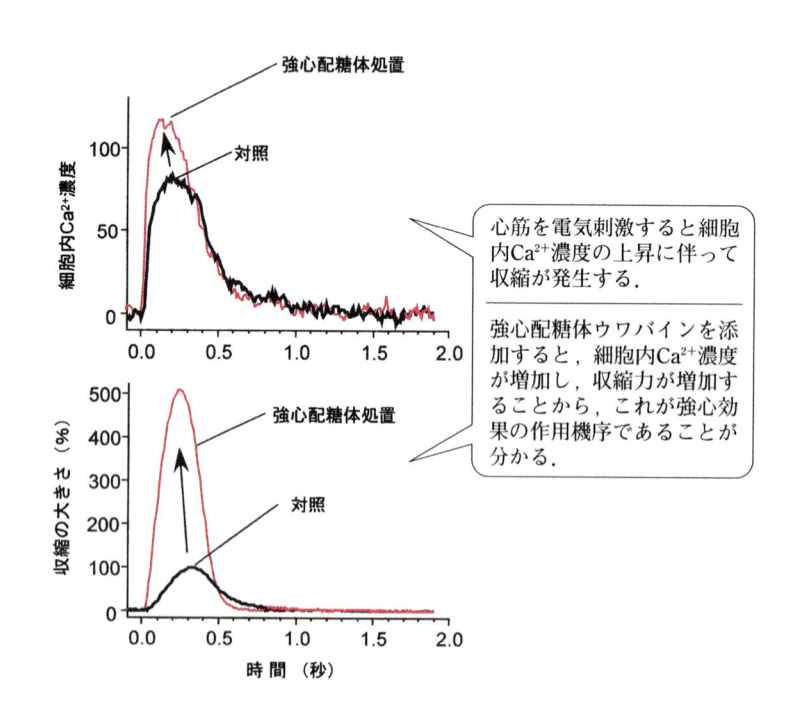

図 8-8　強心配糖体ウワバインの細胞内 Ca^{2+} 濃度と収縮に対する作用（モルモット摘出心筋を用いた実験）

細胞内に fura-2 という蛍光色素を取り込ませると，細胞内 Ca^{2+} 濃度変化を蛍光強度変化として捉えることができる．同時に圧トランスジューサーで収縮を測定すると，両者の関係を調べることができる．

BOX-2　強心配糖体の安全域

　強心配糖体は安全域が狭い薬剤である．図8-9は，ジゴキシンの心室徐脈作用を期待して薬物投与をした場合，半数（50%）の患者でその効果が得られる濃度域からすでに嘔吐という副作用が発現し始めることを示している．

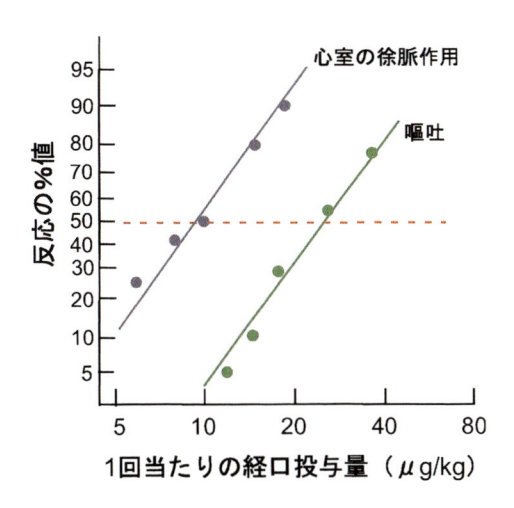

図8-9　ジゴキシンの徐脈作用と嘔吐との関係

が増強される（図8-7,8）．

■2　カテコールアミン薬

　フェニレフリンやノルエピネフリンなどのα作動薬，イソプロテレノール，ドブタミンなどのβ作動薬，αとβの両作用を持つエピネフリン，α，βおよびドパミン受容体に作用するドパミンなどがある（図8-10）．これらのカテコールアミン類は心臓ショックなど急性心不全に用いられる．

1．ドパミン

　ドパミンはノルエピネフリンの直接の前駆物質で，天然の生理活性物質である．低濃度ではドパミン受容体を選択的に刺激するが，用量増加に伴いβ受容体，さらにα受容体が活性化される．すなわち，低用量では血管平滑筋のドパミンD_1受容体に働いて特に腎などの末梢血管を拡張させて臓器灌流を改善する．用量を増すと心臓の$β_1$受容体に働き心拍出量を増加させる．さらに用量を増すと，全身の血管平滑筋の$α_1$受容体を刺激して血圧を上昇させる．

2．ドブタミン

　ドブタミンは，$β_1$に対する選択性がかなり高く，主として心臓に働いて心拍出量を増加させる．ドブタミンは，

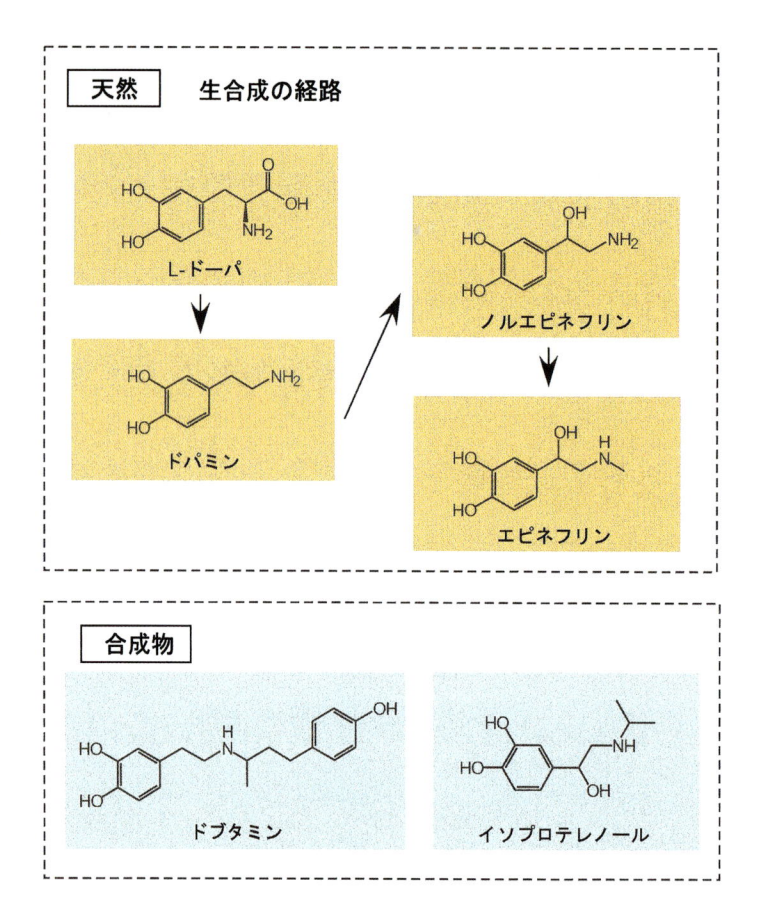

図 8-10 カテコールアミン類の構造と生合成
　交感神経終末では，L-ドーパを起点に，ドパミンを経てノルエピネフリンが作られる．副腎ではさらにエピネフリンにまで変化する．ドブタミンとイソプロテレノールは合成のカテコールアミン薬である．

α_1受容体も刺激する．β_1受容体とα_1受容体は心筋の収縮力を増加させ，両者の変力作用は相加的に働く．β_1受容体は頻脈を起こすが，α_1受容体は心拍数を変化させないか減らすように作用するため，心拍数はあまり変化しない．血管に対しては，β_2刺激による血管拡張作用を示し，これはα_1刺激による収縮作用によって部分的にしか拮抗されないため，全体としては拡張作用が現れる．

3．エピネフリン（アドレナリン）

　エピネフリンは，αおよびβ受容体に対する作用により，投与量の多少に関わらず，収縮力と心拍数は増大するが，体血管抵抗は投与量によって「低下→不変→劇的に増大」と変化する．心拍出量は通常増加するが，多量投与では，血管平滑筋のα受容体刺激により動脈の収縮が起こって後負荷が増大するため，一回拍出量の低下がみられることがある．

4．イソプロテレノール（イソプレナリン）

　イソプロテレノールは，β受容体の選択的刺激薬で，α作用は示さない．このため心収縮力上昇に伴い心拍出量も増加するが，心拍数も大きく増加する．また全身の血管は用量依存性に拡張し，体血管抵抗も減少するため，血

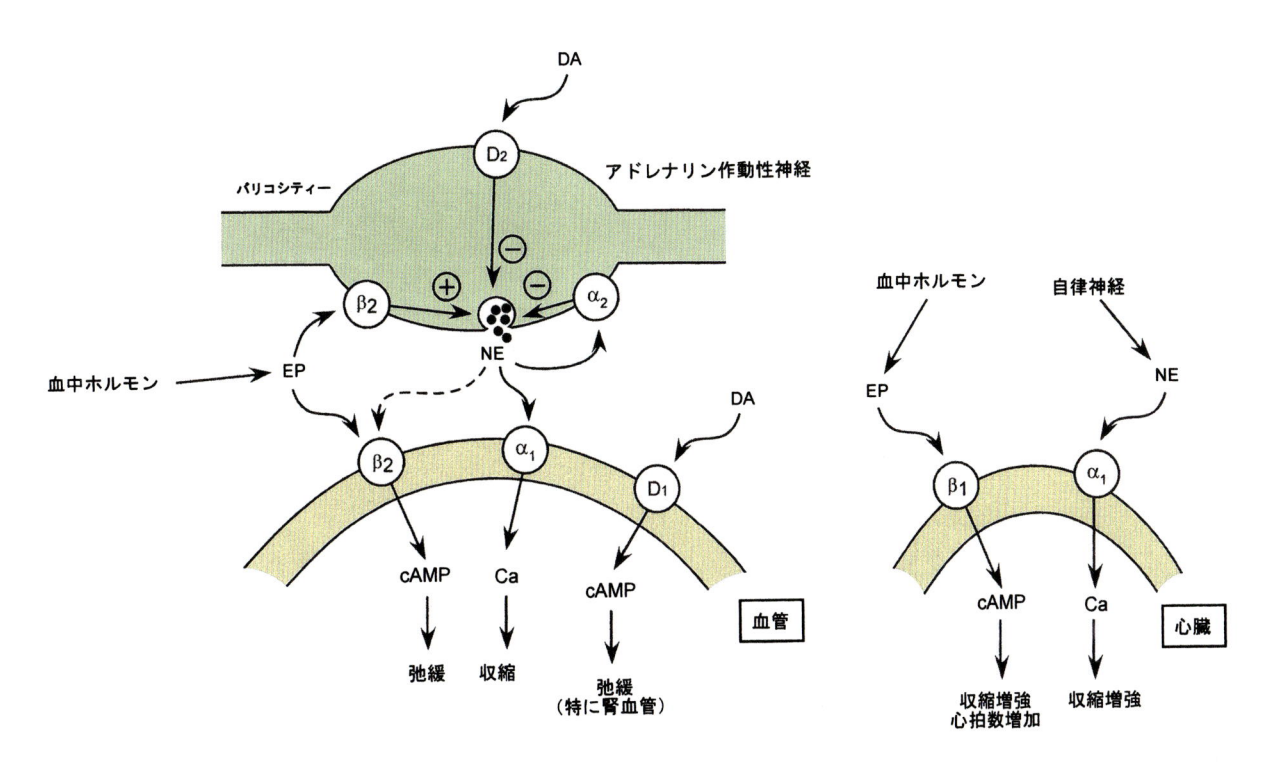

図 8-11 交感神経終末と血管平滑筋および心筋におけるカテコールアミン作用

アドレナリン作動性神経の終末（バリコシティー）から遊離されたノルエピネフリン（NE）は平滑筋細胞の α_1 受容体に作用して収縮を起こす．NE は同時に神経終末の α_2 受容体に働き NE 遊離を抑制する（ネガティブフィードバック）．血中ホルモンのエピネフリン（EP）は血管平滑筋の β_2 受容体に働いて cAMP を増加させ平滑筋を弛緩させる．同時に，神経終末の β_2 受容体に働いて，NE の遊離を促進する（ポジティブフィードバック）．一方，ドパミン（DA）に関しては，平滑筋細胞には D_1 受容体が存在し cAMP を増加させてこれを弛緩させ（特に腎血管），交感神経系終末には D_2 受容体が存在して NE の遊離を抑制している（ネガティブフィードバック）．心筋に対しては，NE は α_1 受容体を，EP は β_1 受容体を介して，ともに収縮を増強する．β_1 受容体刺激は心拍数を増加させる．

圧はしばしば低下する．心筋の過度な β 刺激により不整脈が出現しやすいため，通常はほとんど用いられない．

カテコールアミン薬の作用機序： 上記のカテコールアミン薬が β 受容体に結合すると，アデニレートシクラーゼ（cAMP 合成酵素）を活性化し cAMP 量を増加させる．これにより，次の2つの効果を発現することにより強心効果が得られる；①細胞内 Ca^{2+} 濃度の増加：筋小胞体 Ca^{2+} 取込み能の増大と Ca^{2+} チャネルの活性化をもたらす，②エネルギー代謝の改善：グリコーゲン分解の促進によりエネルギー代謝を改善する（図 8-7, 12, 13 参照）．

■3 ホスホジエステラーゼ阻害薬（PDE 阻害薬）

アムリノン，ミルリノン，オルプリノンなどがある．ジギタリス製剤に比べ安全域が広く使用が容易であり，今後獣医領域で使用頻度が大きく増加することが予想される．

カテコールアミンを継続して使用すると，細胞膜のβ受容体が減少し（ダウンレギュレーション）効果が次第に低下するが，PDE阻害薬はβ受容体を介さないで作用を示すため，このような現象は生じない．さらに，PDE阻害薬は強心作用と同時に血管拡張作用を持ち，血行動態を改善するので，急性心不全には有利に働く．心拍出量が低下し，肺うっ血が強い症例に特に効果がある．

PDE阻害薬の作用機序： ホスホジエステラーゼ阻害薬は，cAMPの分解酵素であるホスホジエステラーゼ（phosphodiesterase；PDE）を抑制し，cAMP量を増加させる（図8-7, 12参照）．cAMP増加以後の作用はカテ

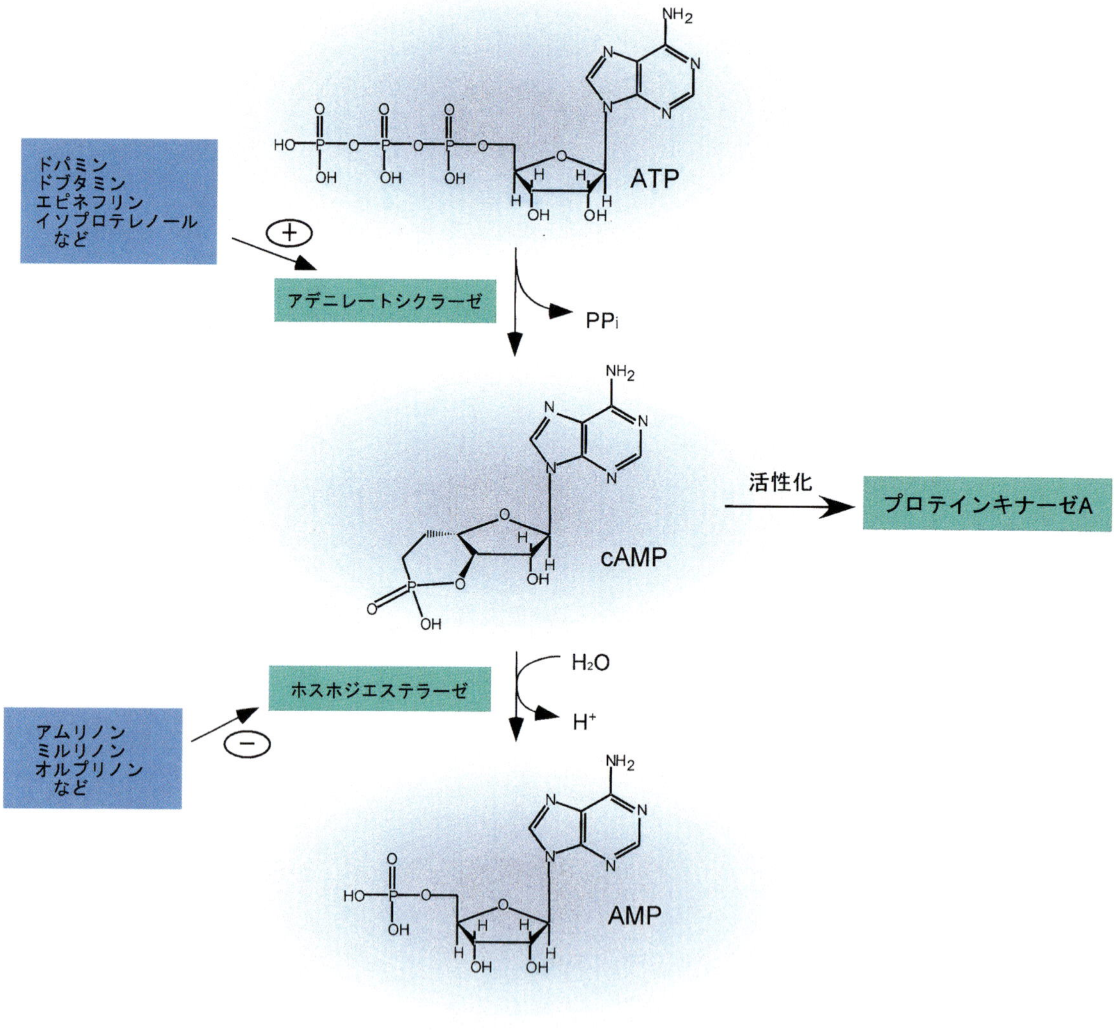

図8-12 細胞内でのcAMP産生機構
　アデニレートシクラーゼはβ受容体などの各種の受容体と共役して活性化され，ATPを原料としてcAMPを作る．作られたcAMPはホスホジエステラーゼ（PDE）によって分解される．PDEには様々なアイソザイムがありcAMPだけではなくcGMPも分解する．cAMPを特異的に分解するのはPDE IIIである．アムリノンなどのPDE阻害薬はPDE IIIを特異的に阻害し，心筋細胞内のcAMP濃度を上昇させる．cAMP濃度が増加すると，cAMP依存性リン酸化酵素（プロテインキナーゼA）が活性化され，種々の機能タンパク質がリン酸化されて細胞機能が変化する．

コールアミン薬と同じである．一方，PDE阻害薬は同時に血管平滑筋のPDEにも作用して，cAMP濃度を上昇させる．平滑筋細胞ではcAMPが増加すると，細胞膜のK$^+$チャネルが活性化して細胞膜が過分極しCa^{2+}チャネルが抑制されることと，収縮タンパク質のCa^{2+}感受性が低下することで弛緩し，血管が拡張する．

■ 4　キサンチン誘導体

キサンチンのメチル誘導体にはカフェイン，テオフィリン，テオブロミンなどがある．このうち強心薬として用いられるのはテオフィリンである．実際には，エチレンジアミンとの結合体であるアミノフィリンが用いられる．強心作用の程度は弱く単独でうっ血性心不全に用いられることはないが，症状の一時的な緩解を目的として，血管拡張薬とともに用いられることがある．副作用として，頻脈や中枢興奮などがある．

この系統の薬は現在でもよく使われるが，臨床的に強心薬として明確に認識されて使われるわけではない．強心効果と利尿効果を同時に得るという目的で使用されることが多い．

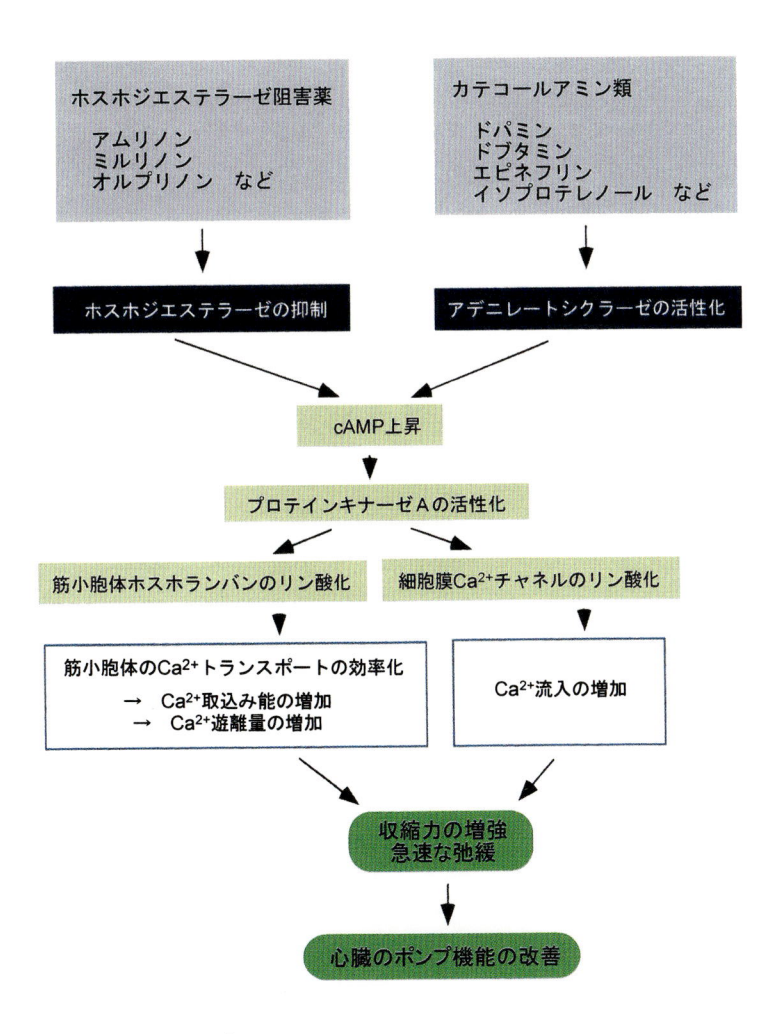

図8-13　cAMP関連薬の作用機序
　　　カテコールアミン薬やPDE阻害薬は細胞内のcAMP濃度を上昇させる．プロテインキナーゼAは，Ca^{2+}代謝に関わる2つの経路を変化させ，心筋細胞の収縮力を増大させる．

キサンチン誘導体の作用機序： 以下の3つの機序が考えられている；①筋小胞体からのCa^{2+}遊離の促進：心筋細胞の筋小胞体からのCa^{2+}遊離は，Ca^{2+}によるCa^{2+}遊離機構（Ca^{2+}-induced Ca^{2+}-release）による（図8-2参照）．キサンチン誘導体はこの機序を促進させる．②アデノシン受容体との拮抗：心筋細胞では常に近傍のATPがアデノシンに変換され，心筋細胞上のアデノシン受容体を介してCa^{2+}チャネルを介する細胞外からのCa^{2+}流入を抑制している．キサンチン誘導体はこのアデノシンと構造的に類似しており，アデノシン受容体でアデノシンに拮抗する．この作用は，治療量で発現するといわれる．③cAMPの蓄積：キサンチン誘導体にはPDE阻害作用があり，cAMPの分解を抑制して細胞内cAMP量を増加させる．この作用はかなり高濃度でないと発現せず，臨床的な意味は薄いと考えられている．

■5 カルシウムセンシタイザー calcium sensitizer

ピモベンダン pimobendan などの新規の薬剤が，収縮タンパク質系のCa^{2+}感受性を増加（sensitize）させることにより心筋収縮力を増加させる．他の薬剤は全て細胞内Ca^{2+}濃度を増加することにより強心作用をもたらすが，過剰な細胞内Ca^{2+}濃度の増加は同時に心筋細胞を障害する．カルシウムセンシタイザーはこの様なCa^{2+}による障害作用を持たない薬として，現在，人医療で注目され，急性および慢性の心不全に使用されている．一方，ピモベンダンは弱いPDE阻害作用も合わせ持っており，この作用によって細胞内Ca^{2+}濃度は若干増加する．ただし，この作用によって強心作用が増大し，また血管拡張作用をもたらすので，虚血性心疾患による心不全にも使用できる．今後獣医療でも広く使用されるようになると思われる．

■6 心不全における強心薬治療の限界

強心薬はいわば弱った心臓を働かせ，全身に血液がうまく循環するようにする薬である．ジギタリスをはじめとする強心薬により心臓の機能は著しく改善されるが，長く続けると心臓の消費する酸素量は増加し，心筋の障害は逆に促進されることになる．悪化した血液循環を絶ち切る目的で強心薬が使用されることには多くの利点があるが，長期にわたる単独での治療には適さない．もちろん，緊急時の救命のための強心薬はこの限りではない．

これとは全く逆の発想で，全身の血管を広げたり，循環血液の量を減らして心臓にかかる圧力が小さくなるように，すなわちできるだけ心臓の負担を減らそうとする治療法が「血管拡張薬」と「利尿薬」である（第7章，第11章参照）．

Clinical Use　臨床応用*

■1 強心薬の選択

強心薬は，心筋の収縮力を増強し，心機能を改善する薬剤である．その作用は，カテコールアミン，PDE阻害薬が最も強力で，次いで強心配糖体であり，キサンチン誘導体の作用はこれよりはるかに弱い．

強心薬は，心不全の治療に有力な薬剤であるが，通常は，単独でしかも第一選択薬として用いることはほとんどない．慢性心不全の場合は，ACE阻害薬，利尿薬，血管拡張薬などを心不全の状態に応じて組み合わせながら

---

* 強心薬は単なる症状改善のための使用法であることが多く，この章では薬を中心にして解説している．血管拡張薬は，心不全そのものの改善を意図しているので，第7章では疾病を中心に解説している．

使い分けていく．すなわち，臨床症状のない段階では ACE 阻害薬から使い始め，軽度から中程度の心不全がある場合にはこれに利尿薬，強心配糖体の順で加えていくのが一般的である．強心配糖体を，もう少し早い段階で使い始める方法もある．さらに症状が進んだ状態では，ニトロ剤などの比較的静脈に選択的に作用する血管拡張薬なども加えていく．一方，重症例あるいは急性心不全の場合は，カテコールアミンなどの強力な強心薬が第一選択薬として用いられることが多いが，この場合にも利尿薬，血管拡張薬などとの組み合わせが重要となる．

カテコールアミンの強心作用は強力であるが，頻脈，不整脈，心筋酸素消費量増加など不利な点も多いことを，念頭に置く必要がある．一方，カテコールアミンでは十分に治療効果が得られない急性心不全，あるいは慢性心不全の急性憎悪期には，PDE 阻害薬を使用すると効果的な場合がある．ただし，PDE 阻害薬には血圧低下作用があるので十分な注意が必要である．

■ 2　強心配糖体による治療

強心配糖体が適応となる心疾患は，心房細動，上室性頻拍，拡張型心筋症などであり，その他にも心室機能が低下している動物で投与されることがある．

小動物臨床において，強心配糖体の中で最も広く用いられている薬剤はジゴキシンである．ジゴキシンは経口投与すると，錠剤では50〜70％，エリキシル（シロップ剤）では75〜90％吸収され，その半減期は犬で25〜30時間，猫で20〜60時間である．ジゴキシンの治療血清濃度（治療域）は 1.0〜2.0 ng/ml と狭く，同じ投与量でも血清濃度の個体差が大きいため，薬物濃度測定（薬物投与6〜8時間後）を必要に応じて行う．血清濃度が 2.5 ng/ml を超えている場合には，投与を1〜2日間中止し，その後投与量を減らす．投与量は，表8-4に示す通りであり，

表 8-4　強心薬一覧

薬物名	商品名	用　量
ジギタリス製剤		
ジゴキシン	ジゴキシン ジゴシン	犬：$0.22mg/m^2$ or 0.005〜0.01mg/kg PO BID 猫：2〜3kg 0.0312mg PO EOD 　　4〜5kg 0.0312mg PO EOD〜SID 　　>6kg 0.0312mg PO BID
ジギトキシン	ジギトキシン	0.02〜0.03mg/kg PO TID
メチルジゴキシン	ラニラピッド	
カテコールアミン薬		
ドパミン	イノバン	犬：2〜20μg/kg/min IV 猫：2〜10μg/kg/min IV
ドブタミン	ドブレックス	犬：2.5〜20μg/kg/min IV 猫：1〜10μg/kg/min IV
エピネフリン	ボスミン	0.01〜0.2mg/kg IV, IT, IC
イソプロテレノール	プロタノール	0.8mgを500mlの5％ブドウ糖液に溶かし，効果が得られるまでゆっくり投与
PDE阻害薬		
アムリノン	アムコラル カルトニック	1〜3mg/kg bolus　投与後 30〜100μg/kg/min IV
キサンチン誘導体		
アミノフィリン	ネオフィリン	犬：10mg/kg PO TID 猫：4.0mg/kg PO, IM BID

餌や制酸剤と同時には与えない．治療効果が得られた場合には，心拍数の減少，心房細動時の心室反応の減少，股動脈拍動，粘膜の色，運動耐性の改善，うっ血と浮腫の軽減などが認められる．

強心配糖体を投与する場合には，投与前に動物の状態をよく評価する．腎不全，悪液質，低アルブミン血症，低カリウム，高ナトリウム，高カルシウム血症，甲状腺機能低下症または亢進症などがある場合には，投与量を減らす必要がある．また利尿薬を併用している場合には，低カリウム血症となりやすいので十分注意する．血清濃度が上昇しすぎた場合には，ジギタリス中毒が生じる．ジギタリス中毒は，通常血清濃度が 2.5 ng/ml を超えた場合に出現する．

ジギタリス中毒の症状としては，軽度の場合には，元気消失，食欲不振，嘔吐，悪心，下痢などが見られる．重度になると様々な不整脈（徐脈，房室ブロック，心室性不整脈，心室性頻脈など）が生じ，血清濃度が 6 ng/ml を超えた場合には生命の危険がある．

■3　カテコールアミン薬による治療

カテコールアミンの中で心不全治療に最もよく用いられるのは，ドパミンとドブタミンである．その他，エピネフリンが心肺蘇生時，アナフィラキシーショックなど，緊急時において頻繁に用いられる．

1．ドパミン

ドパミンは，点滴で投与するが，低用量（2.5 μg/kg/min）では，腎血管と内臓血管のドパミン受容体を刺激して，腎血流量，糸球体濾過率，ナトリウム排泄を増加させる．中用量（4〜10 μg/kg/min）では，心臓の β_1 受容体に対する作用が優位になり，心筋収縮性，心拍数，心拍出量が増加するとともに，α_1 受容体を介する血管収縮作用も現れ始め，動脈圧は上昇する．大用量（>10 μg/kg/min）では，血管の α_1 効果が優位になり動脈圧と静脈圧は上昇するが，腎血流量は減少する．また心拍数が増加し，不整脈，後負荷増大により心拍出量は減少する．

ドパミンの長所としては，①少量ないし中等量で腎血流および尿量が増加する，②頻脈が軽度である，③陽性変力作用と血管収縮作用の2つの作用を合わせ持つので，血圧を調節しやすい，などが挙げられる．短所として，①頻脈（少量でも発生）や不整脈，心筋酸素消費量の増加，血管収縮が起こることがある，②エピネフリンやイソプロテレノールより変力作用が弱い，③大量投与を行うと β 作用による血管拡張より α_1 作用による血管収縮が上回るので，腎，内臓，皮膚の壊死の危険性が生じる，などが挙げられる．

ドパミンの適応としては，①心拍出量低下または体血管抵抗低下による低血圧，②腎不全や腎機能障害，③循環血液量が回復するまでの暫定的治療などがある．

ドパミンを使用する場合には，生理食塩水，5％ぶどう糖液，乳酸加リンゲル液などに希釈して投与するが，この時どの程度に希釈するかは，動物への輸液量にかかっている．また，pH 8 以上になると，酸化して着色することがあるので，重炭酸ナトリウムのようなアルカリ性薬剤とは混合してはいけない．

ドパミンの誘導体として，経口投与が可能なデノパミン，ドパミンのプロドラッグであるドカルパミンなどがある．デノパミンは経口剤であることを生かして，ドパミン点滴から離脱が困難な慢性心不全に用いられる．

2．ドブタミン

ドブタミンの長所としては，①ドパミンと異なり心筋に対する直接作用のみで強心効果をもたらす（ドパミンは神経終末に貯蔵されたノルエピネフリンの放出を促す間接作用も含むため，神経細胞のカテコールアミンが欠乏すると効果が減弱する），②α_1 および β_1 受容体刺激により心収縮力が上昇するが，少量である限りはドパミンや

イソプロテレノールよりも頻脈は軽度である，③β_2受容体を介した血管拡張作用があり，体血管抵抗減少／左室後負荷の減少／一回拍出量の増加が得られる．しかし，心拍出量の増加が体血管抵抗の減少を上回らない限り血圧は低下する，④肺血管抵抗を低下させる（右心不全患者に有効なことがある）ことなどが挙げられる．一方，短所としては，①用量が多くなると頻脈や不整脈が起こる，②低血圧が起こることがある，③非選択的血管拡張薬であるので，血流が腎や内臓の血管系から骨格筋へと移行することがある，④ドパミン受容体由来の腎血管拡張作用はないことなどが挙げられる．

ドブタミンの適応は，低心拍出量状態（心原性ショック）であり，特に体血管抵抗や肺血管抵抗の増大を伴う場合などが挙げられる．投与方法はドパミンと同様で，3～7 μg/kg/min では，心収縮力は増大するが，心拍数，血圧にはあまり影響しない．用量を増すと（>10～15 μg/kg/min）心拍数が増加し，不整脈が出現する．

3．エピネフリン

エピネフリンの長所としては，①心筋への直接作用性であり内因性のノルエピネフリン放出に依存しない，②強力な α, β 刺激作用があり最大変力効果はドブタミンやドパミンより強い，③最も効果的な気管支拡張薬で肥満細胞抑制作用を持つことなどが挙げられる．短所としては，①頻脈や不整脈が起こることがある，②血管収縮に付随する臓器虚血が，特に腎と皮膚に起こることがある，③肺血管収縮が起こり，肺高血圧や右心不全になることがある，④陽性変力作用と頻脈により，心筋の酸素需要が増大し酸素供給は相対的に低下するため，心筋虚血の可能性がある．

エピネフリンの適応として，①心停止時における心肺蘇生（主な機序は，冠灌流圧増加によると考えられている），②アナフィラキシーや他の全身性アレルギー反応，③心原性ショック，特に血管拡張薬使用時，④気管支痙攣などが挙げられる．エピネフリンの投与は，静脈内，気管内，皮下あるいは心腔内に行い，投与量は 0.01～0.2 mg/kg である．

他に，α_1 選択性の強いフェニレフリンもよく用いられる（0.01～0.1 mg/kg）．

■4 PDE 阻害薬による治療

前述のように，急性心不全，慢性心不全の急性憎悪時にドパミン，ドブタミンなどで十分な効果が得られない場合には，PDE 阻害薬を使用すると効果的な場合がある．ただしこの場合には血圧が低下する可能性があるので十分な注意が必要である．

アムリノンを使用する場合は，まず 1～3 mg/kg をボーラスで投与した後，10～100 μg/kg/min の速度で持続投与する．一方，PDE 阻害薬の慢性心不全に対する有用性，すなわち長期投与による延命効果についてはデータがない．

ポ イ ン ト

1. 強心薬による治療の目的は，心不全状態の解消ないし軽減，生命予後の改善にある．
2. 強心配糖体の歴史は古いが，現在においても心不全に有用な薬として認知されている．ただし，長期に使用した場合の延命効果には疑問があり，うっ血性心不全のような場合には，エナラプリルなどの ACE 阻害薬，フロセミドなどの利尿薬が第一選択薬となる．

3. 強心配糖体は，心筋収縮力が低下した状態（拡張型心筋症，重度の僧帽弁閉鎖不全症など），上室性不整脈などが適応となる．
4. 強心配糖体は安全域が狭く，過剰投与は中毒を引き起こす（ジキタリス中毒）．治療法ならびに中毒症状の把握には十分に精通していなければならない．
5. 小動物臨床では，蓄積作用の比較的少ないジゴキシンの使用経験が豊富である．
6. 急性心不全あるいは慢性心不全の急性増悪では，カテコールアミン薬が第1選択薬となる．
7. カテコールアミン薬は頻脈，不整脈などの副作用が強い．投与量は厳密に守らなければならず，誤ると致命的な事故につながる危険性がある．

9. 抗不整脈薬
Antiarrhythmic drugs

不整脈は心臓の興奮性の亢進ならびに刺激伝導の異常による．抗不整脈は，基本的には刺激伝導系の興奮性の抑制を機序とする．多くの不整脈は無症状であり，特別の治療を必要としないが，ある種の不整脈は重篤な臨床症状を呈し，心停止あるいは突然死の原因となることもある．これらの場合は抗不整脈薬を用いた積極的な治療が必要となる．

クラスI（Na^+チャネル抑制）
- キニジン quinidine
- プロカインアミド procainamide
- リドカイン lidocaine

クラスII（β受容体抑制）
- プロプラノロール propranolol
- アテノロール atenolol

クラスIII（K^+チャネル抑制）
- アミオダロン amiodarone

クラスIV（Ca^{2+}チャネル抑制）
- ベラパミル verapamil
- ジルチアゼム diltiazem

Basics　不整脈の基礎知識

■1　心筋の刺激伝導系

心臓の拍動は心筋細胞の自動能によってもたらされる．自律神経支配はあるが，あくまで調節機能でしかない．心臓は，刺激を発生させるペースメーカーである洞房結節，これを伝導するヒス束やプルキンエ線維，そして最終的に刺激を受容して収縮・弛緩という仕事をする心房筋と心室筋から構成される（図9-1）．これらの細胞がそれぞれの役割を果たし，秩序だって興奮して初めて統制のとれた心筋の営みが形成される．

洞房結節に発生した興奮は心房と心室を興奮させる．その後，この興奮波は消失して一連の電気現象が終息する．心筋には，以下のような上位からの下位へと一方向性の指令を受けやすくする機構がある．

1) 長い不応期：　心拍動周期の半分は不応期であり，その間に異所性の刺激を受入れることはできない．特に

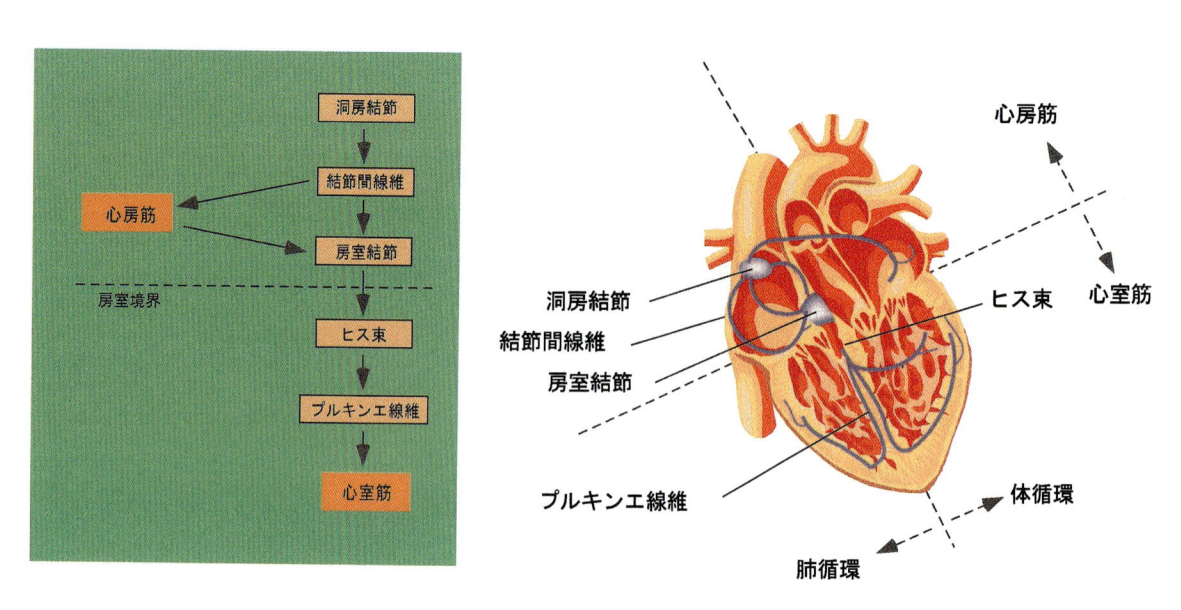

図9-1 心筋の刺激伝導系
　心臓は肺循環（右心房・右心室）と体循環（左心房・左心室）の2つの構造が合体したシステムとなっている．洞房結節に始まりプルキンエ線維で終わる刺激伝導系は，この両者のシステムを横断的に支配する．

刺激伝導系（プルキンエ線維）の不応期は長い．
2) 心房と心室の隔絶：　心房と心室の間は房室境界線維（fibrous skeleton）で隔絶されている．
3) 機能的合胞体：　心筋は個々の独立した細胞からなるが，細胞間の電気抵抗は低く（nexus で連絡），全体があたかも一個の細胞として振舞う．

■2　不整脈の原因

　不整脈とは，心拍数の異常な増加あるいは減少，心拍リズムの乱れをいう．臨床的には，期外収縮，心房細動，頻脈（拍），心室頻拍，徐脈などがある．心室頻拍は心室細動に移行して血液を全身に駆出できなくなるので，直接に生命の危険をもたらす．不整脈を原因によって分類すると，自動能不整脈とリエントリー不整脈に大別される．

1．自動能不整脈

　洞房結節自動能の優位性が消失するもので，細胞障害あるいは脱分極を原因とする上位自動能の減弱あるいは下位自動能の亢進により起こる．房室結節や心室プルキンエ線維など刺激伝導系の異常興奮が原因となることが多い．

2．リエントリー不整脈

　洞房結節の興奮は心室に到達すると，長い不応期のために先に行き着くところがなくなり消失する．しかし，一部心筋の不応期や伝導障害のために消失しないで，興奮の旋回や再侵入が起こり心筋が2度以上興奮することがあり，不整脈の原因となる．これをリエントリー不整脈という（図9-2）．

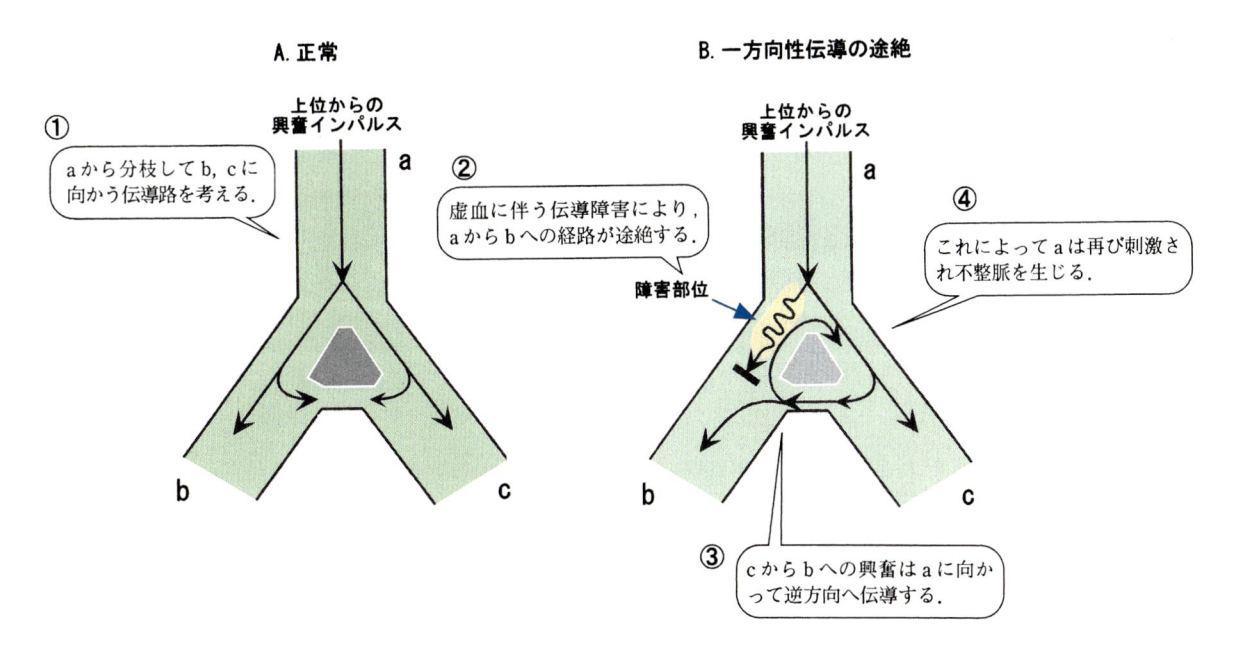

図9-2 リエントリー不整脈の発生機序

Drugs 抗不整脈薬の種類

不整脈の原因としては，興奮伝導系の一部の障害による心筋細胞の異常な興奮によることが多いので，直接あるいは間接的に心筋の細胞膜の興奮を抑制する処置がとられる．抗不整脈薬は，主な作用機序からⅠ，Ⅱ，Ⅲ，Ⅳ型に分類される(Vaughan Williamsの分類)(表9-1)．ただし，個々の薬物の作用の特異性はさほど高くなく，イオンチャネルや受容体に対する詳細な作用を基準とするSicilian Gambit分類が，人の臨床ではより理論的なものとして受け入れられつつある*．

■1 Na^+チャネル抑制薬

クラスⅠとも呼ばれ，活動電位の立ち上がり速度に寄与するNa^+チャネルの抑制を基本とする．クラスⅠは活動電位持続時間に対する影響によりさらに，ⅠA，ⅠB，ⅠCに分けられる．

キニジンはマラリヤ治療薬であるキニーネの光学異性体で，プロトタイプの抗不整脈薬であるが，最近では副作用の点から使用頻度が減少している．プロカインアミドは局所麻酔薬であるプロカインのエステル結合をアミド結合(-CONH-)に変えたものである．作用はプロカインに類似するが，中枢神経興奮作用が少なく抗不整脈薬として用いられる．作用様式はキニジンと類似している．リドカインは局所麻酔薬としても使用される．静脈注

---

* シシリアンガンビットとは，不整脈発生機序の分類に従って抗不整脈薬の選択が出来るようにまとめられた指針である．イタリアのシシリー島で第1回の会議が開かれ，またガンビットとはチェス用語で有利に進めるための序盤の戦略のことから，その名がある．ただし，一般の臨床家にとっては複雑すぎるきらいがあるため，CD-ROM化して普及に務めている．

射の場合，作用は急速に得られるが，持続性に乏しい．毒性発現付近の血液濃度を必要とし，緊急時に使われることが多い．

■2　βアドレナリン受容体遮断薬

クラスⅡとも呼ばれる．プロプラノロールは低濃度ではβ遮断作用でカテコールアミンの心臓作用に拮抗する．他の抗不整脈薬と比べ，活動電位の波形に影響しない．交感神経系の亢進に基づく不整脈に使用される．高濃度では，細胞膜に対する直接作用で安定化作用を示し，この作用も心筋細胞の興奮抑制に一役買っていると考えられている．$β_1$選択的遮断薬のアテノロール（ISAなし：第7章参照）も用いられる．

■3　K^+チャネル抑制薬

クラスⅢとも呼ばれ，活動電位の再分極相に寄与するK^+チャネルを抑制して，持続相を延長し，不応期を長くする．アミオダロンなどがあり，心室細動，心室頻拍に用いられる．作用は強いが，副作用も強く最後の手段ともいえる．獣医領域での経験はあまりない．

■4　Ca^{2+}チャネル抑制薬

Ca^{2+}チャネル抑制薬の中で，心筋に対する特異性が比較的高いものとして，ベラパミルとジルチアゼムがあり，クラスⅣの抗不整脈薬として分類される．Ca^{2+}依存性の高い伝導系心筋細胞を抑制する．弱いNa^+チャネル阻害作用もある．冠状血管拡張作用があり，心筋への酸素供給量も増加させる利点がある．

表9-1　抗不整脈薬の分類（Vaughan Williamsの分類）

分類		作用機序	薬物
Ⅰ	A	Na^+チャネルの抑制	キニジン プロカインアミド
	B	Na^+チャネルの抑制	リドカイン
	C	Na^+チャネルの抑制	フレカイニド
Ⅱ		βアドレナリン受容体遮断	プロプラノロール アテノロール
Ⅲ		K^+チャネルの抑制	アミオダロン ブレチリウム
Ⅳ		Ca^{2+}チャネルの抑制	ベラパミル ジルチアゼム

する（第注：Ⅰ型はいずれもNa^+チャネルの開口に依存する活動電位の立ち上がり部分（phase 0）を抑制8章参照）．亜型のAは活動電位の持続を延長し，Bは逆に短縮し，Cはこれには影響しない．

Clinical Use　臨床応用

■1　不整脈の診断

不整脈は，様々な原因によって引き起こされるが，抗不整脈薬を用いる必要があるのか否か，あるいはどのようなタイプの抗不整脈薬を用いるのかを判断するためには，不整脈のタイプを正確に診断し，さらにどのような

基礎疾患があるのかについて正しく評価する必要がある．診断にあたっては，まず不整脈による臨床症状の有無とその内容，心疾患がある場合にはその内容と程度，その他の原因（発熱，外傷，臨床検査所見の異常）の有無などについて十分検討し，心電図による不整脈のタイプ分けを行う．ただし，通常の心電図記録だけでは十分な診断に至らない場合もあり，その場合には24時間の心電図が記録可能なホルター心電図が必要となる．

心電図の解析を行う上で重要なポイントは，①頻脈，徐脈はないか，②調律は正常か，③洞調律が存在するか，④P波とQRS波の関係はどうか，⑤期外収縮がある場合，上室性か心室性か，⑥心電図波形の各種測定項目に異常はないかなどであり，これらの情報から不整脈のタイプを特定する．

■2 各種不整脈に対する抗不整脈薬の使い方

多くの不整脈は無症状であり，特別の治療を必要としないが，ある種の不整脈は重篤な臨床症状を呈し，心停止あるいは突然死の原因となることもある．これらの場合は抗不整脈薬を用いた積極的な治療が必要となる．また基礎となる心疾患あるいはその他の疾患がある場合には，これらに対する積極的な治療も重要となる．

犬や猫における一般的な心臓のリズム異常としては，洞徐脈，房室ブロック，洞頻脈，上室性期外収縮，上室性頻脈，心室性期外収縮，心室性頻脈など様々なものがある．それぞれに好発品種があったり，治療の必要性が低いものと高いものなどがあるが，詳細は心臓病に関する専門書を参照してほしい．ここでは，いくつかの主だった不整脈における抗不整脈薬の一般的な使い方について述べる．

1．心室性期外収縮および心室性頻脈

心室性不整脈に対して抗不整脈薬の投与を行うか否かについては，判断が難しい場合が少なくない．期外収縮が時折見られる程度で症状もない場合には，治療の必要はない．また頻度が中程度であっても期外収縮が多源性でなく，心機能に問題がなければ，治療の必要がない場合が多い．治療対象の一応の目安としては，①頻度が高い（20～30回/min以上），②連続して出現する，③多源性，④心筋症など不整脈による突然死の可能性がある，⑤心機能低下による症状が見られる場合，などが挙げられる．しかし，動物においては抗不整脈薬の投与によって生存期間が本当に延長するのか必ずしもはっきりしておらず，抗不整脈作用が十分得られない例がある．また，短時間の心電図検査だけでは薬剤効果の評価が必ずしも十分ではなく，抗不整脈薬自体の副作用がある．これらの理由から，その使用にあたっては，適応をよく考慮した上で，症状の変化などに注意し，心電図の定期的検査などを行いながら投与を行う必要がある．

心室性期外収縮に対しては，犬では通常リドカインが第一選択薬となる．局所麻酔薬として商品化されているリドカイン製剤の中にはエピネフリンを含むものがあるが，これを使用してはいけない．まず2 mg/kgをゆっくり静脈内に投与し，効果が十分でない場合には投与を繰り返す（最大8 mg/kgまで）．リドカインの投与で効果が得られた場合，さらに必要があれば持続投与（25～80 μg/kg/min）で維持する．あるいはプロカインアミド（6～20 mg/kg, IM, QID；10～20 mg/kg, PO, QID）もしくはキニジン（6～20 mg/kg, IM, QID；6～16 mg/kg, PO, QID）の投与で維持することもできる．リドカインで効果が得られない場合には，プロカインアミド（6～10 mg/kg）の静脈内投与かキニジン（6～20 mg/kg）の筋肉内投与を試みる．これらの薬剤で効果が得られない場合には，再度心電図検査を行い，水分・電解質（特にカリウム）バランス，酸塩基平衡の是正を行ってみる．それでも効果が得られない場合にはプロプラノロールなどのβ遮断薬を加えてみる．

猫ではリドカインの毒性が出やすく，低用量（0.25～0.5 mg/kg）で用いる必要がある．したがって，プロプラノロールを第一選択薬として用いることがすすめられる．プロプラノロールは，個々の動物における交感神経系

の緊張度によってその効果が大きく異なるため，まず低用量（0.02 mg/kg）を静脈内にゆっくり投与し，効果を見ながら必要があれば投与を繰り返す（最大0.1 mg/kg）．これで効果が見られない場合には低用量のリドカイン（0.25～0.5 mg/kg）をゆっくり静脈内に投与する．それでも効果が得られない場合には，犬と同様プロカインアミド，キニジンの投与あるいは全身的な状態改善を行う．

2．心房細動

心房細動は，通常拡張型心筋症，房室弁不全，あるいは猫における肥大型心筋症などによって心房が著明に拡張することにより生じる．したがって，これらの疾患による心不全症状が出現しており，さらに心房細動に心室収縮が伴って頻脈状態になることによって，心室の血液充満時間が減少し，一回拍出量の低下から結果として心拍出量が低下している．治療は肥大型心筋症以外では通常心不全治療薬のジギタリス（ジゴキシン：用量は第8章参照）が用いられる．これで十分な心拍数の低下が得られない場合には，Ca^{2+}チャネル阻害薬（ジルチアゼム，ベラパミル）やβ遮断薬（プロプラノロール，アテノロール）を加えると効果が得られることがある．猫で多く見られる肥大型心筋症の場合は，原則としてジギタリスは禁忌であり，Ca^{2+}チャネル阻害薬やβ遮断薬を第一選択薬として用いる．心房細動は，大型犬などで外傷後にみられることもある．このような場合にはキニジンの経口投与を行う．

3．上室性期外収縮および上室性頻脈

期外収縮の頻度が低い場合，通常薬剤投与の対象とはならない．頻度が高く血液循環動態に障害がある場合には治療が必要となるが，通常はジゴキシンが第一選択薬となる．ただし肥大型心筋症を伴う場合には，原則としてジギタリスは禁忌であり，Ca^{2+}チャネル阻害薬やβ遮断薬が第一選択薬となる．ジギタリス投与で十分な効果が得られない場合には，Ca^{2+}チャネル阻害薬あるいはβ遮断薬との併用を試みる．

4．洞性徐脈および房室ブロック

犬では，呼吸器や胃腸疾患など迷走神経刺激を生じるような疾患，中枢神経系における占拠性病変や外傷，低体温，高カリウム血症，甲状腺機能低下症などにおいて，洞性徐脈を伴うことがある．多くの場合，明らかな臨床症状は認められないが，心拍数が50回/分以下になると，失神，運動不耐性，活動性の低下などが見られるようになる．治療は第一選択薬として副交感神経遮断薬であるアトロピンやグリコピロレートを注射投与し，効果が得られるようであれば，経口投与に切り替える．これらの薬剤で十分な効果が得られない場合にはイソプロテレノールやドパミンなどのカテコールアミンを試みる．それでも十分な管理ができない場合には，最終的にはペースメーカーの埋め込みが必要となる．

房室ブロックの場合もこれと同様であるが，Ⅰ度あるいは頻度の低いⅡ度の房室ブロックでは，通常積極的な治療は必要としない．一方，頻度の高いⅡ度の房室ブロックあるいはⅢ度の房室ブロックでは，上述と同様の治療を必要とする．

■3 副作用

クラスⅠのキニジンやリドカインなどはNa^+チャネル抑制を機序とするため，過剰投与により心機能の正常調律を障害しやすい．また，神経系や他の興奮性細胞に対しても抑制反応を示しやすい．リドカインの用量が過剰となると，攻撃的になる，方向感覚がなくなる，筋攣縮，嘔吐，全身痙攣がみられるなど，中枢神経興奮による

副作用が出現するので注意が必要である．リドカインは，猫では全身痙攣や呼吸抑制が出現しやすいので特に注意する．

クラスIII抗不整脈薬のアミオダロンは動物医療では経験が少ないが，肺毒性があり長期に使用すべきではない．これに対して，クラスII抗不整脈薬のβ遮断薬やクラスIV抗不整脈薬のCa^{2+}チャネル阻害薬の副作用は少なく，穏やかで使用しやすい．

一般に，抗不整脈薬の使用により別の形の興奮旋回が生じ不整脈が再発することが多い．これを催不整脈作用という．この副作用は重大で，特に長期間投与する場合に問題となるので十分注意する．

表 9-2 主な抗不整脈薬

薬物名	商品名	用　量
クラス I		
硫酸キニジン	硫酸キニジン	犬：6〜20mg/kg IM QID, 6〜16mg/kg PO QID 猫：4〜8mg/kg IM, PO TID
塩酸プロカインアミド	アミサリン	犬：6〜10mg/kg ゆっくり IV, 6〜20mg/kg IM QID, 10〜20mg/kg PO QID 猫：3〜8mg/kg IM, PO TID, QID
リドカイン	キシロカイン	犬：2mg/kg ゆっくり IV, 効果が得られるまで繰り返す（最大 8mg/kg）±25〜80μg/kg/min 持続 IV 猫：0.25〜0.5mg/kg ゆっくり IV±10〜20μg/kg/min 持続 IV
クラス II		
プロプラノロール	インデラル	犬：0.02mg/kg ゆっくり IV, 効果が得られるまで繰り返す（最大 0.1mg/kg） 0.2〜1.0mg/kg PO TID 猫：0.02mg/kg ゆっくり IV, 効果が得られるまで繰り返す（最大 0.1mg/kg） 2.5〜5.0mg PO TID
アテノロール	テノーミン	犬：0.2〜1.0mg/kg PO SID, BID 猫：6.25〜12.5mg/head PO SID, BID
クラス IV		
ベラパミル	ワソラン	犬：0.05mg/kg 緩徐に IV（5分ごと総量 0.15mg/kg まで） 犬：0.5〜2.0mg/kg PO TID
ジルチアゼム	ヘルベッサー	0.25mg/kg から始め， 犬：0.5〜1.5mg/kg PO TID 猫：0.5〜2.5mg/kg PO TID

注：クラスIII抗不整脈薬の獣医領域での経験は少ない．

ポイント

1. 不整脈の診断にあたっては，不整脈による臨床症状の有無とその内容，心疾患がある場合にはその内容と程度，その他の原因などについて十分検討し，また心電図による不整脈のタイプ分けを行う．
2. キニジンやリドカインなどのクラスI抗不整脈薬はNa^+チャネル抑制を機序とするため，過剰投与により心機能の正常調律を障害しやすい．
3. リドカインは，猫では全身痙攣や呼吸抑制が特に出現しやすいので注意する．
4. β遮断薬やCa^{2+}チャネル阻害薬の副作用は少なく，作用が穏やかで使用しやすい．

10. 血液凝固系に作用する薬物
Drugs affecting the blood coagulation system

　正常な循環動態において，血液凝固系と線維素溶解系とは常にバランスを保っている．血管壁に傷害が起これば止血を目的として，あるいは傷害部位における最初の修復機転として血液凝固系が活性化される．特に物理的な傷害がみられなくても，両者の間の僅かなバランスに狂いが生じ，血栓形成が進行したり，あるいは出血傾向となることがある．血液凝固には血小板凝集を主体とする一次止血と，フィブリン形成を主体とする二次止血の2つの機転があり，これらを促進あるいは抑制する様々な薬がある．

血液凝固阻害薬
a．抗血小板薬
- アスピリン aspirin
- ジピリダモール dipyridamole
- チクロピジン ticropidine

b．抗凝固薬
- ヘパリン heparin
- 低分子ヘパリン low molecular weght heparin
- ワルファリン warfarine
- シュウ酸塩
- クエン酸ナトリウム
- EDTA

c．血栓溶解薬
- アルテプラーゼ alteplase (t-PA)
- ウロキナーゼ urokinase
- ナサルプラーゼ nasaruplase (プロウロキナーゼ prourokinase)
- ストレプトキナーゼ streptokinase

血液凝固促進薬（止血薬）
- フィトナジオン phytondione（ビタミンK_1製剤）
- メナテトレノン menatetrenone（ビタミンK_2製剤）
- トロンビン thrombin
- 硫酸プロタミン protamine sulphate
- アミノカプロン酸 aminocapronic acid

- トラネキサム酸 tranexamic acid
- カルバゾクロム carbazochrome sodium sulfonate

Basics 血液凝固の基礎

■1 血液凝固

血液凝固は以下の順序で進行する．これらの反応は個々に起こるものではなく，相互に関連がある（図10-1）．

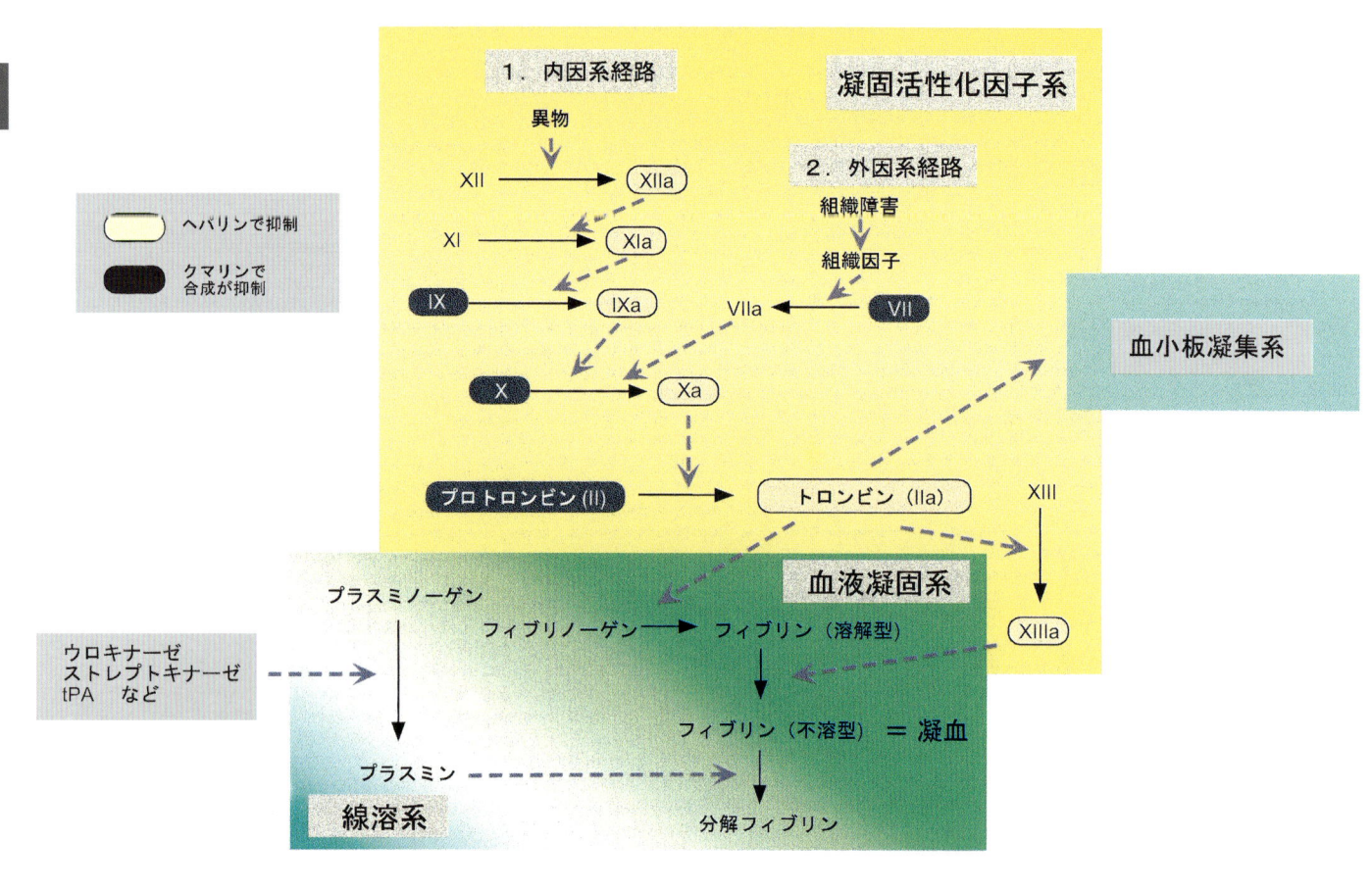

図10-1 血液凝固と線溶系の概略

1．一次止血

小さな傷害であれば，障害部位の血管内皮細胞が癒着，収縮して止血しようとする．さらに血管内膜が破綻し，コラーゲンが露出する場合は，コラーゲンへ血小板が付着し，これにより血小板が活性化されて凝集が起こる．この時点での血小板の形態変化は可逆的である．血小板は次第に融合して，個々の形態は消滅する．これを，血小板粘性変性という．ここまでの血小板凝集を主体とする止血過程を一次止血という．動脈では血小板を主体とする白色血栓が主体となる．後述の抗血小板薬の対象となる血栓である．

2. 二次止血

血小板に起こる一次止血機転と並行して，血管損傷部位では組織因子の放出（外因系経路）が起こる．同時に，血小板表面の Hageman 因子（XII因子）が活性化され（内因系経路），これら2つの経路はX因子の活性化を来す．活性型X因子（Xa）はプロトロンビンをトロンビンに変え，これが刺激となって可溶性のフィブリノーゲンが不溶性のフィブリンに変換し，フィブリン凝固血栓が形成される（血液凝固系）．この過程は一次止血よりも時間を要するが，これによってより強固な止血が起こる．静脈ではフィブリン網に赤血球，白血球，血小板を取込んだ赤色血栓が形成されることが多い．後述の抗凝固薬の対象となる．なお，トロンビンは血小板にも作用して血小板凝集を起こし，一次止血をさらに助長する．

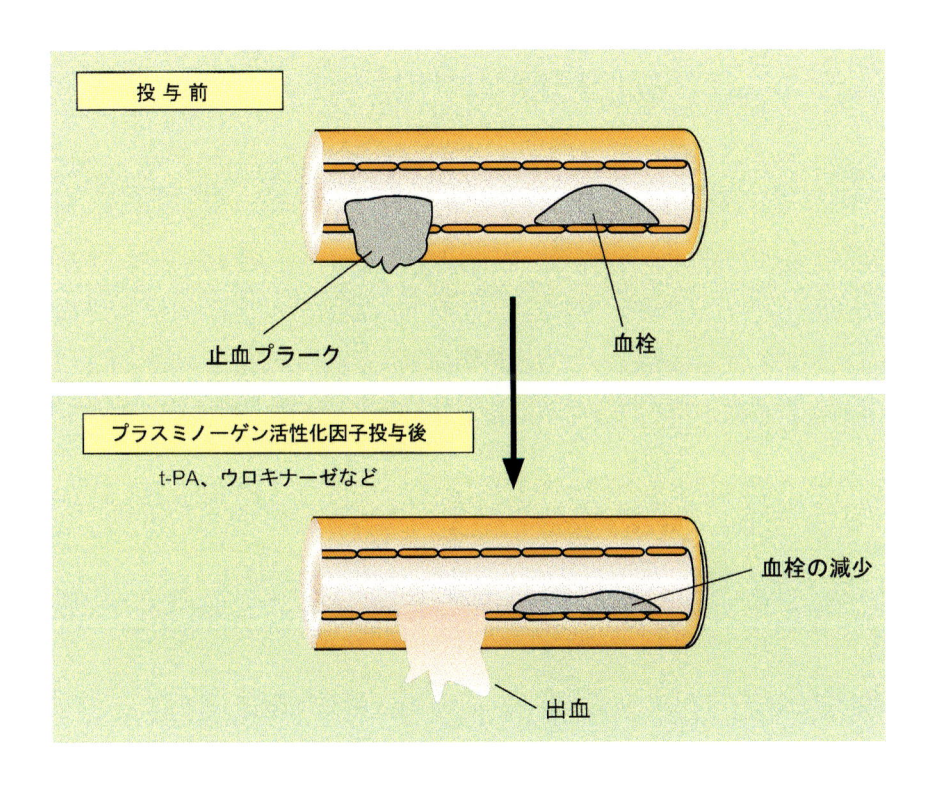

図 10-2 血管損傷と止血の機序

■2 線維素溶解系（線溶系）

フィブリン凝固血栓は適当な時期にプラスミン（タンパク分解酵素）により溶解される．プラスミンは，組織プラスミノーゲンアクチベーター（t-PA）（血管内皮細胞で産生），ウロキナーゼ（腎で産生）で活性化される．

■3 血小板凝集

血小板は無核の微小な細胞であるが，細胞膜には種々の受容体が存在し，情報を感知して凝集という機能を営む．血小板ははじめにVIII因子の高分子部分の von Willebrand 因子を介してコラーゲンに粘着 adhesion する．コラーゲンへの粘着によって血小板は活性化されるが，その他様々な生理的刺激により形態変化 shape change し，

凝集 aggregation する．

　活性化した血小板は，濃染顆粒に蓄えられた ADP，Ca^{2+}，セロトニンなどを放出する．放出された ADP，セロトニンは強力な血小板活性化因子で，血小板自身に働いて（オートクライン）凝集を増強する．ここまでの凝集は可逆的であり，刺激がなくなれば血小板凝集塊は解離してなくなる．また α 顆粒に蓄えられている，IV因子，フィブリノーゲン，血小板由来増殖因子（PDGF）などを放出し，凝集や止血，あるいは障害組織の修復に参加する．さらに，活性化された血小板はトロンボキサン A_2 や血小板活性化因子（PAF）などを合成，遊離し，凝集を自己増殖的にさらに促進する．これらによって，凝集は不可逆的となる（図10-3, 4）．

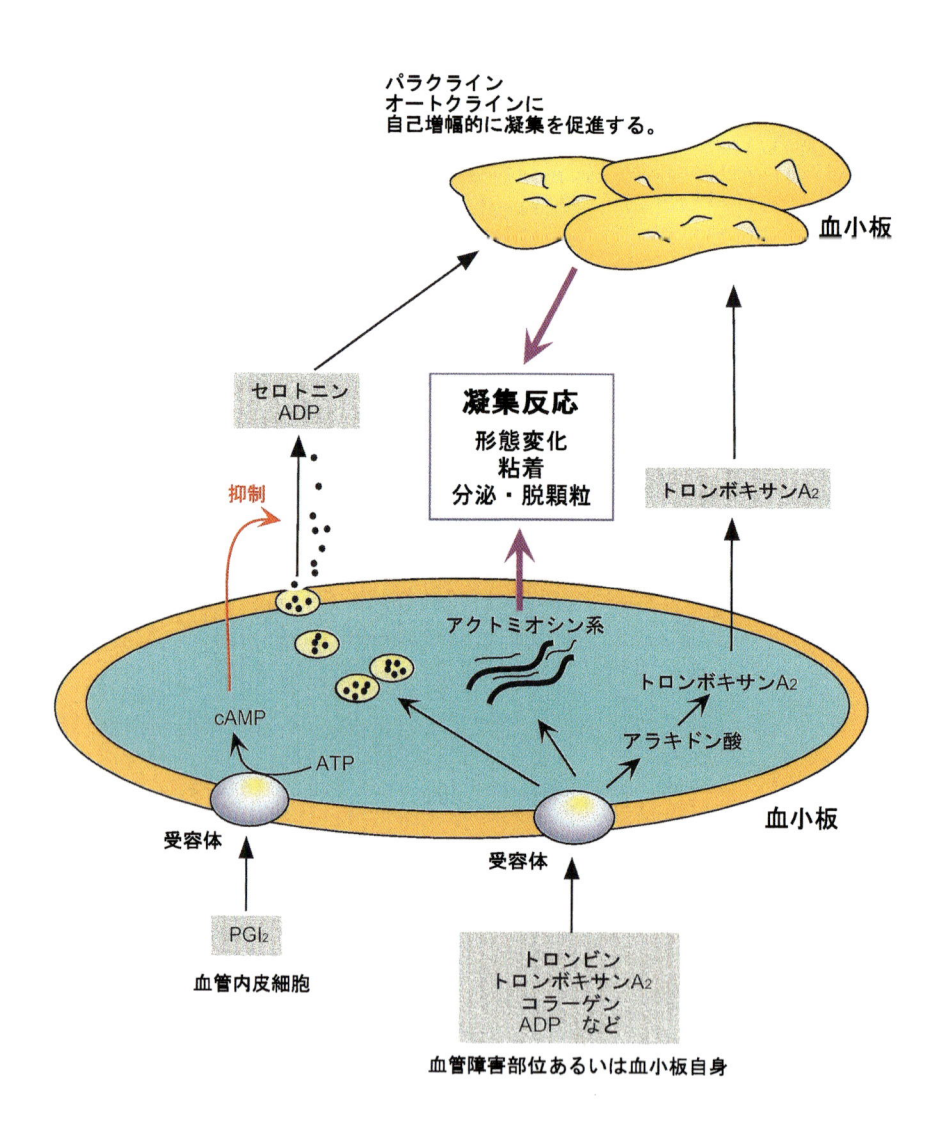

図 10-3　血小板凝集の機序

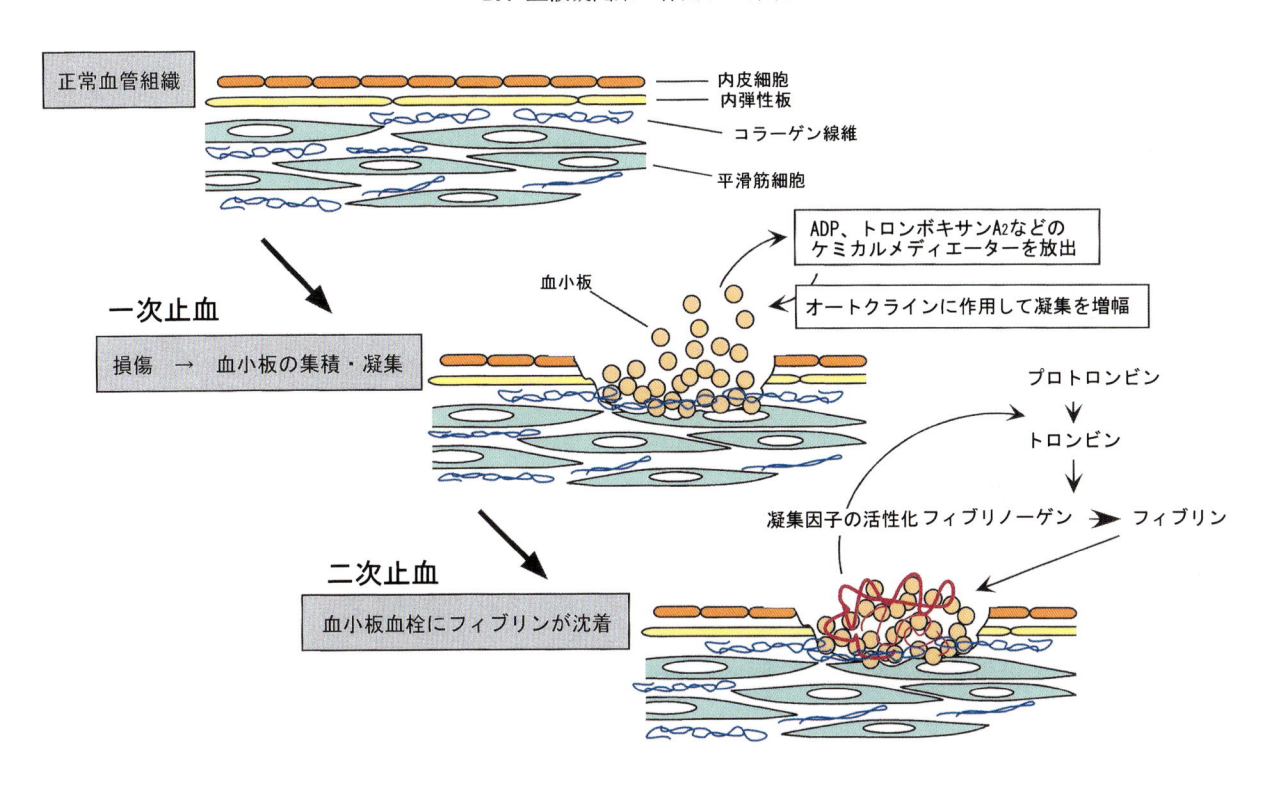

図10-4　血管組織損傷と止血

Drugs　抗凝血薬・止血薬の種類と特徴

■1　抗血小板薬

1．アスピリン

　血小板はシクロオキシゲナーゼを介してトロンボキサン A_2 を合成する．アスピリンはこのPG合成系を抑制し血小板機能を抑制する．この効果は少量投与においてのみみられるもので，多量では抗血栓的に作用する血管内皮細胞の PGI_2 の合成も抑制してしまうので，効果がなくなる．これをアスピリンジレンマという（第15章参照）．

2．ジピリダモール

　血小板のホスホジエステラーゼを阻害して cAMP 量を増加し，トロンボキサン A_2 の産生を抑制したり PGI_2 の作用を増強して血小板機能を抑制する．単独の作用はあまり強くなく，アスピリンと併用されることが多い．

3．チクロピジン

　ADPの作用を介して起こる血小板凝集やフィブリノーゲンへの凝着を抑制する．長期の投与は出血傾向をもたらし，また重大な副作用として好中球減少症があるので注意する．チクロピジンはプロドラッグとして働き，活

性代謝物が血小板の ADP 受容体（P_{2T} 受容体または P_{2Y12}）と拮抗して ADP による凝集を阻害するという．

■2　抗凝固薬

1．ヘパリン

硫酸基，カルボキシル基を含有する多糖類で，血栓塞栓症や播種性血管内凝固 DIC の治療，血液透析や人工心肺使用時に用いられる．アンチトロンビンIII(VIIa)による各種セリンプロテアーゼ(IIa，IXa，Xa，XIa，XIIIa など）の不活化を促進することにより凝血反応を抑制する．生体内だけではなく試験管内でも作用するので，採血の際や実験試薬としても広く用いられる．

ヘパリンは肥満細胞の顆粒中に多量に存在する生体内物質でもあり，生理的にも凝血反応の抑制に寄与している．ショック時には血液凝固が悪くなるが，これは肥満細胞から多量に放出されたヘパリンのせいである．ヘパリンと類似の物質であるグリコサミノグリカン（ヒアルロン酸，コンドロイチン硫酸，ヘパラン硫酸など）は細胞外マトリックスの構成成分として血管内皮細胞表面に存在しており，常時起こり得る凝血機転に対して抑制的に機能している．

ヘパリンは牛の肺や豚の腸粘膜から抽出され，薬として用いられている．この通常の粗製ヘパリンの分子量は 3〜3.5 万であるが，これは過剰投与により出血しやすく，出血症状のある場合には使用できない．これに比べ粗製ヘパリンから分画した低分子ヘパリン（4〜6 千）は，抗血栓作用はほぼ同じであるが，出血のリスクが少ないとされる．

2．ワルファリン

クマリン誘導体のジクマロールは，腐敗したスイートクローバーが起こす家畜の出血性疾患の原因物質として同定された天然物質である．その後，合成のクマリン誘導体としてワルファリンが開発された．獣医領域では，犬，猫の静脈塞栓症や肺塞栓症に使用されている．ビタミン K と類似の構造を持つため，これと拮抗して II，VII，IX，X 因子の肝臓での合成を阻害する．したがって，試験管内では無効である．また，作用の発現に時間を要し(8〜12時間)，休薬後の作用の持続も 2〜5 日と長い．作用発現を急ぐ場合はヘパリンを併用する．

表 10-1　ワルファリンと相互作用する薬の例

抗凝血作用を増強する薬	抗凝血作用を抑制する薬
アスピリン	バルビツール酸誘導体
インドメタシン	リファンピン
フェニルブタゾン	グリセオフルビン
シメチジン	リファンピシン
オメプラゾール	フェニトイン
クロラムフェニコール	トルブタミド
ジサルフィラム	
メトロニダゾール	
フェニトイン	
キニジン	
ヘパリン	

重要：これ以外にも多くの薬が相互作用を起こすので，事前に添付書類で確認すること．

過剰な投与は出血傾向をまねく．この場合は直ちに投与をやめ，ビタミン K_1 を経口投与する．ワルファリンは多くの薬と相互作用を起こすので，投与前に慎重に調査する必要がある（表10-1）．

3．その他

シュウ酸塩，クエン酸ナトリウム，EDTA などがあり，採血や血液分画を作成する際に抗凝固薬として使用される．いずれも Ca^{2+} をキレートして，反応液中の Ca^{2+} を除去することを機序とする．

■3　血栓溶解薬（プラスミノーゲン活性化因子）

プラスミノーゲンを活性化しプラスミン形成を促進するものとして，ストレプトキナーゼ（溶連菌に由来），ウロキナーゼ（人の尿に由来）がある．第一世代の抗凝血薬で，血液中を循環するフィブリンに結合したプラスミノーゲンをランダムに活性化してしまうので，多量に投与すると全身性に出血傾向を示す．

これに対して，組織プラスミノーゲン活性化因子（tissue-type plasminogen activator；t-PA）は生理的に血管内皮で産生される物質で，第二世代のものとして開発された．天然型の t-PA はアルテプラーゼ alteplase と呼ばれる．フィブリンに吸着する性質により，障害部位のプラスミノーゲンを選択的に活性化するので，上述の副作用が少ない．現在では，アルテプラーゼの持続時間やフィブリン吸着の選択性を増した改変型 t-PA も開発されている．t-PA には他に，ナサルプラーゼ（プロウロキナーゼ）などがある．

■4　止血薬

1．ビタミンK

前述のように，IからXIII因子まである血液凝固因子のうちの幾つかは肝臓においてビタミンKに依存して産生される．したがってビタミンKの投与は止血作用を増強する．過剰なワルファリン投与からの回復あるいは殺鼠剤中毒の治療に用いられる．ビタミン K_1 剤としてはフィトナジオンが注射もしくは経口剤として用いられる．ビタミン K_1 は生体内では K_2 に変換されて作用するので，ビタミン K_2 製剤であるメナテトレノン（注射もしくは経口剤）も用いることができる．

2．その他

トロンビンはフィブリン血栓形成と血小板凝集作用により止血作用をもたらす．硫酸プロタミンは弱塩基性物質で，強酸性のヘパリンあるいはヘパリン様物質などと反応して活性を抑制し，止血作用をもたらす．また，アミノカプロン酸やトラネキサム酸はプラスミンの作用を抑制することにより止血作用を発揮するので，抗プラスミン薬と呼ばれる．

カルバゾクロムは血管強化薬あるいは対血管性止血薬といわれる．詳しい作用機序はよく分かっていないが，血液凝固系や線溶系に影響することなく，細血管の血管透過性を抑制することで止血作用をもたらすと考えられている．小動物臨床でも各種の出血性疾患によく用いられる．

Clinical Use　臨床応用

■1　一般的事項

　血液凝固系に作用する薬は，各種紫斑病，肝・胆嚢疾患に伴う出血傾向，腎出血，手術時の出血，播種性血管内凝固（disseminated intravascular coagulation；DIC），各種血栓症・塞栓症などの治療や予防に用いられる．これらの薬は大きく止血薬と抗凝固薬の2つに分けることができ，前者は出血傾向を改善させる薬，後者は凝固を抑制する薬である．その使用にあたっては，出血傾向が生じている原因の把握と，その病態生理の正確な理解がきわめて重要である．

　止血薬には，血管強化薬，凝固促進薬，抗線溶薬などがあり，①血管壁の異常で血管抵抗性の減弱や透過性の亢進がある場合（血管強化薬），②血小板の異常で数の減少あるいは機能低下がある場合（血管強化薬），③凝固系の異常がある場合（ビタミン K_1），④線溶系の亢進がある場合（抗プラスミン薬）などに用いられている．

　抗血栓薬には，血栓溶解薬，ヘパリンや経口抗凝固薬(ワルファリンなど)，抗血小板薬があり，血栓や塞栓を溶解することにより血流を回復させるためと，血栓の予防のために用いられる．血栓溶解薬としては，従来はウロキナーゼが用いられてきたが，最近，アルテプラーゼ（t-PA）やナサルプラーゼが市販され，比較的安全に治療効果を挙げることができるようになった．血栓の予防には抗凝固薬と抗血小板薬が用いられるが，静脈の血栓や肺塞栓には前者を，動脈の血栓には後者を用いるのが原則とされている．ヘパリン，ワルファリンによる抗凝固療法は，形成された血栓の進展防止，あるいは血栓症の予防ないし再発防止のために用いられる．抗血小板薬は，血小板の粘着・凝集能を阻害する薬剤で，血栓症の予防を目的に用いられる．以下に，これらの薬剤が用いられる代表的な疾患を挙げる．

■2　DIC（播種性血管内凝固）

　DICは，何らかの原因で血管内での凝固亢進が起き，全身の細小血管に汎発性にフィブリン形成を生じた状態を指す．このような全身的な凝固亢進により，血小板・凝固因子が消費され，フィブリン溶解系（線溶系）も亢進することにより，軽度から重度の出血傾向が認められる．同時に細小血管内の血栓形成により，様々な臓器症状がみられることも多い．DICは，敗血症，重度の感染，ショック，溶血，腫瘍，膵炎，熱射病，外傷などによる凝固亢進によって始まるが，この凝固亢進は以下の3つのメカニズムによって引き起こされると考えられる．

1) 細胞障害による多量の組織因子と血液との接触により外因性凝固系が活性化される．悪性腫瘍細胞には大量の組織因子が存在するが，何らかの原因でこの組織因子が血液中に流入すると，DICが生じやすい．
2) 血管内皮細胞障害と内皮下組織の露出により内因性凝固系が活性化される．血管肉腫は，DICを最も引き起こしやすい悪性腫瘍であるが，これは血管との接触面が多く，また血管内皮細胞障害が激しいためである．
3) 血流に放出されるある種の酵素（膵炎におけるトリプシンなど）により凝固因子が直接活性化される．

　この他アシドーシスや低酸素血症，循環障害，肝機能障害などによりDICはさらに悪化する．

　上述のように，DICは様々な疾患を原因として発生するが，症状と検査所見から大きく凝固優位型DICと線溶優位型DICに分けることができる．凝固優位型DICは，悪性腫瘍や感染症に引き続いて生じることが多く，血栓による臓器症状(腎不全，呼吸不全，肝不全，神経症状，消化器症状など)が著明であるが，出血傾向は軽度から中程度である．一方，線溶優位型DICは人の前立腺癌などでみられ，臓器症状はあまりみられないが，出血傾向

(血管穿刺部位からの出血が止まりにくい，斑状出血，点状出血，鼻血，消化管出血，血腫)が著明である．しかし，これらはいずれも必ずしも DIC に特異的な臨床症状ではないことから，最終的には，臨床徴候と各種検査所見を総合して判断することになる．

診断の基本は凝血的検査所見による．凝血的検査には様々なものがあるが，獣医学領域で一般的に行われるものは血小板数，プロトロンビン時間 (PT)，活性化部分トロンボプラスチン時間 (APTT)，フィブリノーゲン，アンチトロンビンIII (AT III)，フィブリン・フィブリノーゲン分解産物 (FDP) である．その他，最近トロンビン-アンチトロンビン複合体 (TAT) が，DIC の早期診断に有用であることが報告されている．

DIC の診断基準については，現在も議論のあるところであるが，血小板数減少 (150,000～120,000/μl 以下)，フィブリノーゲンの低下 (正常値 200～400 mg/dl)，FDP の増加 (5 μg/ml 以上)，PT，APTT の延長 (各検査システムにより異なる)，アンチトロンビンIIIの減少のうち 4 項目以上を満たせば，DIC とする場合が多い．しかし，臨床の現場ではこれらの検査がすぐには実施できない場合も少なくない．この場合には，血小板数と FDP のみからも，重症度の判定は無理だが，診断することは可能であることが示されている．また血液塗抹標本において，赤血球破砕像がみられることがあり，これも参考となる．

DIC の治療で最も重要なのは原因疾患に対する根本的治療である．例えば，外科的切除により原因が除去可能と考えられる場合には，早急に行う必要がある．同時にできるだけ早期に抗血栓療法としてヘパリンの投与を行い，DIC の進行を防止する．しかし，原因疾患に対する有効な治療が困難である場合も少なくなく，この場合には，様々な抗血栓療法も対症療法に終わることが多い．犬の DIC に対するヘパリン投与量については，以下のように幅広い用量が推奨されている．

1) 最少用量　5～10 IU/kg, SC, TID
2) 低用量　100～200 IU/kg, SC, TID
3) 中用量　300～500 IU/kg, SC, IV, TID
4) 高用量　750～1000 IU/kg, SC, IV, TID

最近，ヘパリンよりも出血事故の少ない低分子ヘパリンが使用されるようになった．動物における推奨用量は今のところ明らかではないが，人における用量(75 IU/kg を 24 時間かけて持続投与)と同じ用量で臨床的効果が得られるものと考えられる．

ヘパリンと同時に凝固因子や血小板 (新鮮全血，新鮮血漿，血小板) を投与することも効果的であり，特に肝不全に伴う DIC の場合には新鮮血漿投与の効果が高い．また各臓器の循環や代謝を保つために体液バランスや，酸塩基平衡を改善させるための輸液療法や酸素供給あるいは適切な抗生物質投与などの支持療法も重要である．

■3　殺鼠剤中毒

凝固因子のプロトロンビン群 (第II因子，第III因子，第IX因子，第X因子など) は，肝臓における産生にビタミン K が必要である．ビタミン K 欠乏症では，異常構造を持った血液凝固因子が合成され，正常の血液凝固活性を持たない．これを PIVKA (proteins induced by vitamin K absence or antagonists) と呼ぶ．小動物臨床で最も一般的なビタミン欠乏症は，体内に貯蔵されたビタミン K を消費してしまう抗凝固系殺鼠剤の摂取によって引き起こされる．

殺鼠剤の摂取による止血異常は，通常摂取後 2～3 日で出現する．最初に PT の延長がみられるが，出血傾向が明らかになる頃には PT，APTT，ACT が延長する．この時 FDP，フィブリノーゲンは正常値を示す．血小板数も正常な場合が多いが，出血による消費で減少する場合もある．ビタミン K と PIVKA の測定は，当初の診断や

治療方針の決定には役立たないが、その後の確定には有用である。

治療の基本はビタミンKの投与であるが、新しい凝固因子の産生には、通常12時間程度が必要である。このため緊急な凝固異常の改善には新鮮血漿($6\sim10\,ml/kg$)の投与、あるいは貧血が伴う場合であれば新鮮全血($12\sim20\,ml/kg$)の投与が必要である。投与した凝固因子の半減期は比較的短いので、必要に応じて6時間おきに新鮮血漿の投与を繰り返す。

最初のビタミンKの投与は、出血を避けるためできるだけ細い針を用いて皮下に投与する（ビタミンK_1製剤フィトナジオン、$2.2\,mg/kg$）。筋肉内投与は血腫の原因となり得るため避ける。また、静脈内投与もアナフィラキシーの原因となり得るため避けたほうがよい。その後出血が止まるまで投与を行い（$1.1\,mg/kg$, SC, BID）、さらに経口投与に切りかえる（$1.1\,mg/kg$, BID）。ワルファリンなど比較的作用時間の短い薬剤の場合は、5〜7日間投与を続ける。一方、作用時間の長い第2世代の抗凝固系殺鼠剤の場合には、2週間ごとに薬用量を半減させながら4〜6週間治療を続ける。治療終了2〜3日後に再度PTの測定を行い再度延長しているようなら、ビタミンKの投与をさらに2週間行う。

■4 肝不全

凝固因子の大部分は肝臓で作られるため、重度の肝細胞障害がある場合には、凝固因子の欠乏が生じる。また重度の胆管閉塞の場合には、ビタミンK欠乏が生じる。肝不全時には、これに加え線溶抑制因子の合成とプラスミノーゲンアクチベーターの分解が減少し線溶系が亢進する。さらに血小板数の減少と機能異常も伴い、出血傾向がより強調される。凝固系の検査だけでは、DICと鑑別することが難しい場合もあるが、臨床症状、血液生化学検査、肝機能検査などから区別する。

治療の中心は肝不全に対する治療となるが、消化管を中心とした出血が強い場合や肝生検を行う場合には、新鮮血漿輸血を行う。また、ビタミンK投与が有効な場合もある。

■5 凝固亢進と血栓症

1. 動物の血栓症

血栓症は、血管内にフィブリンと血小板の混じった凝固物が生じ、その結果組織の血流が阻害され虚血状態を引き起こす状態である。血栓の一部が血流に乗って遠隔部位に詰まり、同様の症状を引き起こすものを塞栓症と呼ぶ。血栓症を引き起こす主な要因は、①血管の損傷、②血流停滞、③凝固亢進である。血管の損傷が生じると、血管内皮より内側の組織が露出され、血小板と凝固系が活性化される。このような状態が引き起こされる疾患としては、カテーテル留置、炎症、腫瘍浸潤、フィラリア症、アミロイドーシスなどが挙げられる。血流停滞が生じると、局所で活性化された凝固因子の排除が正常に行われず、さらに局所の低酸素血症から血管の損傷が引き起こされ血栓が生じやすくなる。このような状態を引き起こす要因として、循環血液量減少、心不全、ショック、血管の圧迫、血液粘稠度の増加などが挙げられる。凝固亢進は、血小板凝集亢進、凝固因子の過剰な活性化、抗凝固因子の減少および線溶系の抑制によって生じる。

しかし多くの場合、血栓症の病態は複雑で、複数の原因と複数の機構が存在している。逆に凝固亢進状態にあっても、血管や血流の異常が伴わなければ、血栓形成は生じないことが多い。血栓塞栓症は様々な部位に生じ、肺塞栓症の場合には急性で重度の呼吸困難を来す。腎臓に塞栓症が生じた場合には、血尿、腹痛、嘔吐などがみられ、内臓血管の場合には、急性の腹痛、下痢、嘔吐などがみられる。犬において血栓塞栓症を来す可能性のある

疾患としては，急性腎不全，糸球体腎炎，心筋症，フィラリア症，粥贅性心内膜炎，悪性腫瘍，急性膵壊死，免疫介在性溶血性貧血，敗血症，糖尿病，副腎機能亢進症などがある．猫において最も高頻度にみられる塞栓症は，心疾患に伴うもので，大動脈の尾側分岐部分での発生が最も多い．猫においては，超急性に片側あるいは両側後肢に激しい痛みを示し，患肢は冷たく麻痺し，拍動が触知できない．犬でも同様の血栓症が認められるが，猫よりは慢性に推移するものが多い．

2．血栓症の治療

血栓塞栓症の治療には，急性の場合は血栓溶解薬を用いるが，同時に血液還流を適切に保つための輸液や強心薬，また血管損傷を最小限にするための処置なども重要である．慢性の場合には，抗血小板薬や抗凝固薬で治療することも可能である．ただしこれらの薬には，基本的に血栓溶解作用はないことを理解しておくことが必要である．

血栓溶解剤には，従来から用いられてきたウロキナーゼと，近年開発されたアルテプラーゼ(t-PA)，ナサルプラーゼがある．血漿中のプラスミンはα_2プラスミノーゲンインヒビター（α_2-PI）により速やかに失活するので，ウロキナーゼが効果を挙げるためには大量投与によってα_2-PIの作用を超えるプラスミンを産生しなくてはならない．このため出血が問題となりやすい．これに対してアルテプラーゼは，フィブリンに対する親和性が高く，フィブリン上でプラスミンを生成する．フィブリン上のプラスミンはα_2-PIの影響を受けることなくフィブリン

表 10-2　血液系に作用する主な薬

薬物名	商品名	用　量
止血薬		
凝固促進薬		
ビタミンK_1（フィトナジン）	ケーワン	犬，猫：初回 2.2 mg/kg SC，その後 1.1mg/kg SC, PO BID
抗線溶薬		
トラネキサム酸	トランサミン コントラミン	犬，猫：5〜30mg/kg IV, IM, SC, PO
可吸収性創腔充填止血剤		
酸化セルロース	オキシセル	局所投与
ゼラチン	スポンゼル	
抗凝固薬		
抗血小板薬		
アスピリン(アセチルサリチル酸)	アスピリン	犬：5〜10mg/kg PO 24〜48時間おき 猫：25mg/kg PO 72時間おき
ヘパリン		
ヘパリンナトリウム	ノボ・ヘパリン	DIC 治療時 最少用量　5〜10IU/kg SC TID 低用量　100〜200IU/kg SC TID 中用量　300〜500IU/kg SC, IV TID 高用量　750〜1000 IU/kg SC, IV TID
経口抗凝固薬		
ワルファリン	ワーファリン	犬：0.1〜0.2mg/kg PO SID 猫：0.05〜0.1mg/kg PO SID

を分解するため，比較的安全に使用することができる．動物における至適投与量や投与間隔，回数などは明らかにされていないが，人における投与量を参考に犬の血栓症にアルテプラーゼを用いた経験では，迅速で優れた効果が比較的安全に得られている．今後検討が進めば，幅広い臨床応用が可能になると考えられる．

プロウロキナーゼは，フィブリン上でプラスミンまたはカリクレインの作用によってウロキナーゼに転化する一方で，血流中では阻害物質の作用により中和されるためこれも比較的安全に使用することができる．抗血小板薬や抗凝固薬は，血栓溶解後あるいは慢性の血栓塞栓症の場合に，再発を防止するためあるいは血栓の拡大を抑制するために用いられる．前者は，血小板の粘着・凝集を抑制することにより一次血栓の形成を防止するため，フィラリア症や糸球体腎炎などに伴う血小板主体の動脈性血栓の防止に効果的である．後者は，抗凝固因子の活性あるいは凝固因子の減少を介して凝固系を抑制するので，フィブリンなどが主体の静脈性血栓の防止に効果的である．

猫における心筋症では，しばしば血栓塞栓症を併発する．この場合，心筋症に対する治療と平行して，鎮静・血管拡張のためにアセプロマジン（0.1〜0.2 mg/kg, SC, TID），さらにヘパリン（100 IU/kg, SC, TID）の投与を行うこともできる．血栓塞栓症の予防には，アスピリン（25 mg/kg, PO, 72時間おき），ワルファリン（0.05〜0.1 mg/kg, PO, SIDで開始，PTが治療前の1.3〜1.5倍となる用量まで増加）あるいはジピリダモール（4〜10 mg/kg, PO, SID）の投与が行われる．犬のフィラリア症や心内膜炎の場合にも猫と同様の血栓塞栓症が認められる．犬におけるアスピリン投与量は5〜10 mg/kg, PO（24〜48時間おき）であり，ワルファリンは0.1〜0.2 mg/kg, PO, SIDであり，ジピリダモールなどについては猫と同様である．

ポイント

1. 血液凝固系に作用する薬剤を用いる場合には，出血傾向などの原因の把握と，その病態生理の正確な理解がきわめて重要である．
2. DICは様々な疾患に併発し，凝固系と線溶系がともに亢進することにより血流内に持続的にフィブリンが形成される症候群である．DICの治療には，ヘパリンが様々な用量で用いられる．しかし，原因疾患に対する根本的治療がうまく行かない場合には，多くの場合予後不良である．
3. 抗凝固系殺鼠剤中毒の治療には，ビタミンKが用いられる．
4. アスピリンは抗血小板薬の第一選択薬である．鎮痛や抗炎症で使用する場合よりも低用量で用いる．
5. ワルファリンを使用する際には，他の薬剤との相互作用を添付資料で必ず確認する．

11. 利 尿 薬
Diuretic drugs

　代謝産物の排出と循環血液量，血漿浸透圧，体液電解質の量および濃度，体液のpHなどの調節は，腎臓の最重要の機能である．救急医療において腎血流の確保がきわめて重要となるのは，これらの機能を確保するためである．利尿薬は，腎臓に作用し，尿量を増加させる薬物であり，主としてうっ血性心不全，肝硬変，腎不全などにおける浮腫，血圧コントロールあるいは尿量低下時に用いられる．

チアジド系利尿薬
- ヒドロクロロチアジド hydrochlorothiazide
- メフルシド mefruside

ループ利尿薬
- エタクリン酸 ethacrynic acid
- フロセミド furosemide
- ブメタニド bumetanide
- ピレタニド piretanide

カリウム保持性利尿薬
- スピロノラクトン（経口） spironolactone
- カンレノ酸カリウム（静注） potassium canrenoate
- トリアムテレン triamterene

浸透圧利尿薬
- イソソルビド isosorbide
- D-マンニトール D-mannnitol
- 濃グリセリン（グリセオール） glycerin

炭酸脱水素酵素阻害薬
- アセタゾラミド acetazolamide
- メタゾラミド metazolamide（緑内障治療薬）
- ドルゾラミド dorzolamide（緑内障治療薬）
- ジクロフェナミド diclorfenamide（緑内障治療薬）

Basics　尿生成の基礎知識

　腎臓は，代謝産物または異物の排泄，体液量と体液イオン組成の調節，そしてビタミンD_3，レニン，カリクレイン，エリスロポイエチンの分泌など，多彩な機能を担っている．さらに，腎臓は糖，タンパク質，ポリペプチドなど多くの生体内物質を代謝する臓器でもあり，肝臓とともに糖新生も行っている．尿の生成はきわめて複雑な経路を経て行われるが，ここでは利尿薬の作用機序の理解に必要な最小限の知識を確認する．

■1　ボーマン嚢への濾過

　腎動脈は腎臓の中へ入ると次第に枝分かれして細くなり，糸球体という毛細血管の塊を作る．糸球体の血管は再び集まって次第に太くなり，尿細管を取り巻くようにして最後には腎静脈となり体循環へと戻る．個々の糸球体はボーマン嚢と呼ばれる袋状の構造で包まれており，このボーマン嚢は尿細管へと移行し，それらは集まって尿管に，そして最終的には膀胱へとつながり体外へと開口する(図11-1)．一組の糸球体とボーマン嚢はネフロンと呼ばれる．ネフロンは1個の腎臓に数十万個ある．糸球体は濾過膜の役目をはたし，血液がここを通る間にタンパク質などの大型の分子を除いた水とイオンなどのすべての成分をボーマン嚢へとこし出す役目をはたす．

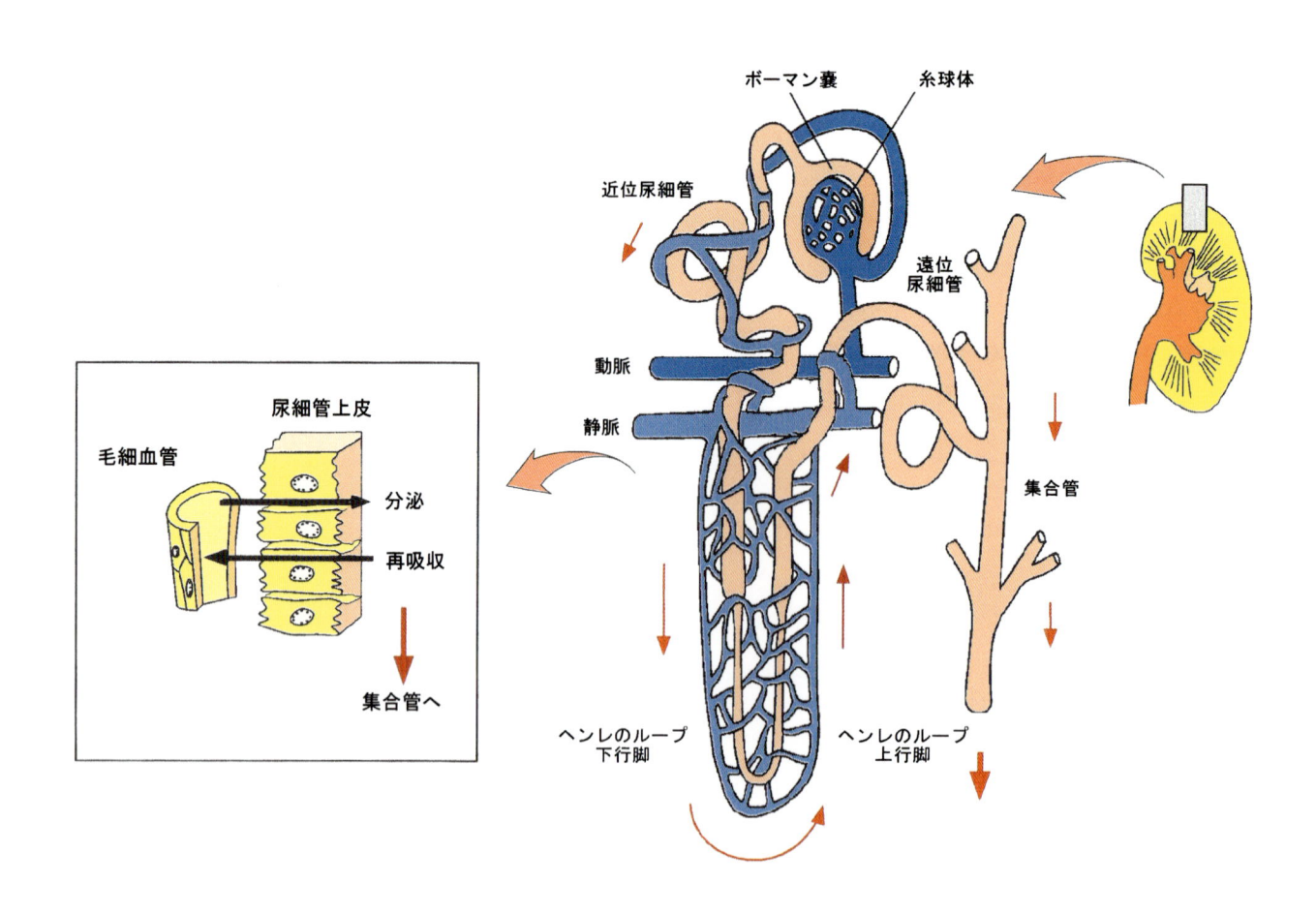

図11-1　ネフロンの構造と尿細管の再吸収・分泌

心臓から拍出された血液の25%は腎臓に入り，残りの75%が全身の他の臓器へと送り込まれる．腎臓は体重のわずか0.5%の重量をしめる臓器でしかないことを考慮すると，きわめて大量の血液が腎動脈を介して供給されていることになる．そして，腎臓に入った血液の1/5はボーマン嚢へと移動する．大型犬では1日の心拍出量は約7,000リットルといわれるので，1日でおよそ350リットルの血液がボーマン嚢へこし出されることになる．ボーマン嚢は尿細管を経て膀胱へとつながっており，膀胱は尿道を経て体外へ開口している．したがって，1日350リットルもの血液が体外へ出されているといってもよい．動物は血液中から不要な成分を排泄し，かつ必要な成分の濃度を一定に保つためにこの様な手荒な手段を用いている．

ボーマン嚢へ出た濾過液は原尿と呼ばれるが，この原尿量に影響を与える因子には，糸球体毛細血管圧，全身血流量，血流速度，そして活動している糸球体の数などがある．

タンパク質分解の過程でできる尿素を除き，原則として老廃物は尿細管で吸収されることはない．尿素は老廃物である反面，一部は腎臓の間質にとどまって浸透圧成分となり，水の再吸収を助ける役割をはたす．

■2 尿細管における再吸収

ボーマン嚢へこし出された血漿成分は尿細管へと移行するが，ここを通る間に生体に必要な成分が必要なだけ尿細管に再吸収され体循環へと戻る．水の再吸収は尿細管と間質の浸透圧のバランスで決まる．量は少ないが，尿細管へのイオン分泌もあり微妙な体液バランスの維持に役立っている．

最終的な尿の成分と量は，尿細管での再吸収と分泌で決まる．尿細管におけるこれらの働きは，その部位によって著しく異なっている．近位尿細管ではNa^+の能動的吸収，水の吸収，ブドウ糖やアミノ酸の吸収が行われ，ヘンレのループ下行脚では主として水の吸収が行われる．ヘンレのループ上行脚ではNa^+の能動的吸収が行われる．遠位尿細管そして集合管では，脳下垂体前葉から分泌されるバソプレッシン（抗利尿ホルモン，ADH）存在下で水が再吸収され，尿が濃縮される．副腎から分泌されたアルドステロンはNa^+の再吸収を促進して尿量を減少させ，体液量を増加させる．

Drugs 利尿薬の種類と特徴

■1 チアジド系利尿薬

ヒドロクロロチアジド，メフルシドなどがある．メフルシドは現在，人の臨床で最も多く用いられている利尿薬である．主として遠位尿細管に作用しNa^+再吸収を抑制するが，この時に水の再吸収も抑え，尿量を増やす．チアジド系利尿薬は同時に血管を拡張する作用も持ち，容量性負荷を効率的に解消するので心不全の治療によく用いられる．副作用として，低カリウム血症がある．

■2 ループ利尿薬

フロセミド，エタクリン酸，ブメタニド，ピレタニドなどがあり，尿細管の$Na^+ : 2Cl^- : K^+$共輸送を阻害して利尿作用を発揮する．ヘンレのループに作用点を持つことからその名がつけられた．作用は強力で，用量を上げると強力かつ急速な利尿を得ることができる．反面，電解質失調という副作用も強く，容易に低ナトリウム血症，低カリウム血症，低クロール血症，低カルシウム血症を生じるので注意を要する．また，聴覚障害も重要な副作用である．

■3 カリウム保持性利尿薬

K$^+$は細胞内の主要なイオン成分であるが，利尿薬は一般にK$^+$の再吸収を抑えるので低カリウム血症を起こしやすい．血漿中のK$^+$濃度はわずかに変動しても細胞機能が著しく低下するので，この副作用を改善するために開発された薬物である．

抗アルドステロン薬としてスピロノラクトン（経口），カンレノ酸カリウム（静注）があり，遠位および集合尿細管におけるアルドステロンとの拮抗を作用機序とする（図11-2）．トリアムテレンは，Na$^+$-H$^+$交換機構，Na$^+$チャネルの抑制によってNa$^+$の再吸収を抑制し，利尿作用を発揮する．これらの薬は作用が弱いので単独で使用することは少なく，通常はチアジド系利尿薬やループ利尿薬などと併用する．

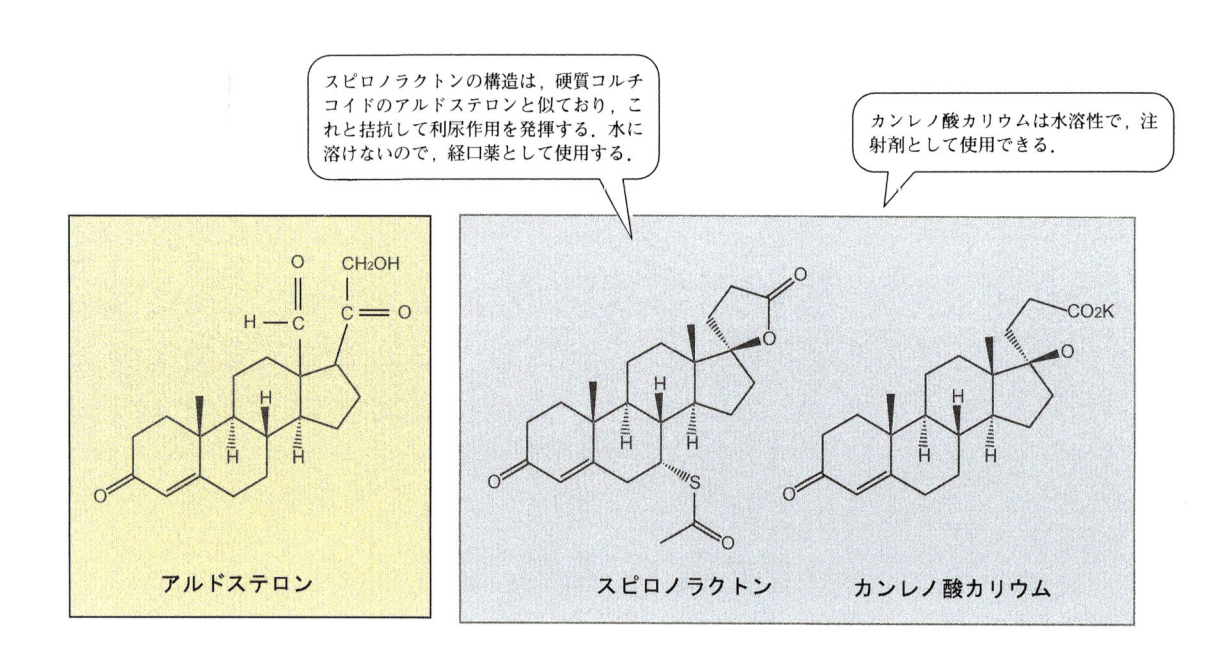

図11-2 抗アルドステロン薬の構造
　抗アルドステロン薬の構造は体液貯留作用を持つ鉱質コルチコイドのアルドステロンと似ている．スピロノラクトンはアルドステロンと拮抗して利尿作用を発揮する．スピロノラクトンは体内ではアセチル基がはずれてカンレノ酸となって作用する．

■4 浸透圧利尿薬

イソソルビド，濃グリセリン（グリセオール），D-マンニトールなどは尿細管から吸収されない物質である．これらが尿細管中にあると浸透圧が高くなり，水の吸収ができなくなるという物理的な作用を利用したもので，特定の薬理活性を持つ薬ではない．糖尿病で多尿になるのは，血液中のブドウ糖の濃度が上がり，浸透圧利尿を起こすためである．

浸透圧利尿薬は，急性の腎不全にみられる浮腫に用いられることがあるが使用頻度はあまり多くない．頻繁に投与され，利尿効果の低下している場合さらに続けて投与すると，循環血漿量の急激な増加を来し，うっ血性心不全，肺水腫などを起こす．当然のことながら，乏尿となった慢性の腎不全には禁忌である．D-マンニトールは

脳-血液関門を通過しない．したがって脳組織から水が血漿中に移動するので，脳浮腫の治療に有効である．浸透圧利尿薬自体には大きな副作用はないが，適切な利尿効果が得られない場合には体液量のコントロール機能が失われるので，直ちに使用を中止する．

■5　炭酸脱水素酵素阻害薬

アセタゾラミドは利尿薬として供給されている唯一の炭酸脱水素酵素阻害薬である．炭酸脱水素酵素阻害は，Na^+-H^+交換を抑制し，その結果 Na^+ の再吸収が抑制され利尿効果が生じる．重炭酸イオンの減少により代謝性アシドーシスを生じやすい．利尿薬としての作用は弱く，最近では炭酸脱水素酵素阻害薬が利尿薬として使用されることはほとんどない．

眼球の毛様体上皮の炭酸脱水素酵素活性を抑えて眼房水の産生を抑制して，眼圧を下げる働きがあるので緑内症治療薬として使われることが多い．緑内障適用の薬としてはジクロフェナミド，メタゾラミド，ドルゾラミドなどがある（BOX-1）．

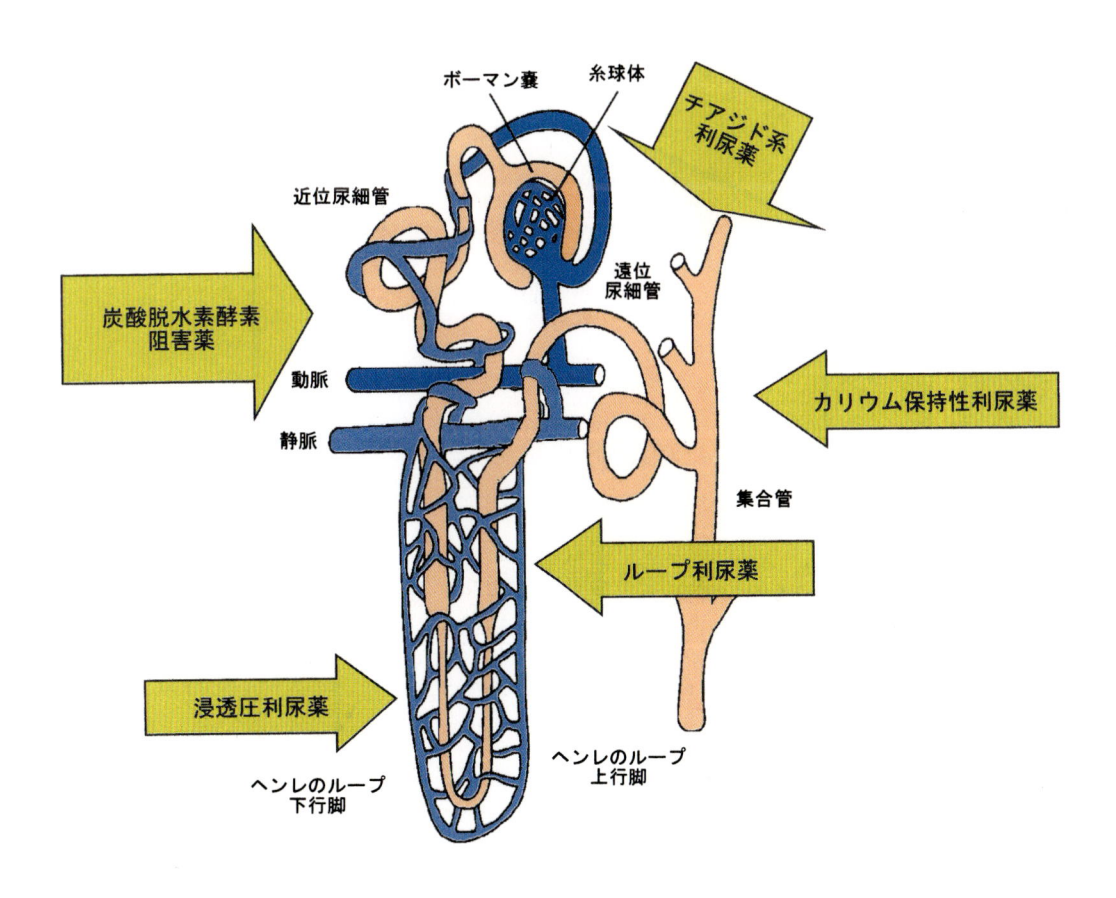

図 11-3　腎臓における主な利尿薬の作用点

> **BOX-1　緑内障の治療薬：炭酸脱水素酵素阻害薬**
>
> 　急性の緑内障は緊急に治療を要する重大な疾患である．放置すると視神経や網膜に不可逆的な損傷を来し，失明に至る危険性がある．眼球の毛様体上皮では炭酸脱水素酵素の働きによって眼房水産生を抑制する．はじめに利尿薬として開発された炭酸脱水素酵素阻害薬は，現在では利尿薬として使われることは少なく，眼房水の産生を抑制して，眼圧を下げる働きがあるので緑内症治療薬として使われることが多い．
>
> 　炭酸脱水素酵素阻害薬にはアセタゾラミドやメタゾラミドなど，多くの誘導体があり，経口薬としても投与されるが，最近，点眼が可能な炭酸脱水素酵素阻害薬としてドルゾラミドが発売された．
>
> 　実際の治療では，例えばアセタゾラミドは経口で（犬：5〜10 mg/kg，BID, TID）投与しつつ，抗コリン薬（ピロカルピン），β遮断薬（カルテオロール）などの，作用機序の異なる点眼薬と併用して治療する．緊急に眼内圧を下げたい場合は，浸透圧利尿薬としてマンニトール（1〜2 g/kg：30〜45分かけて）の点滴静注を行う．

Clinical Use　臨床応用

　利尿薬は尿量と電解質排出を増加させる薬剤であり，①心不全，肝疾患，低タンパク血症などによる浮腫や腹水などを減少させたい場合，②腎不全時に尿量を増加させたい場合，③毒物や過剰投与した薬物の排出を促進させたい場合，④血圧を低下させたい場合（図11-4）などに適応となる．利尿薬は，症状の軽減に有効である場合が多く臨床的有用性も高いが，多くの場合根本的な治療とはならないことに注意が必要である．

■1　うっ血性心不全

　うっ血性心不全（congestive heart failure；CHF）を呈する動物では，レニン-アンギオテンシン系が亢進し，腎臓からのNa^+の排泄が少なくなり血中のNa^+濃度が高くなる．これによって循環血液量が増え，心臓にさらなる負担を強いることになる（容量性負荷）．これが進行すると後方心不全の状態となり，さらに僧帽弁閉鎖不全症などの左心系の問題があれば，肺水腫を来す．

　レントゲン上で肺水腫の徴候が見られる場合，しかも症状が重度である場合には，フロセミドを他の利尿薬と併用する．もし，呼吸器症状が心不全によるものか他の原因によるものか判断が難しい場合には，利尿薬を投与し，その反応からおおよその判断をすることもできる．利尿薬はレニン分泌を刺激するので，利尿薬の投与により症状が安定したら，用量を必要最低限のレベルまで減らす必要がある．

　フロセミドをうっ血性心不全時に単独で使用すると，循環血液量を減少させるが，フィードバックメカニズムが働いて，レニン-アンギオテンシン系が刺激され，十分な効果が得られないことがある．したがって，通常はうっ血性心不全時にフロセミドを単独で使用することはなく，ACE阻害薬を第一選択薬として用い，うっ血症状が重い場合に併用することを原則とする．

　心不全に伴う腹水（右心系の後方心不全）に対しても利尿薬が用いられることがある．この場合通常はフロセミドが使用されるが，難治性の場合にはスピロノラクトンとの併用も行われる．このような状態では血清電解質のモニターも行うことが望ましい．さらに，食餌中の塩分制限を行うことによっても腹水は管理しやすくなる．

人では，高血圧のコントロールにチアジド系利尿薬が用いられることが多い(図11-4)．これはチアジド系利尿薬が利尿作用の他に，血管平滑筋収縮の抑制を介した緩やかな降圧作用もあわせ持つためである．

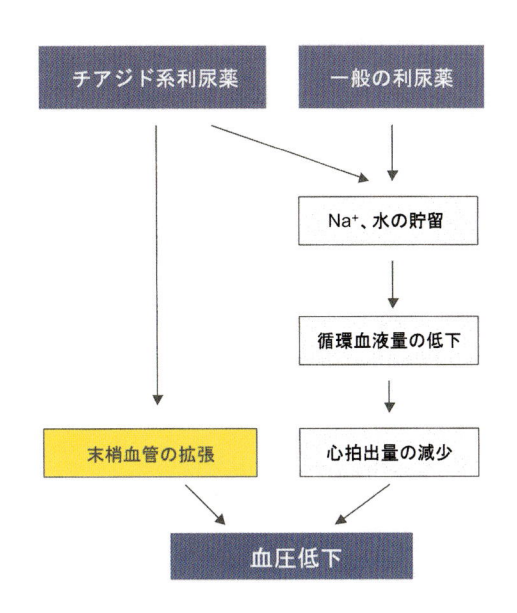

図11-4 利尿薬の血圧低下作用の機序
　利尿薬は，Na^+や水の貯留を軽減させることにより循環血液量を低下させて血圧を低下させる．チアジド系利尿薬はこの作用に加えて，血管平滑筋に直接作用して血管緊張を低下させる作用も併せ持つ．

■2 肝疾患，低タンパク血症

　肝不全時には，肝静脈の血液流出が妨げられ，肝外門脈のうっ血により腸リンパ管から体液が漏れだし腹水となる．あるいは肝静脈が中枢側で閉塞されると，肝臓でのリンパ液産生が増加し，肝表面から体液が漏れだし腹水となる．その他，肝疾患時の腹水には二次性アルドステロン血症なども関与しており，その機序は単純ではない．この様な肝疾患に伴う腹水のコントロールにもフロセミドやスピロノラクトンなどの利尿薬が用いられる．しかし，一般にこの様な肝不全を原因とする体液不全の管理を行うことは困難な場合が多い．

　低タンパク血症があるレベルを超えると，血漿膠質浸透圧の低下により浮腫あるいは腹水貯留が認められることがある．この場合の治療の基本は，低タンパク血症の改善であるが，利尿薬が症状の改善に用いられることもある．犬ではフロセミドが最も有効であり，浮腫は急速に改善されることが多いが，腹水の減少は緩やかに起きる．

■3 急性腎不全

　急性腎不全の治療には，その原因が腎前性，腎性あるいは腎後性のいずれにあるかをつきとめ，これに対する適切な処置が重要である．同時に，輸液療法により腎臓の血液循環を改善し，水分電解質バランスを補正することも大切である．これらの治療にもかかわらず乏尿，無尿が続く場合には利尿薬の投与を行う．利尿薬としてはフロセミド（2〜4 mg/kg, IV, IM, TID：8 mg/kgまで）やマンニトール（0.5〜1.0 g/kg, IV），さらに強心薬であるドパミン（2〜10 μg/kg/min, IV）が用いられる．多くの場合，フロセミドと他の薬剤を組み合わせると，

より効果的である．

■4 利尿薬の副作用と使用上の注意点

　利尿薬の副作用として最も問題となるのは，脱水と電解質異常である．ループ利尿薬の場合脱水が重度になると血圧の低下が見られることもあり，必要に応じて BUN，クレアチニンなどの検査を行う．ループ利尿薬における電解質異常としては，低カリウム血症，低ナトリウム血症が問題となり，また低クロール性アルカローシスを引き起こす可能性もある．このためループ利尿薬を継続的に使用している場合には，定期的に電解質レベルのチェックを行うことが望ましく，必要に応じてカリウムの補給などを行う．特にジギタリスと併用している場合には，低カリウム血症とならないよう十分な注意が必要である．また重度の肝疾患がある場合，低クロール性アルカローシスにより昏睡状態となりやすいため，頻繁にチェックすることが必要となる．ループ利尿薬は，アミノグリコシド系抗生物質の副作用である聴覚障害と相乗的に作用する可能性があるので，併用は避けた方がよい．

　カリウム保持性利尿薬は，電解質代謝異常の補正を目的に他の利尿薬と併用されることが多い．利尿作用自体は弱く，強い副作用はあまり見られないが，無尿状態あるいは高カリウム血症がある場合には使用しない．浸透圧利尿薬は，一時的に循環血液量負荷がかかるため，うっ血性心不全時には使用を控える．また，輸液過剰がある場合には，肺水腫を生じさせる可能性があるので，利尿薬を使用しないほうがよい．

表 11-1　各種利尿薬と用量

薬剤名	商品名	用　量
ヒドロクロロチアジド	ダイクロトライド	2～4mg/kg PO SID, BID
フロセミド	デマゾン ラシックス他	利尿：2～4mg/kg（急性腎不全：最大8mg/kg）　IV, IM BID, TID 浮腫，腹水：1～2mg/kg PO, SC SID, BID
スピロノラクトン	アルダクトンA他	2mg/kg PO SID
D-マンニトール	マンニトール他	0.5～1.0g/kg，30～45分かけてIV
濃グリセリン	グリセオール他	0.5/kg，15～20分かけてIV BID, TID
アセタゾラミド	ダイアモックス他	犬：5～10mg/kg PO BID, TID

ポイント

1. 利尿薬は全身浮腫の管理にきわめて有用であるが，低カリウム血症，低ナトリウム血症などの副作用に注意する．
2. 利尿薬は症状の軽減に有効であるが，多くの場合根本的な治療とはならない．
3. フロセミドは心不全の治療にしばしば用いられるが，単独で用いることは好ましくない．
4. 電解質バランスの補正が必要なときは，ループ利尿薬とカリウム保持性利尿薬を併用するとよい．

12. 呼吸器系の薬
Drugs affecting the respiratory system

Overview

　人と比べて動物の呼吸器疾患は診断が困難な場合が多く，確定診断に至らないことも少なくない．したがって獣医学領域では，呼吸器系に対する適切な薬の使い方がなされているとは言えず，注目度もあまり高くない．しかし，潜在的なものを含め呼吸器疾患は数多く存在するものと思われ，また生活の質（QOL）の向上という点でも今後積極的なアプローチが必要となると考えられる．呼吸器系に対する薬剤としては，気管支拡張薬，気管支喘息薬，呼吸促進薬，鎮咳薬，去痰薬などがあり，その他抗生物質，ステロイド薬なども用いられる．ここでは，気管支拡張薬，呼吸促進薬，鎮咳薬，去痰薬を中心に述べることとし，抗生物質，ステロイド薬などは別項を参照してほしい．

呼吸中枢刺激薬
- ドキサプラム　doxaplam
- ジモルホラミン　dimorpholamine

気管拡張薬（βアドレナリン受容体刺激薬）
- エフェドリン　ephedrine
- イソプレナリン　isoprenaline
- サルブタモール　sulbutamol
- テルブタリン　terbutaline

キサンチン誘導体
- テオフィリン　theophylline
- アミノフィリン　aminophylline
- ジプロフィリン　diprophylline

鎮咳薬（中枢性鎮咳薬）
- コデイン　codein（麻薬性）
- デキストロメトルファン　dextromethorphan（非麻薬性）

去痰薬
- チロキサポール　tyloxapol
- カルボシステイン　carbocisteine

- アンブロキソール ambroxol
- アセチルシステイン acetylcysteine

Basics 呼吸の基礎知識

■1 呼吸調節機構と肺胞低換気

血液中の酸素濃度（PO_2）は2つの末梢性の化学受容器，すなわち頸動脈小体と大動脈小体によって感知され，それぞれ舌咽神経，迷走神経を介して延髄の呼吸中枢に伝えられる．また，延髄には二酸化炭素濃度（PCO_2）を感知する中枢性化学受容器があり，呼吸中枢へと伝えられる．PO_2が低下すると，あるいはPCO_2が上昇すると，呼吸中枢は興奮し，呼吸筋（肋間筋，横隔膜筋）の運動を活発にして肺胞換気を高める（図12-1）．

肺胞低換気とは，肺胞換気量が生体の要求量を満たしていない状態をさし，低酸素血症と高炭酸ガス血症の病

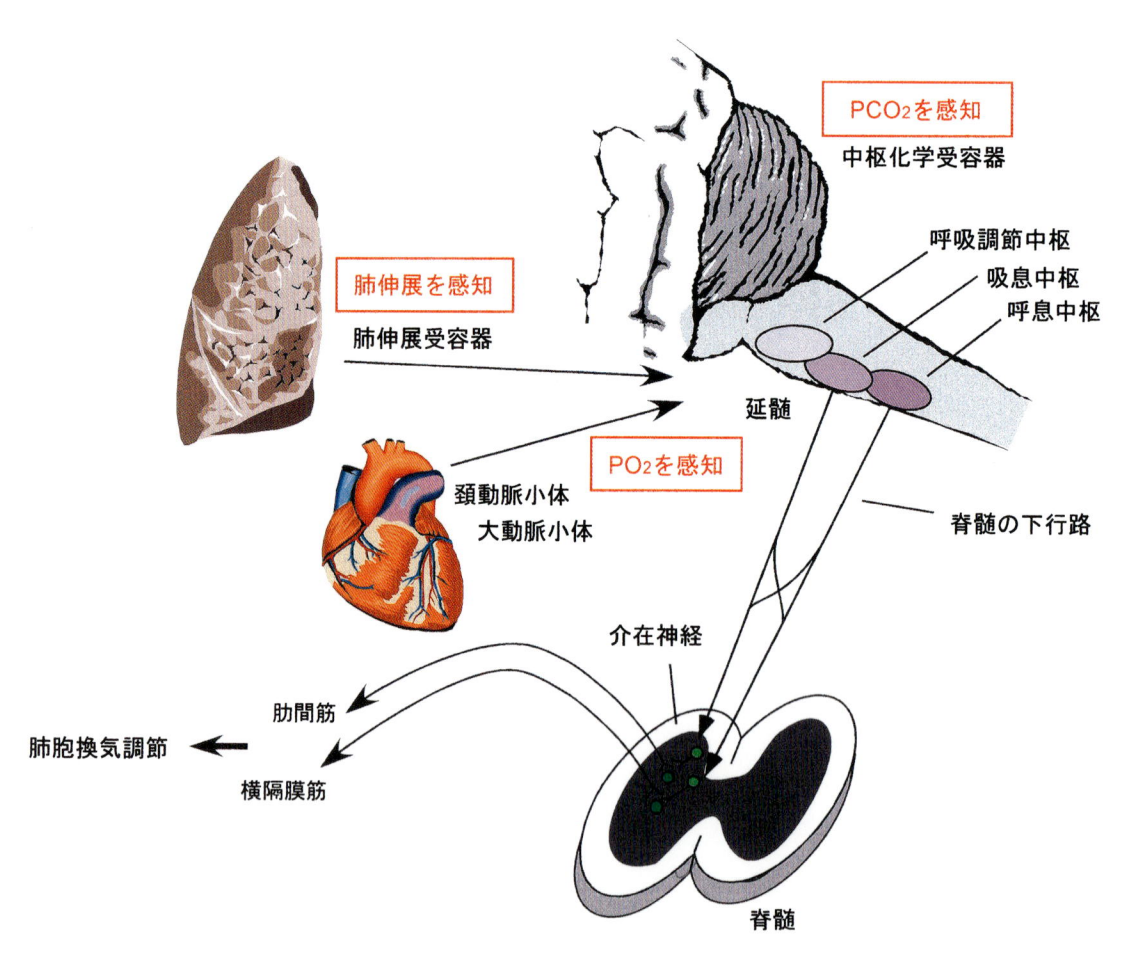

図12-1 呼吸の神経性調節
　酸素濃度を関知する化学受容器（頸動脈小体や大動脈小体）からの信号が呼吸中枢へと伝えられると，反射によって呼吸筋へと伝えられる．肺には伸展受容器もあり，過大な吸息により興奮して呼吸を抑制する．

態を来す．原因は末梢性のもの（肺性）と中枢性のものとがある．末梢性の低換気とは気道や肺に原因があるものであり，中枢性のものとは，例えば麻酔薬や種々の薬物による中毒を原因とするもの，あるいは中枢神経疾患による呼吸中枢機能低下などがある．

■2　気道径の調節機構

気管支平滑筋の緊張はアセチルコリンを伝達物質とする副交感神経，副腎由来の体液性アドレナリン，一酸化窒素（NO）やVIPを伝達物質とする非アドレナリン非コリン作動性神経（NANC），そして局所性のヒスタミン，セロトニン，ロイコトリエン（LT）C_4，D_4，E_4，血小板活性化因子（PAF），プロスタグランジン（PG）$F_{2\alpha}$，D_2，E_2，I_2，トロンボキサン（TX）A_2などで影響を受ける（図12-2）．気道径は，アセチルコリン，ロイコトリエンやTXA_2などの収縮性の生理活性物質とアドレナリンやPGE_2，PGI_2などの収縮抑制性の生理活性物質とのバランスで決まる．収縮性の生理活性物質は同時に気道の炎症を亢進するものが多く，収縮抑制性の生理活性物質は炎症を抑制するものが多い．

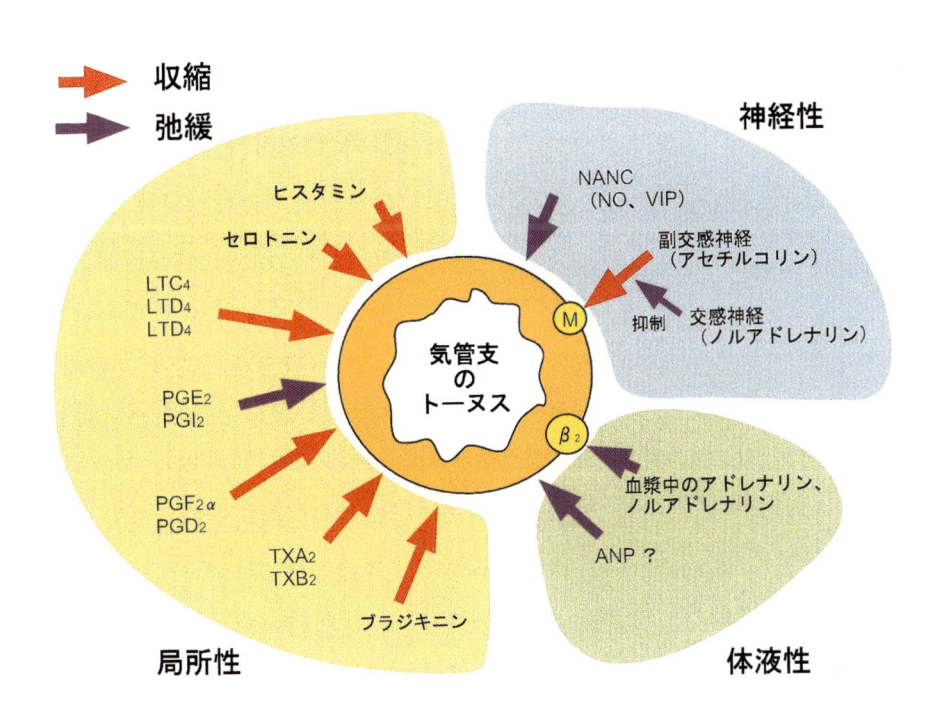

図12-2　気道径の調節

■3　発　　咳

咳は，何らかの刺激が鼻腔，咽頭，細気管支などの気道（あるいは胸膜，横隔膜，外耳道，心外膜および食道など）に存在する咳受容体に作用すると，その刺激が求心性経路（主として迷走神経）を経て延髄の咳中枢に伝えられ，反射的に脊髄神経を介して横隔膜神経と肋間神経に伝達され，咳効果器官（胸・腹壁筋，横隔膜などの呼吸筋，声帯筋，気管支筋）が働くことによって生じる．咳が出ると最大気流に伴って生じる振動が気道壁に伝播し，付着した分泌物の剥離，喀出作用を示す．咳を抑制するためには，咳中枢あるいはこの反射経路のどれか

を抑えればよく，咳中枢を抑制する中枢性鎮咳薬と咽頭や喉頭の刺激を抑える末梢性鎮咳薬がある．去痰薬も，咳を刺激する分泌物を除去することによって鎮咳作用を示す．

Drugs　薬の種類

■1　呼吸中枢刺激薬

ドキソプラムやジモルホラミンは，呼吸興奮薬として帝王切開時などに胎子に用いられる．一方，緊急時の呼吸不全や麻酔事故などに使われることもあるが，いったん呼吸刺激が生じた後にリバウンド現象がみられることがあるので，これらの場合には人工呼吸器による管理が主体となる．一方，呼吸中枢抑制薬としてモルヒネがあり過呼吸に用いられる．

■2　気管拡張薬

キサンチン誘導体の1つであるテオフィリン，アミノフィリン，ジプロフィリン，βアドレナリン刺激薬のエフェドリン，イソプロテレノール，テルブタリンは気管支平滑筋の収縮を抑制する働きがあり，気管を拡張する．同時に炎症を起こす免疫系の細胞に対しても抑制的に働く．気管支狭窄や小型犬に多い気管虚脱などに使われる．猫で（そして小型犬にまれに）みられる喘息にも使われる．

アミノフィリンはテオフィリンとエチレンジアミンの結合体で，水溶性となっている．テオフィリンには各種の徐放剤があるが，動物では十分に吸収されずに排出される危険性がある．

イソプロテレノールのβ受容体の選択性はなく，$β_1$および$β_2$の両受容体を刺激する．心臓のβ受容体のサブタイプは$β_1$であり，副作用として心臓に対する過度な亢進がみられる．慢性の呼吸器系疾患では心臓の機能も減弱していることが多く，$β_1$刺激は心臓に過度な負担を強いることになる．気道のβ受容体のサブタイプは$β_2$であり，サルブタモール，テルブタリンなどの$β_2$選択性刺激薬が最近使われるようになってきた．

その他，イプラトロピウムなどの抗コリン薬があるが，人の吸入用に限定されており，動物に使用されることはない．副腎皮質ステロイドも抗炎症作用を介して粘膜の浮腫や炎症を改善して気道を拡張するので，喘息性の気道狭窄に用いる．

■3　鎮咳薬

咳は気管や気管支の中の異物を外に出そうとする反射運動で，本来は動物の持つ防御反応であるが，過度な咳はかえって有害で治療の対象となる．麻薬であるコデイン（1%の散剤は麻薬指定ではない），デキストロメルファン，ノスカピン，ブトルファノールなどは咳を起こす中枢神経に作用し鎮咳作用を示す．上述のエフェドリン，アミノフィリンなどの気管拡張薬は，気管を拡張し咳反射を押さえる働きがあるので鎮咳薬としても使用される．

■4　去痰薬

気道内に粘稠な痰がたまると，気道を狭め，またそこに細菌が繁殖する下地を作ることになる．痰の粘度を低くし，痰の切れをよくする粘液溶解薬としてN-アセチル-L-システインをはじめとするシステイン製剤やブロムヘキシンがある．また，界面活性作用により気道分泌物を溶解除去するチロキサポールは，噴霧吸入薬として用いられる．

■5　副腎皮質ステロイド

抗炎症作用のある副腎皮質ステロイドは，気管支狭窄，気管虚脱，アレルギー性および急性，慢性の気管支炎など，炎症を伴う呼吸器系の病気にも頻繁に使われる．副作用として免疫系抑制があるので，抗生物質とともに用いるなどの注意が必要である．

■6　漢　方　薬

上部気道炎をはじめ，慢性の気管支炎や心臓喘息の治療薬として木防己湯（ラッセラ®）がある．抗喘息作用や抗アレルギー作用を示す．動物用医薬品として我国で認可されている数少ないの漢方薬の1つである．

Clinical Use　臨床応用*

■1　気管虚脱

気管虚脱は，頚部あるいは胸腔気管がつぶれ気管径が狭窄した状態をさす．通常は，背腹方向に気管がつぶれ，さらに腹側気管膜が気管腔内に反転すると症状が重篤となる．本症の原因ははっきりしていないが，気管軟骨細胞の機能異常，気管への神経支配異常，栄養異常などが考えられている．

気管虚脱は小型犬に発生が多く，特にプードル，ポメラニアン，ヨークシャー・テリアに数多く認められる．特徴的な症状として，ガチョウの鳴き声のような「ガーガー」という咳が認められ，特に暑い時期や興奮したときに顕著となる．咳が出た直後には上部気管からの分泌物を排出しようと，「ゲーゲー」と発声することが多い．このような症状は，頚部気管を圧迫することによっても容易に再現される．

症状が進行すると頚部気管から胸腔気管も虚脱し，呼吸困難，運動不耐性，チアノーゼなどがみられるようになる．また，喉頭の不全麻痺あるいは麻痺を伴う場合もある．診断はこれらの特徴的な症状，触診，聴診，X線検査，内視鏡検査などから行う．

治療は，合併呼吸器疾患に対する対処が不可欠であり，喉頭麻痺に対する外科的処置，呼吸器感染に対する抗菌薬投与，心不全の治療，減量（肥満時）などのほか，首輪から胴輪への変更，極力興奮させないようにすることなども重要である．気管虚脱に対する薬物療法としては，慢性の気管炎症に対する副腎皮質ステロイド投与が広く行われているが，逆に症状の悪化因子である肥満の増強，パンティングなどを促す可能性がある．その他，細気管支の拡張のためにテオフィリン，テルブタリンなどの気管支拡張薬，気管上皮に対する機械的刺激を減らすためにコデイン，ブトルファノールなどの鎮咳薬などが用いられる．

内科療法に十分反応しない頚部気管虚脱の例では，外科的に人工気管リングの装着が行われる場合もあるが，喉頭麻痺などの重篤な術後合併症が生じる可能性があることに注意が必要である．

■2　刺激性気管炎

刺激性気管炎は，外傷，有害ガスの吸引，大きすぎる気管チューブの使用，気管チューブのカフの膨らませす

---

* 感染が主体の呼吸器疾患については他項を参照してほしい．

ぎなどによって生じる気管の炎症で，慢性の乾性の咳，気管の触診で刺激性が高まっていることなどが特徴であり，診断は，他の疾患を除外した上で，これらの症状の有無，あるいは最近何らかの煙を吸引したあるいは麻酔を受けたなどの経歴，内視鏡検査などから行う．治療は鎮咳薬，短期間（3～5日間）のプレドニゾロン投与（0.5 mg/kg, SID）などを行う．その他，首輪の使用を控えることも効果的である．重度の炎症がある例では，気管狭窄や壊死が生じる可能性があるので，経過を注意深く観察するとともに必要があれば内視鏡検査を繰り返す．

■3 慢性気管支炎

慢性気管支炎は，長期間（2ヵ月以上）に渡って持続あるいは繰り返し起こる咳と過剰な気道分泌物（痰）を特徴とする疾患で，通常は高齢な犬（特に小型犬種）や猫に見られる．慢性気管支炎の原因は不明なことが多いが，環境，アレルギー反応による過敏症，マイコプラズマ感染，寄生虫などが考えられる．これらの要因によって慢性の気管の炎症と浮腫が生じ，咳受容体刺激による持続性の咳と，過剰な気道分泌物が生じる．気道分泌物は咳を誘発し，気道の炎症浮腫は，気道を狭窄させ，胸腔気管の虚脱の原因となる．

症状としては，慢性，乾性の空咳，呼気相の延長，肺全域に聴診できるぜん鳴音，運動不耐性，努力呼吸（吸気，呼気）などが認められる．診断は，これらの症状と心不全，フィラリア症，肺炎などの除外診断，軽度から中程度の気管支周囲の肥厚像，内視鏡，経気管吸引液，気管支あるいは肺胞洗浄液検査から行う．

治療の中心は副腎皮質ステロイド投与となる．最初はプレドニゾロン 1 mg/kg, PO, BID 程度から始めて，2～3ヵ月かけて徐々に減量し 0.1～0.2 mg/kg, EOD 程度あるいは維持できる最小量とする．感染がある場合には抗菌薬投与を行うが，漫然と長期に投与すべきではない．症状が重度な場合には，気管支拡張薬を使うこともできる．一方，鎮咳薬は咳のために眠れないなどの重度の症状があるときだけに限ったほうがよい．

■4 気管支喘息（アレルギー性気管支炎）

気管支喘息は，アレルギー性疾患の1つで，慢性の気道炎症と気道過敏症があり，通常では気管の収縮が生じないような刺激により気管支平滑筋の収縮が生じるという点で，急性気管支炎とは異なる．気管支喘息は，猫でよく見られるが，犬ではまれである．本症の原因および病態には不明な点が多いが，ほこり，ハウスダスト，タバコの煙など数多くの吸引物質がアレルゲンとして働くと考えられる．

臨床症状は多様で，同じ動物でも経過とともに変化することがある．発咳は犬においては一般的な症状であるが，猫では見られないこともある．咳は通常何かのきっかけで発作的に始まり，ぜん鳴音が伴うこともある．大部分の猫の症例では急性の呼吸困難を伴う．しばしばこれらの症状の前に咳の回数が増加している．気管支喘息の確定診断は必ずしも容易でないが，これらの症状から仮診断を下すことはできる．胸部X線像は特異的な変化はないが，肺野のX線透過性の亢進，過膨張，横隔膜の平坦化など肺への空気の貯留を思わせる像，食道内ガス像，気管支壁肥厚像などが認められる．

治療の中心は，副腎皮質ステロイドであり，プレドニゾロン 1.0～2.0 mg/kg/day, PO からはじめ，動物の状態を見ながらゆっくり減量する．プレドニゾロン単独では十分な効果が得られない場合には，気管支拡張薬（テルブタリンや徐放性テオフィリン）を併用する．同時に喘息発作を起こす環境あるいは物質から極力遠ざける努力も重要である．急性の呼吸困難の動物に対しては気管支拡張薬投与，100％酸素吸入，プレドニゾロン投与を行う．

■5 誤嚥性肺炎

誤嚥性肺炎は，異物を肺に吸入することによって生じるもので，急性あるいは劇症に生じる場合と慢性に少量づつ吸入して生じる場合がある．誤嚥性肺炎の原因としては，咽頭・食道の異常，慢性嘔吐，鎮静・麻酔時あるいは意識消失時の胃内容物の逆流，化学物質の吸引，口腔内腫瘍・膿瘍，医原性など様々なものがある．これらの異物の吸入により肺胞や気道の損傷や出血，浮腫，炎症を生じるが，その程度は，吸入量，pH（2.5以下では重度の病変を引き起こす），吸入物質の毒性により変化する．症状は，急性の場合，呼吸困難，ぜん鳴，咳，頻脈，低血圧などがあり，発熱，倦怠，チアノーゼ，犬座呼吸などが急激に進行する．

一方，慢性の場合には，咳，頻呼吸，呼吸困難，食欲不振，運動不耐性，発熱などの症状が徐々に発現，進行する．診断は，これらの症状，経歴のほか，血液検査で白血球増多と左方移動，胸部X線検査で，多くは前葉あ

表12-1 呼吸器系疾患に用いる薬物一覧

薬品名	商品名	用量
呼吸中枢刺激薬		
ドキサプラム	ドプラム	犬，猫：5〜10mg/kg IV 新生犬：1〜5mg/head 新生猫：1〜2mg/head
気管拡張薬 βアドレナリン受容体刺激薬		
エフェドリン	エフェドリン他	犬：5〜15mg/head PO BID〜TID 猫：2〜5mg/head PO BID〜TID
テルブタリン	ブリカニール	犬：0.03mg/kg PO TID 　　0.01g/kg SC 4時間おき 猫：1.25mg/head PO BID
キサンチン誘導体		
テオフィリン	テオロング他	犬：9mg/kg PO TID〜QID 猫：4mg/kg PO TID〜QID
アミノフィリン	ネオフィリン他	犬：6〜11mg/kg IM, SC, PO TID 猫：4〜6mg/kg IM, PO BID
ジプロフィリン	ネオフィリンM他	犬：5〜10mg/kg IV(slow), IM, SC, PO TID 猫：2〜5mg/kg PO, SC, IM BID
鎮咳薬 中枢性鎮咳薬		
コデイン（麻薬性）	リン酸コデイン他	犬：0.1〜0.3mg/kg PO QID 猫：1〜2mg/kg PO BID
デキストロメトルファン（非麻薬性）	メジコン	犬，猫：1〜2mg/kg PO TID
去痰薬		
チロキサポール	アレベール	1回1〜5mlを溶解液に混合して噴霧吸入

るいは中葉腹側に肺胞パターンとエアブロンコグラムが認められることなどから行う．また気道分泌物の細胞診あるいは細菌培養検査も有用である．

治療は，慢性の場合には原因の究明とそれに対する対処が重要であり，誤嚥性肺炎に対しては通常は酸素吸入を，呼吸困難が重度の場合には人工呼吸器を用いた陽圧換気，抗菌薬投与，気管支拡張薬投与などを行う．副腎皮質ステロイドの投与は病状を悪化させる可能性が高いので注意する．

■6　帝王切開時の胎子の呼吸障害

帝王切開の麻酔には様々な薬剤が用いられるが，いずれの薬剤も程度の差はあるものの胎盤を通過し，胎子の呼吸に影響を及ぼすことを念頭に投与すべきである．このため帝王切開時の注意点としては，麻酔導入後できるだけ迅速に胎子を摘出する，新生子の口腔内の液体を吸引する，体をタオルなどでこすって呼吸を刺激する，酸素吸入を行うことなどが挙げられる．またオピオイドを使っている場合には，その拮抗薬であるナロキソンを1～2滴を舌下に投与する．

分娩後に呼吸を始めないときには，ドキサプラムなどの呼吸刺激薬を投与するとよい．もしこれでも呼吸を始めないときには，気管内挿管（カフなしの1.5～2.0 mmチューブ，カテーテルや留置針の外套を用いた自作チューブなど）し，自発呼吸が生じるまで人工呼吸を行う．

ポイント

1. ドキサプラムやジモルホラミンは呼吸興奮薬として用いる．過呼吸に対してはモルヒネが有効である．
2. 気道拡張薬としてβ作動薬を使用する場合，心機能を亢進する働きがあるので注意が必要である．β_2選択的作動薬の方が安全性は高い．
3. キサンチン誘導体もβ作動薬と同様に心機能を亢進するので注意して使用する．
4. 気管拡張薬は気管を拡張して咳反射を抑制するので，鎮咳薬としても作用する．
5. 抗炎症作用のある副腎皮質ステロイドは，呼吸器系の疾患に多用されるが，副作用として免疫抑制があるので注意する

13. 胃疾患の治療薬
Drugs used to treat gastric disease

Overview

　胃炎，消化性潰瘍は小動物に頻繁にみられる重要疾患である．単独で，あるいは様々な疾患の合併症として認められ，的確な診断と薬剤の選択が求められる．一方，嘔吐は下痢とともに重要な消化器疾患の臨床症状である．嘔吐が頻繁に続くと脱水や電解質の喪失を招き，また酸塩基平衡の乱れを生じるので，制吐薬による治療が必要となる．

胃腸機能調整薬
- メトクロプラミド metoclopramide
- ドンペリドン domperidone
- シサプリド cisapride
- エリスロマイシン erythromycin

ヒスタミンH_2受容体拮抗薬
- シメチジン cimetidine
- ラニチジン ranitidine
- ファモチジン famotidine

プロトンポンプ阻害薬
- オメプラゾール omeprazole
- ランソプラゾール lansoprazole

抗コリン薬
- ピレンゼピン pirenzepine
- 臭化ブチルスコポラミン scopolamine butylbromide

粘膜保護薬
- スクラルファート sucralfate

プロスタグランジン製剤
- ミソプロストール misoprostol
- オルノプロスチル ornoprostil
- エンプロスチル enprostil

制 吐 薬
- メトクロプラミド metoclopramide
- ドンペリドン domperidone
- グラニセトロン granisetron
- オンダンセトロン ondansetron
- クロールプロマジン chlorpromazine
- ペルフェナジン perphenazine
- プロメタジン promethazine
- ジフェンヒドラミン diphenhydramine
- ジメンヒドリナート dimenhydrinate
- スコポラミン scopolamine
- 副腎皮質ステロイド

催 吐 薬
- アポモルヒネ apomorphine
- エメチン emethine

Basics 胃運動・酸分泌の基礎知識

■1 胃の運動とその調節

　動物の胃の構造は動物種によって著しく異なるが，犬や猫の胃は人に比較的近い．胃の機能は，食塊を貯める機能を持つ胃の上部と，活発に運動して食塊を攪拌し十二指腸へと排出する機能を持つ下部とに分けられる．胃の上部にある平滑筋は活動性が乏しく，律動的な動きが少ない．胃の上部は食道から食塊が到達する前に弛緩し，受容によりさらに弛緩する．これを受容弛緩 adaptive relaxation という．この機能によって胃は拡張し食物を一次的に蓄える役割を果たす．一方，下部の平滑筋は活動電位を発生しやすく，盛んに律動性の運動を繰り返す．

　犬では胃体部上部に電気的興奮の起始部であるペースメーカー部位が存在し，胃全体の動きを制御している．興奮は縦走筋から輪走筋へ伝わり，収縮輪は幽門へと向かう．食塊が幽門部に集まると，幽門括約筋の弛緩が起こり，十二指腸へと送り出される．幽門に近い部分（幽門洞）の胃壁は筋層が厚く，強力な収縮運動を発生して十二指腸へ食塊を送り出す（図13-1）．

■2 胃液分泌の機序

　胃底と胃体の粘膜部分には胃底腺と呼ばれる腺組織が分布する．胃底腺には3種類の分泌細胞がある（図13-2）．粘液細胞は粘液を，壁細胞は塩酸を，主細胞はペプシンなどの消化酵素を分泌する．この中で胃潰瘍の発症と関連する塩酸を産生・分泌する壁細胞の役割が重要である．胃酸分泌の生理的意義は，胃内の殺菌とペプシノーゲンからペプシンへの変換の促進である．H^+は壁細胞中のミトコンドリアで作られ，管腔側に存在する強力なプロトンポンプによりエネルギーを消費して管腔内に能動的に分泌される．細胞内のpHは中性で7, 一方管腔内は強酸性でpHは1～2にもなるので，プロトンポンプは10～100万倍もの濃度勾配に逆らって常にH^+を輸送していることになる（図13-3）．細胞膜のNa^+ポンプと比べてもはるかに強力なイオンポンプといえる．

13. 胃疾患の治療薬

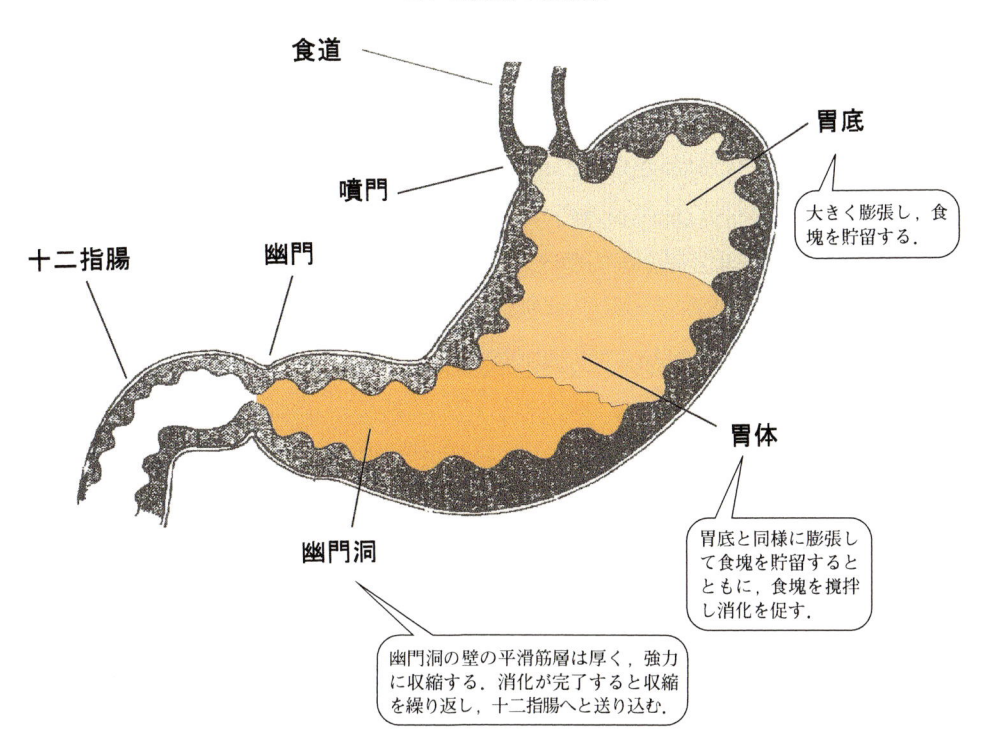

図13-1 胃の区分と機能（犬を例に）

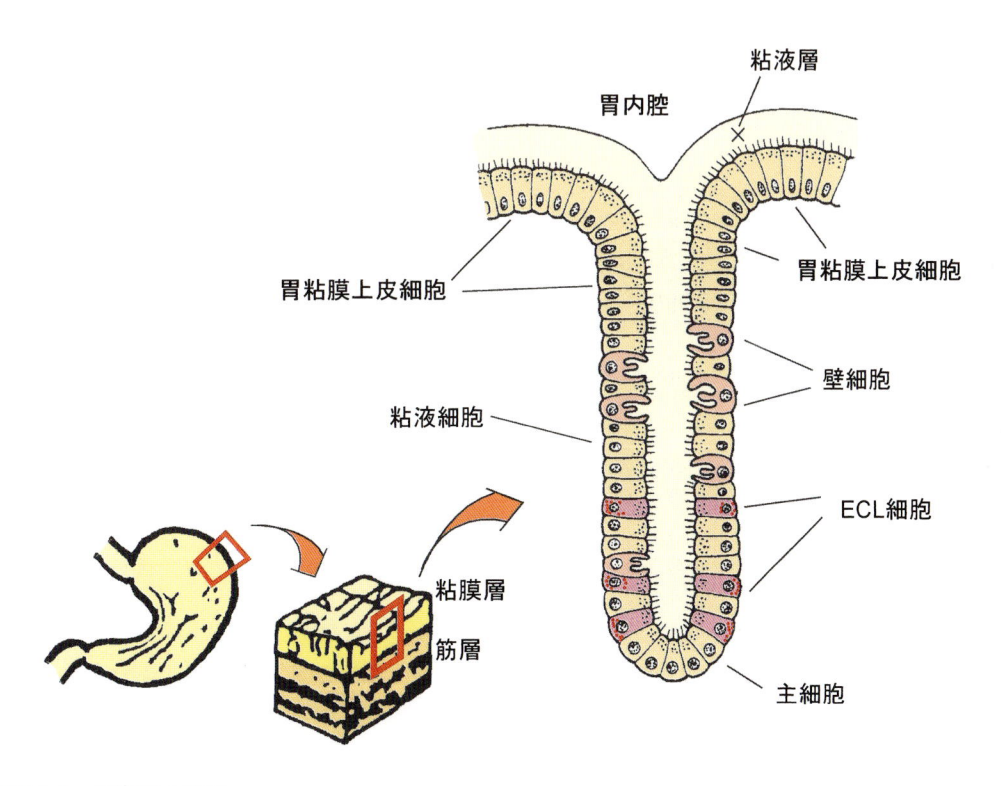

- 食道
- 噴門
- 胃底：大きく膨張し、食塊を貯留する．
- 十二指腸
- 幽門
- 幽門洞：幽門洞の壁の平滑筋層は厚く、強力に収縮する．消化が完了すると収縮を繰り返し、十二指腸へと送り込む．
- 胃体：胃底と同様に膨張して食塊を貯留するとともに、食塊を撹拌し消化を促す．

図13-2 胃底腺の構造

- 胃内腔
- 粘液層
- 胃粘膜上皮細胞
- 粘液細胞
- 壁細胞
- ECL細胞
- 主細胞
- 粘膜層
- 筋層

胃粘膜には腺組織が密に分布し、1 cm²当たり100個ほどある胃小窩といわれる部位に開口している．腺組織の1つである胃底腺は粘液を分泌する粘液細胞、胃酸を分泌する壁細胞、ペプシンを分泌する主細胞などで構成されている．

胃酸分泌はヒスタミン，アセチルコリン，ガストリンの3つの因子によって促進される（図13-3）．ヒスタミンは胃粘膜の腸クロム親和様細胞 enterochromaffin-like cell（ECL細胞）から分泌され，壁細胞の基底膜側のヒスタミン H_2 受容体を介して強力な胃酸分泌作用を示す．ヒスタミンは食物，迷走神経刺激，ガストリンなどの刺激により分泌される．アセチルコリンは副交感神経刺激によって分泌され，壁細胞の M_3 受容体を介して作用する．ガストリンは幽門腺のG細胞から分泌され，血流を介して壁細胞の CCK_B 受容体に作用する．これら3つの酸分泌カスケードの中で，ヒスタミンがその中心的役割を果たす（後述）．

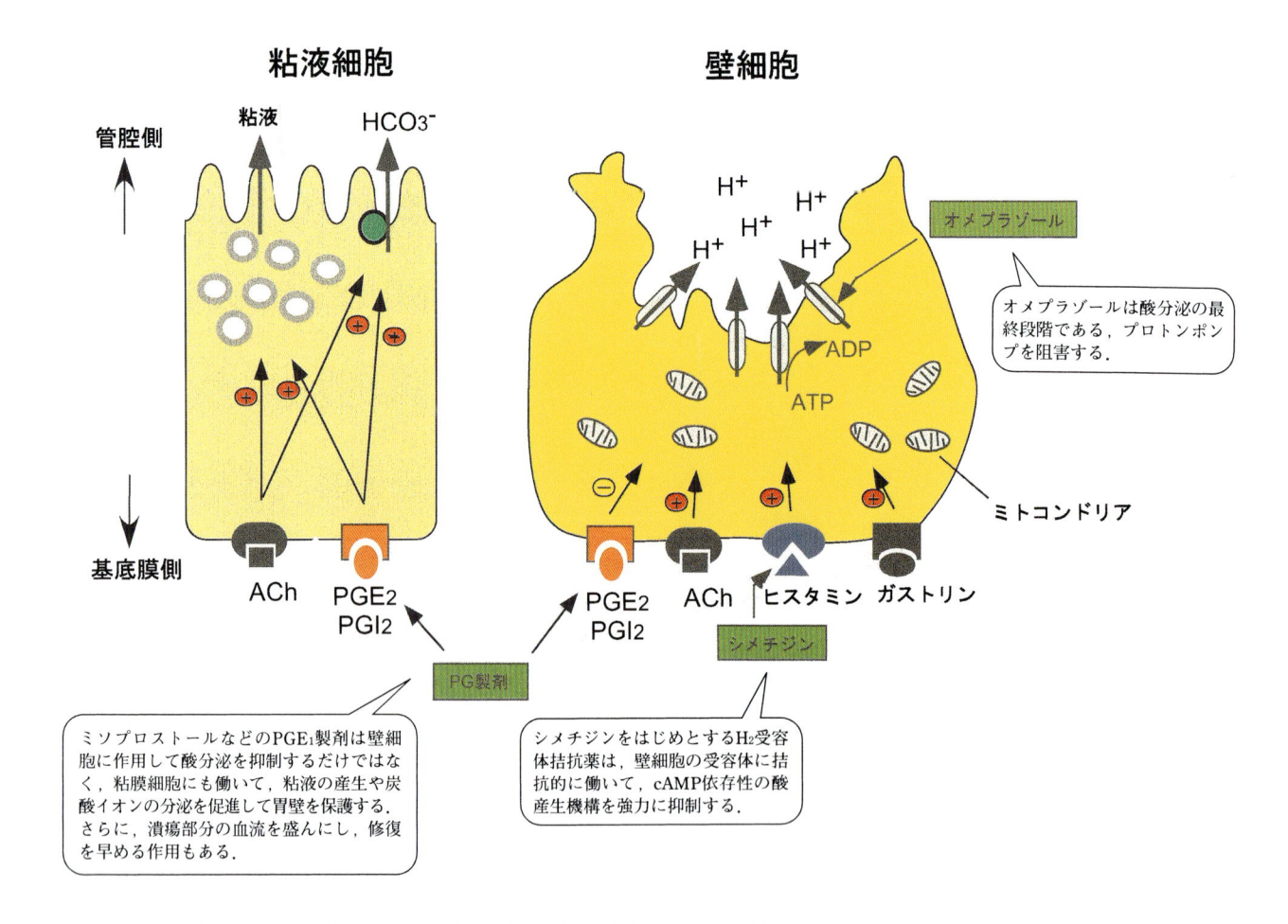

図13-3 胃の壁細胞における胃酸分泌・粘液分泌と薬物の作用

壁細胞には多数のミトコンドリアがみられ，またプロトンポンプ（H^+, K^+-ATPase）タンパク質を含む小胞がある．アセチルコリン，ヒスタミン，ガストリンで刺激されると小胞は胃の管腔側に移動して細胞膜と融合する．プロトンポンプはATPを消費しながら H^+ を能動的に細胞外へ分泌する．シメチジンはヒスタミン H_2 受容体に拮抗して胃酸分泌を抑制する．オメプラゾールはプロトンポンプに直接働いて活性を抑制する．

胃粘膜細胞は粘液と重炭酸イオンを分泌して，胃酸による攻撃から胃粘膜を守っている．この系は，ムスカリン受容体刺激や PGE_2 により活性化される．

■3 消化性潰瘍発症の機転

消化性潰瘍（胃潰瘍および十二指腸潰瘍）の成因は，胃酸と消化酵素のペプシンをはじめとする攻撃因子と，粘膜から分泌される粘液および粘膜血流の防御因子のバランスが崩れた時に発生する（図13-4）．胃潰瘍発生の危険因子としては，アスピリンをはじめとするNSAIDsや副腎皮質ステロイドの長期投与，腫瘍や各種の胃炎，肝・腎疾患，重度の疾病や大手術などの高度のストレス，さらに精神的ストレスなどがある．

消化性潰瘍の場合には，胃酸分泌を抑制し攻撃因子を抑える，あるいは粘液分泌や粘膜血流を活性化したり，粘膜保護剤を外因性に投与して防御因子を強めることが治療の基本となる．

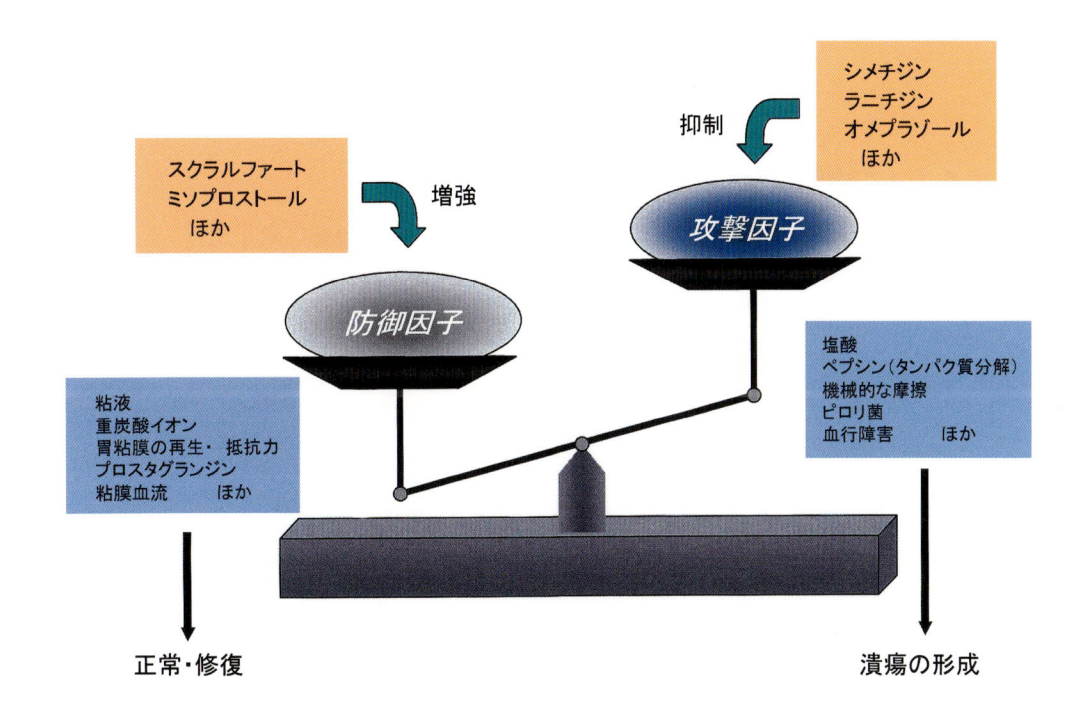

図13-4　胃潰瘍形成における防御因子と攻撃因子（SunとShayの天秤説）
　胃粘膜細胞は数日という短いサイクルで入れ替わっており，胃酸をはじめとする様々な攻撃因子による侵襲を受けている．胃粘膜には様々な防御因子も存在しているが，攻撃因子の力が勝ると潰瘍となる．抗潰瘍薬には，防御因子を強めるものと，攻撃因子を弱めるものとがある．

■4 嘔吐の機序

嘔吐は，反射により胃内容を吐き出す運動で，毒物や異物を過誤により摂取した場合に働く生体防御反応の1つといえる．嘔吐は延髄にある嘔吐中枢が刺激されることにより起こる．嘔吐中枢を直接刺激する求心路には，①腹部の内臓から来る迷走神経性，②交感神経性，③咽喉頭から来る舌咽神経，④上位の中枢神経などがある．さらに延髄嘔吐中枢の近くで延髄第四脳室底の最後野に化学受容器引金帯（chemoreceptor trigger zone；CTZ）と呼ばれる場所がある．この部位の血液-脳関門は未発達で，血液中のある種の炎症性物質などの生理活性物質が作用して興奮し，刺激は嘔吐中枢へと伝えられる．また，誤って摂取した毒物は血流に乗り，CTZに到達してこれ

を刺激して嘔吐を起こすことがある（図13-5）．

その他，平衡感覚を司る半規管からの投射もあり，乗り物酔い（動揺病 motion sickness）の時にみられる嘔吐に関係する．

嘔吐中枢が興奮すると以下の反応が順次に引き起こされる．
1) 悪心と深い吸息が起こる
2) 上部食道括約筋が開く
3) 横隔膜腹壁筋が収縮し腹腔と胸腔内圧が上昇する
4) 胃を圧迫し胃内圧が上昇する
5) 胃幽門部（下部）で逆蠕動が起こり胃内容が食道へ向けて移動する
6) 下部食道括約筋が弛緩し胃内容物が口腔外へ吐出される

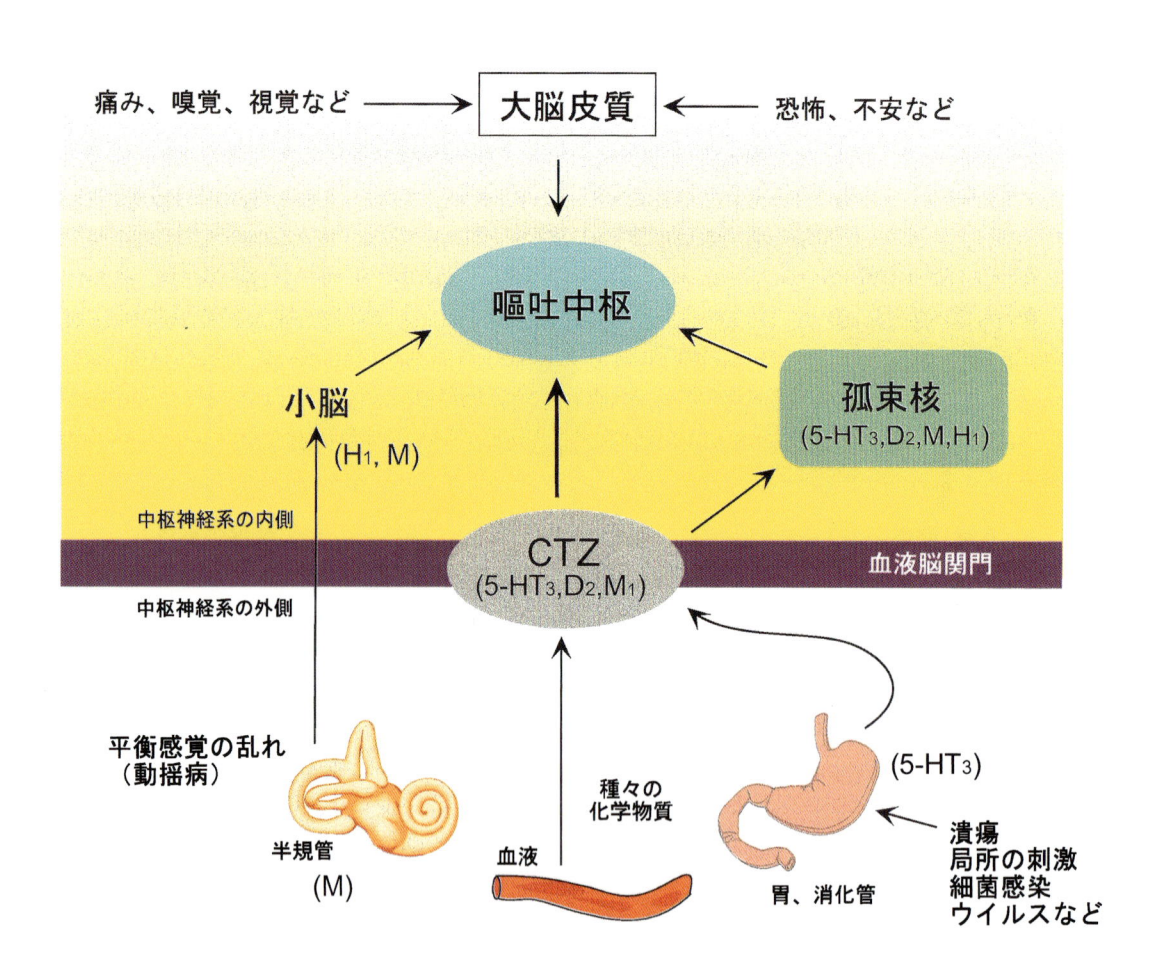

図13-5 嘔吐中枢の刺激経路
　多くの末梢性ならびに中枢性の刺激が嘔吐中枢ならびにCTZへと伝えられる．そこでは，ヒスタミンH_1受容体，ムスカリンM_1受容体，5-HT_3受容体，ドパミンD_2受容体などが関与している．制吐薬はこれらの受容体に働いて作用を発現するものが多い．

■5 嘔吐の有害性

嘔吐は有害な物質を体外に排出する生理的な反応であるが，頻繁に繰り返すと，脱水，低カリウム血症，低ナトリウム血症，低クロール血症，さらに酸塩基平衡の乱れによる代謝性アシドーシス，代謝性アルカローシスなどを生じる．特に臨床でみられる代謝性アルカローシスの第一の原因は嘔吐であるといわれる．嘔吐に伴う脱水や電解質異常，特に低カリウム血症は幼若動物では深刻で，あるレベルを超えると危険な状態となる．早い時点で輸液とともに嘔吐を抑える治療が必要となる．

Drugs　薬の種類と特徴

■1 胃腸機能調整薬（胃運動の改善薬）

胃腸管運動機能を改善する一群の薬剤をプロキネティクス prokinetics という．

胃や十二指腸の副交感神経節後線維は，ドパミンを伝達物質とする介在ニューロンの支配を受けている．ドパミンは節後線維上の D_2 受容体を介してアセチルコリン遊離を抑制している．メトクロプラミドとドンペリドンはいずれもドパミン受容体拮抗薬であり，ドパミン神経による平滑筋収縮の抑制（ブレーキ）を解除して運動機能を高め，消化管機能を改善し，悪心，食欲不振を改善する．これらの薬剤は，消化機能の中枢がある脳幹部にも作用して消化管運動を活発にする．同時に脳の嘔吐中枢に対して抑制作用も示すことから，制吐薬としても使用される（後述）．特に，メトクロプラミドは動物医療で頻繁に用いられる薬剤である．

一方，消化管の副交感神経はセロトニンを伝達物質とする介在ニューロンの支配もある．この系は，$5\text{-}HT_4$ 受容体を介してアセチルコリンの遊離を促進する系と，$5\text{-}HT_{1A}$ 受容体を介してアセチルコリン遊離にブレーキをかける系とがある．シサプリド*は $5\text{-}HT_4$ 受容体の刺激作用と，$5\text{-}HT_{1A}$ 受容体の拮抗作用とを持つ．つまり，シサプリドの作用は，アセチルコリン遊離に対するブレーキ（$5\text{-}HT_{1A}$）の解除と，アクセル（$5\text{-}HT_4$）の踏み込みにより，消化管運動を亢進させ，胃腸管の運動機能を改善する．

モチリンは消化管運動を亢進する脳腸ホルモンである．エリスロマイシンはマクロライド系の抗生物質であるが，モチリン受容体に親和性を持ち，胃および腸の運動を亢進する作用がある．犬および猫においても消化管運動機能改善薬として使用できる．抗菌薬として使用する場合よりも低用量で用いる（0.5～1 mg/kg，PO，TID）．消化性潰瘍や胃炎がある場合，二次的に胃運動障害を呈する．特に食後に嘔吐がある場合，胃酸分泌抑制薬に加えこれらの薬剤を処方すると効果的である．

■2 胃酸分泌抑制薬，胃粘膜保護薬

胃酸分泌抑制薬は，急性・慢性の胃炎，胃，十二指腸潰瘍，逆流性食道炎などに用いられる．最近，H_2 受容体拮抗薬，プロトンポンプ阻害薬が開発されたことにより，短期間に効率的に消化性潰瘍の治療ができるようになった．

1．H_2 受容体拮抗薬

シメチジン，ラニチジン，ファモチジンなどがあり，壁細胞のヒスタミン H_2 受容体に作用して胃酸分泌を抑制

---

* シサプリドは，QT 延長による心室性不整脈が多発したため，わが国では出荷が停止されている．

する（H_2ブロッカー）。この作用はきわめて強力で，消化性潰瘍の治癒率は格段に向上した。H_2受容体拮抗薬の有効性は，胃酸分泌を亢進する複数の生理的因子の中で，ヒスタミンの関与が重要であることを示している．

最近，小動物臨床でも消化性潰瘍が多くみられ，H_2受容体拮抗薬の使用頻度が増えている．強力なプロトンポンプ阻害薬が出た今日でも，H_2受容体拮抗薬は臨床家が最も多く使用する薬剤である．H_2受容体拮抗薬としてシメチジンが初めて市販されたのは1979年で，長年の使用経験があり，重篤な副作用も報告されていない．最近，人の胃炎の治療薬として一般薬（OTC）として認可されたことからも，安全性の高い薬であることが分かる．ただし，シメチジンは肝ミクロソーム酵素（シトクロムP450）を抑制する作用があるので，他剤と併用する場合には注意が必要である．ラニチジンにはその様な副作用は少なく優れた薬剤であるが，シメチジンと比べ高価である．ファモチジンは作用の持続時間が長い．各薬剤とも腎排泄が代謝の主要な経路であり，腎障害を持つ場合には注意して投与する．

2．プロトンポンプ阻害薬（proton pump inhibitor；PPI）

オメプラゾール，ランソプラゾールなどがあり，壁細胞で産生されるH^+を胃の内腔に輸送するプロトンポンプを直接抑制する．プロトンポンプ阻害薬は，現在知られている最も強力な胃酸分泌阻害薬で，胃内pHを5.5〜6.5まで高めることができ，短期間に潰瘍治療効果が得られる．人ではH_2拮抗薬耐性の潰瘍が10%程度あるが，この様な症例に対しても効果を示す．最近，犬猫の消化性潰瘍にも用いられるようになった．

BOX-1　ロートエキス scopolia extract

代表的なムスカリン受容体拮抗薬はアトロピンとスコポラミンである．これらの化合物はナス科の植物ベラドンナ（Atropa belladonna）（欧州），ハシリドコロ（Scopolia japonica）（日本），ヒヨス（Hyoscyamus nigre）（欧州）などの植物に天然成分として存在しており，ベラドンナアルカロイドともいわれる．臨床的には，唾液や気管分泌を抑えるための麻酔前投薬，検査の目的で使用する散瞳薬，あるいは有機リン中毒などの急性期の拮抗薬として用いられる．ただし，アトロピンやスコポラミンは複数あるムスカリン受容体への選択性も低く，中枢を含め全身に分布するので使いにくい．

ベラドンナ，ハシリドコロはアトロピンやスコポラミンの原料となるだけでなく，ベラドンナエキスやロートエキスなどの生薬として，配合剤の形で頻繁に使用される．主な活性成分はl-ヒヨスチン（スコポラミン）とl-ヒヨスチアミンである．

植物のエキスを目につけるとムスカリン作用により瞳孔が開いて目が輝いて美しく見える．この目的で中世のイタリア貴婦人が使っていたことから，「ベラドンナ」（美しい婦人の意味）と名付けられた．

3．抗コリン薬（ムスカリン受容体拮抗薬）

抗コリン薬としてピレンゼピン，臭化ブチルスコポラミンなどがある*．消化管に対する多様なアセチルコリン

---

* 天然アルカロイドのスコポラミン（3級アミン構造）を4級化したもので，これにより脂溶性は低下し中枢への到達が悪くなり，副作用が軽減される．さらに，節遮断作用も強くなり，鎮痙作用や分泌抑制作用も増強される．

の作用の中で，胃液分泌は副交感神経節のM_1受容体を介して促進される(注：塩酸を分泌する壁細胞のムスカリン受容体はM_3サブタイプ)．ピレンゼピンはこのM_1受容体の特異的拮抗薬であり，主としてこの神経節に作用して胃酸分泌を止めると考えられている．他の抗コリン薬と比べ，腸管や膀胱などの平滑筋や，心臓に対してもほとんど影響せずに胃液分泌を特異的に阻害するので，消化性潰瘍の治療薬としてよく用いられる．胃酸分泌抑制作用はH_2拮抗薬やプロトンポンプ阻害薬と比べ弱いが，胃粘膜の抵抗性を高める作用があり急性期から再発予防まで使用できる．

臭化ブチルスコポラミンは，以前は胃酸分泌抑制薬として抗潰瘍薬の主流であったが，他の優れた薬が登場した今では平滑筋弛緩を目的とした鎮痙薬としての使用が主となっている．

4. 粘膜保護薬

スクラルファートは，胃や十二指腸の潰瘍表面のタンパク質と結合して被覆し，胃液の消化力から病変部を保護し潰瘍の治癒を促進する．胃ペプシン抑制作用，制酸作用もある．スクラルファートは我が国で開発された薬剤であるが，シメチジンと同等の効力があるといわれ，むしろ海外で高い評価を得ている．

通常は酸分泌抑制薬との併用で用いられる．H_2受容体拮抗薬やプロトンポンプ阻害薬による消化性潰瘍の治療はきわめて有効であるが，投与停止後に再発することが多い．粘膜保護薬はこの再発防止を目的としても使用される．食物と一緒になると作用が減弱するので空腹期に投与する．また，同時に投与された他の薬剤，特にキノロン系抗菌薬，ジギタリス製剤，テトラサイクリン系抗生物質などの吸収を阻害するので，投与時間をずらすなどの配慮が必要となる．吸収による全身への影響もなくきわめて安全性が高く，有用な薬である．

5. プロスタグランジンE製剤

天然のPGE_1，PGE_2は胃粘膜局所で産生され，粘液や重炭酸イオンの分泌を促進し，また血管平滑筋の弛緩作用によって胃粘膜の血流を増加して胃粘膜の防御因子を強化する生理作用を示す．さらに，血小板凝集抑制作用も有し，潰瘍の再生過程における血流回復にも寄与する．また，壁細胞に直接作用してヒスタミンやガストリンによる胃酸分泌と拮抗し攻撃因子を抑制する．

この様にPGE_1，PGE_2は粘膜防御機構に関わる全ての要因を支配しており，したがって抗潰瘍薬として期待される．ところが，天然のPGE_1，PGE_2は分解されやすく，経口投与ができないため，経口投与可能な安定誘導体として，ミソプロストール（PGE_1誘導体），オルノプロスチル（PGE_1誘導体），エンプロスチル（PGE_2誘導体）などが開発された．

消炎鎮痛薬NSAIDsや副腎皮質ステロイドの長期投与の副作用による潰瘍には，内因性プロスタグランジンの減少が大きく関わっているため，この予防や治療などに用いられる．消化性潰瘍を持つ動物へのNSAIDsの投与は通常は禁忌であるが，プロスタグランジン製剤を投与することで使用が可能となる．プロスタグランジン製剤には強い子宮筋収縮作用があるので，妊娠した雌への投与は禁忌である．また，高用量では腸管粘膜に作用して下痢を生じることがある．

6. 制酸薬

炭酸水素ナトリウム，水酸化アルミニウム，水酸化マグネシウム，炭酸カルシウムなどは，胃内の酸を直接中和する．即効性があるので他の薬と併用するとよい．連用すると胃内のpHが低下している状態で酸分泌が持続する現象がみられるので（酸反跳 acid rebound），長期には使用できない．

■3 制吐薬

1. ドパミン D_2 受容体遮断薬

D_2 受容体は CTZ や孤束核 solitary tract nucleus に存在し，嘔吐中枢の刺激に関与する（図 13-5）．消化管機能調整薬として述べたメトクロプラミドとドンペリドンは，中枢性の抗ドパミン作用により制吐作用を示す．同時に，末梢性の抗ドパミン作用を有しているので，腸内容の通過を促進して胃内容の排出を促進し，胃内容による胃壁への刺激をなくして中枢性の制吐作用を助ける働きもする（図 13-6）．副作用も比較的少なく，嘔吐の予防薬や治療薬として用いられる．ただし，ドンペリドンの中枢移行性はメトクロプラミドに比べて小さく，中枢性の制吐作用は弱いといわれる．

2. 5-HT_3 受容体遮断薬

5-HT_3 受容体は D_2 受容体と同様に CTZ や孤束核に存在し，嘔吐に関与している（図 13-5）．さらに，胃や小腸からの求心性迷走神経にも存在し，嘔吐を仲介している．グラニセトロンやオンダンセトロンは 5-HT_3 受容体遮断薬で，これらの CTZ や孤束核，さらに求心性迷走神経に作用して制吐中枢を抑制する．作用は強力で，主として抗癌薬による嘔吐の抑制に用いられる．

3. ヒスタミン H_1 受容体遮断薬

犬猫などの伴侶動物は車に乗せることが多いが，しばしば嘔吐を伴う乗り物酔いを起こす．特に幼弱な動物で起こしやすい．H_1 受容体は孤束核や平衡感覚の乱れを嘔吐中枢へ伝える神経に関与していると考えられている．H_1 受容体遮断薬は動揺病などの比較的軽い嘔吐の抑制に，プロメタジン，ジフェンヒドラミン，ジメンヒドリナートなどが用いられる．抗がん薬などによる強い嘔吐には十分に拮抗できないが，D_2 遮断薬や 5-HT_3 遮断薬と併用して用いると相乗効果を示し，投与量を減らすことができる．

4. フェノチアジン系薬

クロールプロマジン，アセプロマジン，ペルフェナジンなどのフェノチアジン系精神安定薬は中枢性に働き強力な制吐作用を示す．これらの薬物の作用には D_2 受容体拮抗作用が含まれるといわれる．主として動揺病予防薬として用いられる．

5. 抗コリン薬

半規管の興奮や嘔吐中枢へ投射する神経系のいくつかにはムスカリン受容体が関与しており，抗コリン薬であるスコポラミンが制吐作用を示す．人では単独で動揺病の予防に使用されるが，動物ではそれほど強くなく他剤と併用して使われる．

6. 副腎皮質ステロイド

作用機序は不明であるが，デキサメタゾンなどの副腎皮質ステロイドには制吐作用がある．メトクロプラミドやグラニセトロンなどと併用して使用すると協力作用を発揮する．

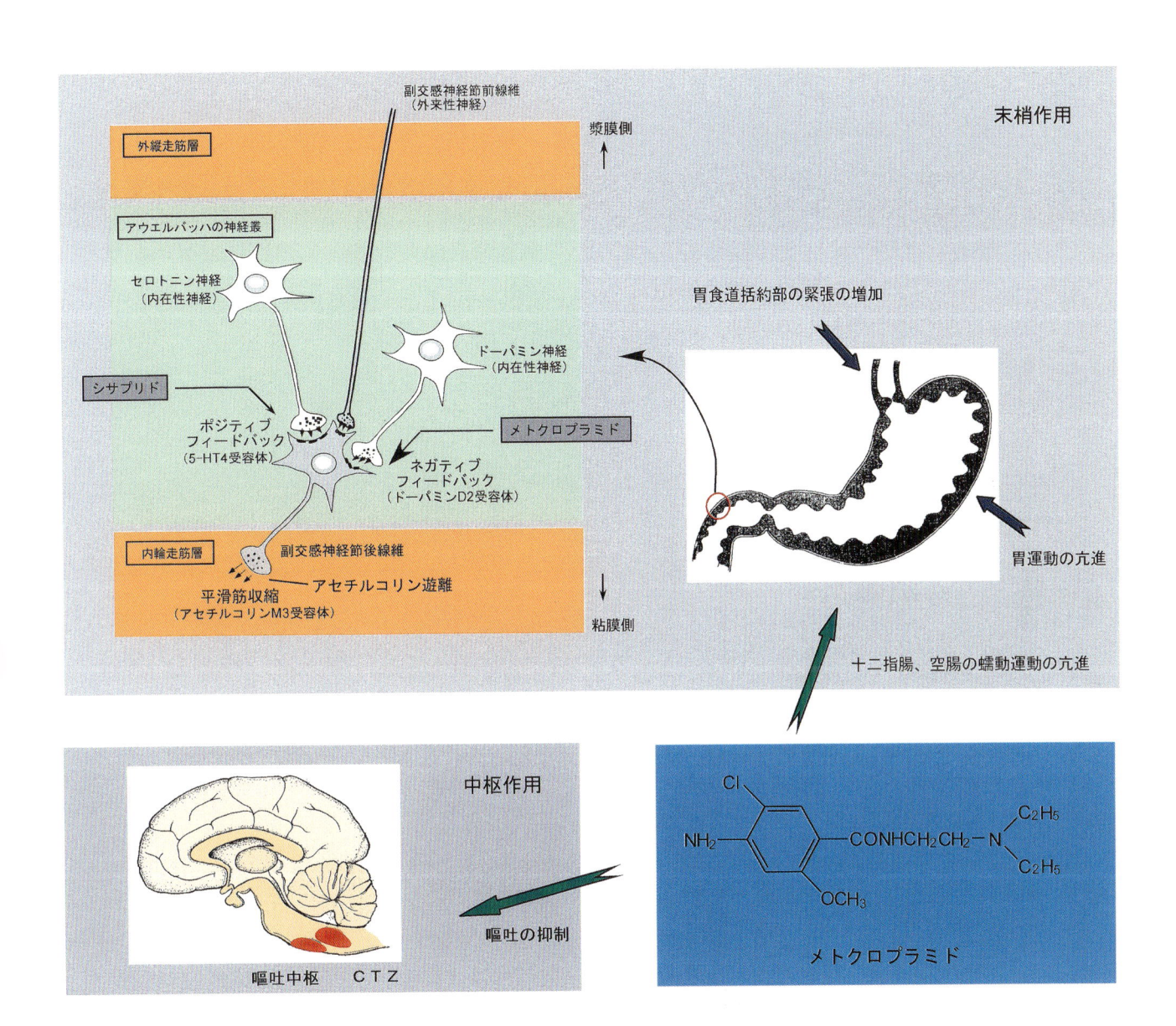

図 13-6 プロキネティクスの作用点

メトクロプラミドの作用点：メトクロプラミドは，中枢性に働いて制吐作用をもたらすと同時に，末梢性に働いて副交感神経からのアセチルコリンの遊離を促進して平滑筋収縮を活性化し，胃や十二指腸など上部消化管の運動を活発にする．

メトクロプラミドとシサプリドの消化管運動活性化のメカニズム：副交感神経節後線維は，ドパミンを伝達物質とする介在ニューロンとセロトニンを伝達物質とする介在ニューロンの支配を受けている．ドパミンは節後線維上の D_2 受容体を介してアセチルコリン遊離を抑制し，セロトニンは 5-HT_4 受容体を介してアセチルコリンの遊離を促進する．メトクロプラミドは D_2 受容体拮抗作用により，アセチルコリン遊離を増強し，シサプリドは 5-HT_4 受容体の刺激作用によりセチルコリン遊離を増強する．遊離されたアセチルコリンは，平滑筋の M_3 受容体を刺激して消化管運動を亢進させ，胃腸管の運動機能を改善する．

■4 催吐薬

アポモルヒネはモルヒネの誘導体で，CTZ のドパミン D_2 受容体を刺激する．静脈内注射あるいは筋肉注射で 5〜10 分で嘔吐する．エメチン（吐根の主成分）も CTZ に作用して嘔吐を起こさせる．濃厚な食塩水を強制的に飲ませたり，食塩粉末を咽頭部に接触させることで嘔吐させることも可能である．猫ではキシラジンを催吐薬として使うことができる．

しかし，強制的な嘔吐には十分な注意が必要であり，以下の場合には胃穿孔や誤嚥性肺炎を起こす可能性があるので絶対に用いてはならない．以前は催吐薬が有害なものを誤飲したときによく用いられてきたが，最近ではあまり用いられることはない．

1) 昏睡状態あるいはてんかん様の発作がある場合
2) 喉頭反射が消失あるいは弱いと予想される場合
3) ショックあるいは呼吸困難にある場合
4) 強酸や強アルカリなどの腐食性のある毒物，あるいは軽油などの揮発性液体を飲み込んでいると予想される場合

Clinical Use　臨床応用

■1 慢性胃炎

慢性胃炎は，慢性に胃に炎症を生じたものであり，間欠的嘔吐のほか体重減少，腹痛，多渇症，異嗜症，血便など様々な症状が認められる．慢性胃炎の原因としては，種々の薬剤，感染，食物アレルギー，免疫介在性疾患，ヘリコバクター感染など様々なものが挙げられているが，明らかな原因がつかめない場合も少なくない．治療では原因を特定してこれを除去することを優先させるが，潰瘍性変化が疑われる場合には，シメチジン，ファモチジンなどの H_2 受容体拮抗薬やプロトンポンプ阻害薬などの投与が行われる．一方，ヘリコバクターの感染が疑われる場合には，抗生物質のアモキシシリン（10 mg/kg，PO，TID）と H_2 受容体拮抗薬の投与を 2〜3 週間行う．免疫介在性疾患の関与が疑われる場合には，プレドニゾロンなどの副腎皮質ステロイド薬の投与を行う．

■2 消化性潰瘍（胃，十二指腸潰瘍）

消化性潰瘍は，胃あるいは十二指腸の粘膜（びらん）あるいは粘膜と粘膜下織（潰瘍）が欠損した状態を指し，前述のように攻撃因子と防御因子のバランスが崩れた時に生じると考えられている．消化性潰瘍の原因としては，薬剤（NSAIDs と副腎皮質ステロイド：特に前者），肥満細胞腫，肝不全，腎不全，敗血症などの全身疾患，胃内異物，侵襲度の高い手術などの強いストレス，ヘリコバクター感染など様々なものが挙げられる．嘔吐，吐血，血便，腹痛，体重減少など様々な症状を示す．消化性潰瘍の薬剤治療としては，攻撃因子を弱める方法と，防御因子を強める方法があるが（図13-4），両者を組み合わせるとより高い治療効果が期待できる．

攻撃因子抑制薬の主流は，H_2 受容体拮抗薬（シメチジン，ラニチジン，ファモチジン）あるいはプロトンポンプ阻害薬（オメプラゾール）である．一方，抑制因子増強薬としては粘膜保護薬スクラルファートが幅広く用いられている．スクラルファートは抗ペプシン作用も示すため，攻撃因子抑制薬としても働く．制酸薬や抗コリン薬も攻撃因子抑制薬であるが，使用法が難しいことや治療効果の面で劣るので，現在ではあまり用いられなくなっ

ている．さらに，抑制因子増強薬として，合成プロスタグランジン製剤のミソプロストール（PGE_1誘導体）もよく用いられている．本剤はNSAIDsによる消化性潰瘍および出血に対する予防効果は高いが，通常の潰瘍に対する治療効果はH_2受容体拮抗薬のようには期待できない．

上記の薬剤に，胃腸運動調節薬であるメトクロプラミドあるいはシサプリドを加えると，胃内容の排出異常を改善することにより，治療，再発防止に役立つ．一方，ヘリコバクター感染が関係している場合には，ヘリコバクターピロリの除菌と組み合わせた治療を行う．

■3 幽門狭窄

幽門狭窄は，幽門輪状筋あるいは幽門粘膜が肥厚し，胃内容物の十二指腸への輸送が妨げられ，慢性の間欠的嘔吐を引き起こす疾患である．本症はシーズー，ミニチュア・プードルなどの中年の小型犬に多く認められ，食後8〜12時間頃に嘔吐がみられることが多い．その他の症状としては，嘔吐によっておさまる食後の腹部膨満や不快感，体重減少などがある．本症の発生には，幽門洞の運動に関係する神経機能の異常あるいは慢性の胃拡張による高ガストリン血症などの内分泌的要因の関与が示唆されているが，詳細なメカニズムは明らかになっていない．

治療は基本的には外科的手術が適応となるが，軽症例の場合には内科的療法も行われる．内科療法としては，食餌療法（消化の良い餌を頻回投与）とメトクロプラミド，シサプリドなどの投与による薬物療法が行われる．

■4 食道炎

食道炎の発生には多くの場合胃酸が関与しており，治療法も胃のそれと共通したものが多いため，ここで合わせて述べる．

食道炎は，全身麻酔，裂孔ヘルニアなど下部食道括約筋の機能低下による胃内容の食道への逆流，持続性嘔吐などにより引き起こされることが多いが，食道内異物などによっても生じることがある．軽度の食道炎では，病変は粘膜にとどまり症状もないが，重度の場合には，病変は筋層まで波及し，潰瘍，狭窄，穿孔を引き起こす．症状も食欲不振，嚥下困難，流涎，嘔吐，吐出など重度なものとなる．

食道炎の治療としては食餌制限の他，薬物療法として，粘膜保護，胃酸分泌抑制，胃排出促進，下部食道括約筋緊張増加作用を持つ薬物が使用される．スクラルファートは粘膜面に付着することにより，傷ついた粘膜の保護作用を示し，食道の治癒も促進する（スクラルファートの使用法については，第15章参照）．一方，H_2受容体拮抗薬は，胃酸のpHを上昇させ，胃酸の逆流による食道粘膜の障害を減少させる．H_2受容体拮抗薬としてはシメチジン，ラニチジン，ファモチジンが使用されるが，ファモチジンは投与回数が少なくてよいため（BID），好んで用いられる．重度の食道炎の場合には，より強力な胃酸分泌抑制作用を持つプロトンポンプ阻害薬（オメプラゾール）が用いられることもある．ただし，H_2受容体拮抗薬とプロトンポンプ阻害薬を併用してはならない．さらに，メトクロプラミドやシサプリドを食前30分に投与することにより，胃内容物の胃からの排出を促進させ，下部食道括約筋の緊張を高めることができる．メトクロプラミドは制吐作用も示すため，嘔吐を伴う食道炎によい適応となる．

■5 嘔　　吐

長期間あるいは大量の嘔吐は，脱水，電解質異常，酸塩基平衡異常，誤嚥性肺炎を引き起こすため，嘔吐の原因がはっきりしたら，過剰な嘔吐を抑制する必要がある．嘔吐は前述のように末梢性にも中枢性にも引き起こさ

れ（図13-5），制吐薬にもいくつかの機序を持つものがある．

クロールプロマジンやペルフェナジンなどのフェノチアジン系トランキライザーは，中枢性に抗ドパミン作用を示すことによって制吐作用を示すが，合わせて鎮静作用も示すため動揺病の予防に用いられる．

抗コリン薬（スコポラミン）は，消化管あるいは前庭系から嘔吐中枢への伝達系を抑制することにより制吐作用を示すが，単独で用いた場合それほど強力な作用は示さないため，他の薬剤と併用して，動揺病に対する予防薬として用いられている．

メトクロプラミドは，胃および十二指腸内容物の排出を促進することによっても嘔吐を抑制するため，胃運動機能低下による排出能低下，逆流性食道炎，ウイルス性腸炎，抗がん剤投与による嘔吐などに幅広く用いられる．ただし，消化管の通過障害がある場合，あるいは疑われる場合には使用してはならない．

5-HT$_3$受容体遮断薬は，人では抗がん薬および放射線治療による嘔吐に最も効果があり，犬においても同様の効果が期待できる．しかしこの薬は非常に高価であるため，その使用は限られている．

その他，鎮痛薬のブトルファノールは嘔吐中枢に直接作用することにより，抗がん薬のシスプラチンによる嘔吐を効果的に抑制できることが知られている．

表13-1 各種薬剤の用量

薬剤名	商品名	用量
胃腸機能調整薬		
メトクロプラミド	プリンペラン他	犬：0.2〜0.4mg/kg PO TID
		猫：0.1〜0.2mg/kg PO TID
シサプリド	アセナリン他	犬：0.1〜0.5mg/kg PO BID〜TID
		猫：2.5〜5mg/head PO BID〜TID
H$_2$受容体拮抗薬		
シメチジン	タガメット他	5〜10mg/kg PO TID
ラニチジン	ザンダック	2mg/kg PO BID〜TID
ファモチジン	ガスター	0.5〜1.0mg/kg PO SID〜BID
プロトンポンプ阻害薬		
オメプラゾール	オメプラゾン他	0.7mg/kg PO SID
粘膜保護薬		
スクラルファート	アルサルミン	犬：0.5〜1.0g/head PO TID
		猫：0.25g/head PO BID〜TID
プロスタグランジン製剤		
ミソプロストール	サイトテック	犬：2〜5μg/kg PO TID
制吐薬		
アセプロマジン	PromAce	0.025〜0.2mg/kg PO, IV, IM, SC 最大4mg
		1〜3mg/kg
ジフェンヒドラミン	レスタミン他	4〜8mg/kg PO TID
オンダンセトロン	ゾフラン	0.5〜1.0mg/kg PO, IV 抗がん薬投与30分前
催吐薬		
キシラジン	セラクタール	猫：0.4〜0.5mg/kg IM, IV
塩化ナトリウム		犬：咽頭部に茶さじ1杯（または濃厚食塩水）

BOX-2　ヘリコバクター・ピロリ菌と胃潰瘍

　長い間，胃内の低いpH環境では細菌は存在しないと考えられてきた．しかし，1983年，オーストラリアのWarrenとMarshallによって胃粘膜からヘリコバクター・ピロリ *Helicobactor pylori* というグラム陰性のらせん状桿菌が分離培養された．それ以後，この菌が人の胃潰瘍や十二指腸潰瘍の形成，特に消化器がんの発生に深く関与することが明らかとなってきた．潰瘍患者の70〜90％がヘリコバクター・ピロリ菌に感染しているといわれる．人では，ヘリコバクター・ピロリ菌をアモキシリン，メトロニタゾール，テトラサイクリンなどの抗菌薬で除菌すると，消化性潰瘍の再発率が減少することが臨床的に確かめられている．

　プロトンポンプ阻害薬のオメプラゾールは，強力な胃酸分泌抑制作用とともに，抗ヘリコバクター・ピロリ作用があることも分かってきた．

　動物においても，犬，猫，フェレット，猿の胃からも数種類のヘリコバクター菌が分離されている．犬や猫におけるヘリコバクターの病原性については依然不明な点が多いが，感染のある動物では，胃上皮内の好中球，リンパ球などの増加，粘膜浮腫，粘膜固有層へのリンパ球，プラズマ細胞，好酸球の浸潤などの炎症像が認められるため，人と同様に病原菌となっている可能性が高い．

ポイント

1. 消化性潰瘍時における消化管粘膜障害の第一の原因は胃酸にある．胃潰瘍，胃炎の第一選択薬は，H_2ブロッカーと胃粘膜保護薬スクラルファートである．
2. PGE_1製剤であるミソプロストールは，NSAIDsによる消化性潰瘍の予防に有効である．
3. ムスカリン受容体遮断薬は消化管平滑筋収縮抑制作用により痙攣性の疼痛を和らげるので鎮痙薬として，また胃液分泌抑制作用により潰瘍治療薬として使用される．作用は強力なので投与量は厳密に守る．
4. メトクロプラミドは消化管運動を亢進し各種の消化器症状を改善するとともに，中枢性に働いて強力な制吐作用も発揮する．
5. フェノチアジン系トランキライザー，抗ヒスタミン薬（H_1受容体拮抗薬）や抗コリン薬は，動揺病（嘔吐）の予防薬として用いられる．
6. 催吐薬は有害物質を誤嚥したときに使用するが，誤嚥あるいは胃穿孔などの危険を伴うので注意が必要である．

14. 腸疾患の治療薬
Drugs used to treat intestinal disease

Overview

　小動物臨床において消化管の疾患はきわめて多く，特に下痢は最も頻度が高く重要な臨床症状である．消化管の機能は複雑であり，したがって病態も複雑で，投薬に際しては的確な診断が求められる．消化管疾病の大部分の症状は，消化管の運動，消化，吸収，分泌，透過性の異常に基づくので，これらの生理機能を十分に理解しておくことが重要である．

腸蠕動運動促進薬
- ネオスチグミン neostigmine

腸運動抑制薬（鎮痙薬としての抗コリン薬）
- ブチルスコポラミン scopolamine butylbromide
- プロパンテリン propantheline
- アミノペンタマイド aminopentamide

止瀉薬（制瀉薬）
- 各種抗コリン薬（上記）
- ロペラミド loperamide
- ベルベリン berberine
- タンニン酸 tannic acid
- 次硝酸ビスマス bismuth subnitrate
- 薬用炭 carbo mediciralis
- ケイ酸アルミニウム alminum silicate

下　剤（瀉下薬）

a．塩類下剤
- 硫酸ナトリウム
- 硫酸マグネシウム

b．膨張性下剤
- メチルセルロース methylcellulose
- カルボキシメチルセルロース carboxymethylcellulose
　　（カルメロースナトリウム carmellose sodium）

- ラクツロース lacturose

c. 刺激性下剤
- ヒマシ油 castor oil
- ピコスルファートナトリウム sodium pikosulphate
- ビサコジル bisacodyl
- フェノバリン phenovaline
- アントラセン誘導体 anthracene derivatives

d. 粘滑性下剤
- グリセリン
- 流動パラフィン
- 黄色ワセリン
- オリーブ油

Basics 腸運動と疾患

■1 小腸の運動とその調節

　小腸には分節運動と蠕動運動の2つの運動がある．分節運動は食塊を混和する働きをし，また消化物の粘膜面への接触の機会を増やし，この間に栄養分を吸収する．蠕動運動には方向性があり，食塊を肛門側へと導く．このための神経回路が外縦走筋と内輪走筋の間にあるアウエルバッハ神経叢であり，その複雑な仕組みを担っている（BOX-1参照）．

■2 大腸の運動とその調節

　大腸では主として水分の吸収が行われる．逆蠕動により内容物を停滞させて水分の吸収を促進する．また，食物摂取による反射が強い蠕動を起こし排便に至る大きな蠕動は大蠕動とよばれる．大蠕動の基礎リズムの周期は長く，通常は1日1〜2回しか起こらないが，様々な要因がきっかけとなって大蠕動が促進される．食物摂取による消化管刺激もその1つであるが，例えば犬が決まった時間に散歩のために犬舎から外へ出され，しばらく運動すると反射的に排便をするといった生活習慣も大蠕動のきっかけとなる．

　内容物の浸透圧，寒冷，異物の刺激，化学または細菌性因子などが原因となり，粘膜の求心性ニューロンが刺激されると，腸内反射が促進され，腸運動の異常亢進，すなわち下痢が起こる．便秘はこれとは逆に腸運動が抑制された状態である．ただし，下痢と便秘の病態生理は必ずしも正反対の関係ではない．例えば，便秘になると腸内細菌叢が乱れ，腸に炎症を起こして下痢となることもある．

■3 消化管運動の調節機構

1．平滑筋細胞の自発性活動電位

　腸管運動を担う平滑筋には固有の電気的リズムがあり，活動電位を発生して収縮を起こす．最近では平滑筋細胞の上位にあってペースメーカー機能を果たす特殊な細胞群（カハールの介在細胞）が存在し，心筋における刺

14. 腸疾患の治療薬

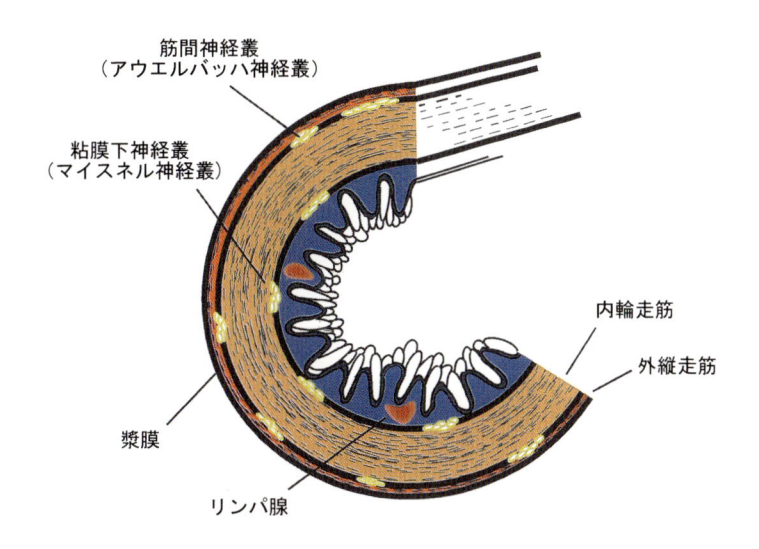

図14-1 消化管壁の基本構造

消化管壁は内側から，粘膜層，内輪走筋，外縦走筋の3層からなり，粘膜層と内輪走筋の間に粘膜下神経叢（マイスネル神経叢）が，内輪走筋と外縦走筋の間に筋層間神経叢（アウエルバッハ神経叢）がある．消化管全体で神経細胞の数は1億を超えるといわれ，脳に次いで多くの神経細胞が分布している．粘膜は1層の円柱の上皮細胞でおおわれるが，所々に粘液分泌細胞や消化管固有の腺細胞が分布する．粘膜筋板は平滑筋からなり粘膜のヒダを作り出す．腸管粘膜にはパイエル氏板といわれるリンパ組織が点在し，外からの異物の侵入や感染に対処している．消化管は中枢神経系に次ぐ，最も複雑で高度に進化した臓器である．

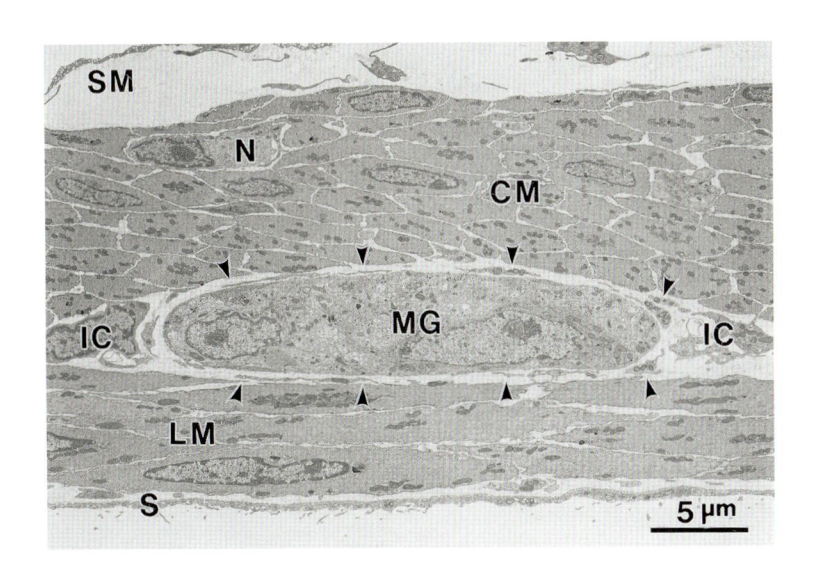

図14-2 電子顕微鏡写真でみる消化管運動の司令塔：アウエルバッハ（筋層間）神経叢とカハールの介在細胞

マウス小腸筋層全層の縦断面を示す電子顕微鏡写真．輪走筋層（CM）と縦走筋層（LM）の間には筋層間神経節（MG）が存在し，その周囲には消化管運動のペースメーカーと考えられているカハールの介在細胞（IC）およびそれらの突起（矢頭）が認められる．また，粘膜下結合組織（SM）に近い部位には，深部筋神経叢の神経束（N）が認められる．Sは漿膜．神経とペースメーカー細胞の協調によって秩序だった消化管運動が形成される．

BOX-1　腸の蠕動運動をになう巧妙な神経回路

　腸に食塊が来ると伸展受容器が感知し，反射性に神経節内の介在ニューロンを刺激して食塊の上流の輪走筋と下流の縦走筋を収縮させ，また，上流の縦走筋と下流の輪走筋を弛緩させる．この一連の反応が口側から肛門側へと連続して起こり，食塊を下流へと移動させる．このような腸内反射は，セクレチンを発見したスターリングの「腸の法則」としても知られる腸管運動調節の仕組みである．

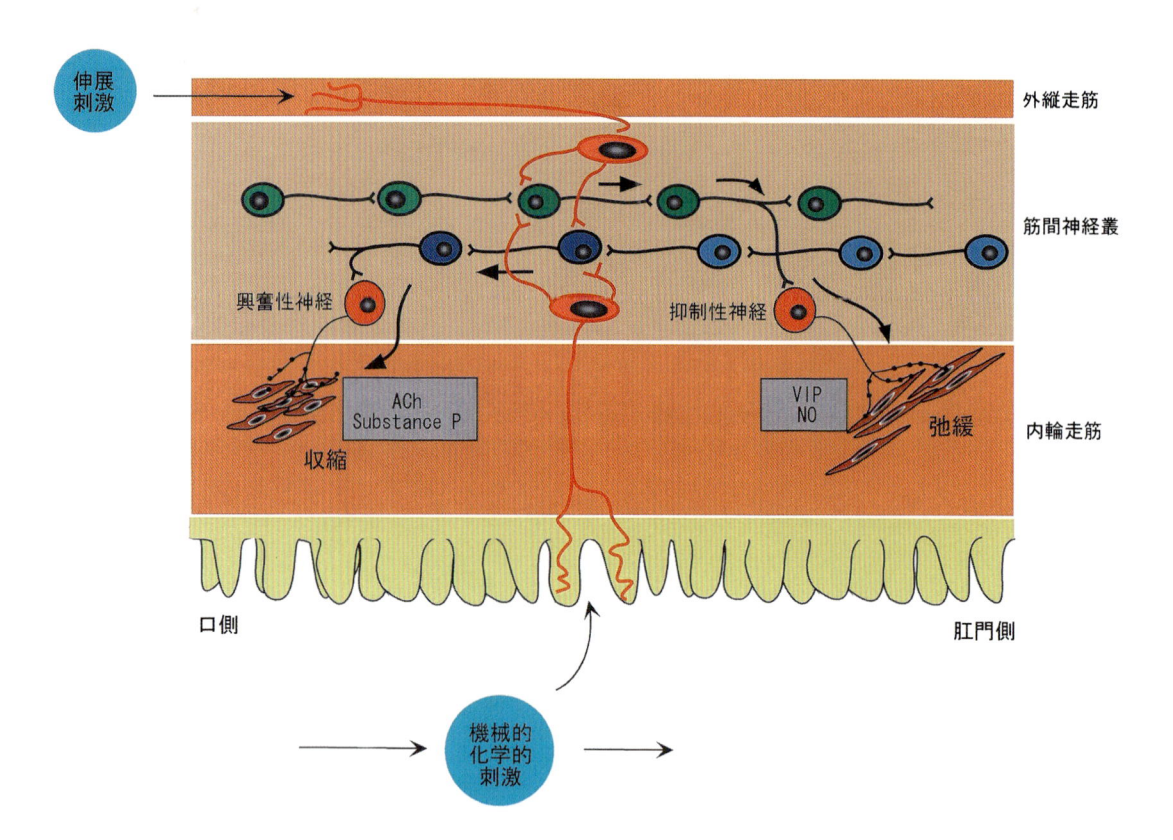

図14-3　蠕動運動の仕組み
　消化管の粘膜ならびに外縦走筋には物理的・化学的刺激を感知する受容器があり，これによってアウエルバッハ（筋層間）神経叢に位置する内在性神経が刺激される．この刺激が食塊より前の興奮性神経（アセチルコリンやサブスタンスPを伝達物質とする）に伝わると内輪走筋を収縮させ，同時に食塊より後の抑制性神経（一酸化窒素やVIPを伝達物質とする）に伝えられて内輪走筋は弛緩する．これらの反応に加えて，カハールの介在細胞がペースメーカーとなる信号を神経と平滑筋に送り，これらが協調して秩序正しい蠕動運動が形成される．

激伝導系と似た機能を果たしていることが明らかにされている．
　平滑筋細胞の興奮時には細胞膜のCa^{2+}チャネルが開き，細胞内へCa^{2+}が流入してプラスの電荷が運ばれ活動電位を形成する．流入したCa^{2+}は筋タンパク質を活性化して収縮を起こす．Ca^{2+}チャネルの活性は神経伝達物質

A. 対照（無刺激時）

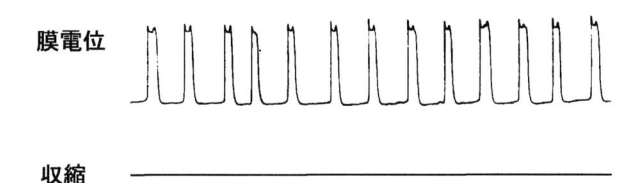

膜電位

収縮

B. アセチルコリン刺激時

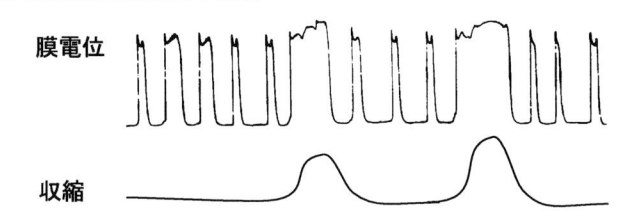

膜電位

収縮

図14-4　消化管（犬結腸を例に）平滑筋の活動電位と収縮に対するアセチルコリンの作用
　消化管（胃や腸）の平滑筋細胞は自発性に活動電位を発生し，この活動電位がある閾値を超えると筋が収縮する．犬摘出結腸の平滑筋にアセチルコリンを作用させると活動電位の時間経過が増加し，振幅も増加して収縮が現れるようになる．

やホルモン，局所のオータコイドなどによって修飾される（図14-4）．

2．神経性調節

　消化管には外来性神経として，副交感神経と交感神経が分布し，主に活動電位の大きさや頻度を制御する．副交感神経は大腸の一部までは迷走神経であり，節前線維は筋層間神経叢に終わる．副交感神経の末端からはアセチルコリンが放出され活動電位の大きさや頻度を増加させる．交感神経は節後神経が筋層間神経節に，あるいは直接筋層や粘膜下神経叢に至るものもある．交感神経の末端からはノルアドレナリンが放出され活動電位を抑制する．非アドレナリン非コリン作動性神経（non-adrenergic non-cholinergic nerve；NANC神経）の大部分は内在性の神経であり，一部外から侵入するものもある．NANC神経の伝達物質としては，ATP, VIP, 一酸化窒素（NO）などがある．いずれも活動電位を抑制して平滑筋を弛緩させる．

3．消化管ホルモンによる調節

　胃から空腸にかけての消化管粘膜層には多くの基底顆粒細胞があり，表面の微じゅう毛が機械的あるいは化学的な刺激を感知して顆粒中のホルモンを分泌する．顆粒細胞には腸クロム親和細胞(enterochromaffin細胞；EC細胞)，腸クロム親和様細胞(enterochromaffin-like細胞；ECL細胞), G, D, L, M, S, T, B細胞などがあり，1つの顆粒細胞が複数のホルモンを産生している．これらのホルモンは消化管の腺組織や平滑筋に作用して機能を調節している（表14-1）．

表 14-1　主な消化管ホルモンとその作用

種類	説明
ガストリン	胃前庭粘膜の G 細胞で産生される．化学的刺激（アミノ酸，アルカリ，エタノールなど）が分泌刺激となる．作用としては，胃底腺の壁細胞からの HCl の分泌，胃壁細胞の増殖を盛んにする栄養効果がある．胃平滑筋に対しては強い収縮作用がある．
コレシストキニン (CCK)	上部小腸の M 細胞で産生される．化学的刺激（アミノ酸，脂肪，トリプシン阻害剤，酸など）が分泌刺激となる．中枢への作用として，食後血中濃度が高まると満足感・多幸感を感じさせる作用，膵臓への栄養効果などがある．
セクレチン	十二指腸，空腸の S 細胞で分泌され，塩酸が分泌刺激となる．膵液分泌を刺激する．
モチリン	十二指腸上皮の EC 細胞で分泌される．空腹期に分泌され消化管運動を促進する．空腹期収縮といわれ，いわば食後の消化管の掃除役を果たす．

コラム 1　最初のホルモンの発見

　1902 年にベイリスとスターリング（英）によりセクレチンが，続いてガストリン，コレシストキニン（CCK），モチリンなどの消化管ホルモンが発見され，以後神経性因子に加え液性因子による調節の重要性が認識されるようになった．一方，消化管は一般に，自発的に活動する能力を持っており（自動能という），この自動能を自律神経系やホルモンなどの各種の液性因子が調節することで全体の調和が保たれる．「脳腸ホルモン」といわれるように，中枢神経系で発見されるホルモンは腸にも存在することが多い．

4．腸の水，電解質の分泌，吸収

　人では 1 日当たりの腸からの水分吸収量は 8〜10 l にもなる．水分として経口摂取する量はせいぜい 2 l 程度なので，大部分の水分は消化液や粘液などとして分泌されれたものを再吸収していることになる．80％以上は小腸で，残りが大腸で再吸収されるが，最終的には大腸の機能によって便の硬さが決まる．

　腸粘膜の上皮細胞には Cl^- を能動的に分泌する機構がある．このときマイナスの電荷の移動に伴って，Na^+ も管腔内に分泌される．さらに上皮細胞には，炭酸イオン（HCO_3^-）を分泌する機構があり，膵液分泌と協同して胃酸を中和し，粘膜を保護している．腸が病原微生物により感染すると，電解質の分泌が亢進して下痢を起こす．このような下痢を分泌性下痢という．病原微生物毒素は同時に上皮の電解質吸収も阻害する．この変化は，病原微生物や毒素を洗い流そうとする生体防御反応と考えられている．

　電解質の吸収機構としては，小腸刷子縁にある Na^+ と Cl^-，Na^+ とアミノ酸，Na^+ とブドウ糖などの共輸送機構がある．上皮細胞内に入った Na^+ は Na^+-K^+ ポンプによって基底膜側に分泌され体内に吸収される．腸にはその他にも種々のイオン輸送機構が存在している．

　水の移動は腎臓と同様に浸透圧の差による受動的なものであり，各種の電解質（分泌と吸収）やアミノ酸，糖質の移動にともなって水が移動する．

Drugs 薬の種類と特徴

■1 消化管運動促進薬

コリンエステラーゼ阻害薬であるネオスチグミンは，アセチルコリンの加水分解を抑制しコリン作動性神経機能を高めて腸管運動を促進する．手術後の腸管麻痺や弛緩性の便秘などに用いられる．

■2 腸運動抑制薬（鎮痙薬）

過度の消化管の緊張（痙縮 spasm）は腹痛をもたらす．消化管平滑筋を弛緩させこれを緩解するのが鎮痙薬である．ブチルスコポラミン，プロパンテリン，アミノペンタマイドなどの抗コリン薬は副交感神経遮断作用（M_2受容体遮断）を介して腸管運動を抑制すると同時に，腸液分泌も止める．

■3 止瀉薬（制瀉薬）

腸の粘膜には水分や電解質，栄養分を吸収する機能と，水分や粘液を分泌する機能とがあり，これら吸収と分泌がうまくバランスをとり正常な機能が保たれている．通常便に含まれる水分含量は25%程度であるが，液状便または軟便を呈する症状が下痢である．その原因として，消化管壁の炎症，腸内容物による刺激，神経性・心因性のもの，感染や中毒などがある（表14-4を参照）．原因となる疾患を明らかにし，これを治療することが重要で，以下の止瀉薬および上記の抗コリン薬が用いられる．

1．ロペラミド

モルヒネには腸の水分泌を抑制する作用と吸収を促進する作用とがあり，また腸の運動を抑える作用がある．ロペラミドは麻薬効果を持たないモルヒネ様物質として開発された薬で，腸の分泌や運動を抑制して食物の滞留時間を延長し下痢を止める．もちろん，モルヒネ自身も止瀉薬として用いることができる．

2．ベルベリン

生薬のオウレン，オウバクの一成分で，腸管の吸収分泌に影響して止瀉作用を示す．また，腸内の有害細菌に対して殺菌作用を示し腐敗・発酵を防止する作用も持つ．オウレン，オウバクも止瀉薬として使用される．

3．生菌剤（整腸剤）

例えば犬の大腸には内容物1gあたり100億個もの細菌がいる．これらの腸内細菌は動物といわば共生関係にある．特に乳酸菌，ビフィズス菌などの細菌は消化管機能にとって有用な細菌として知られている．

消化管の運動や分泌機能が障害されると，この腸内細菌叢も乱され下痢を増悪させる．この腸内細菌を外から補ってやることにより，下痢が改善されることが期待される．動物は種によって固有の腸内細菌叢を持つが，最近では犬の腸内に生着しやすい生菌剤も開発されている．

4．抗菌薬，駆虫薬

消化管感染を合併している下痢には抗菌薬を使用する．この場合，サルモネラ，クロストリジウム，キャンピ

ロバクターなどの腸に病害性のある細菌感染が対象となる．具体的な症状としては，出血性の下痢，発熱，白血球増多あるいは減少，ショックなどが対象となる．よく用いられる抗菌薬として，エリスロマイシン，ネオマイシン，キノロン系薬，クロラムフェニコールなどがある．

腸内の寄生虫の感染は，大量の感染あるいは幼若動物における感染を除いて無症状に経過することが多い．寄生虫感染が原因で下痢などの症状が出る場合は，細菌やウイルス感染が合併していることが多い．診断を確定した後，必要に応じて駆虫薬を投与する．

5．その他

収れん薬は腸の粘膜の表面に膜をつくり刺激から粘膜を保護する．タンニン酸，次硝酸ビスマスなどがあり，腸炎に用いられる．また，吸着剤として薬用炭，ケイ酸アルミニウムなどがあり，腸管内の有害な毒素，細菌，ガスなどを吸着する目的で使用される．これらは，単独ではなく複合剤として配合されたものを使うことが多い．止瀉薬として，現在最も多く使われている市販薬はクレオソートであり，「正露丸」はこのクレオソートを主成分としている．クレオソートはブナの木を乾留したタール油で，クレゾールやグアヤコールなどのフェノール誘導体を含んでいる．局所麻酔作用や腸内細菌の防腐作用を有しており，これが止瀉作用を発揮するものと考えられる．

■4　下剤（瀉下薬）

水分の吸収は大腸で行われるので，ここに内容物が長くとどまると便秘を起こす．糞便排出を促し便秘を改善する薬を下剤または瀉下薬という．下剤が対象となるのは機能性の便秘であり，器質性や症候性の便秘は原疾患の治療が第一となる．

1．塩類下剤（浸透圧性下剤）

硫酸ナトリウム，硫酸マグネシウム，クエン酸マグネシウムなどは腸管から吸収されないため腸管にとどまるが，この時浸透圧作用で腸内に水が集まり，便を柔らかくする．また腸内容の増大に伴い蠕動運動を反射性に刺激して排便を促進する．

2．膨張性下剤

メチルセルロース，カルボキシメチルセルロース（カルメロースナトリウム），ラクツロースは水を吸収して膨張し，筋層間神経叢の蠕動運動機能を刺激して排便を促進する．

3．刺激性下剤

ヒマシ油，ピコスルファートナトリウム，ビサコジル，フェノバリン（フェノールフタレイン誘導体）および植物成分としてのセンナ senna などに含まれるアントラセン誘導体は腸粘膜を化学的に刺激して反射性に大腸運動および水と電解質の分泌を増加させ，排便を促進する．刺激性下剤は一般に，瀉下作用が強いため腹痛を伴うことが多い．長期投与により腸粘膜に炎症を起こすことがあるので注意する．

4．粘滑性下剤

グリセリン，流動パラフィン，黄色ワセリン，オリーブ油などは粘膜への粘滑作用ならびに糞便の軟化作用により排便を容易にする．

BOX-2　下剤は人工的に腸炎を起こし下痢を誘発する？

　最近，下痢の発症機構として，消化管粘膜や筋層，神経で産生される一酸化窒素（NO）と血小板活性化因子（PAF）が関与することが明らかとなってきた．一方，多くの瀉下薬が一酸化窒素やPAFの産生を刺激していることも明らかとなってきた（表14-2参照）．NOやPAFは炎症に伴って大量に産生される生理活性物質であり，したがって瀉下薬の多くは人為的に病的な下痢を起こしているということになる．将来，下剤の分類の基準が変わるかもしれない．

表14-2　各種下剤のNO産生ならびにPAF産生に対する作用

下　剤	cNOS[1]	iNOS[2]	PAF[3]
ヒマシ油	＋	＋	＋
フェノールフタレイン誘導体	－	＋	＋
センナ	＋	－	－
硫酸マグネシウム	＋	－	＋
マンニトール	＋	－	－

[1] cNOS：構成型のCa^{2+}依存性の一酸化窒素合成酵素で，（＋）はこの酵素活性が上昇することを意味する．
[2] iNOS：誘導型の一酸化窒素合成酵素で，（＋）はこの酵素タンパク質の誘導が促進されることを意味する．
[3] PAFは主として白血球細胞で作られる炎症性物質で，（＋）はこの生合成が亢進することを意味する．

Clinical Use　臨床応用

■1　下　痢

　下痢は腸内の水分増加（吸収不全あるいは腸壁からの滲出液），消化吸収障害あるいは腸蠕動の異常亢進によって生じるもので，犬ではしばしば認められるが，猫では比較的少ない．下痢の原因としては，細菌，ウイルス，寄生虫感染，胃炎，小腸炎，大腸炎，膵炎，胆囊炎，腹膜炎，ストレスなど数多くのものが挙げられ，それぞれ治療法も異なる．下痢の治療にあたっては，その原因をよく考慮し，薬剤を使い分ける必要がある．特に急性下痢は，有害物質を排除する自己防衛機構として生じることがあるので，むやみに止瀉薬を用いるとかえって病状を悪化させることもある．また激しい下痢の場合には，脱水のほか電解質異常も伴うので，これらに対する治療が重要となる．下痢の鑑別診断をしていく上でまず行うべきことは，その下痢が急性であるか，慢性であるかを判断することである．次に小腸性下痢であるか大腸性下痢であるかを，症状，病歴などから鑑別する．表14-3に小腸性下痢と大腸性下痢の特徴を示す．

　さらに，動物の年齢や品種，寄生虫駆除の有無，全身症状の有無や内容，食事内容および内容の変更の有無，周囲環境の変化，絶食の効果，病状の変化などについての情報も加え，診断を絞り込んでいく．急性・慢性，小腸性・大腸性によって表14-4に示すような疾患が考えられる．

表 14-3　小腸性下痢と大腸性下痢の鑑別点

	小腸性	大腸性
一回の量	↑↑	↓
回　数	↑	↑↑
固　さ	↓↓	↓
色	いろいろ	茶褐色
血　液	時に黒色便	新鮮血が混じることが多い
粘　液	ー	↑
しぶり	ー	↑
体　重	↓	↓（まれ）

表 14-4　下痢の分類と原因

小腸性下痢	急　性	・食べ物の急激な変更 ・食物アレルギー ・ウイルス，細菌感染 ・菌血症
	慢　性	・ウイルス，細菌感染 　犬パルボウイルス，犬コロナウイルス，猫カリシウイルス，猫コロナウイルス，猫白血病ウイルス，猫免疫不全ウイルス，カンピロバクター，サルモネラ，クロストリジウム　など ・寄生虫感染 ・食物不耐性，アレルギー ・好酸球性，リンパ球性・形質細胞性腸炎 ・リンパ肉腫，肥満細胞腫（腸管型） ・膵外分泌，肝，腎不全
大腸性下痢	急　性	・突発性 ・ウイルス，細菌感染 ・菌血症
	慢　性	・好酸球性，リンパ球性・形質細胞性腸炎 ・ウイルス，細菌感染 ・寄生虫感染 ・部分閉塞 ・リンパ肉腫 ・尿毒症

　下痢の治療としては，輸液，電解質補給，酸塩基平衡の是正，駆虫薬投与，食餌療法，抗菌薬投与のほか，疾患ごとに特異的な治療も行われるが，対症療法として様々な止瀉薬を用いる場合もある．小動物臨床でよく用いられる止瀉薬には，活性炭，粘膜保護薬，抗コリン薬，オピオイドなどがある．

　薬用炭（活性炭）は，ある種の下痢の原因となる細菌性エンドトキシンおよびエンテロトキシンをよく吸着する．活性炭はその他の毒物もよく吸着するため，中毒の治療にもよく用いられる．活性炭自身は吸収されないため，副作用は少ない．

　次硝酸ビスマスは，エンドトキシンおよびエンテロトキシンを吸収するだけでなく，抗プロスタグランジン作用も示し，腸管粘膜保護薬として作用する．ただしこの薬剤を用いると糞便が黒色になることがあり，血便と間違えやすい．

プロパンテリンやアミノペンタマイドなどの抗コリン薬は腸管の運動と分泌を減少させるため，「止瀉薬」として分類される場合もある．抗コリン薬は，腸液の分泌を抑え，過剰運動を抑えることにより症状を軽減する．しかし，犬や猫における下痢では過剰運動性のものは少なく，むしろ運動性が低下しているものが大部分であるため，使用により逆に症状が悪化することが多い．また，抗コリン薬はイレウス，尿貯留，頻脈などの副作用が伴うことも多いため注意が必要である．

オピオイドは，分泌抑制および運動抑制作用により止瀉作用を示す．オピオイドは，消化管括約筋を緊張させ，内容物の消化管内滞留時間を延長させることにより水分，電解質の吸収を促進することによっても止瀉作用を示す．モルヒネなどの麻薬は，その使用・管理が厳しく規制されているが，同じオピオイドであるロペラミドは，麻薬効果を持たない薬剤であり，一般薬として用いることができる．ただし感染性の下痢では，消化管滞留時間を延長させることにより，細菌性エンドトキシンの吸収を増加させるため禁忌となる．また猫では，イレウス，巨大結腸，中枢興奮の原因となり得るため注意が必要である．

下痢がある場合，抗菌薬がしばしば使用されるが，実際に抗菌薬が必要な場合はさほど多くはない．キャンピロバクター性腸炎の場合には，エリスロマイシン，エンロフロキサシン，クリンダマイシン，テトラサイクリンなどが効果を発揮することが多いが，完全に治癒せずキャリヤーとなることもある．一方，大腸菌やクロストリジウムの過剰増殖による下痢の場合には，メトロニダゾール，アモキシシリン，アンピシリン，クリンダマイシンなどの経口投与が効果的である．

サルファ薬の1つであるスルファサラジンが，人の難治性腸疾患であるクローン病の治療に用いられている．獣医領域においても，犬や猫の突発性結腸炎やリンパ球性-形質細胞性結腸炎に用いられている．スルファサラジンは，腸内で分解され，その中のサリチル酸成分が抗炎症作用を発揮して，これらの腸炎の症状を軽減すると考えられている．ただし副作用として，犬では乾燥性角結膜炎，猫ではサリチル酸中毒を起こす可能性があるので注意が必要である．その他これらの疾患には，メトロニダゾール，副腎皮質ステロイド，n-3脂肪酸，免疫抑制剤などが用いられる．

その他，乳酸菌製剤は，糖分解によって乳酸を産生し腸内を酸性にして病原性大腸菌などの増殖を阻止し，またアンモニアの産生も抑制されるため整腸剤として幅広く用いられている．ただし，止瀉作用はそれほど強くないため他の薬剤と併用することが多い．

■2 便　　秘

便秘とは，排便がほとんどないか，あるいは全くない状態を指す．便秘はよく見られる疾患であるが，様々な原因（表14-5）によって引き起こされ，それぞれ治療法も異なる．特に二次性に生じている便秘では，多くの場合もとになる要因の治療を先に行うか，あるいは便秘の治療と同時に行う必要がある．

便秘の治療でまず行うべきことは，①水分・電解質バランスに問題がないか検査し必要があればこれを補正する，②原因が確認できている場合には原発症に対する治療を行うことである．ただしこれは状況によって臨機応変に対処すべきであり，対応すべき原因が明らかであっても，動物の苦痛を軽減し，また状態を改善するために，先にできるだけの便を排除したほうがいい場合も少なくない．このような場合，まず動物を適切な方法で麻酔する．次に潤滑剤を入れた温水（4.4〜11 ml/kg，20〜30分で繰り返す：石鹸水，50％グリセリンでもよい）を浣腸し，固くなった便を手で細かくしながら排出させる．リン酸浣腸は中毒を起こす可能性があるので使用しない．

下剤としては，前述のようないくつかの種類の薬剤を使用することができる．硫酸マグネシウムなどの塩類下剤は，非吸収性であり，腸内容と体液が等張になるまで腸管内に水分を移行させることにより腸内容が軟化し，ま

表 14-5 便秘の原因

疼痛	骨盤骨折
	肛門周囲瘻
	肛門嚢炎症
	肛門周囲腫瘍
機械的閉塞	骨盤骨折
	会陰ヘルニア
	骨盤腔内巨大腫瘤
	前立腺腫瘍，過形成
	結腸，直腸腫瘍
	直腸脱
	鎖肛
神経性	脊髄損傷
	脊髄腫瘍
	変性性脊髄症
	先天性無神経節腸管（猫のヒルシュスプルング病）
筋性	特発性結腸弛緩症
	重度の栄養障害
	甲状腺機能低下症
	高，低カルシウム血症

たこれが腸管を刺激することにより効果が現れる．これらの薬剤は比較的大量に投与する必要があり，脱水傾向となる可能性があるので十分に水分を取らせる必要がある．

　流動パラフィンなどの浸潤性下剤（軟化薬）は一種の界面活性剤であり，便の表面張力を低下させ，便を軟化膨張させて排便を容易にする．同様に黄色ワセリンも便の潤滑性を増し効果を発揮する．黄色ワセリンは猫では比較的効果が高く，またこれを好んで摂取する例が多いので使用しやすい．

　ラクツロースなどの糖類下剤は，摂取すると無変化のまま大腸に達し，浸透圧作用で効果を発揮する．また腸内（大腸内）で分解されることによって生成される有機酸で腸蠕動が刺激される．本剤は，猫の巨大結腸症でしばしば用いられるほか，門脈体循環短絡（PSS）の内科的治療にもよく用いられる．

　刺激性下剤は，腸管粘膜を刺激することにより腸管運動を亢進させ，また腸管内分泌を増加させることにより排便を刺激する．ヒマシ油は小腸粘膜を刺激することにより排便を促すが，特有の臭気があるため使用しにくい．猫では用いない．一方，センナ，アロエ，フェノバリン，ビサコジルなどは，直接あるいは間接的に大腸粘膜を刺激し，効果を発揮する．ピコスルファートナトリウム（ラキソベロン）は，少量の液体で効果を発揮するので使用しやすい．

　その他，不溶性線維を多く含んだ食餌は，糞の容積を増加させ，腸の筋肉の伸縮を促して腸運動を高める．また可溶性の線維は，糞の通過時間を早める作用を持つ．したがってこの両者を含む食餌を用いることにより，便秘状態を改善させることが可能である．

表 14-6　主な腸疾患の薬

薬物名	商品名	用量
止瀉薬		
薬用炭		犬・猫：2～8g/kg PO
ブチルスコポラミン	ブスコパン	犬：0.3～1.5mg/kg PO TID
ベルベリン		犬・猫：0.15～0.25g/head PO TID
次硝酸ビスマス		犬・猫：0.3～3g/kg PO（分割投与）
タンニン酸アルブミン		犬・猫：0.3～1g/kg PO BID
ケイ酸アルミニウム	アドソルビン	犬・猫：0.3～1g/head PO BID
臭化プロパンテリン	プロ・バンサイン	犬：0.25～0.5mg/kg PO BID～TID
ロペラミド	ロペミン	犬：0.08～0.20mg/kg PO BID, SID
		猫：0.08～0.16mg/kg PO BID
下　剤		
ヒマシ油		犬：5～25ml PO
硫酸マグネシウム		犬：5～25g PO
		猫：2～5g PO
ラクツロース	モニラック他	1ml/4.5kg PO TID
消化酵素		
パンクレアチン	パンクレアチン	正常便となる量
胃腸機能調整薬		
メトクロプラミド	プリンペラン他	犬：0.2～0.4mg/kg PO TID
		猫：0.1～0.2mg/kg PO TID
シサプリド	アセナリン他	犬：0.1～0.5mg/kg PO BID～TID
		猫：2.5～5mg/head PO BID～TID
慢性大腸炎		
スルファサラジン	サラゾピリン	10～30mg/kg PO BID～TID
メトロニタゾール	フラジール	25mg/kg PO BID
プレドニゾロン		2～4mg/kg PO EOD
アザチオプリン	アザニン イムラン	50mg/m^2 PO SID 2週間　その後EOD

ポイント

1. 下剤は消化管運動の亢進あるいは内容物の軟化を促進して排便を促す．下痢治療薬としては消化管運動抑制薬，収斂薬，吸着剤などが使われる．
2. 急性下痢は，有害物質を排除する自己防衛機構として生じることがあるので，むやみに止瀉薬を用いるとかえって病状を悪化させることがある．
3. 抗コリン薬は消化管平滑筋を弛緩させ過度な緊張を和らげるので，鎮痙薬として腹痛に用いられる．
4. 抗コリン薬は，消化管運動ならびに分泌を抑制する作用を持ち，止瀉薬としても使われる．作用は強力であり，また抗ムスカリン作用による副作用もあるので投与量は厳密に守る．また犬，猫の下痢では，運動性が低下しているものが大部分であるため，使用により逆に症状が悪化することが多いので注意する．
5. ロペラミドは，オピオイドであるが，麻薬効果を持たないため一般薬として使用できる．ただし，感染性の下痢では使用しない．

6. 抗菌薬が本当に必要な場合はそれほど多くない．
7. 乳酸菌製剤は，他の薬剤と併用するとよい．
8. 便秘の治療では，原疾患の治療が重要である場合が多い．
9. 浣腸剤としては，温水，石鹸水，50％グリセリンなどが用いられる．
10. 硫酸マグネシウムなどの塩類下剤を使用する場合には，十分に水を摂取させる．
11. 流動パラフィン，黄色ワセリンなどは，便の表面張力を低下させ，便が軟化膨張して排便を容易にする．
12. ラクツロースは，猫の巨大結腸症の他，門脈体循環短絡（PSS）でもよく用いられる．

15. NSAIDs：非ステロイド性抗炎症薬
Non-steroidal anti-inflamatory drugs

Overview

　アスピリンをはじめとする非ステロイド性抗炎症薬 Non-Steroidal Anti-Inflammatory Drugs (NSAIDs) は，抗炎症作用，解熱作用，鎮痛作用，血小板凝集抑制作用を持ち，小動物臨床においてはなくてはならない薬である．その適応範囲は広く，運動器疾患，疼痛性疾患，リウマチ性疾患，発熱性疾患，抗血小板作用を利用する適応症など多岐にわたる．NSAIDs は主としてプロスタグランジン産生酵素であるシクロオキシゲナーゼ cyclooxygenase (COX) を抑制して作用を発現する．アスピリンが代表的な薬であるが，きわめて多種類の薬剤がある．

サリチル酸系
- アスピリン（アセチルサリチル酸）aspirin
- サリチル酸 salicylic acid

フェナム酸系
- メフェナム酸 mefenamic acid

アリール酢酸系
- インドメタシン indomethacin
- ジクロフェナクナトリウム diclofenac sodium
- エトドラク etodolac
- スリンダク sulindac

プロピオン酸系
- イブプロフェン ibuprofen
- ナプロキセン naproxen
- ケトプロフェン ketoprofen
- カルプロフェン carprofen
- プラノプロフェン pranoprofen

オキシカム系
- ピロキシカム piroxicam

その他
- フルニキシン（メグルミン塩）flunixin

Basics 1　プロスタグランジンの基礎

　発熱，発痛，炎症には生体内局所ホルモン（オータコイド）であるプロスタグランジン prostaglandin（PG）類（広義の）*が深く関与している．NSAIDs の解熱，鎮痛，抗炎症作用は，いずれも PG 産生の抑制を介して発揮される．NSAIDs の副作用を理解する上でも，PG に関する理解は欠かせない．

■1　PG の合成と分解

　PG は細胞膜リン脂質のアラキドン酸を原料として作られる（図 15-1）．リン脂質の分子中に，アラキドン酸が

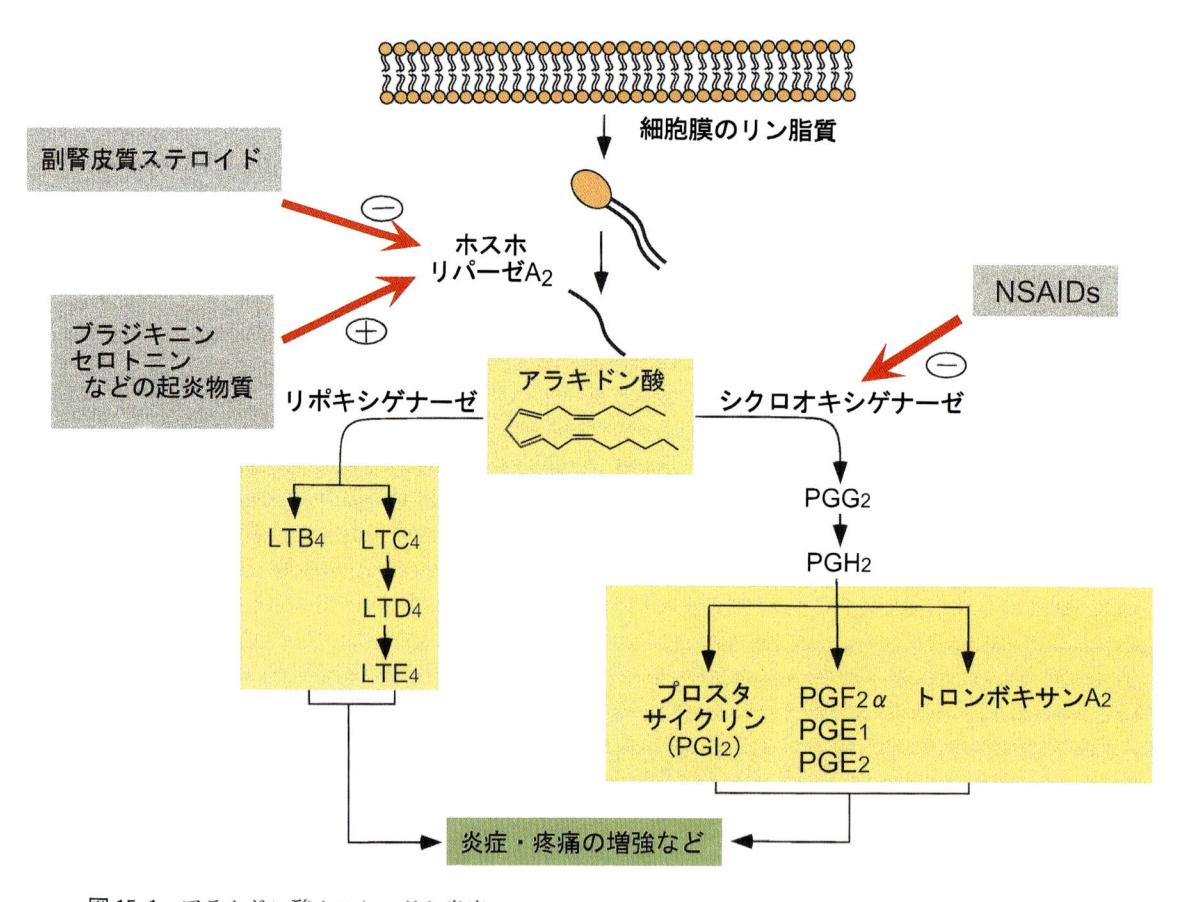

図 15-1　アラキドン酸カスケードと炎症
　各種のプロスタグランジン（PG）やロイコトリエン（LT）は，細胞膜リン脂質のアラキドン酸の切り出しから始まる一連の反応により産生される．NSAIDs や副腎皮質ステロイドはこの過程の一部を阻害する．産生された PG や LT はそれぞれ特異的な作用を持ち，各種の炎症反応あるいは疼痛の発現に関与する．

---

* 広義のプロスタグランジン類はプロスタノイドまたはエイコサノイドともいわれ，プロスタグランジン（狭義），ロイコトリエン，トロンボキサン，リポキシンなどを含んでいる．

エステル結合している箇所は，グリセリンのC-2の位置で，ホスホリパーゼA_2の活性化を端緒としてアラキドン酸がC-2位より遊離される．遊離したアラキドン酸は，プロスタノイドを合成するシクロオキシゲナーゼ経路と，ロイコトリエンを合成するリポキシゲナーゼ経路とに分かれる．

シクロオキシゲナーゼ経路では，プロスタグランジンエンドペルオキシドと呼ばれるPGG_2とPGH_2が生成される．この反応を触媒する酵素がシクロオキシゲナーゼ cyclooxygenase (COX) であるが，cyclooygenation と hydroperoxidase 反応の2つの反応を触媒するので，プロスタグランジンH合成酵素（prostaglandin H synthase；PGHS）とも呼ばれる*．PGE_1，E_2，$F_{2\alpha}$ は初期に発見された代表的なPGであり，クラシックPGともいわれる．特にPGE_2は発熱，発痛，炎症に深く関わっている．

このように，アラキドン酸から滝のように次々枝分れして種々のPGが生成されるので，アラキドン酸カスケードといわれる．しかし，個々の細胞では限られた特定のPGが産生されるのであって，カスケードになっているのではない．これは，これら反応系に関与する各酵素の含量が臓器により異なるためである．

PG発見当初は，化学的性状によって命名されていた．例えば酸（acid）分画として抽出されるPGはA，アルカリ（base）分画はB，エーテル（ether）分画はE，リン酸バッファー（fosphate）分画はFと名づけられた．しかし，数が増えるにしたがってそれ以後はアルファベット順に名前が付けられた．末尾の数字は側鎖の二重結合の数を示している（図15-2）．

PGのC-15位につく水酸基は生物活性発現に必須である．この水酸基は脱水素酵素（PG 15-OH デヒドロゲナーゼ）により容易に酸化される．この酵素は特に肺に多く存在するため，一度肺を通過するとPGはほとんど全

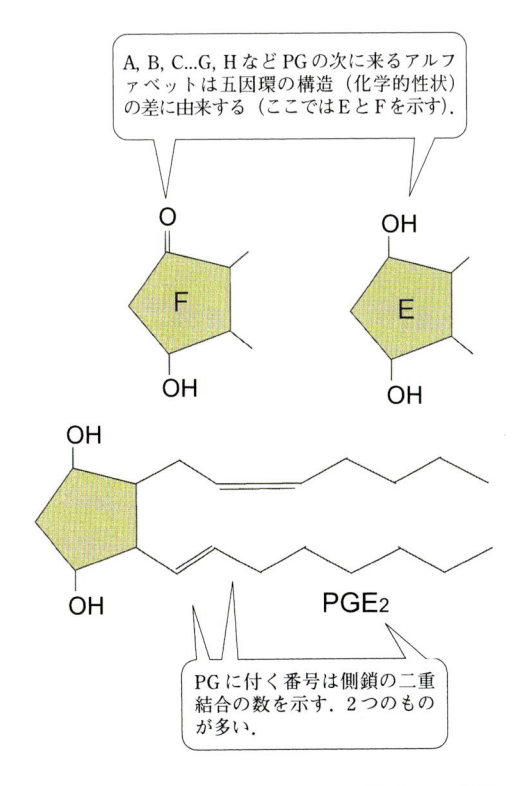

図15-2 プロスタグランジンの構造と命名法

---

* 最近ではCOXからPGHSの名称へと移りつつある．

て完全に失活する．また，PGは局所においてもきわめて分解されやすく，多くは数分以内に失活する．局部のみで作用を発揮する役目を持つ局所ホルモン（オータコイド）たる所以もここにある．現在，多くのPG製剤が医療用に合成されているが，C-15位付近に置換基を付けて水酸基を保護することにより，作用時間の延長がはかられている．

■2 ロイコトリエン：もう1つのアラキドン酸代謝物

アナフィラキシーを起こさせたモルモットの肺が産生する物質で，気管支平滑筋を強くゆっくりと収縮させる作用を有するものが存在することが知られていた．Slow reacting substance of anaphylaxis (SRS-A) と呼ばれていたこの物質を検索する中で，クラッシクPGとは別のもう1つのアラキドン酸代謝物の化学構造と生成経路が明らかとなった．白血球 leukocyteで主に産生されることから，ロイコトリエン leukotriene (LT) と命名された．

BOX-1　COXの2つのアイソザイム：構成型と誘導型

近年，PGの生合成酵素であるCOXに，2つのアイソザイムが存在することが明らかとなった．従来知られていたCOXは，生理的な状態で常時存在する（構成型COX：constitutive cyclooxygenase）．これに対して，新たに見つかったCOXは炎症などの病的状態でエンドトキシンやインターフェロンなどのメディエーターによって刺激され新たに作られるもので，これによって多量のPGを産生し炎症を助長する働きをしている（誘導型COX：inducible cyclooxygenase）．前者はCOX-1（またはPGHS-1），後者はCOX-2（またはPGHS-2）と呼ばれる．

従来のNSAIDsはCOX-1とCOX-2の両者を抑制する．COX-1は例えば胃壁では防御因子としてPGE$_2$などを産生しているが，NSAIDsを服用することによってPGE$_2$産生が抑制され，使用が長期にわたると副作用として消化性潰瘍が発現する．腎障害もまたCOX-1の阻害によって生じる（本文を参照）．

表15-1　COX-1とCOX-2の比較

	COX-1	COX-2
mRNAサイズ	3kb	4〜4.5kb
蛋白質の性質	構成蛋白質	誘導蛋白質
発現細胞	ほとんど全ての細胞	刺激後の炎症関連細胞
生理的役割	血小板凝集 疼痛 胃粘膜保護 血圧・血流の維持	炎症 血管新生 ショック時の血圧低下 大腸がん アポトーシス
細胞内の局在	小胞体	小胞体と核膜
使われるアラキドン酸	主に外因性	主に内因性
アラキドン酸依存性	感受性低い	感受性高い
副腎皮質ステロイドによる阻害	弱い	強い

```
                    アラキドン酸
        ┌──────────────┴──────────────┐
生理的調節を行う                    炎症時に機能する
  構成型酵素                          誘導型酵素
    COX-1                              COX-2
      ↓                                  ↓
  プロスタグランジン                プロスタグランジン
      ↓                                  ↓
┌─────────────────┐                  ┌──────┐
│血小板凝集亢進・抑制│                  │ 炎症 │
│胃粘膜保護        │                  └──────┘
│腎機能調節        │
│体温調節          │
│  など多彩な機能  │
└─────────────────┘
```

図 15-3　COX-1 と COX-2

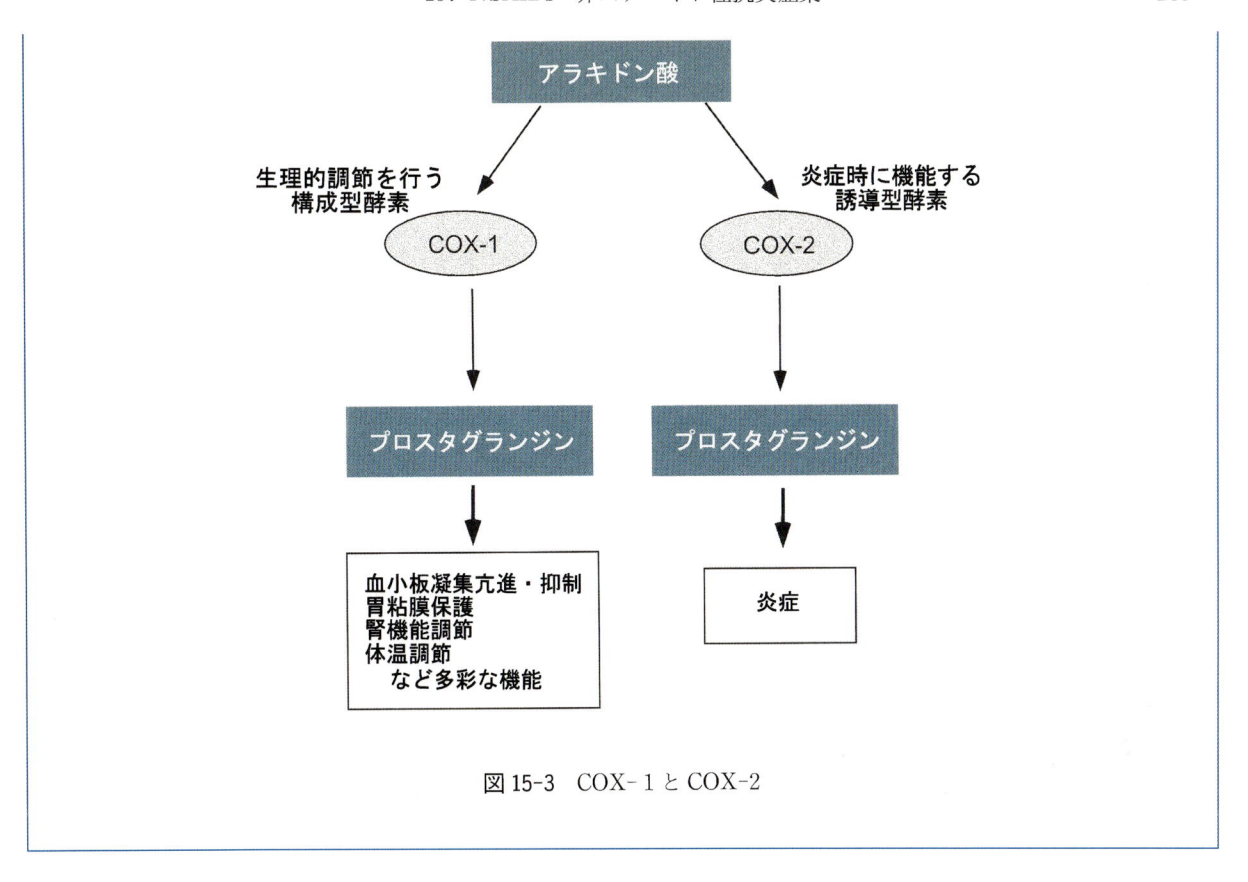

　ロイコトリエンの生成に際しては，反応の過程で種々のリポキシゲナーゼによりアラキドン酸の特定の位置に酸素原子が導入される．PG と異なりアラキドン酸の原型をとどめているのが特徴である（図 15-1）．白血球，血小板，リンパ球，マクロファージ，肥満細胞などがロイコトリエンを産生分泌する．

　生理活性のあるロイコトリエンとして重要なものは，LTB_4，LTC_4，LTD_4，LTE_4 である．LTB_4 は非ペプチド性ロイコトリエンといわれ，白血球の遊走，活性化作用を持つ．LTC_4，LTD_4，LTE_4 はアミノ酸が挿入され，ペプチド性ロイコトリエンと呼ばれている．強い気管支平滑筋収縮作用と血管透過性亢進作用を特徴とする．

BOX-2　プロスタグランジン発見の歴史

　1930 年，不妊の研究をしていたアメリカの産婦人科医である Kurzrok と Lieb が，人工授精の際に子宮に精液を注入するとすぐに排泄されてしまうことを見つけ，収縮性物質の存在を予想した．1935 年，スウェーデンの Von Euler によって，この物質がアルコールで抽出される低分子物質であることが明らかになった．彼はこの物質を前立腺 prostate gland で作られるという意味から prostaglandin と命名した．実際は主に精嚢腺 vesicular gland で作られているので誤った命名だった．
　1940 年代からスウェーデンの Bergstrom の精力的研究が始まった．アメリカに渡り，Upjohn 社の協力の

もと，多量の精嚢腺からこの PG の抽出を試み，1960 年代になって PGE_1, E_2, E_3, $F_{1\alpha}$, $F_{2\alpha}$, $F_{3\alpha}$ の構造を明らかにした．1971 年になって英国の Vane はアスピリンが PG の生合成を阻害することを発見し，同時に，PG と炎症との関わりも指摘した．

1973 年，オランダの Van Dorp とスウェーデンの Samuelson の両グループは，活性 PG の前駆物質と考えられその存在が予想されていた，PG エンドペルオキシド（PGG_2，PGH_2）を発見した（図 15-1）．1975 年，Samuelson と Hamberg は特異な構造を持つ PG の仲間であるトロンボキサン TXA_2 を発見し，また，1976 年には英国の Vane と Moncada がプロスタサイクリン（PGI_2）を発見した．さらに，1979 年になると Samuelson がシクロオキシゲナーゼ系とは別のリポキシゲーナゼ系から産生されるロイコトリエンを発見し，その構造を明らかにした．

この様に，PG にまつわる研究競争は熾烈を極めたが，その勝者として，1982 年 Bergstrom, Samuelson, Vane の 3 名にノーベル医学生理学賞が与えられた．

Basics 2　痛みと炎症の基礎

■1　局所での炎症反応

組織に傷害が起こると，ブラジキニンをはじめとするプラズマキニンが産生される（図 15-4）．ブラジキニンは知覚神経終末の受容体に働いて疼痛を起こす物質として機能し，痛みを感じさせる．さらに，傷害部位では，マクロファージや肥満細胞が浸潤してくる．肥満細胞からはセロトニンやヒスタミンが放出され，マクロファージなどの複数の細胞からは PG やロイコトリエンが産生される．PG の中で，PGE_2 はそれ自体痛覚受容器を刺激する作用はないが，ブラジキンに対する強力な増強作用を示す*．最近では，PGI_2 も PGE_2 と同様に産生され，炎症に関係していることが明らかとなっている（特に，猫でその重要性が強く示唆されている）．さらに，これら炎症細胞からはインターロイキン-1（IL-1）やインターロイキン-6（IL-6），血小板由来増殖因子（platelet derived growth factor；PDGF）などが放出される．これらのサイトカインは PG 産生の増強を介して痛みや炎症を増幅する．

炎症は生体防御反応であり，以下の 4 つの主徴候を示し，もともとはそれぞれ生体に有利に働く反応である．
1) 痛　み：組織障害の警鐘反応である
2) 腫　張：血漿成分の浸出は異物を希釈し，白血球の遊走は異物の排除を行う
3) 発　赤：血管拡張により組織修復物質を供給する
4) 発　熱：抵抗性を賦活する

この様に，炎症反応は生体にとって意味のある反応であるが，正常な炎症反応もしばしば「過剰」となる傾向がある．すなわち，重度な炎症は生体防御反応から生体障害反応（機能低下）への逆転とみなすことができる．炎

---

* 最近では，ブラジキニンも発痛増強物質であることが明らかになっている．

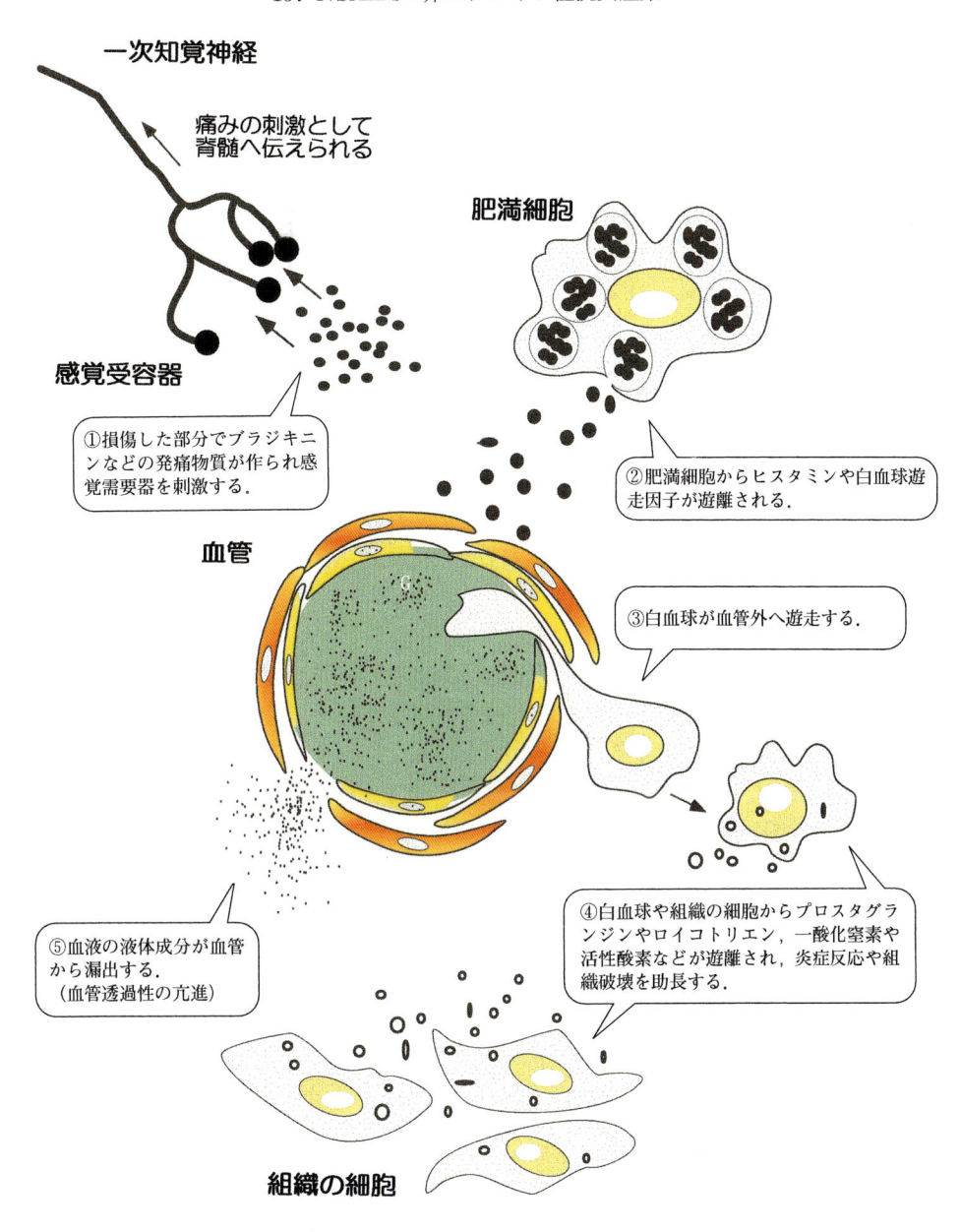

15. NSAIDs：非ステロイド性抗炎症薬

一次知覚神経
痛みの刺激として脊髄へ伝えられる

肥満細胞

感覚受容器
① 損傷した部分でブラジキニンなどの発痛物質が作られ感覚需要器を刺激する．

② 肥満細胞からヒスタミンや白血球遊走因子が遊離される．

血管

③ 白血球が血管外へ遊走する．

⑤ 血液の液体成分が血管から漏出する．（血管透過性の亢進）

④ 白血球や組織の細胞からプロスタグランジンやロイコトリエン，一酸化窒素や活性酸素などが遊離され，炎症反応や組織破壊を助長する．

組織の細胞

図 15-4　炎症部位における各種の反応

症の各反応には表 15-2 にまとめたように様々なケミカルメディエーターが関与する．抗炎症薬による治療の鍵は，炎症に関与する過剰なケミカルメディエーターの遊離あるいはその作用を抑制することにある．

Basics 3　発熱の基礎

　体温調節の中枢は視束前野-視床下部に存在する．脳のこの領域には体温を検知する温度感受性ニューロンがあり，この付近の温度が上昇すると温度感受性ニューロンの電気的活動が変化し，体温上昇を打ち消すために，発

表15-2　炎症部位における各種の反応と関与する炎症性物質

微小血管の拡張	血管透過性亢進	白血球の遊走，浸潤，活性化	組織破壊	痛み
ヒスタミン セロトニン PGE_1, PGE_2, PGI_2 一酸化窒素	ヒスタミン セロトニン ブラジキニン PGE_1, PGE_2, PGI_2 LTC_4, LTD_4 PAF 補体（C5a, C3a）	LTB_4 PAF IL-1, IL-8, TNFα 補体（C5a, C3a）	一酸化窒素 活性酸素 リソソーム酵素	ブラジキニン セロトニン ヒスタミン

汗，あえぎなどの生理反応を起こす．発熱は，何らかの原因でこの温度感受性ニューロンの活動が，あたかも体温が低下したときのように修飾されて起こると考えられている．

例えば，細菌感染などにより細菌構成成分であるリポポリサッカライド（LPS）が体内で作用すると，インターロイキン-1（IL-1）や腫瘍壊死因子（TNF），インターフェロン（IFN）などのサイトカインが免疫系細胞により作られる．これらのサイトカインは，脳の血管の内皮細胞に作用し，PG産生酵素であるCOX-2の誘導を促進する．COX-2はPGE_2を産生して脳内へ放出し，PGE_2は神経系を介して発熱や内分泌系の変化をもたらす．PGE_2受容体を持つ脳の神経細胞がどの様なメカニズムで発熱に至る反応を起こすかについてはまだよく分かっていない．

BOX-3　生存可能な体温の上限

体温調節機能は正常時だけではなく，発熱時においても機能している．しかし，発熱時における体温調節にも限界があり，41℃を超えると著しく機能が障害される．多くの発熱性疾患で41℃を超えることはまれであるが，脳の損傷や熱射病のように体温調節機能自体に損傷のある場合には，これ以上に上昇することがある．

人では41.5～42℃の体温が8～10時間を超えて持続すると，生命の危険を考慮しなくてはならなくなる．44～45℃となると体内のタンパク質は不可逆的に変性するので，この温度が生存していく上での上限と考えられる．

Drugs　薬の種類と特徴

■1　NSAIDs

NSAIDsは酸性および塩基性に大別されるが，塩基性NSAIDsは抗炎症，解熱，鎮痛作用のいずれの作用も弱いため，酸性NSAIDsが主流となっている（表15-3）．関節炎などの運動器疾患，リウマチ性疾患，術後や外傷

表15-3　各種の酸性NSAIDsの特徴

1) サリチル酸系	サリチル酸，アスピリンなど	アスピリンはNSAIDsの基本ともいうべき薬剤である．安価であり，使用頻度も高い．少量で抗血小板作用を示す特徴もある．大量投与では消化管出血などの副作用をもたらす．
2) フェナム酸系	メフェナム酸など	鎮痛作用が比較的強い．
3) アリール酢酸系	インドメタシン，ジクロフェナクナトリウム，スリンダク，エトドラクなど	抗炎症，解熱，鎮痛，いずれの効果も比較的強く，また発現が速い．インドメタシンの毒性は強い．スリンダクはインドメタシンの毒性を軽減する目的で作られたが，腎障害に関してはNSAIDsの中で最も少ないとされる．
4) プロピオン酸系	イブプロフェン，ナプロキセン，ケトプロフェン，カルプロフェン，プラノプロフェン	作用の強さは中程度であるが，腎障害や消化管障害が比較的少なく，急速に普及しつつある薬である．ただしイブプロフェンは犬における安全域が狭い．
5) オキシカム系	ピロキシカムなど	血中の半減期が長く，1日1回の投与でよい．

後の疼痛緩和などには抗炎症作用と鎮痛作用の両者を期待して用いられる．

NSAIDsの大部分の作用は，COXの阻害によるPG生成阻害による．ただし，PGは単独では炎症や発痛作用はなく，これらの調節物質と考えられている．したがって，NSAIDsの抗炎症，鎮痛作用にはおのずと限界はある．

種々のNSAIDsの抗炎症作用がCOX阻害ときわめてよく相関することから，NSAIDsの作用がPG産生抑制に大きく依存していることは間違いない．しかし，PG産生抑制以外の作用（NFκBなどの転写因子抑制など）により抗炎症作用を発現しているとの意見もある．

PGは多彩な生理作用を有することから，NSAIDsにも様々な副作用が存在する．例えば，PGE_2は胃液分泌抑制と粘膜保護作用を有するので，NSAIDsを連用すると胃腸障害を起こす．消化管出血が長引くと貧血になる．さらに，腎ではPGE_2やPGI_2が水や電解質の再吸収，また腎血流を調節しているので腎障害が発生する．これは鎮痛薬腎症 analgesic nephropathy といわれる．抗血小板作用もあり出血傾向となるが，これを逆手にとって少量のNSAIDsを抗血小板薬として用いることがある（後述）．

最近では，胃腸障害などの副作用を軽減するための剤型が工夫され（ドラッグデリバリーシステム：DDSという），腸溶剤，徐放剤，坐薬，経皮吸収剤など様々な選択肢ができた．

1. アスピリン

サリチル酸系のNSAIDsはいずれも強力な抗炎症作用，鎮痛作用，解熱作用を持っている．作用機序に関して，サリチル酸系の中でもアスピリン（アセチルサリチル酸）の作用は特にユニークである（図15-5）．COXを抑制する際にアスピリンはアセチル基のドナーとなってCOXのアラキドン酸結合ドメインのセリン残基をアセチル化して酵素活性を抑制する．この抑制は不可逆的である．アスピリンは誘導型のCOX-2と比べ構成型のCOX-1に対する抑制作用が10〜100倍強い．アスピリンは生体内でエステラーゼによって代謝されサリチル酸となる．アセチル基を失ったサリチル酸も，基質阻害によるCOX抑制作用を持っている．アスピリンは古い歴史を持つが，現在においても頻用される基本的なNSAIDsであることに変わりない．低用量では鎮痛作用が，量を増すと抗炎

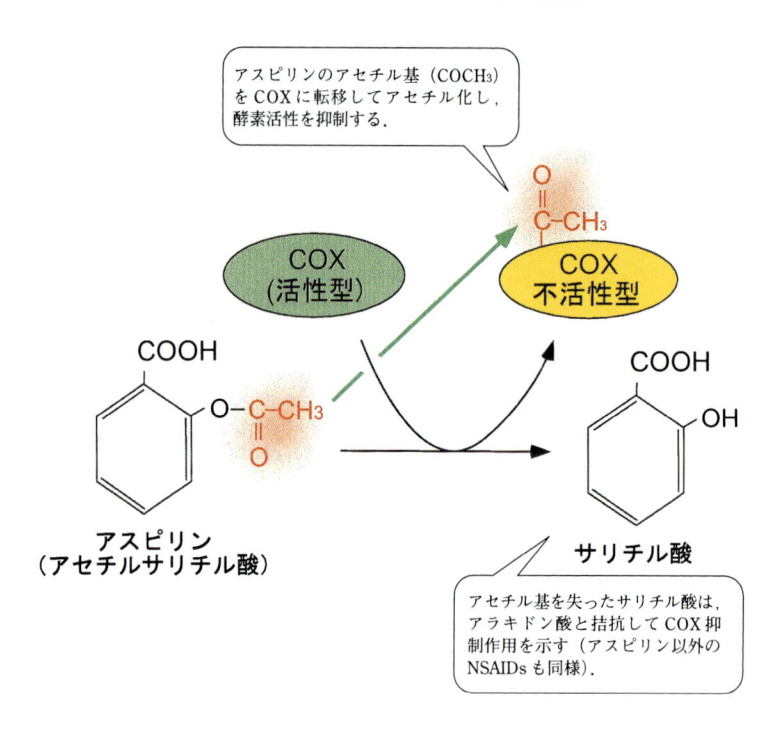

図15-5　アスピリンの作用機序

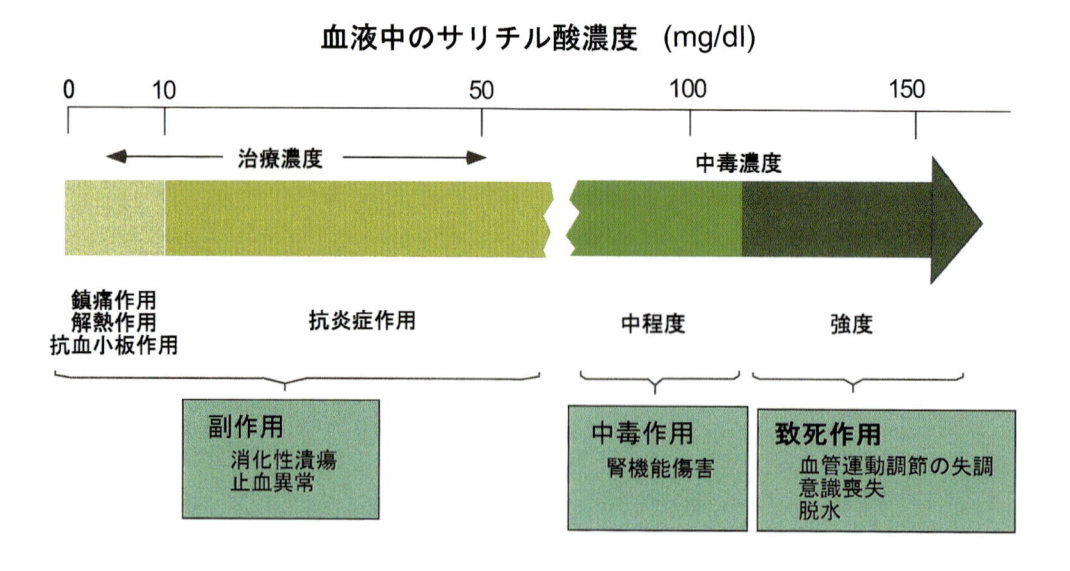

図15-6　アスピリンの用量依存性反応
　アスピリンは用量によって異なる作用をもたらす．血中のサリチル酸濃度にして50 mg/dl以下が治療的作用を発揮する量であるが，このとき同時に軽度の副作用も生じる．それ以上の濃度になると様々な重篤な障害が出てくる．

症作用が得られる（図15-6）．

　少量のアスピリンは，血小板におけるトロンボキサンA_2と血管内皮細胞におけるPGI_2産生のバランスをPGI_2側に傾けることにより，抗血小板作用を示す．血小板は無核の細胞で，タンパク質代謝が起こらない．血小板のCOXはアスピリンによって不可逆的に阻害された後，再生されることがないのでトロンボキサンA_2抑制は持続する．一方，抗血小板作用を有する血管内皮細胞のCOXも抑制しPGI_2産生も減少するが，このCOXは新たなタンパク質として短時間に再生される．したがって血管内皮細胞と血小板の両方のCOXを抑制しても，血小板側の抑制が強くなるというのが，アスピリンの抗血小板作用の原理である．用量が高いと，次第に血管内皮細胞でのPGI_2の産生阻害も強くなり，抗血栓作用は低下する．これをアスピリンジレンマという（BOX-4参照）．

2．フルニキシン

動物用医薬品としてのみに使われているNSAIDsである．通常はメグルミン酸塩として用いられる．はじめは

BOX-4　TXA_2とPGI_2の陰陽バランス

　TXA_2は，血小板thrombocyteのアラキドン酸代謝を研究中に，PG分子の5員環に酸素の入った6員環（オキサン環）を持つものとして発見され，トロンボキサンthromboxaneと命名された．強い血小板凝集作用と血管収縮作用を持ち，強力な止血作用を示す．

　一方，半減期のきわめて短いサイクル状のPGが発見され，プロスタサイクリンprostacyclinと命名された（I番目のPGであることからPGI_2ともいわれる）．プロスタサイクリンは血管内皮で主に作られ（一部は血管平滑筋でも作られる），抗血小板凝集抑制作用を示すと同時に血管弛緩作用を持ち，血栓形成を阻止する．

　血管壁は常に様々な形の侵襲を受けており，それを修復する機転が働いている．この様な生理反応の中で，TXA_2とプロスタサイクリンは陰と陽に互いに干渉し合っていると考えられている．

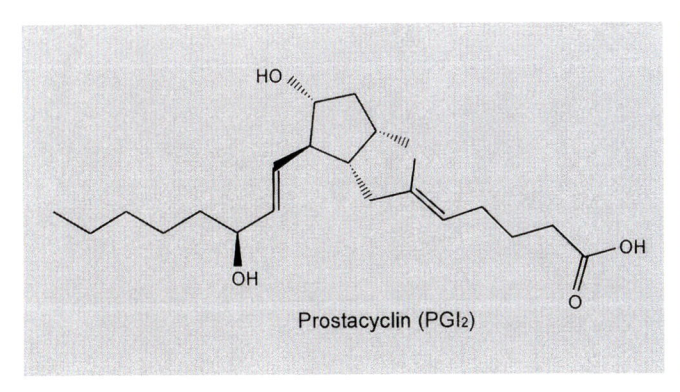

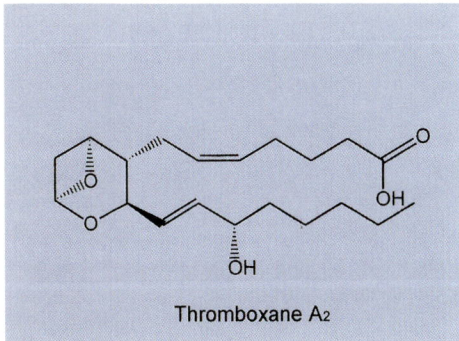

図15-7　プロスタサイクリンとトロンボキサンA_2の構造

BOX-5　アスピリンの歴史

　古代ローマ人は歯痛の時，これを癒すためにヤナギの枝を噛んでいたといわれる．この話をもとに，1827年，フランスのLerouxはヤナギの樹皮から苦味を有する鎮痛物質の糖体サリシンを単離し，1838年，Piriaはサリシンからサリチル酸を合成した．サリチル酸は解熱薬としてあるいは抗リウマチ薬として使われたが，胃腸障害が強く，十分に実用的な薬とはいえなかった．

　1890年になり，ドイツのバイエル社により水酸基をアセチル化したアセチルサリチル酸（アスピリン）が開発され，以後解熱鎮痛薬として広く使われるようになった．1971年，イギリスのVaneらはアスピリンのシクロオキシゲナーゼ阻害作用が抗炎症・鎮痛作用と相関することを証明した．Vaneは後にプロスタサイクリン（PGI_2）を発見し，これらの業績で1982年にノーベル医学生理学賞を受賞した．

図15-8　発売当初のアスピリンの薬瓶の写真（写真提供：バイエル薬品株式会社）

　馬の運動器疾患，疝痛などの治療に用いられていたが，最近では犬など小動物にも使われるようになった．一般には運動器疾患に伴う炎症や術後の疼痛緩和に用いられる．従来のNSAIDsと異なる特色は，鎮痛作用が強く，体性痛にも内臓痛にも有効な点である．同時にエンドトキシンショックに対しても初期において効果があることが報告されている．フルニキシンは，大動物では副作用は少ないが，犬では連用すると消化管潰瘍と腎障害が出現しやすい．

3．エトドラク

　炎症や発熱に関わる病的なPG産生のみを抑制するのであれば，COX-2を選択的に抑制すればよいと考えられる．そのような観点から薬理学的検索がなされ，エトドラク，ジクロフェナク，ザルトプロフェン zaltoprofen などCOX-2に比較的選択性の高い阻害薬が開発された．インドメタシンやケトプロフェンと比べて効果も切れ味もよく，また消化性潰瘍などの副作用も期待通り少ないとの結果が人で得られており，COX-2への選択性の高さがこの様な好結果をもたらしていると考えられている．現在，セレコキシブやレフェコキシブといったCOX-1にはほとんど作用しないCOX-2選択的阻害薬（スーパーアスピリンと呼ばれる）が開発中であり，臨床治験に入っている．

　エトドラクは，1998年には米国で犬の骨関節炎治療薬として認可された．今後我が国の獣医臨床分野でも普及する可能性がある．

4．プロピオン酸系薬

アスピリン以外に多くの人用のNSAIDsが開発されたが，長い間動物用に転用されることはなかった．最近，ケトプロフェンとカルプロフェンは，動物用としても副作用の少ない，そして鎮痛効果の高いNSAIDsと評価されており，アスピリンに置き換わる薬として注目されている．カルプロフェンについては犬のCOX-1とCOX-2標品を用いた検定が行われ，この薬剤がCOX-2に対して比較的高い選択性を持つことが示され，このことが副作用の少ないことの理由と考えられている．イブプロフェン ibuprofen は人では優れたNSAIDsとして多用されるが，犬では代謝が遅く使いにくい．

プラノプロフェンは，結膜炎，角膜炎，眼瞼炎などの炎症抑制を目的に，眼科用点眼製剤として使われる．

表15-4　NSAIDsと副腎皮質ステロイドの作用の比較

薬物 発現する作用	酸性 NSAIDs アスピリン インドメタシンなど	塩基性 NSAIDs アセトアミノフェン アミノピリンなど	副腎皮質ステロイド SAID プレドニゾロン デキサメタゾンなど
解熱作用	＋	＋	＋
鎮痛作用	＋	＋	＋
抗炎症作用			
アナフィラキシー反応	－	－	＋
急性炎症	＋	－	＋＋
慢性炎症	－	－	＋＋

Clinical Use　臨床応用

NSAIDsの代謝は動物種によって大きく異なっており，人に比べて犬や猫は副作用が発現しやすい．したがって，人で安全と報告されている薬剤でも犬や猫で安全とは限らないので十分な注意が必要である．例えば人で頻繁に用いられているイブプロフェンは，犬では治療域と中毒域の間が非常に狭いため，使用しない方がよい．

NSAIDsは，抗炎症，鎮痛，解熱作用を持つが，抗炎症作用は副腎皮質ステロイドに比べると弱い（表15-4）．しかし，副腎皮質ステロイドの副作用が問題となるときは，よい適応となる．NSAIDsの抗炎症作用が副腎皮質ステロイドと比べ限られている理由の1つとして，NSAIDsが基本的にシクロオキシゲナーゼのみを抑制し，リポオキシゲナーゼを抑制せず，この経路による炎症反応が続くことが挙げられている（図15-1参照）．

■1　適応となる疾患

1．整形外科疾患

変形性関節症 degenerative joint disease の治療は，体重制限（軟骨，骨への荷重を減らす），運動制限が中心となるが，臨床症状軽減のために薬物療法も行われる．使用する薬剤としては，アスピリン（犬：10〜25 mg/kg, PO, BID〜TID），フルニキシン（1 mg/kg, PO, SID, 3〜5日間まで），ケトプロフェン（2 mg/kg, SC, 1 mg/kg, PO, SID），カルプロフェン（犬：4.4 mg/kg, PO, SID, 14日間まで）などが挙げられる．これらは，股

異形成における鎮痛を目的とした薬物療法においても同様である．免疫介在性関節炎のうちリウマチや潰瘍性多発性関節炎などの潰瘍性関節炎の場合には，初期あるいは病変が軽度の場合にNSAIDsが適応となる．しかし，動物の場合には初期段階で診断され治療が開始される場合は少なく，進行した例となることが多いので，副腎皮質ステロイド，抗リウマチ薬（ブシラミン bucillamine，D-ペニシラミン D-penicillamine，チオリンゴ酸ナトリウム sodium aurothiomalate，オーラノフィン auranofin など），免疫抑制薬（アザチオプリン azathioprine など）などが適応となる．また肥大性骨異栄養症 hypertrophic osteodystrophy，頭骨下顎骨オステオパシー craniomandibular osteopathy，汎骨炎 panosteitis などの発育期の骨疾患においては，根本的な治療を期待せずに主として疼痛緩和を目的にNSAIDsの投与が行われる．

2．術後の疼痛管理

従来，NSAIDsは，強い痛みには無効で，術後の疼痛管理に単独で使用すべきではないとされてきた．しかし，ケトプロフェン，カルプロフェンなどの新しいNSAIDsは，整形外科手術などの術後鎮痛に優れた効果が得られ，場合によってはオピオイドよりも有効な場合がある．もしすべてのNSAIDsが同じメカニズムで作用するのであれば，どのような薬剤でも効果は同じはずであるが，実際には薬剤によりかなり異なっており，新しいNSAIDsでは，中枢性にも作用して鎮痛作用を示す可能性が示されている．すなわち，PGが中枢神経ニューロンの発火を刺激したり，あるいは一次知覚神経からの神経伝達物質の放出を増強したりすることにより，脊髄での侵害刺激伝達にも重要な役割を果たしていることが知られているので，中枢がNSAIDsの作用点となっていると考えられる．

NSAIDsを術後の疼痛管理に使う場合には，その副作用に十分注意する必要がある．術後鎮痛に使用する場合のよい適応は，脱水がなく，血圧が正常で，術中に十分な輸液を受けた手術症例の中で，幼若あるいは老齢でない動物で，腎機能に異常がなく，止血異常がなく，胃潰瘍の可能性がなく，コルチコステロイドや他のNSAIDsを投与されていない例となる．また，術後に出血が起こった場合に止血が難しい部位（鼻腔内，脊椎，胸腔内など）の手術の場合も避けた方がよい．

3．腫　　瘍

ピロキシカムはNSAIDsの1つで半減期が長く1日1回の投与でも有効である．この薬は動物においては，抗炎症・鎮痛薬としてよりも，抗腫瘍効果のある薬剤として評価されている．犬の移行上皮癌，扁平上皮癌などで部分緩解が得られる例（50％以上の縮小効果）があり，また副作用も少ないといわれている（0.3 mg/kg, PO, SID, 0.5 mg/kg, PO, EOD）．

4．がん患者の疼痛緩和

疼痛の緩和は，癌の進行には直接は関係しないが，QOLを大きく改善する．特に良好な予後が望めない場合には，疼痛緩和が治療の主体となる．鎮痛処置で大事なことは，痛みが強くなる前に鎮痛薬を投与することであり，これによってより効果的に疼痛を管理することができる．NSAIDsは経口薬として使用でき，しかも良好な鎮痛効果を示す．主な副作用は悪心と胃潰瘍であるが，食事とともに投与する，あるいは粘液産生・分泌を促進するミソプロストールなどと併用するとよい（後述）．使われるNSAIDsとしては，アスピリン（犬：10 mg/kg, PO, BID〜TID；猫：6 mg/kg, PO, 1日おき），ピロキシカム（0.3 mg/kg, PO, SID），カルプロフェン（4.4 mg/kg, PO, SID, 2.2 mg/kg, PO, BID, 14日間まで），ケトプロフェン（1 mg/kg, PO, SID, 5日間まで）な

どがある.

5. その他

血栓症が問題となる疾患の場合に,抗血小板薬としてNSAIDsが使われる.フィラリア症,心筋症,うっ血性心不全などが対象となり,低用量のアスピリン(犬:5～10 mg/kg, PO, 24～48時間おき)が用いられる.また40～41°Cを越える発熱が続く場合にも,解熱薬としてアスピリン(犬:5～10 mg/kg, PO, SID～BID)などが使われる.

■2 臨床応用する際の注意点

1. 薬物動態への影響

NSAIDsは,タンパク質結合率が高いので,他の薬剤のタンパク質結合をはずしてしまう.このためそれらの薬剤の代謝や腎臓からの排泄を変える可能性がある.治療域の狭い薬剤と併用する場合には,この点に十分配慮する必要がある.

2. 消化性潰瘍

NSAIDsによる副作用は,PG合成阻害によるものである.最も頻繁に生じる副作用は,消化性潰瘍である.PGE_2は胃液分泌抑制と粘膜保護作用を持つため,これが阻害されると,消化性潰瘍を引き起こす.またリポオキシゲナーゼは,アラキドン酸からロイコトリエンを産生する酵素であるが(図15-1),NSAIDsでシクロオキシゲナーゼが阻害されると,ロイコトリエンが過剰に産生され,NSAIDs性潰瘍の原因となり得るとも考えられている.潰瘍予防薬として用いられる薬剤としては,スクラルファート,ミソプロストール,シメチジン,ラニチジン,オメプラゾールが挙げられる(第13章参照).

スクラルファートは,粘膜が欠損している部分に結合し,胃酸に対して防御バリアーとして作用する.この様な潰瘍に対する直接の治癒作用に加え,局所PG産生を刺激する間接作用もあるといわれている.スクラルファートは,外傷手術後,健康な老齢動物,強いストレスを受けている動物など,潰瘍になりやすい動物にNSAIDsを投与する場合に併用するとよい.スクラルファート(犬:0.5～1.0 g, PO, TID;猫:0.25 g, PO, BID～TID)は食事の1時間前に投与する.他の薬剤を併用する場合には,スクラルファートによる薬剤吸収の阻害を防ぐため,スクラルファート投与の1時間前あるいは2時間後に投与する.

合成のPGE_1誘導体ミソプロストール(犬:2～5 μg/kg, PO, TID)は,粘膜防御機構の増強作用を持ち,犬においてもNSAIDs性潰瘍に対する防止効果が認められる.本剤をスクラルファートと併用することもできる.ヒスタミンH_2受容体阻害薬であるシメチジン,ラニチジン(犬:1～2 mg/kg, PO, BID)も,NSAIDsによる十二指腸潰瘍を効果的に予防するといわれているが,他と比べNSAIDs性消化管潰瘍に対する予防効果は少ないとされ,上記のスクラルファートやミソプロストールが予防あるいは治療の両面で好んで用いられる.プロトンポンプ阻害薬であるオメプラゾールの作用は強力で,予防よりも治療薬として用いられる.

3. 腎障害

消化性潰瘍に次いで多い副作用は急性腎不全である.特に血圧低下,脱水がある場合,他の腎毒性のある薬剤と併用した場合に出現しやすい.PGE_2とPGI_2は生理的に腎臓において血管拡張作用を持っており,糸球体濾過率

あるいは溶質の排出に重要な役割をはたしている．すなわち，腎血管が収縮し糸球体濾過率が低下すると，代償性にPGE_2が産生され，腎血流を維持しようと働く．NSAIDsはこのPGE_2産生を抑制することにより腎機能に異常をもたらすといわれる．

NSAIDsを投与する場合，クレアチニン値は，正常値の中央値以下である必要がある．それ以上の場合は，メリットがデメリットを上回ると判断される場合にのみ使用する．それも1回のみの投与とし，輸液を行う必要がある．NSAIDs誘発腎不全は通常一時的で，輸液を行うことにより回復する．

4．使用禁忌

NSAIDsが絶対禁忌となるのは，腎不全，脱水，低血圧，うっ血性心不全，腹水，利尿薬投与時など有効循環血液量が減少している場合，血小板減少症，胃潰瘍，消化管異常，椎間板疾患，肝疾患，出血（鼻血，血管肉腫，頭部外傷など）がある場合，コントロールされていない喘息患者（PGE_2とPGI_2は，気管支，気管を弛緩させるため）などである．老齢動物も使用は避けた方がよい．外傷患者においても，出血がないことが確認できない場合，十分な輸液が行われていない場合には使用を避けた方がよい．他のNSAIDsや作用機序が一部重複する副腎皮質ステロイドとの併用も禁忌である．

表15-5 主なNSAIDsと副作用軽減薬（抗潰瘍薬）

薬物名	商品名	用量
アセチルサルチル酸（アスピリン）	アスピリン	犬：10～25mg/kg PO BID～TID 猫：10～20mg/kg PO EOD
フルニキシンメグルミン	フィナジン	犬：1mg/kg SC, PO SID 3～5日間まで
ピロキシカム	フェルデン，バキソ	犬：0.3mg/kg PO SID, 0.5mg/kg PO EOD
カルプロフェン	リマダイル	犬：4.4mg/kg PO SID あるいは2.2mg/kg PO BID 14日間まで
ケトプロフェン	ケトフェン	2mg/kg SC 1mg/kg PO SID 5日間まで
スクラルファート	アルサルミン	犬：0.5～1.0g PO TID 猫：0.25g PO BID～TID
ミソプロストール	サイトテック	犬：2～5μg/kg PO TID
プラノプロフェン	ティアローズ	犬：点眼剤

ポイント

1. NSAIDs は抗炎症作用を有するステロイド以外の薬物の総称で，同時に鎮痛，解熱作用を持っている．
2. NSAIDs はシクロオキシゲナーゼ阻害作用により，PG の合成を抑制する．
3. NSAIDs は酸性と塩基性薬に大別される．酸性系薬は抗炎症作用，解熱鎮痛作用を合わせ持つ．塩基性系薬は抗炎症作用が弱くもっぱら解熱鎮痛薬として用いられる．
4. NSAIDs は整形外科疾患，癌疼痛，術後疼痛などがよい適応となる．
5. ピロキシカムは，膀胱移行上皮癌を中心に抗腫瘍効果を期待しても使用される．
6. NSAIDs の長期連用は消化性潰瘍，腎不全などの副作用を誘発する．適切な用量を用いることが重要である．ただし，副作用の個体差は大きい．
7. NSAIDs は，非ステロイド系，ステロイド系を問わず，他の抗炎症鎮痛薬と併用しないのが原則である．
8. NSAIDs による消化管潰瘍の予防には，スクラルファート，ミソプロストールが効果的である．
9. 腎不全，脱水，低血圧，うっ血性心不全，腹水，利尿剤投与時，血小板減少症，胃潰瘍，消化管異常，椎間板疾患，肝疾患，出血，喘息がある場合などには NSAIDs は使用しない．老齢動物も使用は避けた方がよい．

16. 副腎皮質ステロイド薬（コルチコステロイド）
Adrenal corticosteroids

Overview

　炎症を伴う疾患はきわめて多く，小動物診療でも副腎皮質ステロイド（コルチコステロイドまたはグルココルチコイド）を使うケースが多い．ただし，副腎皮質ステロイドは多くの場合症状を緩解するのみで根本的な治療とはならず，また様々な副作用を伴うことも事実である．しかし，症状の悪循環をいったん絶つという意味で，他の対策を講じさえすればきわめて有用な薬剤である．経口剤，注射剤，液剤，軟膏，坐剤などで用いることができる．抗炎症作用，抗免疫作用を持ち，種々の疾患に幅広く用いられている．

コルチゾン・ヒドロコルチゾン類
- コルチゾン cortisone
- ヒドロコルチゾン hydrocortisone（酢酸，燐酸，コハク酸塩など）

プレドニゾン・プレドニゾロン類
- プレドニゾロン predonisolone（酢酸，ブチル酢酸，リン酸塩など）
- ハロプレドン halopredone（酢酸塩など）

メチルプレドニゾロン類
- メチルプレドニゾロン methylpredonisolone（酢酸，コハク酸塩など）

トリアムシノロン類
- トリアムシノロン triamcinolone（酢酸塩など）

デキサメタゾン類
- デキサメタゾン dexamethasone（酢酸，リン酸，パルミチン酸塩など）

ベタメタゾン類
- ベタメタゾン betamethasone（リン酸塩など）

Basics　薬の基礎知識

■1　糖質コルチコイドと鉱質コルチコイド

　副腎皮質では，糖質コルチコイドと鉱質コルチコイドが作られている（図16-1）．このうちで糖質コルチコイド

が強い抗炎症作用を持っているが，天然の糖質コルチコイドは鉱質コルチコイド作用も有しており，治療薬として投与した場合この鉱質コルチコイド作用が副作用の1つとなる．これまで鉱質コルチコイド作用の少ない副腎皮質ホルモンの開発が進められ，数多くの優れた薬剤が市場に出ている．

■2 副腎皮質ステロイドホルモン（糖質コルチコイド）の作用

副腎皮質ステロイドホルモンの中で，糖質コルチコイドはきわめて多彩な作用を示す．これは，糖質コルチコイドの作用が二次的なタンパク質発現の調節に依存しており，しかも，糖質コルチコイドによって転写調節を受けるタンパク質がきわめて多岐にわたるからである（後述）．

1．代謝に対する作用

肝臓における糖新生を促進する．またタンパク質や脂肪の分解を促進し，糖新生に必要な素材とエネルギーを供給する．糖質コルチコイドが不足すると，恐怖，外傷，感染，出血など様々なストレス時に強い低血糖を引き起こす．

2．ストレスに対する抵抗性の付与

上記の血糖値を上げる作用は，ストレスに対する抵抗性の付与を意味している．副腎皮質ステロイドにはさらに，交感神経系の働きを強め血圧を上昇させる作用がある．これらの効果を期待し，アナフィラキシーショック時に高用量で投与される．

3．血液細胞に対する作用

好塩基球，好酸球，単球，リンパ球（T細胞およびB細胞）を減少させる．これらの作用により，動物の免疫機能が減弱する．反対に，ヘモグロビン値，赤血球および多核球を増加させる．

4．抗炎症作用

この作用は，上記の末梢の免疫細胞を減少させる効果にも関与している．またホスホリパーゼA_2活性の抑制や炎症性サイトカインの産生抑制などにより強い抗炎症作用を示す．副腎皮質ステロイドの臨床応用の大部分は，この抗炎症作用を期待している．

5．内分泌系に対する作用

副腎皮質ステロイドは副腎皮質刺激ホルモン（ACTH）産生に対し負のフィードバック作用を示す（図16-1）．これにより，副腎での糖質コルチコイドの産生が抑制される．また，甲状腺ホルモンの産生抑制作用も示す．副腎皮質ステロイドを長期に投与すると副腎の萎縮を招き，機能が減弱する．

Drugs　薬の種類と特徴

■1 副腎皮質ステロイドの分類

製剤としては多種類の合成副腎皮質ステロイドホルモンがあるが，その中でプレドニゾロンが最も頻繁に用い

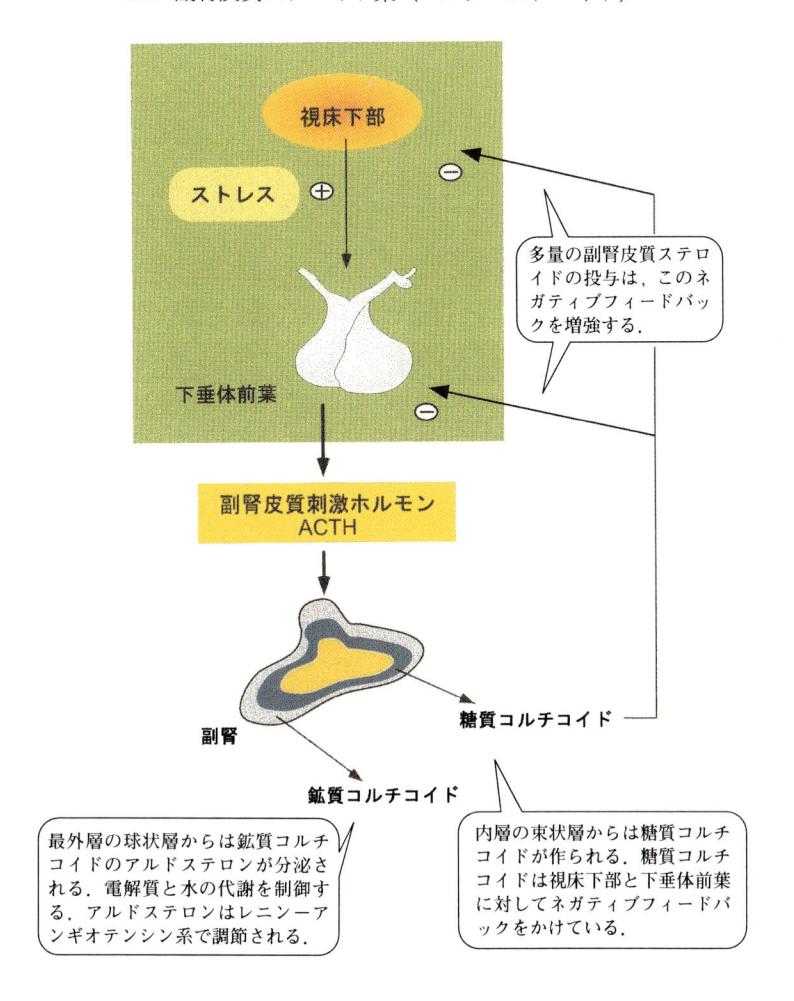

図 16-1 副腎皮質ステロイドの分泌と制御

られる．また，プレドニゾロンは抗炎症効果や持続時間が中程度であることから，副腎皮質ステロイドの標準的な薬剤となっており，これを基準に製剤の効果が比較されることが多い．これを「プレドニゾロン換算」といい，プレドニゾロンの何 mg に相当するかで比較される（表 16-1）．

　各種の副腎皮質ステロイドには，リン酸，コハク酸，酢酸，アセト酢酸，吉草酸などの塩がある．リン酸やコハク酸塩は水溶性が高い．酢酸，アセト酢酸，吉草酸塩などは水溶性が低く，注射剤の場合は懸濁液となっており，持続時間が長くなる．

1．コルチゾン，ヒドロコルチゾン

　血漿半減期は 90 分と短い．抗炎症作用はプレドニゾロンの 1/4，ベタメタゾンの 1/30 と弱い．鉱質コルチコイド作用（塩蓄積作用）が比較的強い．コハク酸ヒドロコルチゾンナトリウムは水溶性が高く，また即効性のため各種のショックに用いられる．

2．プレドニゾロン，ハロプレドン

　コルチゾンと比べて塩蓄積による副作用が少ない．半減期が 3 時間程度で使用しやすい．

3. メチルプレドニゾロン

プレドニゾロンと同様塩蓄積の副作用が少ない．半減期が3時間程度で使用しやすい．抗炎症作用はプレドニゾロンよりやや強い（1.2倍）．各種のショックの改善，あるいはパルス（大量衝撃）療法に静注や点滴でよく用いられる．

4. トリアムシノロン

メチルプレドニゾロンと同様の性格を持つ．

5. デキサメタゾン

プレドニゾロンの8倍の抗炎症作用を持つ．半減期はステロイド剤の中で最も長く，局所投与の目的でよく用いられる．長期に全身投与すると副腎萎縮を起こしやすい．

6. ベタメタゾン

デキサメタゾンと同様の性格を持つ．

表 16-1　副腎皮質ステロイドの作用持続時間による分類

タイプ	薬物名	抗炎症作用の強さ（プレドニゾロン換算）
短時間型（＜12時間）	コルチゾン	0.5
	ヒドロコルチゾン	0.5
中間型（12〜36時間）	プレドニゾロン	1
	メチルプレドニゾロン	1.2
	トリアムシノロン	1.2
長時間型（＞48時間）	デキサメタゾン	8
	ベタメタゾン	8
	パラメタゾン	8

■1　副腎皮質ステロイドの抗炎症作用の機序

1. エイコサノイド産生阻害

副腎皮質ステロイド剤の作用機序は不明な点が多いが，炎症に関係する血液細胞の組織への侵入を抑制する作用，免疫機能を抑制する作用，そして炎症にかかわるプロスタグランジンやロイコトリエンなどのエイコサノイドの産生を抑制する作用を持っている．エイコサノイドは，ホスホリパーゼA_2により細胞膜のリン脂質が分解されることから始まる一連の反応から産生されるが，細胞内ではこのホスホリパーゼA_2を抑制するリポコルチン（アネキシンⅠ）というタンパク質が作られ，その産生にブレーキをかけている．副腎皮質ステロイドはこのリポコルチンの産生を遺伝子発現レベルで増大させる．リポコルチンはホスホリパーゼA_2に対して直接抑制作用を示すわけではなく，リン脂質と結合して基質としての利用度を低下させることによりエイコサノイドの産生を抑制する（BOX-1参照）．

2. 炎症性サイトカイン類の産生阻害

　副腎皮質ステロイドの受容体は細胞質内に存在し，副腎皮質ステロイドと複合体を形成すると，この複合体は核内に移行する（図16-2）．炎症細胞を活性化するインターロイキン-2，-3，-4，および-5などのサイトカイン遺伝子は，AP-1（activating protein-1），NF-AT（nuclear factor of activated T cells），NF-κBなどの核内タンパク質（転写調節因子）によってメッセンジャーRNA（mRNA）を転写レベルで調節されている．副腎皮質ステロイドと受容体との複合物は，これら核内タンパク質のサイトカイン遺伝子のプロモーター／エンハンサー領域への作用をブロックし，種々のサイトカイン遺伝子の発現を阻害する．この作用はきわめて強力で，炎症機転あるいは免疫機転に関与するサイトカイン産生を強力に阻害する．現在ではこのサイトカインネットワークがアレルギーや種々の炎症の主体をなすと考えられている．さらに，副腎皮質ステロイドはサイトカイン類以外の多くの炎症性タンパク質遺伝子の転写も抑制する．現状では副腎皮質ステロイド以外にこれら一連の反応を抑制する薬剤はない．

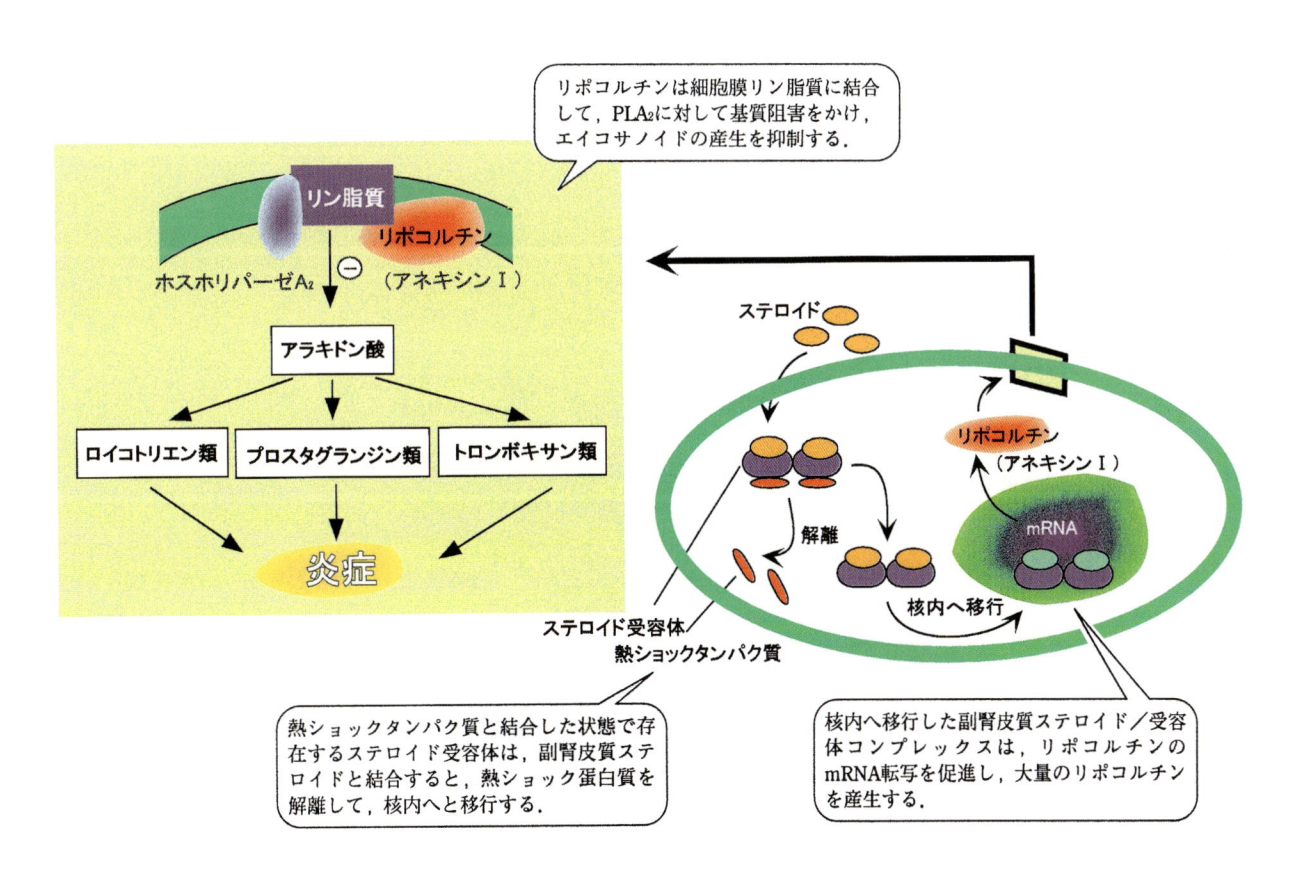

図16-2　副腎皮質ステロイドによるエイコサノイド産生の抑制

BOX-1　リポコルチンの誘導促進：抗炎症作用の主要な経路か？

　リポコルチンは10種類のメンバー（Ⅰ～ⅩⅢ：欠番あり）からなるアネキシンファミリーの1つである．アネキシンファミリーはCa^{2+}依存性にリン脂質に結合する性質を持ち，様々な臓器，細胞に分布し，膜輸送の

制御，炎症反応，血液凝固線溶，細胞内情報伝達など，その生理作用も多彩である．

　リポコルチンは初め，抗炎症反応のメディエーター，特にホスホリパーゼA_2の阻害因子として単離された．リポコルチンにも幾つかのアイソザイムがあるが，そのうちでリポコルチンIは現在ではアネキシンIと呼ばれている．アネキシンIは糖質コルチコイドにより誘導が促進される．ホスホリパーゼA_2阻害作用はアネキシンIに特異的なものではなく，全てのアネキシンファミリーに共通していることから，アネキシンIのエイコサノイド産生抑制は，アネキシンIがエイコサノイドの原料であるリン脂質に結合し，ホスホリパーゼA_2に対して基質を枯渇させることがその機序とされている．

　しかし，最近の研究ではアネキシンIがホスホリパーゼA_2のアイソザイムの中でc型の酵素を直接阻害することも報告されている．また，アネキシンIが白血球の遊走を阻害することも明らかとなっており，アネキシンIを介した抗炎症作用はかなり複雑なものらしい．

　少し古い教科書では，糖質コルチコイドの抗炎症作用はリポコルチン誘導を介したエイコサノイド産生の抑制によりもたらされると書かれている．この経路が否定されたわけではないが，最近では，その寄与は部分的であるとの考えが一般的である．糖質コルチコイドは全タンパク質の約10%もの誘導に影響を与えるともいわれ，糖質コルチコイドの作用を非常に複雑にしている．

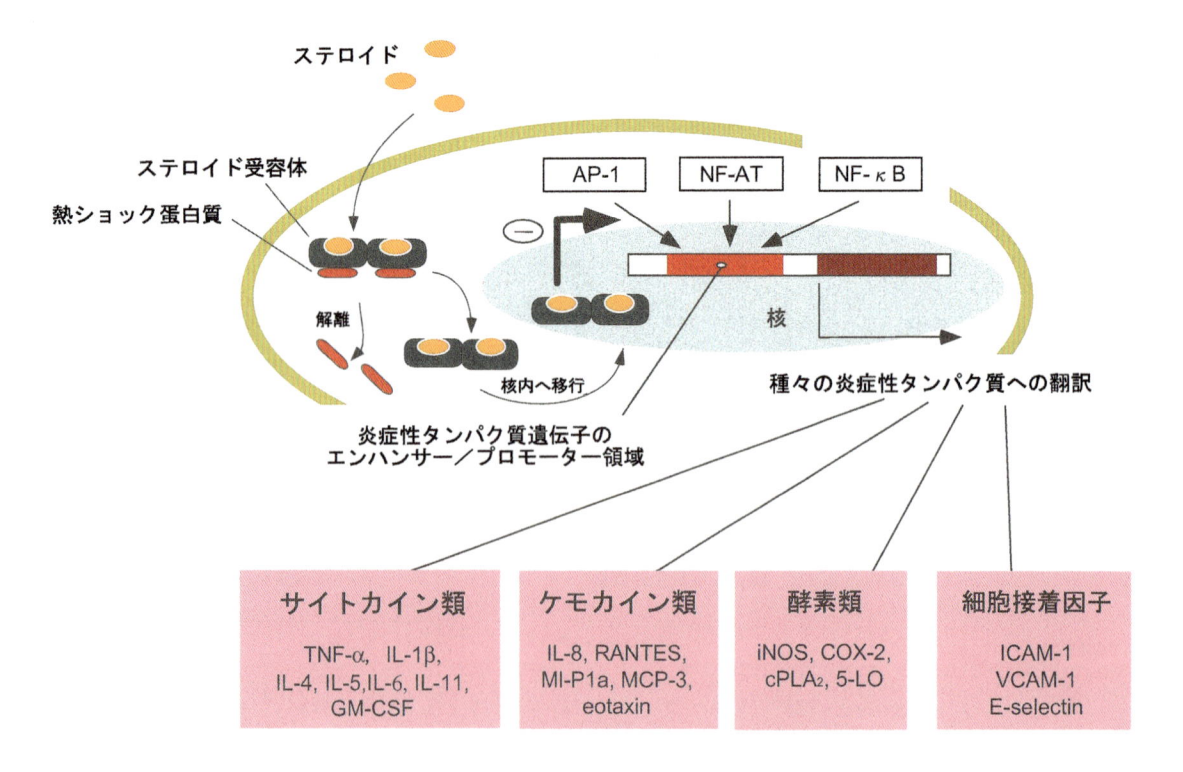

図16-3　副腎皮質ステロイドによるサイトカインをはじめとする炎症誘発物質産生の抑制
　副腎皮質ステロイドは，AP-1，NF-AT，NF-κBなどの転写調節因子に働き，これらの因子により制御されるサイトカイン類，ケモカイン類，種々の酵素，細胞接着因子など，様々な炎症誘発に関連するタンパク質の産生を抑制する．これが，副腎皮質ステロイドの抗炎症作用の主要な作用機序と考えられている．

Clinical Use 臨床応用

小動物臨床で副腎皮質ステロイドが使用される主な疾病、およびその注意点を挙げる。表16-4にはその他の疾患を含め列挙した。

■1 皮膚病

アレルギー性（ノミアレルギー、食餌性アレルギー、虫刺されなど）の皮膚疾患においては、副腎皮質ステロイドを投与すると症状の軽減に効果的である場合が多い。アレルギーの治療には様々な薬剤が用いられるが、その中で副腎皮質ステロイドは、病変部への好中球集積の抑制、血管透過性の改善、肥満細胞からのヒスタミン放出の抑制、プロスタグランジン、ロイコトリエン類合成抑制作用などを介して効果を発揮する。

副腎皮質ステロイドを用いる場合、まずプレドニゾロンを0.5～1.0 mg/kg/dayで経口投与し、瘙痒感が消失したら徐々に減薬し、最低量で1日おきの投与とする。犬の場合1日1回投与する場合は朝（10時頃）に行うと、副作用となるACTH産生抑制を少なくすることができる。猫では犬の約2倍量の副腎皮質ステロイドが必要であり、投与時間による差も明らかでない。いずれにしても原因に対する治療を行わないと根本的治療にはならないことに十分な注意が必要である。

その他の皮膚疾患でも、副腎皮質ステロイド軟膏が頻繁に用いられている。

■2 中枢神経疾患

脳、脊髄損傷および腫瘍に伴う浮腫と炎症の軽減を目的に投与される。脳腫瘍の場合には、プレドニゾロン（0.5～1.0 mg/kg, PO, BID）の投与で一時的ではあるが劇的な臨床症状の改善を得られる場合がある。脊髄損傷の場合は、実験的には有効性が示されているが、実際の症例での有効性ははっきりしない。この場合比較的高用量の副腎皮質ステロイドが必要であり、猫を用いた実験的損傷ではメチルプレドニゾロン15～30 mg/kg IVが有効であると確認されている。メチルプレドニゾロンの投与は1回目投与から3～4時間後、その後は12時間ごとに減薬しながら6回程度行うとよい（犬、猫）。また犬の脳、脊髄損傷の症例において、コハク酸メチルプレドニゾロン（30 mg/kg, 6時間ごと, 6回）の投与を行ったところ、重篤な副作用は認められなかったこと事が報告されている。椎間板ヘルニアに副腎皮質ステロイドを用いる場合は、プレドニゾロンあるいはメチルプレドニゾロン（犬：0.5～1.0 mg/kg, PO, BID, 3日間 + 0.5 mg/kg, PO, SID, 3～5日間）が投与されることが多い。

■3 ショック

副腎皮質ステロイドは、末梢微小灌流の改善、腸管からのエンドトキシン吸収抑制、細胞膜の安定化、サイトカイン産生抑制作用などによる抗ショック作用を期待して種々のショックで用いられる。しかし、臨床的には多くのショックで明らかな有効性が得られない。一方、敗血症性ショックにおいては、有効性を示す例が多いが、最終的に救命率を上げられるかどうかは疑わしい。

ショックに対して副腎皮質ステロイドを使用する場合には、通常よりも高用量で用いる（表16-2）。ショック時の副腎皮質ステロイド投与に伴う易感染性、創傷治癒遅延、膵炎、消化管出血などの副作用は（後述）、投与期間が短いためあまり問題にならない。

表16-2 ショックに用いられる副腎皮質ステロイド剤の投与法（IV）

薬品名	投与量	投与間隔
ヒドロコルチゾン	50〜150mg/kg	4〜6時間
プレドニゾロン	15〜30mg/kg	8〜12時間
メチルプレドニゾロン	15〜30mg/kg	8〜12時間
デキサメタゾン	4〜8mg/kg	12〜18時間

■4　免疫介在性疾患

　副腎皮質ステロイドは，自己免疫性の溶血性貧血，血小板減少症，多発性紅斑性狼瘡（SLE），多発性関節炎，関節リウマチなど免疫介在性疾患において幅広く用いられ，著効を示す場合も少なくない．通常は，プレドニゾロンを1〜2 mg/kg POの用量で開始するが，これを2分割あるいは3分割して投与することも推奨される．強力な免疫抑制作用を期待するときは更に高用量（3〜6 mg/kg）で用いる場合もある．プレドニゾロンのかわりにメチルプレドニゾロンを用いてもよい．2週間程度あるいは状態が安定してきたら次第に減薬し，1 mg/kgの1日おきの投与とする．可能であれば，更に投与量を減らし投与間隔を長くする．

　自己免疫性溶血性貧血や血小板減少症などでは，2〜4ヵ月程度の副腎皮質ステロイドの投与で治療の必要がなくなる場合も多いが，中には，減薬すると症状が悪化し（リバウンド），高用量のまま維持せざるをえない例もある．そのような場合には，シクロホスファミドやアザチオプリンなどの免疫抑制剤を併用（あるいは置換）することを考慮する．

　関節リウマチの場合，治療の最初から副腎皮質ステロイドと抗リウマチ薬を併用すると，その後の副腎皮質ステロイドの減薬が容易となり，抗リウマチ薬だけで維持可能となる例もある．

■5　副腎皮質ステロイドの副作用

　副腎皮質ステロイドの副作用は，以下の重症副作用 major side effect と軽症副作用 minor side effect に分けられる（表16-3）．重症副作用はステロイド投与を継続することで生命予後にも影響を与える．副腎皮質ステロイドの副作用は一般にも知られているため，経口薬として処方した場合，飼い主は副作用を必要以上に恐れ，服用量を勝手に減らしてしまうことがあるので注意が必要である．

■6　副腎皮質ステロイド使用時の注意点

以下，投与に注意が必要な症例あるいは禁忌について述べる（表16-3）．

1．細菌および真菌感染

　副腎皮質ステロイドを投与すると宿主の免疫力が低下するため，細菌感染や真菌感染のある動物では使用に注意が必要，あるいは禁忌となる．例外的に，敗血症性ショックの場合には全身の炎症を抑えるために使用される場合がある．また，長期に副腎皮質ステロイドを使用していると尿路感染を始めとする感染症が起こりやすいので十分な注意が必要である．

表 16-3　副腎皮質ステロイドの副作用

重症副作用 (major side effect)	軽症副作用 (minor side effect)
免疫抑制による感染症 消化管潰瘍 膵　炎 糖尿病 骨粗鬆症 無菌性骨壊死 中枢神経障害 高血圧 白内障，緑内障 長期投与による副腎萎縮と投薬中止後のアジソン病	医原性クッシング症候群 　皮毛粗剛・脱毛 　電解質および水分保持による高血圧 　多食症と肥満 　多飲および多尿* 　創傷治癒の遅延 　異常行動

*注：副腎皮質ステロイドを投与すると，大部分の犬で多飲・多尿が認められる．これは糸球体濾過率の増加，抗利尿ホルモンに対する抑制作用などによるものとされているが，詳細なメカニズムは分かっていない．猫ではこのような作用は認められないことが多い．

2. 糖尿病

副腎皮質ステロイドは，血糖値の上昇作用に加え抗インスリン作用を示すため，糖尿病患者で副腎皮質ステロイドを使用する場合は，血糖値のコントロールに十分な注意が必要である．

3. 腎不全

副腎皮質ステロイドは，タンパク質の異化を亢進させるため，高窒素血症を悪化させ，また腎不全が進行しやすい．使用時には十分なモニターが必要である．

4. 消化管潰瘍

副腎皮質ステロイドは非ステロイド性抗炎症鎮痛薬（NSAIDs）と同様に，胃粘膜の粘液産生を抑制し，胃腸管の粘膜細胞の再生を抑制するため，胃十二指腸の潰瘍，出血を引き起こしやすく，また結腸の穿孔も生じやすい．椎間板ヘルニアなどで麻痺のある動物，手術後の動物には特に注意が必要である．予防のために，ミソプロストールが有効である（第13章参照）．

■7　長期投与の回避と副腎皮質ステロイドからの離脱

副腎皮質ステロイドの作用はきわめて強力で，投薬により症状は劇的に改善する．しかし副腎皮質ステロイド使用による「耐性」と「リバウンド」（「反跳現象」または「跳ね返り現象」）は，常に臨床家の頭を悩ます問題となる．副腎皮質ステロイドの使用で特に問題となるのは，耐性の出た後に起こり得る，「治療を開始した時点よりも症状がかえって悪化」してしまうという「リバウンド現象」である．リバウンドは副腎抑制という形で発現する．すなわち，副腎皮質ステロイドを大量にしかも長期に使用し続けると副腎の機能性萎縮が起こり，副腎皮質ステロイド産生能が低下する．ここで突然に投薬を中止すると治療開始以前に比べ副腎皮質ステロイドの血中濃度が過度に低下し，炎症が急激に悪化してリバウンドが発現する．

したがって，副腎皮質ステロイドを使う場合，見通しもなくただ漫然と使い続けることは控えねばならない．特に全身投与の場合は注意が必要である．高用量を短期間に使い症状が改善されたところで直ちに投薬を中止することが，副腎皮質ステロイド使用の基本となる．やむを得ず長期に投与した場合，他の手段を併用しながら次第

BOX-2　副腎皮質ステロイドとノーベル賞

　副腎皮質ホルモンの発見およびその化学合成に寄与したケンドル，ヘンチ，ライヒシュタインの3名は1950年にノーベル賞を受賞している．当時，歩行困難となったリウマチ性関節炎の患者を劇的に回復させたことから大きな注目をあびた．いわば魔法の薬であり，研究が終了した時点からわずか1年での受賞であることから，当時はいかにすばらしい研究と認められていたかが想像できる．現在では，臨床家を悩ませる副作用の軽減を目指した研究が行なわれている．しかし，抗炎症作用のみを取り出すといった副腎皮質ステロイドの改良には限界があり，糸口はなかなか見出せない．

表16-4　副腎皮質ステロイドが使われる小動物の主な病気

分類	疾患名
腫瘍	リンパ腫（第20章，抗腫瘍薬の項を参照） 脳腫瘍 肥満細胞腫
皮膚病	膿皮症 のみアレルギー性皮膚炎 アレルギー，アトピー全般 天疱瘡（自己免疫疾患） 全身性紅斑性狼瘡
整形外科疾患	免疫介在性関節疾患 　関節リウマチ 　多発性関節炎 多発性紅斑性狼瘡（SLE）
呼吸器疾患	フィラリアオカルト感染に付随するアレルギー性肺炎 肺血栓塞栓症 慢性気管支炎
眼疾患	アレルギー性眼瞼炎 結膜炎 好酸球性角膜炎 慢性表層性角膜炎
その他	高カルシウム血症（腸管からのカルシウム吸収抑制） 副腎皮質機能低下症 免疫介在性血小板減少症 免疫介在性溶血性貧血 腎臓のネフローゼ症候群 フォクト・小柳・原田病様疾患（秋田犬の病気） 猫伝染性腹膜炎 ショック

に薬の量を減らしていく，あるいは，投与の間隔を次第に長くするなどの方法がとられる．

現在では血中コルチゾール濃度を臨床検査で容易にモニターできるので，副腎抑制に伴うリバウンドを事前に予防することが可能であるが，獣医領域ではまだ一般化していない．

表16-5　主な副腎皮質ステロイドと用量

薬品名	商品名	用量
酢酸コルチゾン	コートン	1mg/kg/day PO, IM
コハク酸ヒドロコルチゾンナトリウム	ソル・コーテフ	ショックの項参照
プレドニゾロン	プレドニン	犬：アレルギー；0.5mg/kg PO, IM BID 　　免疫抑制；2.0mg/kg PO, IM BID 　　長期投与；0.5〜2.0mg/kg EOD（朝） 猫：アレルギー；1.0mg/kg PO, IM BID 　　免疫抑制；3.0mg/kg PO, IM BID 　　長期投与；2.0〜4.0mg/kg EOD（朝）
メチルプレドニゾロン	メドロール	プレドニゾロンとほぼ同じ
酢酸メチルプレドニン	デポ・メドロール	犬：1.0mg/kg IM 2週間おき 猫：20mg/頭 IM 1回
コハク酸メチルプレドニゾロンナトリウム	ソル・メドロール	犬：脊髄損傷－最初に30mg/kg IV 2, 6時間後に15mg/kg IV，その後24〜48時間後まで6時間おきに15mg/kg IV
トリアムシノロン	レダコート	犬：0.25〜2.0mg/head PO SID 猫：0.25〜0.5mg/head PO SID
デキサメタゾン	デカドロン他	0.1〜0.6mg/kg PO, IM, SC
ベタメタゾン	リンデロン	犬：0.15mg/kg IM SID 0.1〜0.2mg/kg PO SID, BID

注：副腎皮質ステロイドは，ここに記した以外にも様々な用量，投与法で用いられる．またショック時の用量については，表16-2を参照のこと．

ポイント

1. 副腎皮質ステロイドは，主として抗炎症および免疫抑制の目的で使用される．
2. 副腎皮質ステロイドの作用は強力で広範囲に及ぶ．なかでも炎症性サイトカイン産生抑制作用が作用の主体をなす．
3. 副腎皮質ステロイドとしては，プレドニゾロンあるいはメチルプレドニゾロンが使いやすい．
4. 副腎皮質ステロイドの長期投与はできる限り控える．一定の効果が得られたら，漸次量を減らし，副腎皮質ステロイドからの離脱を試みる．
5. 副腎皮質ステロイドの減薬が上手く行かない場合，他の免疫抑制剤の併用も考慮する．
6. 副腎皮質ステロイドの漸減は，短期投与の場合は速やかに，長期投与の場合は徐々に行う．
7. 各種ショックに対し投与されるが，この効果はあまりはっきりしない．

17. アレルギー性疾患の治療薬
Drugs used to treat allergic disease

Overview

　最近，アトピー性皮膚炎や喘息などのアレルギー性疾患に苦しむ人が増え社会問題となっているが，犬や猫でもアレルギー性疾患が増えている．特に，室内犬ではハウスダストが原因と思われる吸引性アレルギー性皮膚炎が年々増加傾向にある．アレルギーを完治させることはむずかしいが，環境改善と適切な投薬で病態を管理できる．アレルギー性の炎症には副腎皮質ステロイドが多用されるが，これについては第16章で解説した．人の医療では抗ヒスタミン薬やケミカルメディエーター遊離抑制薬が頻繁に使われる．切れ味という点では副腎皮質ステロイドに比べ劣るが，副腎皮質ステロイドと併用するとステロイドの量を減らすことが可能で，副作用の軽減にもつながる．ケミカルメディエーター遊離抑制薬の動物医療での経験は浅いが，今後の臨床評価が待たれる薬剤である．ここでは抗ヒスタミン薬を中心にアレルギー性疾患の治療薬について述べる．

抗ヒスタミン薬
- クロルフェニラミン　chlorphenylamine
- ジフェンヒドラミン　diphemhydramine
- クレマスチン　clemastine
- メクリジン　meclidine
- ジメンヒドリナート　dimenhydrinate
- プロメタジン　promethazine

ケミカルメディエーター遊離抑制薬
- クロモグリク酸ナトリウム　disodium cromoglycate（DSCG）
- トラニラスト　tranilast
- ケトチフェン　ketotifen
- アゼラスチン　azelastine

非ステロイド系抗炎症薬
- ブフェキサマク　bufexamac
- イブプロフェンピコノール　ibuprofen piconol
- ウフェナマート　ufenamate
- スプロフェン　suprofen

- ベンダザック bendazac

その他
- 多価不飽和脂肪酸（Ω-6, Ω-3）
- 抗生物質
- ビタミン B_6
- ビタミンE
- ヒドロキシジン hydroxyzine

Basics アレルギーの基礎知識

1　アレルギーと免疫・炎症反応

　動物の体には，異物が外から侵入しようとするとこれを排除しようとする機構が備わっている．これを免疫反応というが，免疫応答の結果，生体に障害をもたらす反応をアレルギーといい，特定の抗原（アレルゲン）が関与する．

　体の中に異物（抗原）が侵入したり接触したりすると，血管から白血球等の細胞が遊走して集積し，異物を取り込んでこれを処理しようとする．この時，血管透過性が高まって血漿成分が外に出て腫脹を起こし，異物の濃度を希釈する．これらの反応が炎症反応であり，その中で主役を担うのが肥満細胞（マスト細胞）である．肥満細胞は，ヒスタミンやセロトニン等の種々の起炎物質を貯蔵している爆弾の様な細胞で，抗原抗体反応によってこれらの物質を一気に細胞外へ放出する．肥満細胞は同時に，プロスタグランジンやロイコトリエン類，キニン類，血小板活性化因子（platelet activating factor；PAF）などを産生しこれによって炎症反応が加速される（図17-1，表17-1）．

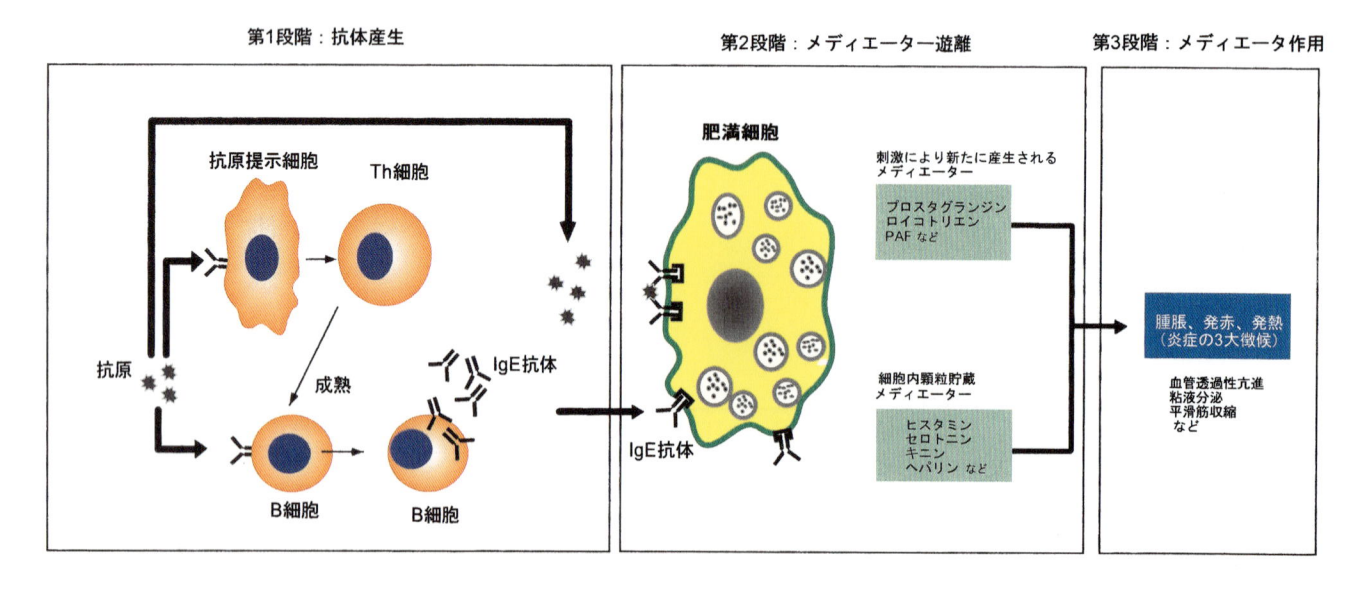

図17-1　I型アレルギー反応と肥満細胞

表 17-1 肥満細胞から遊離される化学物質

化学伝達物質または酵素	作　用
細胞内顆粒貯蔵物質	
ヒスタミン	平滑筋収縮, 血管透過性亢進, 血圧降下, 粘液分泌亢進
セロトニン	平滑筋収縮, 血管透過性亢進, 血圧降下
好中球遊走因子 (ECF-A)	好中球, 好酸球の浸潤
ヘパリン	血液凝固阻止, 抗補体活性
カリクレイン	線溶亢進, 血管拡張, ヒスタミン遊離
スーパーオキサイド (O_2^-)	細胞傷害
スーパーオキサイドジムターゼ (SOD)	活性酸素の分解
N-アセチルβ-グルコサミニダーゼ	N-アセチルβ-グルコサミンの分解, 細胞傷害
β-グルコサミニダーゼ	β-グルコサミンの分解, 細胞傷害
刺激により新たに産生される物質	
ロイコトリエン C_4, D_4, E_4	平滑筋収縮, 血管透過性亢進, 粘液分泌亢進, 白血球遊走の促進
プロスタグランジン $D_2, F_{2\alpha}, E_2, I_2$	平滑筋収縮, 血管透過性亢進, 血圧降下
血小板活性化因子 (PAF)	血小板活性化, 平滑筋収縮, 血管透過性亢進

アレルギー反応は以下の3つの段階から成り立っている．

第1段階： 抗体産生
1) 抗原がマクロファージなどの抗原提示細胞に貪食され，この情報をTh細胞へ伝える．
2) Th細胞から情報を受け継いだB細胞は増殖・成熟し，多量のIgE抗体を産生する．
3) 肥満細胞にはIgE受容体が存在し，B細胞が産生したIgEを結合する．これで，感作が成立したことになる．
   IgE受容体は好酸球にも存在する．

第2段階： メディエーター遊離
4) 再度抗原が侵入すると，数個のIgEと抗原が結合し，肥満細胞を活性化させる．
5) 活性化した肥満細胞は，脱顆粒を起こすと同時に，新たにアレルギーのメディエーターを産生する．

第3段階： メディエーター作用（炎症）
6) 遊離された各種の炎症メディエーターは，毛細血管などの各種の効果器に作用し，炎症を起こす．

アレルギー炎症の主な機序は肥満細胞の脱顆粒にあると考えられているが，アレルギーの発現メカニズムはさらに複雑で，インターロイキン-4やインターロイキン-5などのサイトカインによって活性化された好酸球や好塩基球などによってももたらされる（BOX-1）．特に好酸球は遅発性のアレルギー反応に関与するといわれ，慢性のアレルギー症状を理解する上できわめて重要である．インターロイキン-3は肥満細胞の分化増殖を促進する．

通常はこういった異物排除の仕組みは防御反応であり，体にとっては必要不可欠な機能である．しかし，アレルギー反応を起こす動物ではこれが必要以上に機能してしまう，すなわち異物として認識する必用のないものにまで過剰に反応し，体にとってかえって有害な反応となっている．これが「アレルギー」とよばれる病態である．アレルギーはⅠ～Ⅳに分類されるが（表17-2），IgEが関与するⅠ型アレルギーが重要で数も多い．

■2　アレルギー性皮膚炎

小動物でとりわけ問題となるアレルギー性疾患はアレルギー性皮膚炎である．原因となるアレルゲンとの接触の違いから，①食餌性アレルギー性皮膚炎，②吸引性アレルギー性皮膚炎，③接触性アレルギー性皮膚炎に分けられる．いずれのアレルギー性疾患も，アレルゲンを除去することにより症状はなくなるが，一般に生活環境の

BOX-1　アレルギー反応に参加する免疫系細胞とサイトカインネットワーク

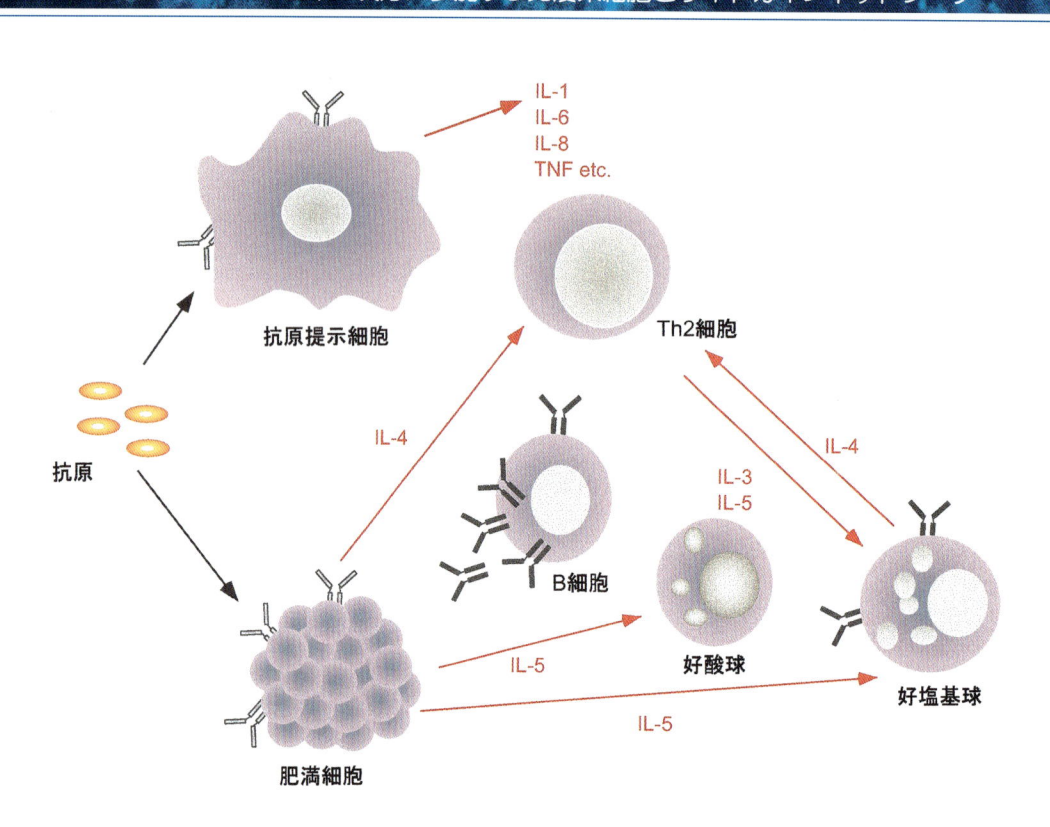

図17-2　アレルギー反応に関与する免疫細胞とサイトカインネットワーク

　マクロファージ：　大食細胞ともいわれ異物を吸着したりあるいはこれを捕食する．捕食後に抗原分子を細胞表面に露出し（表面抗原），T細胞やB細胞に情報を伝える．また，各種のサイトカインを産生するとともに，活性酸素や一酸化窒素を産生して殺菌作用を示す．

　T細胞：　ヘルパーT細胞，サプレッサーT細胞，キラー細胞の3種類がある．ヘルパーT細胞はさらにTh1とTh2に分けられる．Th1は正常な範囲のアレルギーに関与し，Th2が優位になるとアトピー性のアレルギー性疾患になると考えられている．

　B細胞：　T細胞に刺激され抗体を産生する．IL-4は抗体産生を促進する．

　好酸球：　I型アレルギー反応の中で遅発型反応に関与するといわれ，肥満細胞と同様に細胞内顆粒を多数持つ．最近，皮膚炎などの多くのアトピー性疾患に関与することが明らかとなってきた．T細胞・好酸球性アレルギーともいわれる．活性化したTh2細胞がIL-5を作りこれによって好酸球が患部に集められ分化増殖する．MBP，ECP，ロイコトリエンなどを産生遊離する．

　好塩基球：　肥満細胞と同様に細胞表面にIgE抗体を露出し抗原と接触すると活性化してヒスタミンやロイコトリエンを産生遊離する．

　肥満細胞：　アレルギー反応の中で中心的役割をはたす細胞である．詳しくは本文を参照のこと．

表17-2 アレルギー反応の分類（CoomsとGellの分類（1964））

	特徴	具体例	関与する抗体・細胞など
Ⅰ型	ほとんどのタイプのアレルギーがこのタイプ．肥満細胞が関与する即時型反応（数分から数十分）と好酸球が関与する遅発型反応（8〜10時間）がある．	アナフィラキシーショック 鼻炎，アトピー性皮膚炎 急性蕁麻疹 薬物アレルギー 食物アレルギー　など	IgE，肥満細胞
Ⅱ型	抗体依存性の細胞障害性アレルギーともいわれる．	自己免疫疾患 輸血や臓器移植の際の拒絶反応	IgG，IgM
Ⅲ型	免疫複合体が組織に沈着することによって障害が生じる．	血清病 慢性糸球体腎炎 膠原病	補体，多形核白血球
Ⅳ型	遅発型アレルギーといわれ，症状が現れるまでに1〜2日かかる．	ツベルクリン反応 接触性皮膚炎	Tリンパ球，マクロファージ

中でのアレルゲンを特定することはきわめて困難で，特に遺伝的素因が関与するとされているアトピー性皮膚炎の根本的治療は困難を極める．

1．食餌性アレルギー性皮膚炎

食餌の中の特定のタンパク質に起因するもので，肉類，牛乳，卵，穀物など様々なものが原因となり得る．激しい瘙痒感を伴い，局所または全身に及ぶ．外耳炎を併発すること，また下痢などの消化器症状を伴うことも多い．人では，3〜4歳以下の幼児期にみられるアレルギー性疾患である．このような慢性の皮膚炎のほかに，食餌の摂取により急性に蕁麻疹，血管浮腫，アナフィラキシーを起こすことがある．この3つはアレルギー反応が生じる部位と程度の違いにより異なった症状となるが，その本態は同一と考えられる．ただし，アナフィラキシーは犬ではまれで，猫ではほとんどみられない．蕁麻疹は，通常食物摂取後30分以内に突然全身に膨疹が生じ，24〜48時間以内に自然に消失する．

2．吸引性アレルギー性皮膚炎

IgE抗体を産生しやすい遺伝的な素因が関与し，最近犬における発症率が多く問題となっている．アトピー性皮膚炎ともいわれる．

アレルゲンとなるものとしてはハウスダストが最も多い．ハウスダストにはダニの死骸や排泄物，カビ，敷物や衣服の線維，観葉植物などの粒子物質など非常に多くのものが含まれる．しかも個々の家のハウスダストにはその家独特なアレルゲンを含んでいるので特定することは困難である．吸引性アレルギー性皮膚炎は，顔面，四肢，腹部などに発症しやすく，またアレルギー性外耳炎を併発することが多い．人と同様に犬でも花粉が抗原として認識されており，人と違ってアトピー性皮膚炎の原因となる．

3．接触性アレルギー性皮膚炎

シャンプー，ノミ取り首輪，食器，絨毯など，動物が接触可能なあらゆるものがアレルゲンとなり得る．また，

動物にノミやダニが寄生していると，吸血されるときに唾液が皮膚の中に入り，これがアレルゲンとなる．ノミの寄生によるアレルギー性皮膚炎は，犬，猫ともに多発する疾患である．

■3 薬物アレルギー

薬剤が通常示す作用から予測されない反応が，患者の素因，素質により表れる場合を，薬物過敏症という．これにアレルギー反応が関与する場合，すなわち2回目以降の適用により発症する場合を，薬物アレルギーと呼んでいる．薬物アレルギーとしては急性に生じるアナフィラキシーと慢性に生じる皮膚炎，外耳炎がある．

薬物アレルギーを起こす代表的な薬物および症状を表17-3に挙げる．薬物アレルギーは薬疹という形で発現することがあるが，動物における薬疹の発現率は比較的低いとされている．大部分の薬剤はハプテンとして働くので，タンパク結合率の高い薬剤がアレルゲンとなりやすい．アレルギー反応による薬疹は，同じ薬を繰り返し使ったときに生じ，蕁麻疹，丘疹，落屑，水泡，紅斑，潰瘍などの症状が見られる．これらの症状は他の皮膚炎と同様であり，薬疹の診断は注意深く行う必要がある．獣医領域における薬物アレルギーには不明な点が多いが，薬物投与の際には常に注意が必要である（アナフィラキシーについてはBOX-2に記載した）．

表17-3 薬物アレルギーを起こす代表的な薬物と症状

薬物名	抗血清，ホルモン，ワクチン，抗生物質（ペニシリン他），下熱鎮痛薬（アスピリン），ヨード造影剤，局所麻酔剤（プロカイン，テトラカインなど）
症　状	じん麻疹，紫斑（過敏性血管炎），喘息様発作など 全身症状を表す場合（薬物アナフィラキシー）： 　末梢血管拡張による血圧低下，循環不全，粘膜浮腫，気管支平滑筋の攣縮（呼吸困難）， 　体温下降など

BOX-2　アナフィラキシーショックとその処置

アナフィラキシーショックは，抗原物質が皮膚，気道，消化管あるいは筋注・静注により生体内に入ったときに，I型アレルギー反応（即時型過敏反応）が生じることにより引き起こされる．すなわち，抗原抗体反応により，肥満細胞，好塩基球からヒスタミンをはじめとする様々なケミカルメディエーターが放出され，末梢血管拡張と血管透過性亢進による浮腫を引き起こし，循環血液量が急激に減少しショック状態となる．また気管支平滑筋攣縮，気道浮腫などにより気道閉塞性の呼吸困難を生じる．

アナフィラキシー反応は，抗原が生体内にはいってから秒単位あるいは分単位で急激な皮膚紅潮，蕁麻疹，腹痛，下痢，嘔吐，頻脈などの症状として出現する．発症までの時間が短いほど重篤になりやすい．原因となる物質には，抗生物質，酵素製剤，臓器ホルモン製剤，造影剤，ワクチン，抗血清，食品，麻酔薬など様々な物がある．アナフィラキシーショックの治療は，特に早急に行う必要があり，発症15分以内の処置が予後を左右する．最初の5分間は「golden 5 minutes」といわれ，全身症状が現れた場合，救急医療（対症療法）が最優先し，原因の解明は後回しにして以下の治療を施す．

　①気道確保，人工呼吸，酸素吸入：意識レベルおよび喉頭浮腫の状態により，気管挿管，気管切開，酸素マスクなどを行う．

②輸　液：循環血液量減少，血液濃縮への対処として乳酸加リンゲル液の投与を行う．
③血圧の維持：エピネフリン 0.01 mg/kg を IM で，重篤な低血圧を伴う場合には IV で，必要に応じて 15～30 分ごとに投与を繰り返す．
④副腎皮質ステロイド：コハク酸ヒドロコルチゾンナトリウム 50～150 mg/kg，コハク酸メチルプレドニゾロンナトリウム 15～30 mg/kg などの即効性の薬剤を使用する．
⑤抗ヒスタミン薬：ジフェンヒドラミン 1.0～2.0 mg/kg，IV を投与する．
⑥強心薬：ドパミン製剤などを投与する．
⑦気管支拡張薬：アミノフィリンなどを投与する．

BOX-3　アレルギー，アトピー

アレルギー：　「アレルギー」とは，免疫反応という異物排除の生体防御システムが過剰となり，かえって有害な反応となった状態をいう．「変化した反応性」という意味で，100 年ほど前，オーストリアの医師によってこの言葉が初めて使われた．アレルギー性疾患の動物の血液中には IgE 抗体が多量にみられるようになる．「免疫」は細菌やウイルスなどの侵入から身を守る体の仕組みであるが，「アレルギー」は免疫反応の 1 つとして，病的なものを指す用語として使われる．

アトピー：　「a-topy」とは「あるべきところからはずれている」という意味で，遺伝性素因や独特な性質を持つ非定型的なアレルギー性疾患をあらわすものとして名付けられた．「過敏感化状態」とも訳される．アレルギーを起こしやすい体質は遺伝すると考えられている．人では第 11 染色体にアトピー遺伝子があるとの意見もあるが，その様な特定の遺伝子が関与するのではなく，例えば炎症性サイトカイン産生能の亢進が原因するとの考え方もあり，特定されていない．本来「アトピー」は遺伝的な要因を考慮して使われていた用語であるが，一般にはアレルギー（皮膚炎）とほとんど同義語としてと使われている．獣医領域でアトピー性皮膚炎というと吸引性アレルギー性皮膚炎を指すことが多い．

Drugs　薬の種類と特徴

　アレルギー反応には，主として肥満細胞に由来するヒスタミン，セロトニン，キニン，プロスタグランジン，ロイコトリエンなど，炎症を起こす多くの生理活性物質が関与している（図 17-1，表 17-1）．アレルギー性疾患の治療の基本は，これらの起炎物質の，①産生を阻害する，②細胞からの放出を阻害する，あるいは③標的細胞への結合を阻害する，ことにある．

■ 1　抗ヒスタミン薬

　肥満細胞からは多量のヒスタミンが放出されるが，ヒスタミンは H_1 受容体を介してアレルギー反応を惹起する．特に痒みの発現に重要な役割を果たすといわれている．その他，痒みに関係する生理活性物質にはセロトニ

ン，サブスタンス P，オピオイド，プロスタグランジン E_2 などがある．抗ヒスタミン薬はヒスタミン H_1 受容体に対する特異的競合拮抗薬であり，痒みを抑制する作用がある．クロルフェニラミン，ジフェンヒドラミン，クレマスチン，メクリジン，ジメンヒドリナート，プロメタジンなど，非常に多くの種類の薬があるが，持続時間や中枢への移行の度合いなどに差がある．アレルギー性皮膚炎の各種症状の中で，特に痒みに対しては効果を発揮する．しかし，アレルギーに関与する因子は数多く，重症化したものあるいは慢性化したものでは次第に効果が減弱する．

ヒドロキシジンは非ベンゾジアゼピン系の抗不安薬であるが，H_1 受容体遮断による抗アレルギー作用を有し，蕁麻疹や皮膚疾患に伴う瘙痒によく使用される．

抗ヒスタミン薬は副作用として，眠気をもよおす．人体薬ではこの副作用を軽減するため中枢への移行の弱い薬剤が開発されているが，この副作用は小動物の場合には特に問題とならない．むしろ，睡眠時間が長くなって，患部を掻くことが少なくなり，治癒を早めるという利点となる．人の臨床で最近問題となっているのが催不整脈であり，複数の抗ヒスタミン薬ならびに後述の抗アレルギー薬でも認められている．心電図の QT 延長作用が原因で，高用量を長期に服用すると致死性の不整脈（torsade de pointes：トルサード ド ポアン）が出ることがあるので注意が必要である．

抗ヒスタミン薬には抗動揺病作用があり，乗り物酔いの予防にも用いられる（第 13 章参照）．

■2 ケミカルメディエーター遊離抑制薬

1. ケミカルメディエーター遊離抑制薬の基礎

抗ヒスタミン薬や副腎皮質ステロイド以外に，アレルギーの治療のみを目的として開発された一群の薬があり，ケミカルメディエーター遊離抑制薬と呼ばれる．これらの薬は，肥満細胞などの細胞膜を安定化させケミカルメディエーターの遊離を抑制する作用を持つが，同時に抗ヒスタミン作用を持つものが多い*．また，抗ロイコトリエン作用や抗 PAF 作用，IgE 抗体産生抑制作用などを持つものもあり，複数の機序で抗アレルギー作用を発現するものが多い．はじめ抗ヒスタミン薬として開発されたが，その後にケミカルメディエーターの遊離抑制作用が見いだされ，分類が変わったものもある．最近では，ケミカルメディエーター遊離抑制薬に好酸球性の炎症に深く関わる IL-5 の産生を抑制する作用も見いだされている．

これらの薬は理論的には非常に優れた薬であるが，残念ながらその効果はあまり強くない．人の医療では，ケミカルメディエーター遊離抑制薬の効果が疑問視された時期もあったが，現在では一定の評価を受けている．副腎皮質ステロイドなどと比べると確かに切れ味は悪く単独で用いられることは少ないが，併用により副腎ステロイドの量を軽減できる場合も多く，うまく使えば有用な薬物である．

効果が発現するまでに 4〜6 週間の投与が必用とされる．これは，アレルギー性の炎症に組織障害や細胞障害が関わっているために原因が消失しても直ちに炎症が収まるわけではないからと説明されている．この様な理由から，人の医療ではケミカルメディエーター遊離抑制薬は予防的あるいは補助的に使用されている．副腎皮質ステロイドによる炎症抑制後にこれを安定化し，アレルギー炎症の再発を防止するとの観点から使用されることも多

---

* これらの薬は，抗ヒスタミン薬の薬効を調べていく過程で抗ヒスタミン作用以外の副次的な作用として見出されたものが多く，抗ヒスタミン作用をそのまま残しているものが多い．さらに抗ロイコトリエン作用の強い新規化合物も開発されており，今後は抗アレルギー薬の分類法が変わる可能性がある．

い．動物医療では，短期間にしかも目に見える形での薬効が期待されることが多く，ケミカルメディエーター遊離抑制薬の使用の経験は少ないが，薬物治療の1つの選択肢であるといえる．

2．ケミカルメディエーター遊離抑制薬の分類

ケミカルメディエーター遊離抑制薬は，酸性および塩基性の2群に分けられる（表17-4）．両者の分類は構造式によってなされるが，抗ヒスタミン作用の有無とも一致している．塩基性の抗アレルギー薬の一部は抗ヒスタミン薬に分類される場合もあり，明確に区別されているわけではない．

表17-4 ケミカルメディエーター遊離抑制薬の分類

酸性抗アレルギー薬	塩基性抗アレルギー薬
クロモグリク酸ナトリウム	ケトチフェン
トラニラスト	アゼラスチン
イプジラスト	メキタジン
（抗ヒスタミン作用を持たない）	テルフェナジン
	（抗ヒスタミン作用を持つ）

1）クロモグリク酸ナトリウム

1971年に最初に開発されたケミカルメディエーター遊離抑制薬で，主として点鼻薬あるいは点眼薬としてアレルギー性の炎症に利用される．経口投与ではほとんど吸収されないので全身作用はない．一方，消化管壁からアレルゲンを摂取することによって，食物アレルギーが起こるが，この時腸管粘膜下に存在する肥満細胞がアレルゲンの摂取を助長する．クロモグリク酸ナトリウムはこの粘膜下の肥満細胞に作用し，これを阻害することによってアレルゲンの摂取を抑制する．したがって，クロモグリク酸ナトリウムの経口投与は食餌性のアレルギー性皮膚炎に特に有効といわれる．

2）トラニラスト

経口薬として開発されたケミカルメディエーター遊離抑制薬であり，肥満細胞や好塩基球からの脱顆粒を抑制する作用を持つ．アレルギー性疾患以外にケロイドや肥厚性の瘢痕形成を抑制する作用，さらに最近では冠動脈拡張術後の再狭窄の防止に効果があることが見いだされ，注目されている薬物でもある．

3）ケトチフェン

欧米ではH_1型の抗ヒスタミン薬とされるが，日本では抗ヒスタミン作用を持つケミカルメディエーター遊離抑制薬として分類されている．

4）アゼラスチン

ケトチフェンと同様に抗ヒスタミン作用を持つケミカルメディエーター遊離抑制薬で，炎症細胞の遊走や浸潤を抑制する作用も示す．

■3 非ステロイド系抗炎症薬

鎮痛抗炎症効果を持つ非ステロイド系抗炎症薬（NSAIDs）の一部は，効果は弱いものの，人では軽症のアレルギー性皮膚炎に外用薬として使われている．ブフェキサマク，イブプロフェンピコノール，ウフェナマート，スプロフェン，ベンダザックなどがある．動物での使用経験は少ない．

表 17-5 主なケミカルメディエーター遊離抑制薬とその作用

作用＼薬物名	抗ヒスタミン作用	ヒスタミン遊離抑制作用	抗ロイコトリエン作用	ロイコトリエン遊離抑制作用	抗PAF作用	その他
クロモグリク酸ナトリウム		○	○			
トラニラスト		○		○		
イプジラスト			○	○	○	PGI_2増強作用
ケトチフェン	○	○		○	○	
アゼラスチン	○	○				気道平滑筋収縮抑制作用
テルフェナジン	○	○	○	○	○	

■ 4　その他の薬剤

　動物がアレルギー性皮膚炎にかかると，掻きむしり，二次感染を起こして炎症を悪化させる．そのため，抗菌薬の使用は症状の緩和に役立つことが多い．また，クロルヘキシジンなどで患部を消毒することも有効である．一方，近年多価不飽和脂肪酸である Ω-6 および Ω-3 の投与が，アレルギー性の瘙痒症に対して有効であることが明らかになり，幅広く用いられるようになった（栄養補助食品として）．脂肪酸は膜構造の維持，コレステロール輸送，皮膚の防御層の維持，エイコサノイド（プロスタグランジンやロイコトリエン）産生に関わっているが，上記の不飽和脂肪酸は皮膚の炎症に抑制的に機能しているものと考えられる．ただし，脂肪酸の投与は膵炎の既往がある動物および脂肪不耐性の動物への投与は避ける．その他，抗皮膚炎因子として発見されたビタミンであるビタミン B_6 が補助的に使われる．副腎皮質ステロイドについては第16章を参照されたい．

　その他の薬剤としてビタミンEやオルゴテインなどの抗酸化薬，上記のNSAIDsなども検討されているが，いずれも犬あるいは猫で明らかな効果が認められているわけではない．

BOX-4　アレルギー性疾患の治療薬としての免疫抑制薬

　免疫抑制薬で，臓器移植の際の拒絶反応防止のために用いられてきたタクロリムス（FK 506）の人でのアトピー性皮膚炎の治験が1999年に完了し，0.1％軟膏（プロトピック軟膏®）として発売された．副腎ステロイドに匹敵する，あるいはそれ以上の効果があるとされる．リバウンドも少なく，全身への吸収もほとんどない．節度ある使用であれば副作用も少ないといわれている．今後，副腎ステロイドに変わる新しい薬剤として期待されている．

　犬でも治験が試みられているが，未だ結論は得られていない．

Clinical Use　臨床応用

■1　アレルギー性疾患の薬物治療の基本

　アレルギー性疾患は，炎症性疾患であり，抗炎症作用のある薬剤を用いることによって，症状を軽減あるいは消失させることができる．獣医学領域で頻繁に用いられているのは，副腎皮質ステロイド，抗ヒスタミン薬，ある種の脂肪酸などである．人においては非ステロイド系の薬剤がよく用いられるが，犬と猫で有効性が示されているものは少なく，その効力は，どうしても副腎皮質ステロイドに比べ劣る．しかし，発症初期から使う，あるいは短期間副腎皮質ステロイドを使ってから使用することによって，治療効果をあげることが可能である．ただし，どの薬剤が効果的かは，個々の症例で実際に使用してみないとはっきりしないのも事実である．副腎皮質ステロイドについては第16章を参照されたい．

■2　抗ヒスタミン薬による治療

　小動物医療で抗ヒスタミン薬が用いられるのは，アレルギー性皮膚炎が主体であり，比較的良好な結果が得られている薬剤として，ジフェンヒドラミン，クロルフェニラミン，クレマスチンなどが挙げられる（表17-6）．猫では，クレマスチンよりクロルフェニラミンが効果が高い．しかし，前述のように各薬剤の効果や副作用は動物によって個体差があるので，適当と思われる薬剤をしばらく投与し，その効果を見て投与を継続するか新しい薬剤に切りかえるかを判断する必要がある．薬剤の効果が最大に達するには2週間以上かかる場合もあるとされているので，効果があるかどうか判断するには，ある程度の期間投与を続ける必要がある．これはアレルギー性皮膚炎がヒスタミンのみによって引き起こされているわけではないからである．

　もし単一の薬剤で十分な効果が得られないときは，他の薬剤と組み合わせることを考慮する．特に脂肪酸（Ω-3，Ω-6）との組合せは相乗的に作用することが多い．脂肪酸と組み合わせるときは，まず脂肪酸を一定期間投与しその後に抗ヒスタミン薬を加える．症状の改善が見られないときは，前述と同様の方法で薬剤を変えて効果を見る．また，犬では副腎皮質ステロイドと抗ヒスタミン薬を組み合わせることにより，副腎皮質ステロイドを25～50％減量できるとされる．

■3　抗ヒスタミン薬の副作用

　H_1ブロッカーである抗ヒスタミン薬は，副作用として抗コリン作用（口渇，粘膜乾燥，尿閉，便秘，頻脈など），局所麻酔作用，催眠作用などを併せ持つ．ただし，催眠作用については従来のH_1ブロッカーでは比較的強かったが，新しい薬剤では弱くなっているものが多い．その他の副作用としては，めまい，興奮など中枢神経系作用，消化管作用（悪心，嘔吐，下痢，食欲不振など）などが挙げられ，てんかん発作や頭蓋内占拠性病変，緑内障，不整脈，排尿障害などがある例では使用を控えるか十分な配慮が必要である．ただし軽度の副作用の場合には，連用により消失する場合が多い．また抗ヒスタミン薬の主要な代謝経路である肝臓の機能が低下している場合には十分な注意が必要である．さらに一部の薬剤では催奇形性が報告されているので，妊娠動物への使用には注意が必要である．その他，人では，抗真菌薬，マクロライド系抗生物質との併用で抗ヒスタミン薬の代謝が抑制され，副作用が出現しやすいことが報告されている．

表17-6 主なアレルギー性疾患の治療薬と用量

薬剤名	商品名	用量
ヒドロキシジン	アタラックス	犬：2.2mg/kg PO TID
ジフェンヒドラミン	レスタミン	犬：2.2mg/kg PO TID
	レスカルミン	
クロールフェニラミン	アレルギン	犬：0.4mg/kg PO TID
	ネオレスタミン他	猫：0.44mg/kg PO BID
クレマスチン	タベジール	犬：0.05〜0.1mg/kg PO BID
		猫：0.15mg/kg PO BID

注：犬では，表の順で下に行くほど効果が高いとされている．

ポイント

1. 抗ヒスタミン薬には一定の止痒効果がある．ただし，いくつかの薬剤は口蓋裂などの催奇形性を有するといわれ，妊娠の可能性のある場合には投与を控える．
2. 抗ヒスタミン薬の効果は個体差が大きく，また効果が発現するまで比較的長時間を必要とする．
3. ケミカルメディエーター遊離抑制薬の作用は予防的なものであり，また効果発現には数週間を要する．
4. 重症例では副腎皮質ステロイドに頼ることが多いが，抗ヒスタミン薬やケミカルメディエーター遊離抑制薬の併用は副腎ステロイドの軽減に役立つ．
5. 脂肪酸（Ω-6やΩ-3）の投与も，症状の軽減に役立つことが多い．
6. いくつかの薬剤を組み合わせると有効な場合が多い．個体差を考慮しながら治療にあたることが重要である．

18. 糖尿病の治療薬
Drugs used to treat diabetes mellitus

Overview

　糖尿病には，自己免疫反応により膵β細胞が破壊され，血糖値を下げるインスリンの分泌が低下するために起こる1型糖尿病，末梢臓器のインスリンに対する抵抗性が生じて起こる2型糖尿病，さらにそれ以外の原因による糖尿病がある．治療には，合成インスリンを注射で補充するか，インスリンの合成や分泌を盛んにする，あるいはその作用を高める薬が使われる．現在では，糖尿病治療のプロトコールが確立されており，かつての「死の病」から管理できる病気に変わっている．

インスリン製剤
a．速効型インスリン
- 中性インスリン注射液
- インスリン注射液

b．準速効型インスリン
- 無晶性インスリン亜鉛水性懸濁注射液

c．中間型インスリン
- インスリン亜鉛水性懸濁注射液
- イソフェンインスリン水性懸濁注射液

d．持続型インスリン
- 結晶性インスリン亜鉛水性懸濁注射液
- プロタミンインスリン亜鉛水性懸濁注射液

e．混合型インスリン
- 二相性イソフェンインスリン水性懸濁注射液

経口血糖下降薬
a．スルフォニル尿素薬
- トルブタマイド tolbutamide
- グリベンクラミド glibenclamide

b．ビグアナイド薬
- ブフォルミン buformin

- メトフォルミン metformin

c. αグルコシダーゼ阻害薬
- アカルボース acarbose
- ボグリボース voglibose

d. インスリン抵抗性改善薬
- トログリタゾン troglitazone

Basics 1　血糖調節とインスリン

　膵臓は消化酵素を含む膵液を十二指腸に送り込む機能の他に，インスリン，グルカゴン，ソマトスタチンなどのホルモンを分泌する内分泌器官としても重要な役割をはたす臓器である．

　動物細胞はその機能を営むためにエネルギーを必要とするが，主にブドウ糖というかたちで食物から吸収し各臓器に分配して利用している．血液中のブドウ糖の濃度を一定に維持する機構の1つとして，膵臓から分泌されるインスリンとグルカゴンがある．インスリンとグルカゴンは互いに拮抗的に働き，血糖値を制御している．

　例えば食後に血液中のブドウ糖の濃度が高くなると膵臓のβ細胞に働いてインスリンを分泌する(図18-1)．インスリンは，肝臓に働いてブドウ糖をグリコーゲンに変えて蓄え，また骨格筋などの末梢臓器に働いてブドウ糖取り込みを促進し，血中ブドウ糖濃度を下げる働きをする(BOX-2参照)．膵臓のα細胞から分泌されるグルカゴンはインスリンとは逆の働きをしブドウ糖がそれぞれの細胞で利用できるようにする．つまり，空腹になって

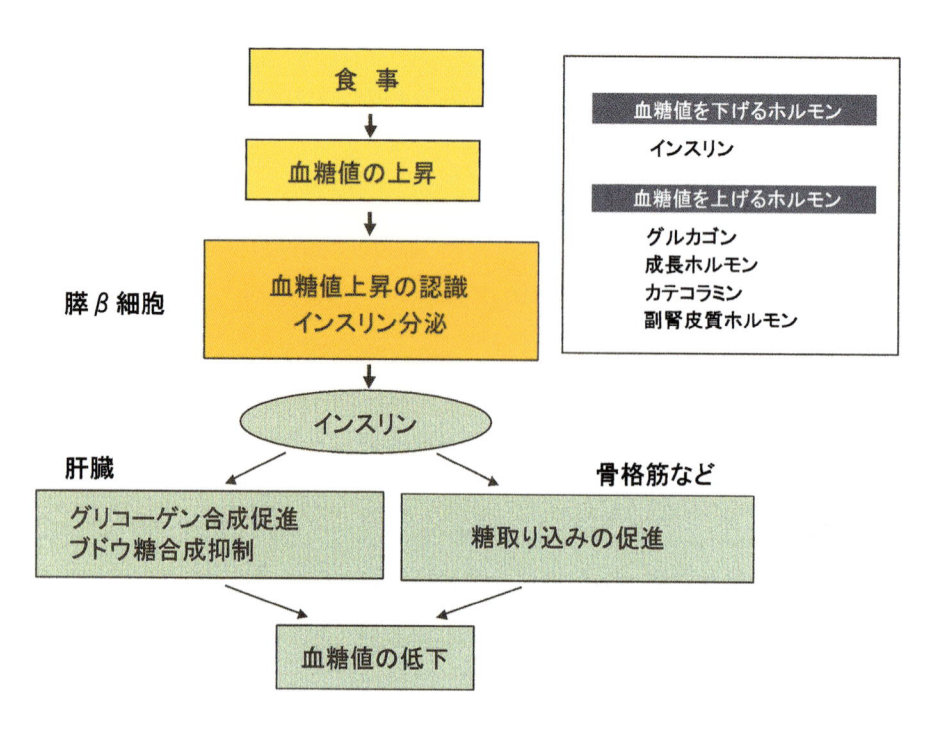

図18-1　血糖の調節機構

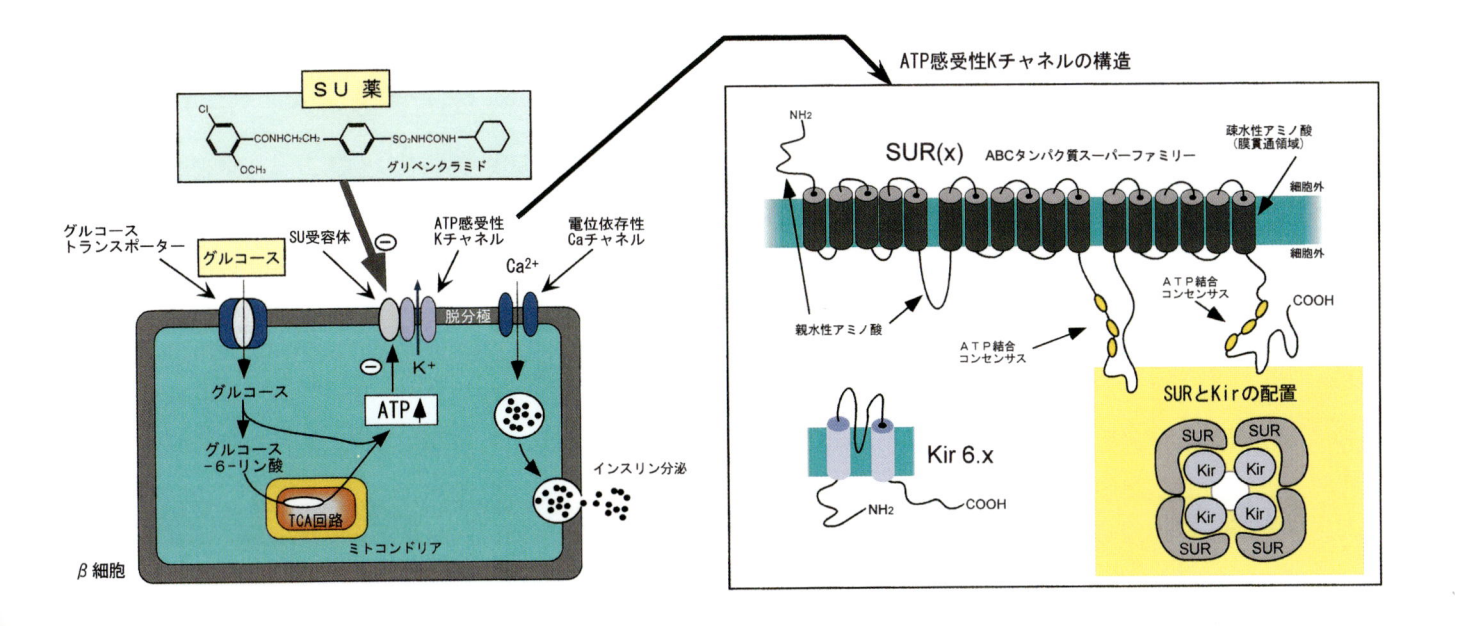

図 18-2　インスリンの分泌機構

　血糖値が高くなるとβ細胞におけるグルコーストランスポーターを介するブドウ糖取込みが増加する．ブドウ糖は嫌気的代謝ならびにミトコンドリアのTCAサイクルを介する好気的代謝によって分解され，その結果細胞内ATP量が増加する．

　β細胞のインスリン分泌は細胞内Ca^{2+}濃度の上昇によって開口分泌で起こるが，このCa^{2+}上昇は細胞膜のCa^{2+}チャネルからのCa^{2+}流入によってもたらされる．Ca^{2+}チャネルは電位依存性であり，細胞膜が脱分極すると開口する．β細胞のマイナスの静止膜電位はK_{ATP}チャネルによって維持されている．K_{ATP}チャネルはスルフォニルウレア（SU）受容体（SUR）と内向き整流性K^+チャネルから構成されているが，SU受容体の細胞膜内側にATP結合部位があり，ここにATPが結合するとK^+チャネルが閉鎖し，細胞内電位はプラス側に傾き（脱分極），Ca^{2+}チャネルが活性化されてCa^{2+}が流入する．この様な仕組みで細胞内Ca^{2+}濃度が上昇し，インスリンの分泌が起こる．

　血液中のブドウ糖濃度が下がるとグルカゴンが分泌されて貯蔵されたブドウ糖を動員する．次に食物を摂取するとブドウ糖濃度が上がるのでインスリンが分泌されてこれを下げるという仕組みである．血糖値を上げるホルモンには，他に成長ホルモン，カテコールアミン，副腎皮質ホルモンなどがある．一方，血糖値を下げる因子はインスリンただ1つである．

　ブドウ糖は動物の血液中の重要な栄養成分であり，通常は体の外へ排泄されることはない．しかし血液中の濃度があるレベル（170～200 mg/dl）を超えると腎臓で処理しきれなくなり尿中に出てしまう．一般の飼い主の関心は，糖尿病という名前から尿中のブドウ糖にいってしまうが，本当に問題となるのは血液中の糖であることを理解してもらうとよい．糖尿病はむしろ高血糖病と呼ぶべき病気である．

　膵臓のβ細胞にはかなりの余力があり，ある程度破壊されても血糖調節に十分なインスリンを産生するが，全体の10％を切ったところで急に症状が出てくる．すなわち，たとえ急激に発症したとしてもβ細胞の破壊は数年

BOX-1　インスリンの発見とノーベル賞

　インスリンは1921年にカナダのバンティングによって発見され翌年には糖尿病の治療に用いられた歴史がある．重症の糖尿病で死ぬ運命にあった14歳の少年が犬の膵臓から抽出したインスリンによって劇的に回復し，当時大きな話題を生んだ．この功績によりバンティングは1923年にノーベル賞を受賞している．

BOX-2　末梢臓器におけるインスリンの作用機構

　インスリンは肝，脂肪組織，筋肉など標的細胞にあるインスリン受容体に結合する．インスリン受容体は2つのα鎖と2つのβ鎖からなる四量体である．インスリンの結合サイトはα鎖にありこれによってβ鎖のチロシンキナーゼが活性化し，いくつかの経路を経て最終的にグルコーストランスポーターを活性化して，取り込みを促進する．これらのカスケードの中で，MAPキナーゼはグリコーゲン合成酵素を活性化し，またS6キナーゼやSH2タンパク質は細胞増殖作用をもたらす．

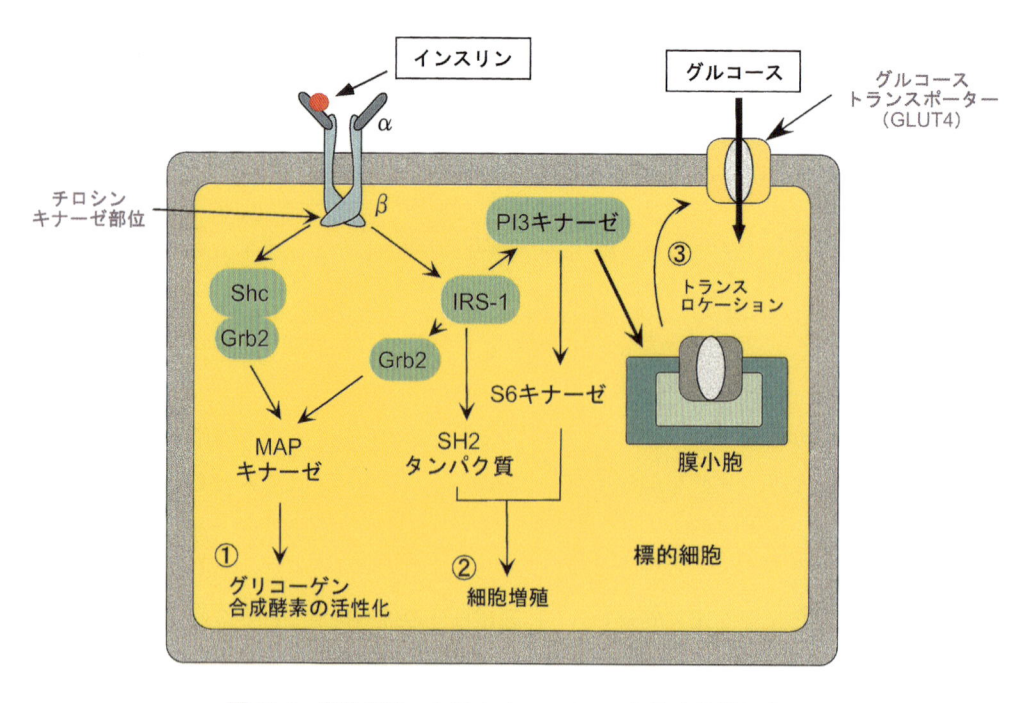

図18-3　標的細胞におけるインスリンの細胞内情報伝達

かけて徐々に進行していたと考えられる．β細胞の破壊の原因は，ある種の自己免疫疾患といわれている（BOX-3参照）．破壊されたβ細胞は修復されることはなく，糖尿病は完治する病気ではない．いったん糖尿病（特に1型糖尿病）にかかり症状が出れば一生インスリンを外から補わなくてはならない．高血糖が長く続くと腎臓，眼，神経など様々な臓器を障害し（合併症），ついには昏睡に陥り死亡する．

BOX-3　膵β細胞破壊のメカニズム

　β細胞がウイルスやトキシンで障害されると，マクロファージは破壊された細胞の膜抗原を異物として認識し，Tリンパ球を動員してこれを排除しようとする．これは正常な免疫反応であるが，ある種の遺伝的背景があると免疫細胞が正常なβ細胞も異物とみなしてこれを攻撃してしまう．β細胞の自己抗原としては，抑制性神経伝達物質GABAの合成酵素であるGAD 65，熱ショックタンパク質（HSP 60），インスリンなどが知られている．

　このため，1型糖尿病の治療法として各種の免疫療法が試みられている．例えば，免疫抑制剤のシクロスポリンや，これとは逆の発想で膵細胞炎症部位のサイトカインのバランスを乱す目的で非特異的免疫賦活作用を持つBCGの投与が検討されている．

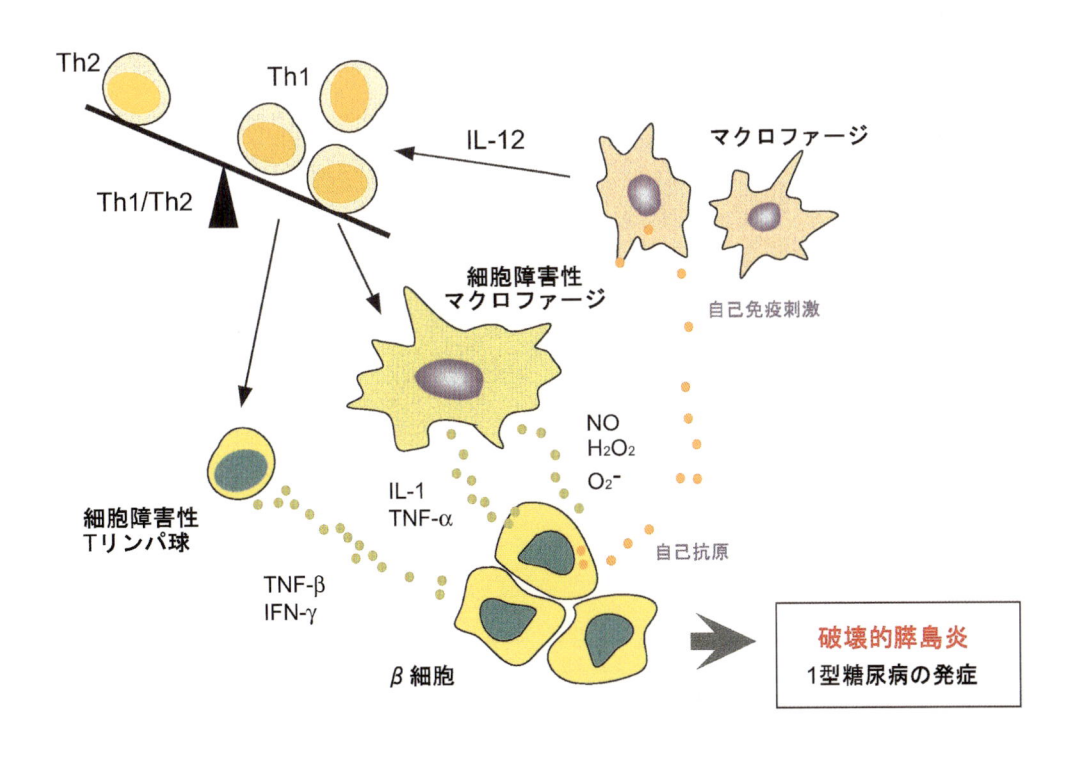

図18-4　β細胞破壊と各種免疫系細胞

Basics 2　糖尿病の分類

■1　人の糖尿病

1999年，日本糖尿病学会から人における新しい糖尿病の分類が発表された（表18-1）．

表18-1　病因を基準とした糖尿病の新しい分類

タイプ	病因
1型糖尿病 　膵β細胞が破壊され，通常インスリンの絶対的不足へ進行する	自己免疫性 特発性（原因不明）
2型糖尿病 　インスリン抵抗性を示すものと，インスリン分泌不全を示すものとがある	インスリン分泌不全 インスリン抵抗性
その他の特定の機序・疾患によるもの	遺伝因子異常 その他の疾患に伴うもの（膵・内分泌・肝・感染症など）
妊娠糖尿病	妊娠時にみられる糖尿病状態

注：これまでの呼び方に照らすと，IDDMは1型，NIDDMは2型に相当するが，1型でも初期の段階ではインスリン補充を必要としないケースがあり，2型でもインスリン補充が必要なケースも出てくる．したがって，1型の中にもインスリン依存型とインスリン非依存型が存在することになる．

　この中で人において大部分を占めるのは，2型糖尿病であり，1型糖尿病の症例は少ない．従来1型糖尿病とインスリン依存型（insulin dependent diabetes mellitus, IDDM），2型糖尿病とインスリン非依存型（non-insulin dependent diabetes mellitus, NIDDM）は同一のものと考えられてきたが，近年この考え方は改められつつあり，インスリン依存型・非依存型は患者の現在の状態を表し，1型・2型の分類は糖尿病の病因を表す分類とされるようになってきた．すなわちIDDMとは，インスリンを体外から補充しないと生存できないことを意味し，NIDDMとは，体内にあるインスリン（内因性インスリン）だけでも生存は可能なことを意味する．人でインスリン治療を受けている症例の多くは，インスリン療法を受けなくても生存は可能だが食事療法や経口糖尿病薬で良好なコントロールが達成できないためにインスリン療法を受けることになったもので，これらはIDDMの定義には含まれないことに注意が必要である．

　一方，1型糖尿病は膵臓のランゲルハンス島が激しい炎症をおこした結果β細胞が破壊され，インスリン分泌能が著しく低下ないし枯渇してしまうものであり，2型糖尿病はそれ以外の原因でインスリンの作用不足が現れて高血糖になるものである．上記のように病因を基準とした新しい分類法では，混乱を避けるために，IDDM，NIDDMという用語は併用しないことにしている（本書でも1型と2型の分類を基本として説明する）．

1．1型糖尿病

　1型糖尿病においてランゲルハンス島の炎症，破壊が生じる原因として，ある種の免疫異常が背景にあり，これにウイルス感染が加わると，感染に引き続く免疫機構の関与で決定的なβ細胞の破壊が生じることが明らかとなってきた（図18-4,5）．また，まれにウイルス感染が関与しない自己免疫機構によって，同様な破壊が生じるこ

とも示されている．人において，膵臓に親和性を持つウイルスとして，流行性耳下腺ウイルス，風疹ウイルス，コクサッキーB群ウイルス，EBウイルスなどが挙げられており，水痘ウイルスやインフルエンザウイルスも可能性がある．これらの例では組織学的に膵臓に単核球の浸潤がみられたり，血中に抗ウイルス抗体や抗ランゲルハンス島細胞抗体（ICA），抗ランゲルハンス島細胞膜抗体（ICSA）などの自己抗体が検出される．

1型糖尿病では最終的にはβ細胞の機能が廃絶してしまい，インスリンを補充しなくては生存できないIDDMになる．一方，1型糖尿病であってもランゲルハンス島の傷害が比較的緩やかに進み，長期間にわたってインスリン分泌能を維持するケースもある．この様な例では，インスリン補充療法を受けなくても血糖がコントロールでき，NIDDMの病像を呈することがあるが，最終的にはIDDMへと移行する．1型糖尿病は若年者や子供に多く生じる．特に若年で発症する糖尿病の中では大きな比重を占めるため，以前には若年性ともいわれたが，現在ではすべての年齢層において発病することが分かってきた．

2．2型糖尿病

2型糖尿病は，食べ過ぎ，肥満，運動不足，ストレスなど生活習慣や加齢の関与が大きい．2型糖尿病の真の病態はインスリン分泌不全あるいは末梢組織におけるインスリン抵抗性（あるいはこの両者）であり，高血糖と糖毒性（後述）の悪循環を特徴とする．正常な膵β細胞はブドウ糖刺激に迅速に反応してインスリンを分泌し，血糖を常に一定範囲内に維持している．これにより食後血糖値は120 mg/dl前後に保たれるが，インスリン分泌不全症ではブドウ糖刺激に対するインスリン初期分泌が遅れることにより，200 mg/dl以上に上昇する．また，朝食前の空腹時血糖値も，疾患が進行するとインスリンの基礎分泌が低下し，肝からの糖放出が増加して上昇し，次第に糖尿の症状が顕著となる．人ではこのタイプは日本人に多く，非肥満で，インスリン分泌障害が第一義的であることが明らかとなっている．一方，インスリン抵抗性の場合には，分泌されたインスリンが筋肉や脂肪組織で十分に働かず，ブドウ糖利用が不十分の状態となり，血糖上昇を招く．このタイプは肥満の人に多くみられ，インスリン標的組織（骨格筋，脂肪組織，肝臓など）におけるインスリン作用障害が主な原因とされている．

糖尿病の発症には遺伝素因が強く関与することはよく知られたことであり，近年，2型糖尿病の原因となる遺伝子がいくつか同定された．しかし，依然として90％以上は原因が不明なままであり，複数の因子が関わる多因子疾患と考えられている．いずれにしても，前述のように過食・肥満・運動不足・ストレスなどがインスリン抵抗性を増悪させることが明らかとされている．また1型糖尿病は発症時期が明確に特定できることが多く，病気の進行経過を把握しやすいのに対し，2型糖尿病では，疾患発見時には病状がすでにかなり進行しており，病気の経過を把握することさえ容易でないことも少なくない（特に動物の例で）．

3．その他の特定の機序・疾患による糖尿病

人では，その他の特定の機序・疾患による糖尿病として，膵β細胞機能にかかわる遺伝子異常，インスリン作用の伝達機構にかかわる遺伝子異常などが同定されたもの，および膵外分泌疾患（膵炎，外傷，膵摘出術，腫瘍など），内分泌疾患（クッシング症候群，褐色細胞腫など），肝疾患（慢性肝炎，肝硬変など）により二次的に生じたもの，薬剤や化学物質（グルココルチコイドなど）によるもの，感染症，免疫異常によるまれな病態，その他の遺伝的症候群で糖尿病を伴うことの多いものなどが挙げられている．

■2 小動物の糖尿病

小動物における糖尿病は，若齢期に生じるものはまれであり，大部分は中年から老年期に発症する．犬におい

ては，雌に多く発生する傾向があり，猫では雄に多発する傾向がある．また犬ではダックスフンド，プードルなどに発生が多いことも報告されている．犬においては，人の1型糖尿病に一致する組織所見を認めた例の報告もあるが，主体は2型糖尿病，あるいはその他の要因による糖尿病ではないかと推測されている．しかしその発症機転には不明な点が多い．

いずれにしても，小動物における糖尿病の分類には混乱がみられ，犬では大部分が1型糖尿病と記載されているものもある．これは，人における以前の分類をそのまま当てはめたため生じた混乱と考えられる．ただし，犬ではほとんどの例が病状が進んだ状態で発見されるため，大部分が治療にインスリンを必要とするIDDMの様相を呈する．すなわち，犬における糖尿病は，病因としては1型糖尿病だが，病状としてはIDDMが大部分と理解しておくとよい．

その他，犬では二次性の糖尿病も認められ，なかでも副腎機能亢進症に併発する例が多くみられるので注意を要する．糖尿病と副腎機能亢進症は，症状に共通する部分も多いので，多飲・多尿，高血糖を呈する犬では，副腎機能亢進症の除外診断を最初に行う．

一方，膵炎によってβ細胞の90％以上が破壊されても，高血糖を呈するようになる．犬の糖尿病症例では，病理組織学的に膵炎あるいは膵臓の線維化がみられる例が多いことから，慢性の膵炎を繰り返すうちにこのような状態に陥る例も少なくないと考えられる．また慢性肝疾患がある場合には，低血糖も認められるが，耐糖能の異常と高血糖が認められることもある．これは，肝障害と伴に，インスリンとグルカゴンの分泌異常も生じるため

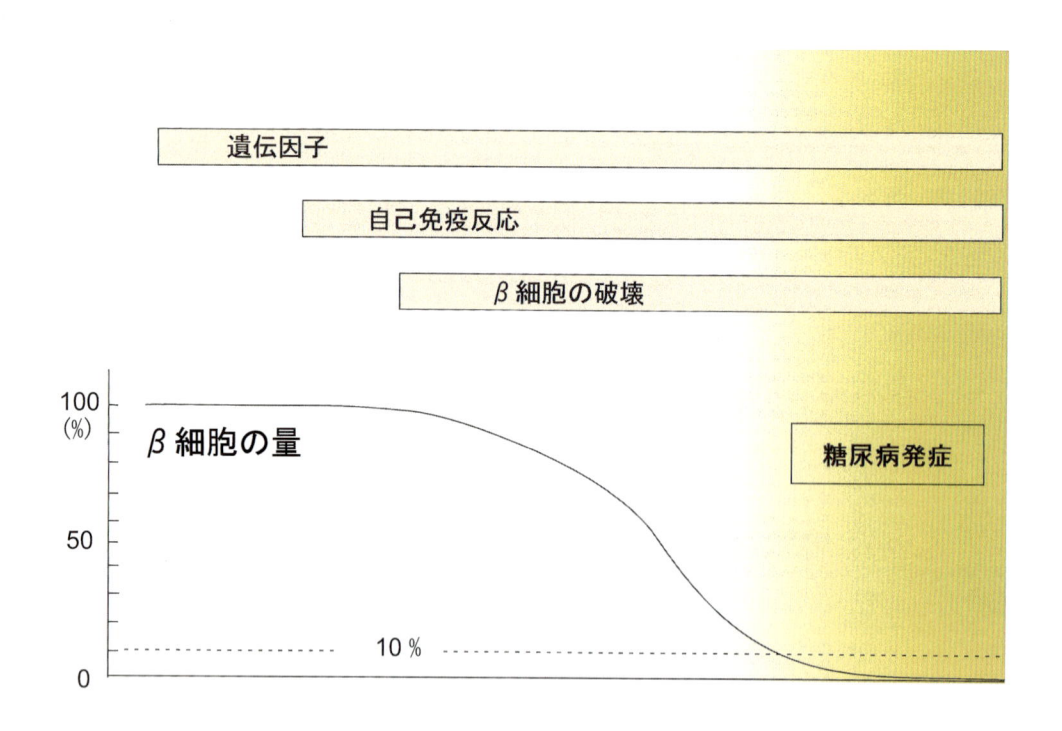

図18-5　1型糖尿病の発症経過
　1型糖尿病は，遺伝的因子を背景として自己免疫反応によりβ細胞が破壊されることによって発症する．β細胞のインスリン分泌能には余力があり，全体の90％が破壊されるまでは症状が現れることはない．すなわち，糖尿病と診断されたときには，β細胞の破壊は取り返しのつかないレベルにまで達している．

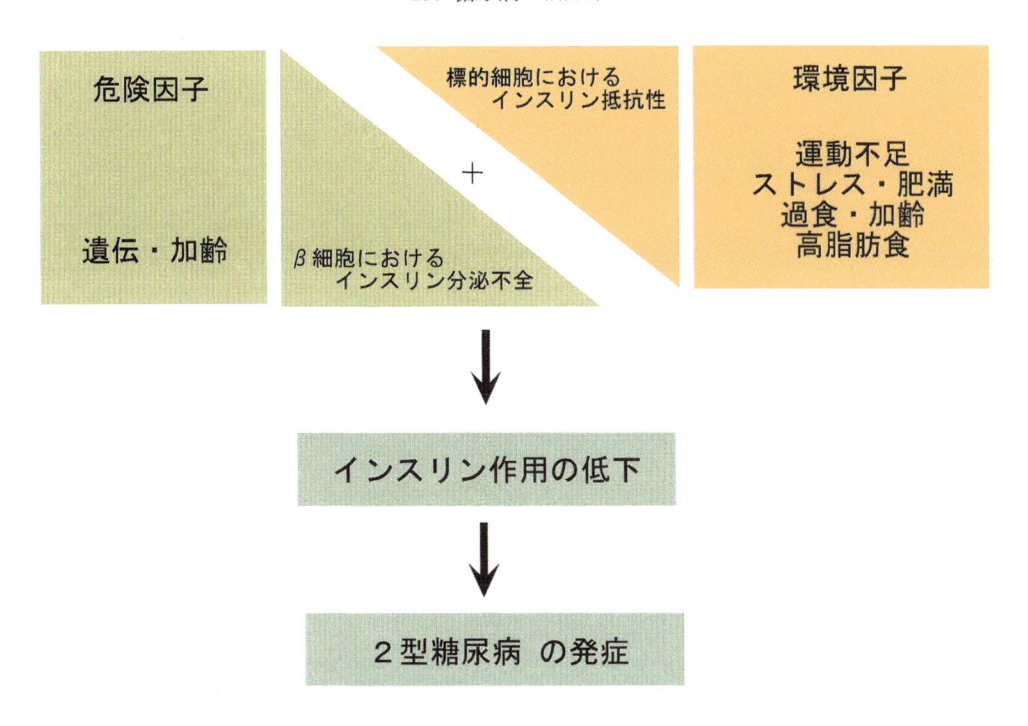

図 18-6　2 型糖尿病の発症機序
　2 型糖尿病には様々な因子が介在する．危険因子としては，遺伝的な背景や加齢などがある．これによってインスリン分泌能の低下が起こるが，これだけでは糖尿病発症には至らない．環境因子としては，運動不足，ストレス，肥満，過食などがある．この様な因子により末梢臓器が高インスリン負荷を受け続けると，インスリン抵抗性が発生し，2 型糖尿病が発症する．

と考えられている．
　一方，猫における糖尿病については，症例が少ないこともあってさらに不明な点が多いが，約 20％の例がNIDDM であるとされ，経口血糖降下薬（後述）が有効な例もある．またインスリン治療を行っていると，インスリン投与の必要がなくなる例もあるが，これらの一部は恐らく真性の糖尿病ではなく，何らかの原因による一過性の耐糖能異常例であると考えられる．

■3　症　　状

　多飲，多尿，口渇が一般に認められる症状であり，食欲亢進があるにもかかわらず体重は減少する．ただし，これらの症状は糖尿や以下に述べる浸透圧利尿が起きるまでは発現しない．すなわち，症状が発現した時にはすでに病気は進行していることに注意が必要である．これらの症状は，犬では血糖値が 180〜220 mg/dl を超すと出現するようになる．その他脂肪肝による肝腫大も認められることが多い．
　症状が進行すると，食欲不振，脱水，嘔吐などが認められるようになり，犬では白内障を併発することが多いが，猫では白内障はまれである．犬における白内障は，突然生じたように見えることが多い．これらの症状はいずれも，インスリンの作用不足により引き起こされた糖質，脂質，タンパク質代謝異常などによって生じたものである（BOX-4）．すなわち，肝臓での糖新生の亢進，末梢での糖利用率の低下，タンパク質，脂質，グリコーゲン分解の亢進，グリコーゲン新生の抑制などにより持続性の高血糖状態となり，血漿浸透圧は上昇し，血糖値が

尿細管での吸収能力の閾値を越えると尿糖が陽性となる．これらは，Na^+，K^+，P，Cl^-の損失を伴った浸透圧利尿や脱水，代償性の多飲を引き起こす．また異化亢進が進み，体重が減少する．脂質代謝の亢進が高度になると，遊離脂肪酸の増加，血中ケトン体の増加を引き起こし，最終的には糖尿病性ケトアシドーシスを発現させる．

糖尿病はこれ以外にも様々な異常を引き起こし，十分な治療が行われないで慢性に経過すると，血管障害や神経障害を惹起する．人では糖尿病性網膜症，糖尿病性腎症，末梢神経障害，動脈硬化性病変，感染症，脂肪肝，白内障などが重篤な合併症として挙げられている．小動物においても白内障（犬），感染症，また頻度は低いが網膜症，腎症などが問題となる．

BOX-4　糖毒性

糖尿病におけるインスリン分泌不全やインスリン抵抗性は高血糖を引き起こすが，この高血糖が末梢組織に，そして膵β細胞にも悪影響を及ぼしてインスリン分泌不全とインスリン抵抗性を助長する．高血糖の生体に対する毒性作用を糖毒性というが，糖毒性は糖代謝自身にも影響を及ぼして悪循環を来す．糖尿病治療の大きな目的の1つに，この悪循環を断つということもある．

高血糖による細胞障害の主要なメカニズムとして，2つのことが考えられている．

第1は，血液中のブドウ糖の濃度が上がると細胞の中でソルビトールという細胞膜を自由に通過できない単糖に変わることが挙げられる．これが細胞内の浸透圧を上げ，細胞は水を吸い，いわば水膨れ状態になってしまう．第2の機序としてタンパク質の変成がある．タンパク質のアミノ基とブドウ糖のアルデヒド基が結びついて，非常に長い時間かかって糖化タンパク質（Advanced glycation end products；AGEタンパク質という）となる．この変性タンパク質によって細胞が傷害されるという考えである．

その他，ケトン体の出現も間接的ではあるが糖毒性の1つとして挙げられる．糖尿病ではブドウ糖を栄養素としてうまく処理できないためブドウ糖以外の栄養素である脂肪酸を消費するようになる．脂肪酸が代謝される結果，その代謝物であるケトン体ができる．血液中のケトン体濃度が高くなると血液が酸性となり，臓器を障害する．ケトーシスが進むと脳の機能を抑制して昏睡状態となることがある（これを「糖尿病昏睡（高血糖昏睡）」という）．

■4　診　　断

糖尿病の診断は，前述のような臨床症状，経過，持続する高血糖と尿糖の確認などで可能となる．鑑別診断として副腎機能亢進症，膵炎，ストレスによる高血糖（猫），肝障害，発情周期に伴う高血糖などの有無に注意する．犬においては，初診時に明らかな高血糖，尿糖を示す場合が大部分であるため，鑑別診断に注意すれば糖尿病そのものの診断はそれほど難しくない．

一方，糖尿病学会の「糖尿病の分類と診断基準に関する委員会」は，人における糖尿病の臨床診断の進め方を以下のように提唱している．

1) 空腹時血糖値≧126 mg/dl，75 g OGTT 2時間値≧200 mg/dl，随時血糖値≧200 mg/dl のいずれか（静脈血漿値）が，別の日に行った検査で2回以上確認できれば糖尿病と診断してよい．血糖値がこれらの基準値を

超えても1回だけの場合は糖尿病型と呼ぶ．
2) 糖尿病型を示し，かつ次のいずれかの条件がみたされた場合は，1回だけの検査でも糖尿病と診断できる．
   (1) 糖尿病の典型的症状（口渇，多飲，多尿，体重減少）の存在
   (2) HbA1c≧6.5%
   (3) 糖尿病網膜症の存在
3) 過去において上記1) ないし2) の条件がみたされていたことが確認できる場合は，現在の検査結果にかかわらず，糖尿病と診断するか，糖尿病の疑いをもって対応する．
4) 診断が確定しない場合には，患者を追跡し，時期をおいて再検査する．
5) 糖尿病の臨床診断に際しては，糖尿病の有無のみならず，成因分類，代謝異常の程度，合併症などについても把握するよう努める．

小動物においても，連続する空腹時血糖値>150 mg/dl あるいは，食後血糖値>200 mg/dl が1つの指標として提唱されている．その他，糖負荷試験が，耐糖能あるいはインスリン分泌反応の検討のために行われることもある．犬のインスリンは人の測定系で測定可能であるため，糖負荷試験を行うことにより耐糖能異常の早期発見，さらに内因性インスリンの反応の評価から，病因の解明，インスリン投与の必要性，あるいは経口血糖降下剤の適応性の判定などに役立つ可能性がある（図18-7）．

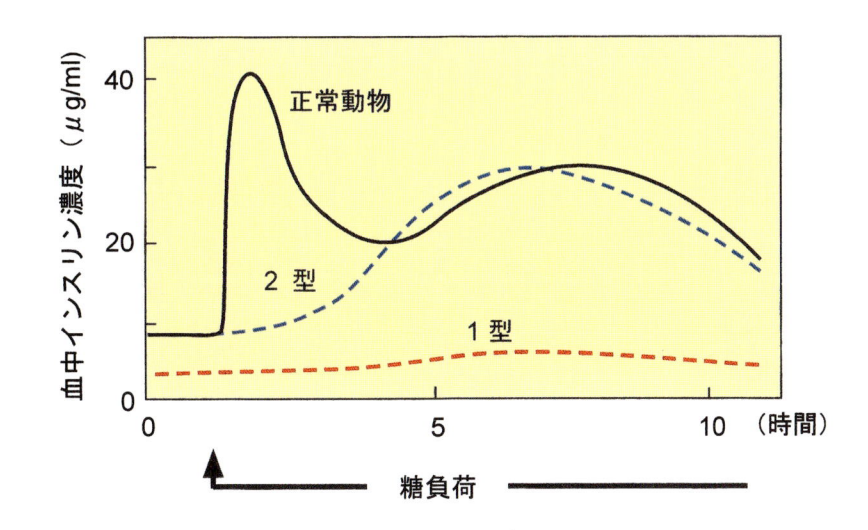

図18-7 糖負荷による血中インスリン濃度の変化
　高血糖を来している1型糖尿病ではβ細胞が正常の10～20%まで低下しており，インスリン分泌は大幅に低下している．2型糖尿病，特に分泌不全型では，インスリン分泌の特に初期反応が障害されている．これは，遺伝的な要因が大きいとされており，これに何らかの機序によるインスリン作用不全（抵抗性）が二次的に加わり，発病すると考えられている．
　正常では糖負荷により一過性にインスリン濃度が増加した後，2相目の持続分泌がみられる．これは，糖に対してすでに生合成してあったインスリンが放出されることによる初期反応と，その後に新しく生合成されたインスリンが放出される持続反応が生じるためである．2型糖尿病では最初に一過性分泌が欠落し持続分泌のみがみられる．1型糖尿病では，基礎分泌（空腹期の分泌）もほとんどなく，糖に対する反応性も消失している．

一方，人においては，上述の糖化ヘモグロビン(HbA1c)*値が長期の血糖値状態の把握に有効であることが示され，診断，治療効果の判定などに多用されている．犬においても，HbA1cは過去8週間の平均血糖値を反映する．また，グルコースがアルブミンと結合したフルクトサミンは，アルブミンの半減期，すなわち10日間の平均血糖値を反映するといわれており，これらの項目は，今後小動物においても幅広く用いられていくと考えられる．

Drugs　薬の種類と特徴

■1　インスリン製剤

インスリンは合計51個のアミノ酸からなるポリペプチドで，動物の種類によってアミノ酸の組成は若干異なる（図18-8）．犬のインスリンは豚と同じ組成で，従来は豚の膵臓から抽出した人用に開発されたインスリンを使ってきた．ところが最近，遺伝子組換で大腸菌や酵母菌から作られる人型インスリンが市場に出回り豚インスリンが入手できなくなり，獣医師の間で問題となった．ただし，50個のアミノ酸の中で人との違いはわずか1ヵ所で

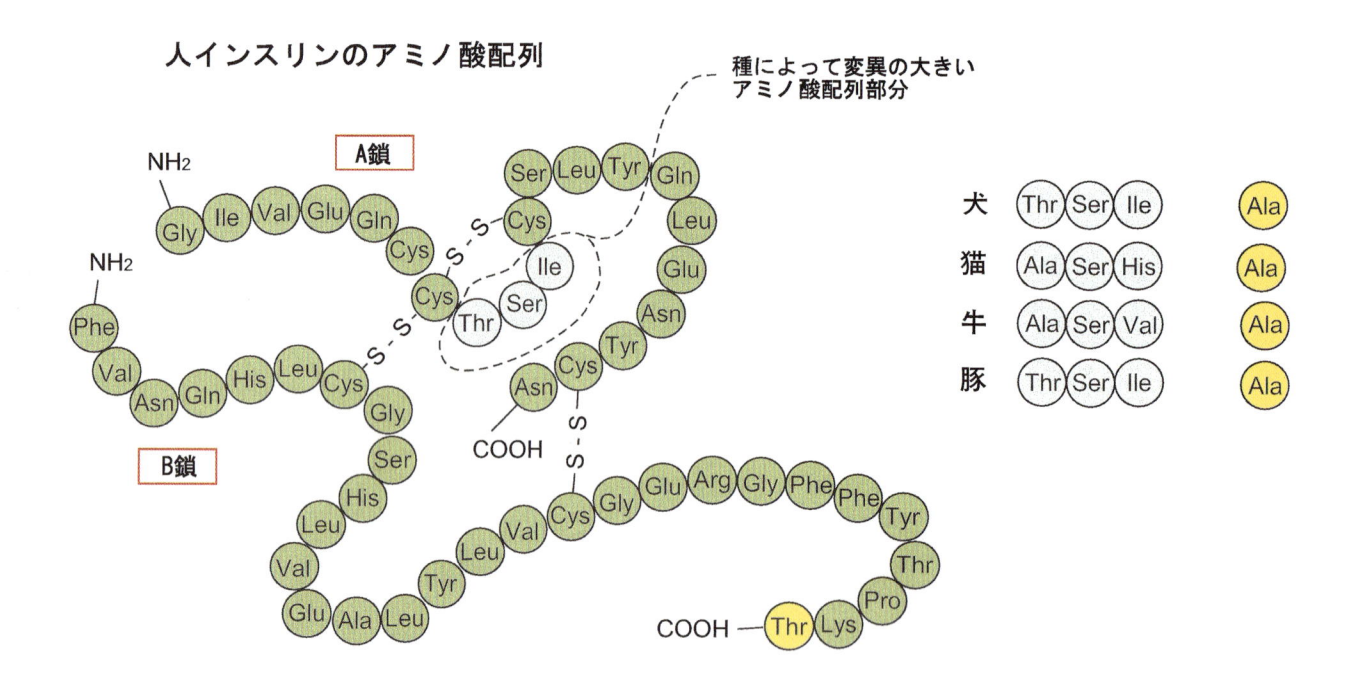

図18-8　インスリンの構造
　インスリンはA鎖とB鎖の2本のペプチドからできている．図は人のインスリンのアミノ酸の配列を示しているが，犬のインスリンとはB鎖の30番目のアミノ酸が違うだけで，犬の糖尿病の治療にも問題なく使用できる．

---

* HbA1c：赤血球中のヘモグロビンは，赤血球が流血中を循環している間に，血液中の糖類やそれらの代謝産物と結合・蓄積する．HbA1cは，ヘモグロビンA(HbA)に血糖が結合したものであり，値は総ヘモグロビン量に対するHbA1cの割合（％）で表す．

あり，大きな不都合は今のところ報告されていない．

インスリンの作用は硫酸プロタミンや亜鉛などを添加することによって修飾される．効果を現すまでの時間や持続時間が異なる3つのタイプ（速効型，中間型，持続型）があり（表18-2），症状や環境によって使い分ける．

表 18-2　インスリン製剤

	タイプ	種　類
速効型インスリン[注1]	中性溶解製剤	中性インスリン注射液 インスリン注射液
中間型インスリン[注2]	亜鉛懸濁製剤（レンテ系製剤） プロタミン添加製剤（NPH製剤）	インスリン亜鉛水性懸濁注射液 イソフェンインスリン水性懸濁注射液
持続型インスリン[注3]	亜鉛懸濁製剤	結晶性インスリン亜鉛水性懸濁注射液 プロタミンインスリン亜鉛水性懸濁注射液
混合型インスリン		二相性イソフェンインスリン水性懸濁注射液

注1：速効型インスリンは防腐剤以外に添加物を含まない無色透明な薬剤である．
注2：プロタミンなどの塩基性タンパク質はインスリンの作用時間を延長する（NPH製剤）．亜鉛にも同様の作用があり，懸濁液として用いる（レンテ系製剤）．静脈注射はできない．
注3：亜鉛量をさらに多くして持続時間を延長したもの．

速効型*は，透明な水溶液で静脈内，筋肉内，皮下投与が可能である．中間型および持続型は懸濁液で，放置すると沈殿する．混合型は予め速効型と中間型あるいは持続型を決まった割合で混合したものである．

生理的なインスリンの分泌には，1日中少量ずつ分泌されている基礎分泌と，食事の後に血糖が上がって分泌される追加分泌がある．この様な生理的なインスリン分泌を，上記の3つのタイプのインスリンを組み合わせて再現しようという試みが行われている．この方法は「強化インスリン療法」といわれている（図18-9）．強化インスリン療法は，自然のインスリン分泌を模倣するので治療効果が高く，多くの合併症の発症を確実に遅らせる．

1型糖尿病の治療にはインスリン注射が原則であるが，2型糖尿病においても早い段階からインスリン注射を開始するとよいといわれている．これはインスリン抵抗性の原因となる長期の高血糖を抑え，二次的なβ細胞の破壊を遅らせることができるからである．

インスリンを過剰に投与したり，食事を与えずにインスリンを投与したり，激しい運動をした場合，血糖値が急激に下がり，ひどい場合は昏睡状態となる．これは低血糖昏睡といわれ，糖尿病自体を原因とする糖尿病昏睡とは区別しなくてはならない．流涎や痙攣を起こす場合はかなり危険な状態で，このような場合は，直ちに獣医師の指示をあおぐよう飼い主にあらかじめ指示する．

■2　経口血糖降下薬

インスリン投与量を減らすため，膵β細胞に働いてインスリン分泌を増やす薬としてグリベンクラミド，トルブタマイドなどのスルフォニル尿素剤（sulfonyl urea；SU剤）がある．これらの薬はβ細胞のK⁺チャネルを抑

---

* 従来の速効型のインスリンは皮下からの吸収が速やかではなく，食後に急速に上昇する血糖値を抑制するには十分ではなかった．これは注射製剤としてのインスリンが本来A鎖とB鎖の2量体として単独で存在すべきところが，高濃度の場合に複数会合して存在するためといわれている．この点を克服しインスリンの会合を抑えるために，B鎖28のProをLysに，B鎖29のLysをProに換えたインスリンが開発された．これは超速効型インスリンといわれる．

制して細胞膜を脱分極させ，インスリンを分泌させる（図18-2）．犬の糖尿病の多くは2型であるが，発見時には大多数のβ細胞がすでに破壊されインスリンの分泌が極端に少なくなったIDDMの状態で，これらの薬に大きな期待をかけることはできないが，インスリンの量を減らすために併用されることがある．他方，軽症の2型糖尿病においてはSU剤が第一選択薬である．ただし，長期投与すると肥満を助長することが欠点で，かえってインスリン抵抗性を悪化させてしまうので注意する．

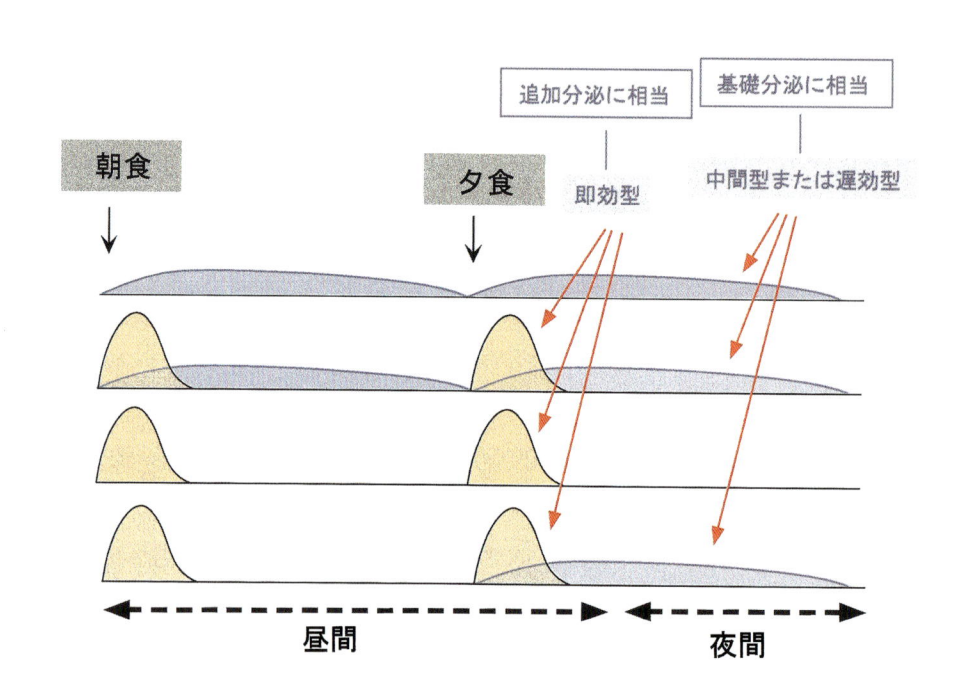

図18-9 強化インスリン療法
　強化インスリン法は，自然なインスリンの変化のパターンを複数のタイプのインスリン製剤を組み合わせて模倣する方法である．速効型インスリンは第1相の一過性分泌の補充を目的とし，中間型・持続型は第2相の持続分泌ならびに基礎分泌の補充を目的としている（図18-7参照）．

BOX-5　リコンビナント・インスリンの製造法

　現在市場に出ているインスリンの大部分は生合成ヒト型インスリンであり，その製造法は大きく以下の3つに分けられる．A鎖-B鎖法は，A鎖とB鎖を作るためのDNAを別々の大腸菌のプラスミドに組み込み，これを結合させて最終のインスリンとする方法である（Eli Lilly社）．プロインスリン法は，プロインスリンをいったん作り，その後にC鎖を取り去って合成する方法で，生体内の合成経路をそのまま再現したものである（Eli Lilly社）．その他，ミニプロインスリン法といって，初めからC鎖を含まず，その代わりに短いリーダーペプチドを挿入して合成する方法もある（Novo Nordisk社）．

図18-10 インスリンの合成法

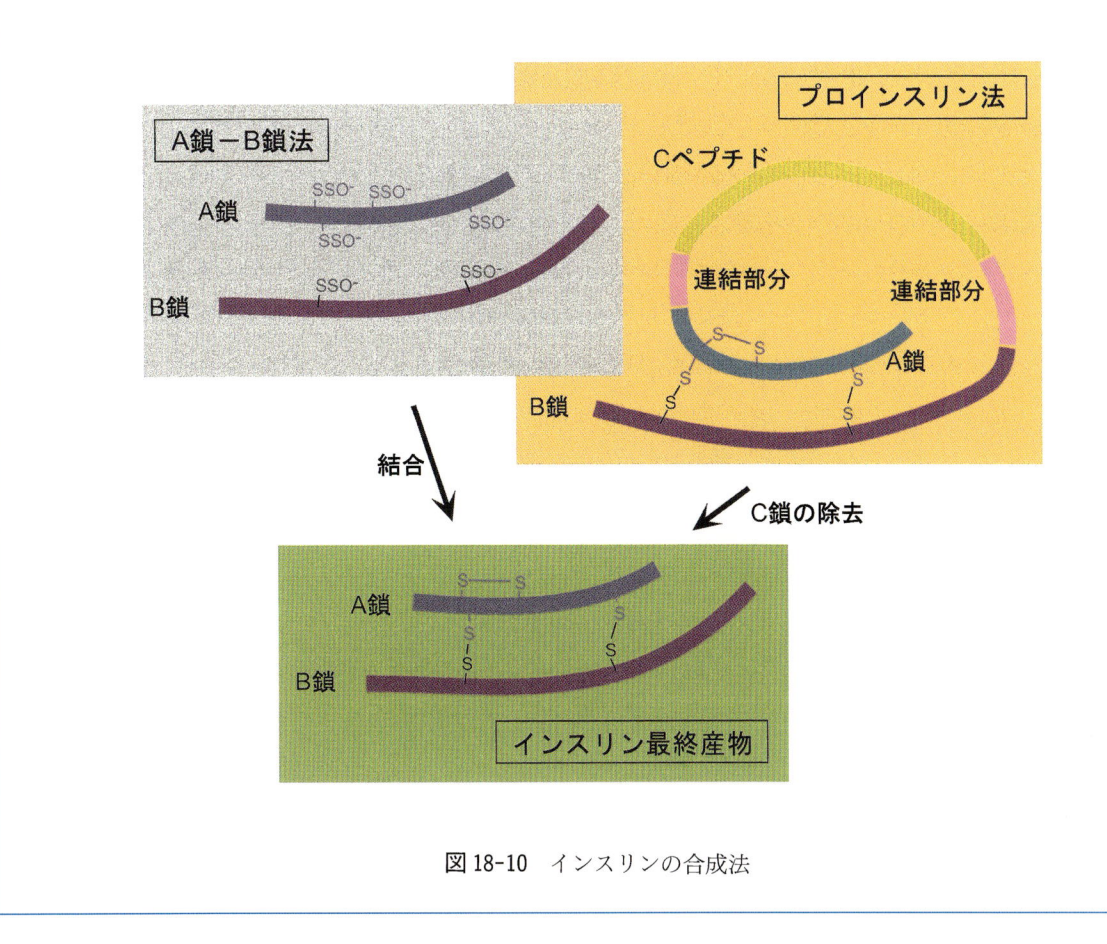

　その他，ブフォルミン，メトフォルミンなどのビグアナイド系薬がある．血糖下降の作用機序は未だに不明確であるが，肝における糖新生の抑制，腸における糖吸収の抑制，末梢の臓器でブドウ糖の利用を高める作用があるといわれる．作用がマイルドで低血糖の危険性が少ないという利点があり，最近注目されている薬剤である．

　アカルボース，ボグリボースなどの α グルコシダーゼ阻害薬は，二糖類水解酵素を競合拮抗的に阻害し，糖質吸収の最終段階である二糖類から単糖類への分解を阻害する．食前に服用することで，糖類の消化・吸収を阻害して食後の血糖上昇を抑制する．α グルコシダーゼ阻害作用は主として小腸上部で起こり，中央部から下部での糖吸収は変化はない．したがって，糖類吸収が小腸全体でゆっくり起こることになり，食後の急激な血糖上昇を抑えることができる．

　最近我が国で開発された薬剤に，トログリタゾンがある．インスリン分泌には影響せずに，肝や筋肉におけるグリコーゲン合成，肝における糖新生などのインスリン作用を促進する作用がある．このことからインスリン抵抗性改善薬とも呼ばれる．ただし，少数例ではあるが人で重篤な肝毒性がみつかり発売が中止されている．

■3　免疫系の修飾

　自己免疫による β 細胞破壊防止の目的で，フリーラジカルスカベンジャー作用や NO 合成酵素誘導阻害作用のあるニコチン酸アミドが用いられ，一定の効果が示されている．ビタミン E との併用も推奨されている．その他，

β細胞破壊に対してインスリン自身が効果的であるとする考え方がある．すなわち，インスリン投与によりβ細胞を休ませると自己抗原発現が低下し，またインスリン自身がβ細胞の免疫系を修飾して免疫寛容を誘導し，β細胞の破壊を遅らせるといわれる．

Clinical Use　糖尿病治療の実際

　糖尿病は，基本的に根治できる疾患ではなく，治療の目的は症状を改善し，長期の合併症の発生を防止することにある．したがって飼い主に糖尿病について正しく理解してもらい，主体的に治療に参加してもらうことが不可欠となる．

　治療は，体重のコントロール，適切な食餌管理，適切な運動に加え，大部分の例でインスリン投与が必要となる．食餌は毎日一定の量を与え，脂肪分や糖分の高いものは避ける．また線維分の多い食餌は，インスリン要求量を下げる効果がある．適正な運動は，筋細胞の糖輸送におけるインスリン依存性を減らすことにより，インスリン要求量を減らすことができるため重要である（犬）．

　インスリン療法は，犬では中間型のインスリン亜鉛水性懸濁注射液もしくはイソフェンインスリン水性懸濁注射液を0.5 U/kg，SC，SID，あるいは持続型のインスリン亜鉛水性懸濁注射液を0.3〜0.4 U/kg，SC，BID程度から始め，効果を見ながら投与量を増減する．効果の判定は，症状の有無，程度および血糖値の変化から行う．最終的には，血糖値を80〜200 mg/dlに維持することが目標となる．

　猫では持続型の結晶性インスリン亜鉛水性懸濁注射液0.5 U/kg，SC，SID，あるいはインスリン亜鉛水性懸濁注射液0.3〜0.4 U/kg＋結晶性インスリン亜鉛水性懸濁注射液0.3〜0.4 U/kgをSC，BID程度から始め，犬と同様に効果を見ながら投与量を増減する．

　犬，猫とも1日2回のインスリン投与が必要となることが多い．1日2回投与する場合は，食餌の回数も2回とし薬剤投与直後に与えるようにする．もしインスリン投与後に低血糖となった場合には，5〜20 gのブドウ糖を経口あるいは静脈内投与し，その後のインスリン投与量を減らす．

　人の臨床では2型糖尿病が多く，経口血糖降下薬が頻繁に使われるが，最近，糖尿病の猫に対してビグアナイド系薬などの経口血糖降下薬の応用が試みられ有効性が報告されている．しかし経口血糖降下薬の使用は，食欲不振や，ケトアシドーシスのない猫に限られる．他方，犬では症状としてはインスリン投与を必要とするIDDMが多く，β細胞の破壊が進んでいるので顕著な効果が認められないことが多い．

ポイント

1. 1型・2型という分類は病因に基づく分類法である．IDDM・NIDDMという分類はインスリン分泌の低下を基準とした分類法であり，必ずしも1型とIDDM，2型とNIDDMが同一ということではない．
2. 糖尿病で恐ろしいのは合併症である．長期の糖毒性が全身の臓器を障害する．
3. 1型糖尿病を初めに診断した時点で，膵β細胞の90%以上はすでに破壊されている．インスリン投与を直ちに考える．
4. 猫の2型糖尿病には，経口血糖降下薬やインスリン抵抗性改善薬が有効な場合がある．1型糖尿病でも，経口血糖降下薬やインスリン抵抗性改善薬を付加することでインスリン投与量を軽減できる．
5. 強化インスリン法とは，速効型と中間・持続型のインスリン製剤を組み合わせ，生理的なインスリン分泌を模倣する方法である．

19. 生殖器疾患の薬
Drugs used to treat reproductive organ disease

Overview

　小動物臨床では繁殖に関わる多くの疾病に頻繁に遭遇する．避妊や堕胎も日常的な診療行為である．外科的処置とともに各種の性ホルモンやプロスタグランジン製剤が使われる．卵巣や子宮の疾病の理解のために，性周期や性ホルモン，そして妊娠や分娩のメカニズムを十分に理解しておく必要がある．また，最近では雄の前立腺肥大症も薬による治療が可能となっている．

避妊薬
- プロジェステロン progesterone
- クロルマジノン chlormadinone
- プロリゲストン proligestone

堕胎薬
- エストラジオール estradiol
- エストリオール estriol
- ジエチルスティルベステロール diethylstilbesterol
- ジノプロスト（天然型プロスタグランジン $F_{2\alpha}$） dinoprost (prostaglandin $F_{2\alpha}$)
- クロプロステノール（プロスタグランジン $F_{2\alpha}$ 誘導体）cloprostenol
- ブロモクリプチン bromocriptine

子宮内膜炎・子宮蓄膿症の治療薬
- ジノプロスト dinoprost
- 各種の抗生物質

分娩促進薬
- オキシトシン oxytocin
- エルゴメトリン ergometrine
- ジノプロスト dinoprost

前立腺肥大治療薬
a．抗アンドロジェン薬

- 酢酸クロルマジノン chlormadinone acetate
- オサテロン osaterone

b．$α_1$受容体拮抗薬
- タムスロシン tamsulosin
- ナフトピジル naftopidil

Basics　雌および雄の生殖器に関する基礎知識

■1　雌犬・猫の性周期

　動物の性周期は，血液中の様々なホルモンによって複雑に調節されているが，視床下部と脳下垂体前葉がその主役を務める（図19-1）．視床下部からは，下垂体の機能を調節する幾種類ものホルモンが分泌される．下垂体からは性周期を調節するホルモン，すなわち卵胞刺激ホルモン（FSH）と黄体形成ホルモン（LH）（性腺刺激ホルモンまたはゴナドトロピンといわれる）が分泌される．これらのホルモンは卵巣に働くが，FSHは卵胞の発育過程で，LHは卵胞発育の最終段階（排卵）で機能し，卵胞のなかの卵子を受精可能な状態に成熟させる．

　無発情期ではFSHとLHは互いに同期してパルス状に適度に分泌されている（図19-2：犬の例）．これによって卵胞が発育する．発情前期に入ると発育した卵胞から分泌されるエストロジェンの働きでこれらの分泌は停止する．エストロジェンは発育した卵胞を成長させ，受精できる直前の状態にする．排卵，すなわち発情期は，これまで休んでいた視床下部からのLHの急激な分泌をきっかけとして起こる（LHサージ）．排卵をきっかけにエストロジェンは減少し，これに変わって排卵した後にできる黄体からプロジェステロンが分泌される．エストロジェンとプロジェステロンの働きによって雄を許容するようになり，交尾して妊娠することになる．

　雌犬は，小型犬で約6ヵ月，中型犬，大型犬では7〜12ヵ月で性成熟し，発情が始まる．雌犬の性周期は，無発情期，発情前期，発情期，発情休止期の4つから構成され（図19-3），個体差はあるがおよそ年2回のサイクルで回っている．陰部の出血がみられるのは発情前期で（平均で9日間），交尾や妊娠するのはこれに続く発情期である．

　雌猫は約5〜8ヵ月で性成熟し発情が始まる．猫は多発情で多くは早春から晩秋にかけて幾度も発情する．発情期は4〜10日で15〜21日の間隔をおいて再発情する．季節や飼育環境により影響を受ける．猫は交尾刺激で排卵を起こす，交尾排卵動物である．すなわち，陰門-腟領域に刺激が加わると視床下部から放出ホルモンの放出に続いてLHが分泌され排卵を生じる．基本的に交尾しない限り排卵や黄体形成は起こらない．

■2　妊娠の維持と分娩の仕組み

　妊娠が進行するに伴って胎子は成長するが，分娩の直前までは子宮筋はその活動を抑え，胎子が子宮内にとどまるように働く．この機能を担っているのが，妊娠期間中に黄体から分泌されるプロジェステロンである．妊娠期の後半になると，プロジェステロンの分泌が減少しエストロジェンが増加するため，子宮筋が強く収縮できる状態，すなわち分娩に適した状態へと変化する．

　一方，黄体刺激ホルモンのプロラクチンは，プロジェステロンの分泌を促進する．この分泌を抑えると黄体機能は低下し，プロジェステロン産生が減少するため，妊娠の維持ができなくなるが，この分泌調節にはドパミンが深く関与している．

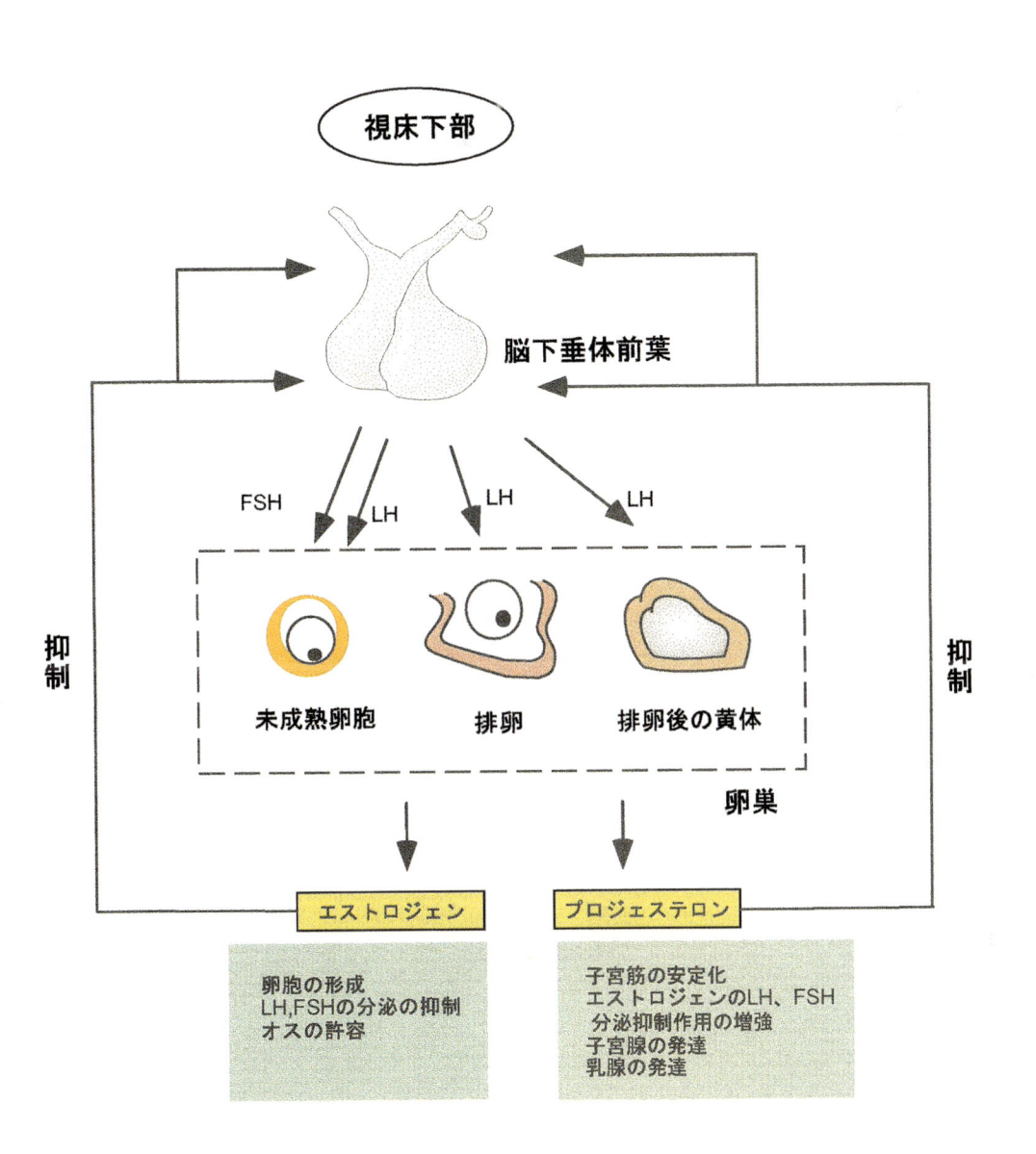

図 19-1　脳下垂体による卵巣ホルモンの調節

　脳下垂体の前葉からは FSH と LH が分泌され，血液中に溶けて卵巣に作用する．卵巣でこれらのホルモンは卵胞を成熟させ，排卵，黄体の形成へと導く．これらのホルモンはまた，エストロジェンやプロジェステロンの分泌を促し，子宮や乳腺などの生殖器に働いたり，また脳に働いて，FSH や LH の分泌を調節（フィードバック）する機能も持っている．

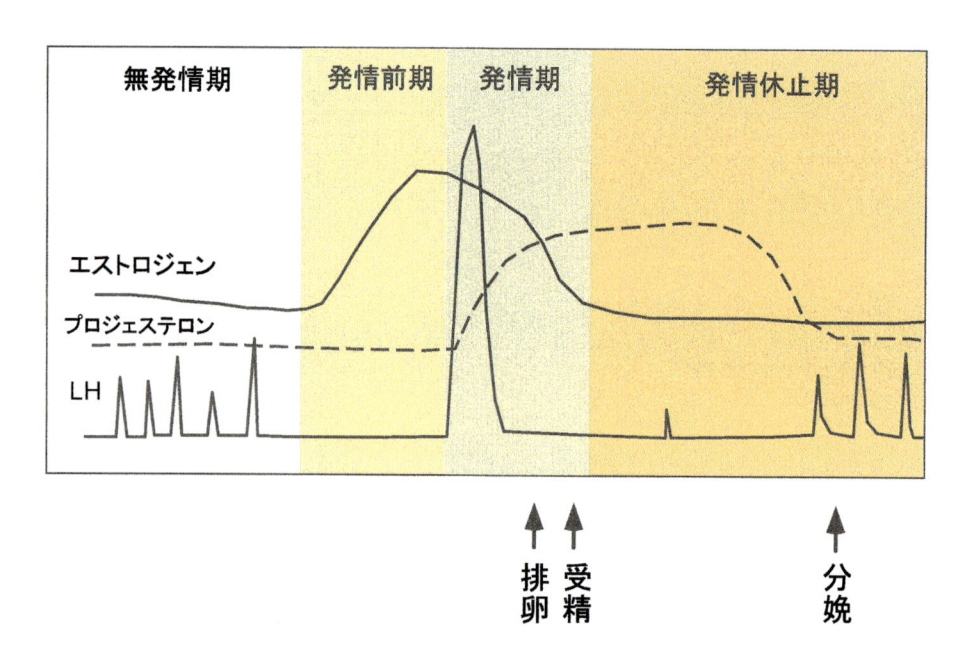

図 19-2　雌犬の性周期とホルモン変動
　性周期は脳下垂体後葉から分泌されるFSH，LHなどのゴナドトロピンと，これらの支配を受ける卵巣から分泌されるエストロジェンやプロジェステロンが複雑に作用して営まれている．排卵はLHサージと呼ばれるLHの急激な分泌によって起こる．

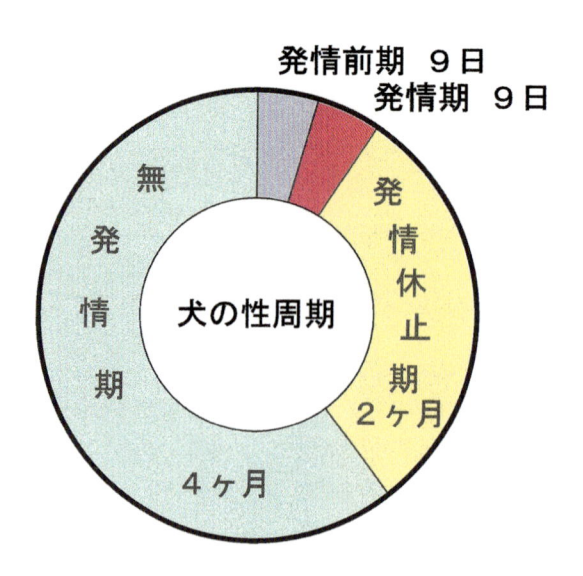

図 19-3　雌犬の性周期
　発情前期はおよそ9日間で，陰門部の浮腫と血液の混じった腟分泌物が見られる時点から雄犬を受容する時点までをいう．発情期もおよそ9日間で，雄犬に興味を示し注意を引こうとする．排卵は発情開始の2日前から7日後までの間に起こる．排卵された卵子は成熟するのに2〜5日を要する．発情休止期（およそ2ヵ月）には卵巣はその活動を止める．

分娩の開始の指令がどこから出ているかはまだ十分に明らかにされていないが，胎子の副腎でコルチゾールが作られ，血流に乗り胎盤を介して母体に伝わることがきっかけになるといわれている．これによって子宮でのプロスタグランジン $F_{2\alpha}$ の合成と分泌が亢進し（COX-2 を介して産生される），子宮筋を収縮させる．さらに，プロスタグランジン $F_{2\alpha}$ は黄体退縮作用を有し，黄体から分泌されるプロゲステロンを低下させるため，子宮筋をよりいっそう収縮しやすくさせ分娩にいたると考えられている．一方，母親の脳下垂体から分泌されるオキシトシンが子宮で作られるプロスタグランジン $F_{2\alpha}$ の子宮筋の収縮作用を助けることも重要である．

表 19-1　臨床応用される性ホルモンの種類と作用

種　類	作　用	臨床応用
卵胞ホルモン製剤 　エストラジオール，エストリオール， 　ジエチルスチルベステロール	雌生殖器，副生殖器の発育促進 受精卵の輸送の阻害と子宮への 着床阻止	着床の阻害 不妊症の治療
黄体ホルモン製剤 　プロジェステロン，クロルマジノン， 　プロリゲストン	子宮内膜の発育促進 妊娠の維持 発情，排卵抑制	避妊（排卵と発情の阻害）
抗アンドロジェン製剤 　オキセンドロン，ゲストノロン， 　クロルマジノン，オサテロン	前立腺の増殖抑制	雄の前立腺肥大症

■3　前　立　腺

　雄の副生殖腺である前立腺は，膀胱頸部のすぐ後ろに尿道を取り囲む形で存在している．多数の前立腺管が尿道へと開口している．他の動物と比べ犬の前立腺は大きく，しかも加齢とともに肥大していくので，犬の平均寿命が増加するに従って前立腺肥大症の数は増加している．

　前立腺肥大は，正しくは良性の前立腺過形成であり，加齢に伴うアンドロジェンとエストロジェンの比率の変化が関与するといわれる．代表的なアンドロジェンであるテストステロンは精巣から分泌され，前立腺の過形成をもたらす．一方，精巣で産生されるエストロジェンはアンドロジェン受容体を増加させる．加齢とともに，アンドロジェンの分泌は低下し，エストロジェン分泌量は多少増加するか変化しない．この様なアンドロジェンとエストロジェンのアンバランスが，前立腺肥大を増悪させると考えられている．

　前立腺には尿道周囲の内腺とそれより外側に位置する外腺がある．人の前立腺肥大は内腺の増殖を主とするが，犬の前立腺肥大は外腺の増殖による．以前は，前立腺肥大による排尿障害は腺組織の増大による物理的障害のみと考えられてきたが，近年，アドレナリン α_{1A} 受容体が前立腺近傍の平滑筋細胞に分布することが明らかとなり，この α_{1A} 受容体を介する腺組織の収縮や増殖肥大も一因となると考えられるようになった．

Drugs and Clinics　薬の基礎と臨床応用

　発情の時期には出血や行動の変化があり，またミスメイト（「好ましくない妊娠」）も起こり得る．飼い主が妊娠を希望しない場合は，適切に避妊の処置を講じることが望まれる．避妊の第1の方法は手術で，卵巣と子宮を外科的に摘出する方法である．この際，将来起こり得る子宮疾患を防ぐ目的で，卵巣と子宮を同時に摘出することが多い．第2の選択肢として，ここに述べる薬物による避妊あるいは堕胎法がある．

■1 予防的な避妊

最近犬および猫に広く用いられるようになったのが、ホルモン製剤による避妊法で、プロジェステロン製剤が使われる。エストロジェンにはLHやFSHなどの分泌を抑制する作用がある（図19-2）。プロジェステロンにはこのエストロジェンの作用を強める働きがある。したがって定期的にプロジェステロンを投与すると、LHやFSHの分泌が抑制され、排卵が抑制される。すなわち発情を抑え妊娠できない状態にする効果がある。プロジェステロンそのものでもかまわないが、半減期が長く、プロジェステロン活性の高いクロルマジノンやプロリゲストンなど合成発情抑制薬が避妊薬として使われる。

クロルマジノンやプロリゲストンは、注射剤あるいは皮下へ埋め込むインプラント剤として用いる。注射剤の場合は、数ヵ月に1度の決められたプログラムに従って行う。はじめの注射は発情休止期に行う。インプラント剤は特殊に成形したシリコン基材に取り込ませたもので、皮下に埋め込むと薬が徐々に体の中へ溶け出てくる仕組みになっている。1年間あるいはそれ以上有効である。避妊を止めたければ、注射を停止するか、インプラント剤を取り出す。これらの処置により、1～8ヵ月で発情が起こるようになり元の性周期に戻る。

避妊薬としてのプロジェステロン製剤は長期にわたって投与され、しかも動物の持つ本来のホルモンバランスをくずすことから、体重増加、乳腺の発達、脱毛、子宮疾患などの副作用が危惧される。特に、子宮内膜炎や子宮蓄膿症、あるいは乳腺腫瘍などの発生には、十分注意する。

■2 堕　　胎

飼い主がミスメイトを発見して、堕胎を求めてくる場合も多い。その様な場合、外科的処置（卵巣・子宮摘出術）も1つの選択であるが、時期によっては薬による人工流産も可能である。この場合、エストラジオール、エストリオール、ジエチルスティルベステロールなどの卵胞ホルモンが使われるが、後述の様に副作用が重篤で、推奨できる方法ではない。これらの薬は、卵管や子宮の平滑筋を収縮させ、受精卵の輸送を阻害し、子宮への着床を妨げる。ただし、着床の前、すなわち妊娠が診断できる前（交配後3～5日以内）に投与する必要がある。

その他、プロスタグランジン$F_{2\alpha}$製剤も堕胎の目的で使用される[*1]。プロスタグランジン$F_{2\alpha}$には黄体退行作用があり、これに引き続くプロジェステロン分泌の低下の結果堕胎が起こる。子宮筋収縮や胎子に対する毒性も関与しているといわれる。プロスタグランジン$F_{2\alpha}$製剤の副作用は、卵胞ホルモンほど重大ではない。治療後の繁殖能に影響することもない。一方、妊娠の正常な維持には脳下垂体前葉から分泌されるプロラクチンも重要な役割を果たすが、ドパミンはこのプロラクチンの作用を押さえ、流産を起こすことが知られている。

薬による堕胎法は、着床前（LHサージから20～22日後）か着床後かによって異なる。

1. 着　床　前

着床前であれば、エストロジェン投与によって卵管と子宮の動きを変化させて着床を防止する、あるいはプロスタグランジン製剤投与によってプロジェステロン分泌を抑え、着床を防止する方法がある。しかし、エストロジェンに関しては、以下の様な重篤な副作用を伴うことがあるため推奨されない[*2]。エストロジェン投与に伴う最

[*1] プロスタグランジン製剤は皮膚から容易に吸収される。妊娠の可能性がある場合、医療従事者はこれらの薬物を決して扱ってはならない。
[*2] 1970年代にアメリカで、エストロジェンを堕胎のために使用した母親から生まれた子供に、子宮がん、子宮頸がん、睾丸腫瘍などが多発したため、使用を極力控えるようになっている。

も重篤な副作用は，骨髄抑制であり，血小板減少症，白血球減少症，重度の貧血を引き起こし最終的には死に至る場合もある．この作用は用量依存性であり，高用量のエストロジェン投与は非常に危険である．さらにエストロジェン投与は子宮内膜炎および子宮蓄膿症を誘発する場合がある．犬においては1回の交尾で妊娠する可能性は40%以下と報告されており，エストロジェンを用いた場合は妊娠していない動物もこれらの危険にさらすことになるため好ましい方法とはいえない．以上の事項を念頭に置いてなおかつエストロジェンを使用する場合には，交尾した2〜4日後にエストラジオールベンゾエートを総量5〜10 μg/kgで，48時間おきに2分割あるいは3分割して皮下投与する．

プロスタグランジンの堕胎効果は発情休止期5日目（LHサージから約13〜15日目）以降から認められ，天然型プロスタグランジン$F_{2\alpha}$であるジノプロストあるいは合成プロスタグランジン$F_{2\alpha}$であるクロプロステノールが用いられる（図19-4）．これらの薬剤は，様々な方法で投与される．例えば，ジノプロストの場合，250 μg/kg, SC, BID, 4〜6日間投与（発情休止期8日目から15日目まで），クロプロステノールの場合には，1〜2.5 μg/kg, SC, SID, 4〜5日間の投与とされる．一般に，用量が少なければ副作用は少ないが，投与回数を増す必要がある．また妊娠前期では高用量で，より長期間の投与が必要となる．

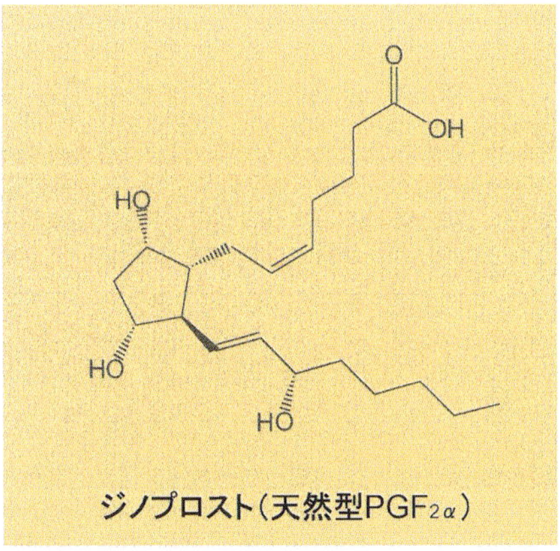

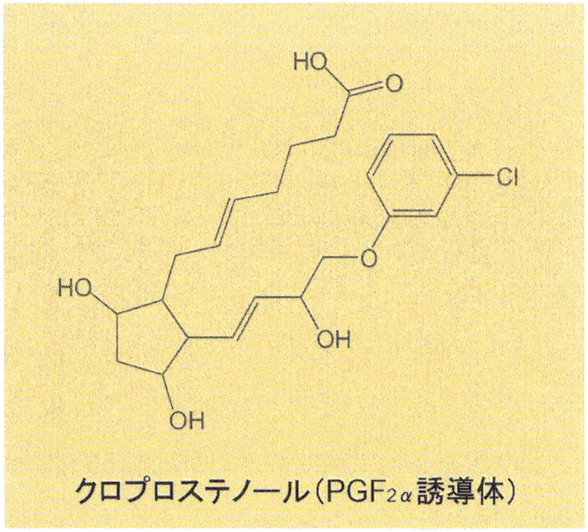

図19-4 天然型プロスタグランジン$F_{2\alpha}$（ジノプロスト）と合成型プロスタグランジン$F_{2\alpha}$（クロプロステノール）の構造式

プロスタグランジン$F_{2\alpha}$投与に伴う副作用は，主に平滑筋収縮によるもので，流涎，嘔吐，排便，排尿，下痢，運動失調などが起こる．投与約20〜60分後に強くなり2〜3時間程度持続するが，投与量によってその程度と持続時間が異なる．これらの副作用は投与を続けるうちに次第に減弱することが多い．

2．着 床 後

処置を行う時期さえ適切であれば，薬剤による堕胎は，着床前より着床後のほうが容易である．妊娠を確認した上で治療を行うため，妊娠していない動物に薬剤投与を行ってしまうことも避けられる．ただし，妊娠中期（着床からLHサージ後40〜42日まで）では，胎子は吸収されて排出されることはないが，これを過ぎた妊娠後期では，体内で処理できずに胎子が娩出されるためあまり好ましくない．特に交尾50〜55日以降では，胎子が生きた状態で娩出されることがあるので注意が必要である．

着床後の堕胎には前述のプロスタグランジン$F_{2\alpha}$製剤およびドパミン作動薬が用いられる．プロスタグランジン$F_{2\alpha}$では，着床後は用量および投与回数とも着床前に比べると少量で十分な効果が得られ，副作用も軽減できる．ジノプロストでは，0.1～0.25 mg/kg，SC，BID～TID（交尾30～35日目から開始し堕胎するまで），クロプロステノールでは，交尾後30日以降に1～2 μg/kg，SC，SIDで，5～7日間投与する方法などがある．

一方，プロラクチン濃度が上昇するLHサージ25～30日以降にドパミン作動薬を投与すると，プロラクチンの分泌が抑制され，その結果プロジェステロンの分泌が抑制されて流産させることができる．ドパミン作動薬としては，ブロモクリプチン（50～100 μg/kg，PO，BID）などがあるが，副作用としては悪心が見られること，妊娠後期であれば成功率は高いが，妊娠中期までは必ずしも確実な効果が得られないことなどの問題がある．最近，プロスタグランジン製剤と前述のドパミン作動薬を低用量で組み合わせて投与する方法が報告されており，副作用少なくより良好な成績が得られている．この場合妊娠が確認されたらなるべく早く投与を開始するとよい．

これらプロスタグランジン製剤やドパミン製剤の効果は，超音波検査で胎子をモニターするのが最も効果的である．妊娠前期に投与した場合は，LHサージ20～25日後に確認する．エストロジェン投与を行った場合には，子宮蓄膿症についても十分に注意する必要がある．着床後に薬剤投与を行う場合は投与5～7日後に確認し，流産していない場合にはさらに2～5日間投与を続けるとよい．

3　子宮内膜炎・子宮蓄膿症

子宮内膜炎は子宮内膜の化膿性炎症である．黄体ホルモンであるプロジェステロンに対して，過度に反応して起こる肥厚の後遺症として発症する．プロジェステロンは子宮内膜の増殖を促し子宮腺からの分泌を促進するが，この状態が細菌の増殖に適した環境となる．犬に多くみられるが，特に5～6歳以上の無経産犬に多い．子宮内膜炎は不妊症の主要な原因となる．猫にもまれにみられるが，猫は交尾排卵動物であり，原則として子宮蓄膿症となる可能性があるのは，交尾しても妊娠しなかった時だけで，あまり問題とはならない．

子宮内腔に膿汁が蓄積するのが子宮蓄膿症で，発情後1～2ヵ月目に発生する．子宮蓄膿症になると，腹部が腫れ，悪臭を伴う化膿性の排泄物を腟から排出する．放置すると卵管から膿汁が腹腔に漏れだし，腹膜炎を起こす危険性がある（表19-2）．

子宮蓄膿症の治療としては，基本的には卵巣・子宮摘出術が行われる．飼い主が繁殖を希望する場合には，プロスタグランジン$F_{2\alpha}$を用いた内科療法を用いることが可能である．前述のように子宮蓄膿症の成立と維持にはプロジェステロンが大きく関与している．プロスタグランジン$F_{2\alpha}$は，黄体を退行させプロジェステロン産生を低下させると同時に子宮平滑筋を収縮させ，子宮内の貯留液を排出させる．プロスタグランジン$F_{2\alpha}$による治療は原則として，「子宮頚管が開いているもので，高齢でなく，動物の状態が悪くないもの」に限られる．子宮頚管が開いていない例では，プロスタグランジン$F_{2\alpha}$投与によって，子宮壁が破れる，あるいは卵管へ逆流し，腹腔内に子宮内の膿が漏れるといった可能性がある．また，治療効果が現れるのに少なくとも1～2日はかかるので，状態の悪い例では適応となりにくい．

プロスタグランジン$F_{2\alpha}$としては，ジノプロストが用いられ，0.25 mg/kg，SC，SIDで抗菌薬とともに5～7日間投与する．効果は超音波検査で評価するが，十分な効果が得られると腟からの排出液が膿状のものから漿液状のものに変化する．十分な効果が見られない場合には，もう1度同じ投与を繰り返すか，外科的処置を行う．プロスタグランジン$F_{2\alpha}$で十分な効果が得られた場合には，次回の発情時に繁殖が可能となる．一方，この時期に妊娠しなかった場合には，再度子宮蓄膿症になる可能性があるので十分な注意が必要である．

表 19-2　Dow による子宮蓄膿症の分類

	症　状
Ⅰ期	子宮壁に子宮腺の過形成があるが無症状である．飼い主も気づかないことが多い．
Ⅱ期	子宮内膜が肥厚し，子宮腺の分泌とともに粘液が貯留する．
Ⅲ期	子宮内膜の囊胞性増殖と子宮内膜炎を起こし，Ｘ線や超音波診断で子宮の拡張が認められる．膿状のおりものが排出される．急性期のものをいう．
Ⅳ期	Ⅲ期が慢性化したもので，子宮内膜炎の進行とともに子宮筋層の破壊が見られる．子宮は拡張して子宮壁は伸展して薄くなる．卵管から膿汁が漏れだし，腹膜炎を起こす危険性がある．

■4　分娩促進薬

難産は犬と猫を比べると圧倒的に犬で多い．犬の難産の原因としては，母犬に問題がある場合（陣痛微弱，骨盤狭窄，産道の狭窄，そけいヘルニアなど）と，胎子に問題がある場合（過大胎子，頭部過大，胎位異常など）がある．難産と判断された場合には，早期であれば，会陰部の軽いマッサージなどの介助を行うことで分娩にいたることもあるが，効果が得られない場合には分娩を促進する薬剤の投与か，帝王切開を行う必要がある．

薬剤による分娩促進は，胎子側の問題がなく，また母犬に骨盤狭窄や産道の狭窄等の物理的な障害がないことを確かめたうえで行う．子宮収縮薬であるオキシトシンを用いる場合には，上記の問題がなく，子宮頸管が開いていることを確認した上で体重によって 1～20 U を筋肉内投与する．投与後は 10～30 分間母犬の状態を十分に観察し，45 分後にも効果が認められない場合にはもう 1 度投与することもできる．しかし，この間胎盤の血流は圧迫により低下していることに注意が必要である．2 回目のオキシトシン投与から 30 分間経過しても分娩が見られない場合には，帝王切開を行う．オキシトシンには，後産の排出促進作用や子宮出血の予防効果もある．分娩促進薬としてオキシトシン以外にプロスタグランジン製剤（$F_{2\alpha}$ や E_2），麦角アルカロイドであるマレイン酸エルゴメトリンなどがあり，人ではよく用いられるが小動物での使用経験は少ない．

陣痛微弱に際しては低血糖および低カルシウム血症などの代謝障害が認められる場合がある．血清カルシウム値が 9 mg/dl 以下の場合には，グルコン酸カルシウム（10%液）0.5～1.5 ml/kg を（10 ml まで）5%グルコース液で希釈し 20～30 分以上かけて静脈内に投与，あるいは点滴投与する．

■5　前立腺肥大症の薬と臨床症状・治療法

治療薬としては，抗アンドロジェン薬であるオキセンドロン，ゲストノロン，クロルマジノンなどが古くから用いられてきた．獣医臨床では，雌の避妊薬として開発されたインプラント剤の転用も試みられている．さらに，最近ではクロルマジノンに比べ選択性が高く，作用も強力な抗アンドロジェン製剤であるオサテロンなどが動物薬として開発され，臨床応用が可能となった．一方，機能的な尿道閉塞を緩和する目的で，α_1 受容体拮抗薬であるタムスロシン，ナフトピジルなども使われている*．

---

* これまで，前立腺肥大の治療にはサブタイプを識別しない α_1 受容体拮抗剤が使用されてきが，効果が確実で血圧への影響が少ない薬剤の開発が望まれていた．タムスロシンやナフトピジルは，前立腺に特異的に発現する α_{1A} 受容体への選択性が高いことから，既存薬に比べより確実な効果を発現させるとともに，血圧への影響が少ない（血管平滑筋細胞は α_{1B} 受容体刺激で収縮する）．

前立腺肥大は，人と犬でみられる良性の腫大である．犬では去勢していない成犬で認められ，特に5歳齢を過ぎる頃から加齢と伴にその発生頻度が上昇する．多くの場合明らかな症状を認めないが，間歇的に排尿時以外に陰茎から血様あるいは淡黄色の分泌物が認められることがある．また間歇的あるいは持続的な血尿や排便時のしぶりが認められることもある．前述のように犬では外腺の増殖によるものであるため，重度の排尿障害を起こすことはまれであるが，残尿等により膀胱結石ができやすくなる傾向を示す．直腸検査で触診すると，左右対称に腫大し，表面が滑らかで比較的柔らかい前立腺を触ることができる．ただし，まれに非対称性に肥大が見られることもある．

診断は，前述の症状，触診に加え，尿，前立腺液の臨床検査，X線検査，超音波検査から行うが，確定診断には前立腺組織の生検が必要となる．しかし，症状やその他の検査所見が典型的である場合には，通常は生検は行わず，去勢等の治療に対する反応から最終診断することが多い．前立腺液は直腸から前立腺をマッサージし，尿道カテーテルから採取する．前立腺肥大の場合，血液の混入以外には前立腺液に異常が認められない．X線検査では，軽度から中程度に腫大した前立腺とこれによる直腸の背側変位，膀胱の頭側変位が認められる．超音波検査では，前立腺の輪郭は平滑で左右対称性に肥大しており，内部は蜜で均一な高エコー組織として観察される．また，内部に囊胞が観察されることもある．鑑別診断としては，前立腺癌，急性・慢性前立腺炎，前立腺膿瘍等と

表 19-3 生殖器系に作用する主な薬

薬物名	商品名	用量
避妊薬		
酢酸クロルマジノン	ジースインプラント	クロルマジノン含有ペレットを皮下に埋没
プロリゲストン	コビナン	20mg/kg SC，2回目は3ヵ月後，3回目はその4ヵ月後，4回目はその5ヵ月後
堕胎薬		
着床前		
安息香酸エストラジオール	オバホルモン	総量 $5\sim10\mu g/kg$，48時間おきに2分割あるいは3分割，SC（副作用に十分注意）
ジノプロスト（天然型プロスタグランジン $F_{2\alpha}$）	パナセランF他	$100\sim250\mu g/kg$ IM, SC BID〜TID 4〜11日間投与
クロプロステノール（合成プロスタグランジン $F_{2\alpha}$）	エストラメイト他	$1\sim2.5\mu g/kg$ SC SID 4〜5日間投与
着床後		
クロプロステノール	エストラメイト他	$1\sim2\mu g/kg$ SC SID で 5〜7日間投与
ブロモクリプチン	パーロデル	$50\sim100\mu g/kg$ PO BID
子宮内膜炎・子宮蓄膿症の治療薬		
ジノプロスト	パナセランF他	0.25mg/kg SC SI で抗生物質とともに 5〜7日間投与
分娩促進薬		
オキシトシン	アトニン-O他	1〜20U，IM
前立腺肥大治療薬		
酢酸クロルマジノン	プロスタール	2mg/kg PO SID 2週間
	ジースインプラント	クロルマジノン含有ペレットを皮下に埋没
酢酸オサテロン	ウロエース錠	0.25〜0.5mg/kg PO SID 7日間まで

の区別が必要となる．

　前立腺肥大に対する治療は，上述のような症状が認められた場合に行う．前立腺肥大に対する最も効果的な治療法は去勢である．効果は早期に認められ，早い段階から臨床症状は消失し，容積も術後3～4週間で50～60％減少する．もしこの段階で十分な効果が認められない場合には，他の前立腺疾患を疑う．

　一方，外科的治療法が行えない，あるいは希望しない場合には，薬物療法が対象となる．使用される薬物としては，以前は低用量のエストロジェンが用いられたが，副作用の問題から現在はほとんど用いられていない．現在最も用いられているのは，抗アンドロジェン薬である．例えば酢酸クロルマジノン（2 mg/kg，SID）で，2週間経口投与により前立腺容積が約50％減少したことが報告されている．酢酸クロルマジノンは，雌犬に避妊用インプラント剤としても用いられているが，これを前立腺肥大の犬に応用したところ，12週間後には前立腺容積が約50％減少したことも報告されている．また，酢酸オサテロンを0.2および0.5 mg/kg，SIDで7日間経口投与したところ，それぞれ投与前の約70％に縮小したとの報告もある．

　その他，黄体ホルモン製剤である酢酸メゲステロール 0.5 mg/kg SIDを10日～4週間経口投与して臨床症状が消失したとの報告もある．酢酸メドロキシプロゲステロンが用いられることもあるが糖尿病を併発した例があり注意が必要である．

　薬による内科療法を行った場合の問題点は，再発する可能性が高いことであり，定期的な検査を行うことが望ましい．

ポイント

1. 薬による予防的な避妊法として，プロジェステロン製剤が用いられる．副作用も比較的少なく有効な手段である．
2. 着床前の堕胎法として，エストロジェン製剤の投与がある．ただし，高用量を必要とするため，骨髄抑制などの重篤な副作用の危険性があり，あまり推奨できない．その他にプロスタグランジン製剤による方法もある．
3. 着床後の堕胎には，プロスタグランジン製剤とドパミン製剤が用いられる．両薬物を組み合わせた治療は，副作用も少なく有効な手段である．
4. 子宮蓄膿症は手術による子宮と卵巣の摘出を原則とするが，プロスタグランジン製剤による薬物療法も選択できる．
5. プロスタグランジン製剤は皮膚から容易に吸収される．妊娠の可能性がある医療従事者はこれらの薬物を決して扱ってはならない．
6. 前立腺肥大には去勢が最も有効であるが，手術が適応でない場合には抗アンドロジェン薬や α_1 遮断薬（特に α_{1A} 遮断薬）による内科療法が可能である．

20. 抗腫瘍薬
Anticancer drugs

Overview

　動物の寿命が年々延びるにしたがって，老化病ともいえる「がん」*にかかるケースが増え主要な死亡原因の1つとなってきた．特に10歳を超えた動物の約半数の死亡原因はがんといわれる．その中でリンパ増殖性あるいは骨髄増殖性疾患については抗腫瘍薬による化学療法が中心となる．その他の固形がんの治療の中心は外科的切除にあるが，がんが拡大していたり，転移していたりしてすべて切除できない場合には，補助療法あるいは併用療法として（放射線療法などとともに）抗腫瘍薬を使う治療が行われる．期待される治療効果，QOL（生活の質）や治療費など，クライアントに対する十分なインフォームド・コンセントが必用な項目でもある．

アルキル化剤
- シクロホスファミド cyclophosphamide
- ダカルバジン dacarbazine
- イホスファミド ifosfamide
- ニムスチン nimustine
- ブスルファン busulfan
- メルファラン melphalan

代謝拮抗剤
- メソトレキセート methotrexate
- シタラビン cytarabine
- フルオロウラシル fluorouracil (5-FU)
- エノシタビン enocitabine
- カルモフール carmofur
- ヒドロキシカルバミド hydroxycarbamide

---

* 腫瘍は分化の程度により成熟型と未熟型とに分類される．未熟型の腫瘍の多くは悪性である．未熟型の腫瘍は日本では一般に「がん（癌）」と呼ばれ，上皮細胞由来の癌腫と非上皮性細胞由来の肉腫を含んでいる．「がん」は英語のcancerに相当する．

抗腫瘍性抗生物質
- アクチノマイシン D　actinomycin D
- ブレオマイシン　bleomycin
- ドキソルビシン　doxorubicin（アドリアマイシン adriamycin）
- ダウノルビシン　daunorubicin
- ミトキサントロン　mitoxantrone
- マイトマイシン C　mitomycin C
- ジノスタチン　zinostatin

ビンカアルカロイド
- ビンクリスチン　vincristine
- ビンブラスチン　vinblastine

その他の細胞毒性剤
- シスプラチン　cisplatin
- カルボプラチン　carboplatin
- L-アスパラギナーゼ　L-asparaginase
- ミトタン　mitotane

抗ホルモン薬
- タモキシフェン　tamoxifen

副腎皮質ステロイド
- プレドニゾロン　prednisolone
- デキサメタゾン　dexamethasone

Basics　病気と薬の基礎知識

■1　腫瘍発症の理解

腫瘍の定義：　神経細胞など一部の細胞を除いて，すべての細胞は常に分裂して増殖を繰り返し，古くなり弱った細胞と入れ替わっている．この様な細胞の死と再生には，一定の秩序だったバランスがあり，これが守られることで正常な機能が保たれている．腫瘍細胞とは，本来は正常であった細胞が，様々な原因で増殖の歯止めを失い，無秩序に増殖を続けていく細胞をいう．腫瘍化した細胞はもとの細胞が持っていた正常な機能を果たせず，周りの組織を侵食して害を及ぼし，ついには動物自身の生命を奪ってしまう．

最近腫瘍に関する研究は急速に進んでいるが，腫瘍発症のメカニズムは「がん遺伝子」と「がん抑制遺伝子」のアンバランスとして理解されるようになってきた．がん遺伝子は細胞増殖のアクセルであり，各種の増殖因子や増殖に必要な機能タンパク質をコードしている．がん抑制遺伝子はがん遺伝子発現のブレーキであり細胞が増殖しないようにがん遺伝子の働きを抑制している．なんらかの原因でがん抑制遺伝子の働きが悪くなると，細胞分裂の歯止めが効かなくなり，腫瘍化するといわれている．図20-1ではp53という代表的ながん抑制遺伝子を例にがん化のメカニズムを説明している．

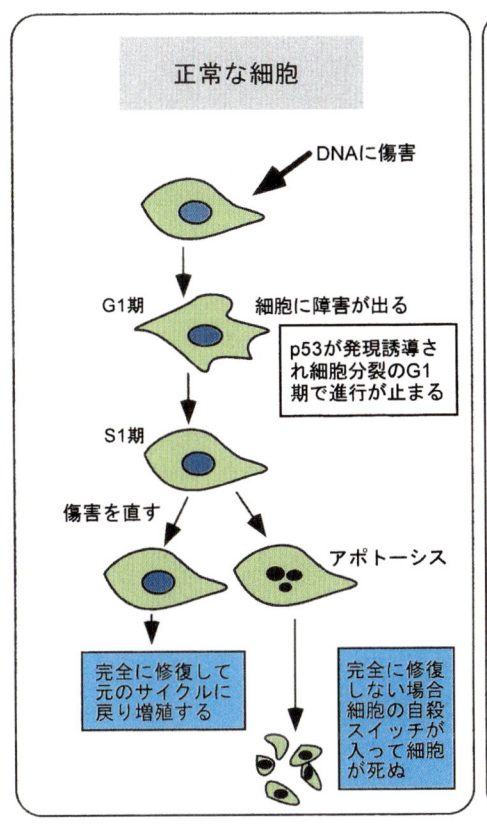

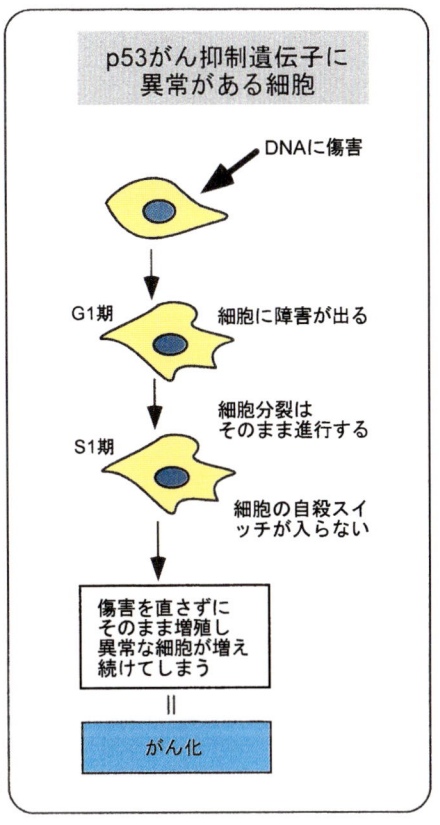

図 20-1 がん化のメカニズム―がん抑制遺伝子の異常

　細胞ががん化するメカニズムには様々なプロセスがある．その1つに，がん抑制遺伝子の異常がある．p53タンパク質は放射線や化学物質などにより誘起されるDNAの損傷を修復させたり，また，異常なDNAの複製を阻害する．さらに，DNA損傷が修復されない細胞を排除する役割をになう．これによって正常な細胞集団を維持する役目を果たしている．

■2　良性腫瘍と悪性腫瘍

　比較的おとなしい腫瘍細胞は，次第に増殖して塊を作っていくが，その塊の境界がはっきりしていて，ここからはみ出ることがない．これを良性腫瘍という．一方，悪性腫瘍はがん細胞が塊を作ってもそこからはみ出して，周囲の組織へ広がっていく．これを「浸潤性」というが，組織へ浸潤した腫瘍細胞が血管やリンパ管に入ると他の組織へと転移することになり，腫瘍が全身に転移する．

■3　犬と猫の腫瘍

　犬によくみられる腫瘍には，皮膚および皮下織腫瘍（乳頭腫，扁平上皮がん，基底細胞腫，皮脂腺腫，肛門周囲腺腫，黒色腫，肥満細胞腫，線維腫，線維肉腫，血管肉腫，血管周囲細胞腫，脂肪腫，粘液腫など），造血器腫瘍（リンパ腫，白血病，骨髄腫など），骨格腫瘍（骨肉腫，軟骨肉腫，骨膜腫など），乳腺腫瘍，消化器腫瘍（口

腔腫瘍，胃がん，大腸がん，直腸がん，肝がんなど），呼吸器腫瘍（鼻腔腫瘍，肺がんなど），泌尿生殖器腫瘍（腎臓腫瘍，膀胱腫瘍，卵巣腫瘍，子宮腫瘍，精巣腫瘍など），神経系腫瘍（脳腫瘍，脊髄腫瘍など），内分泌系腫瘍（甲状腺腫瘍，副腎腫瘍，膵臓腫瘍など）などがある．猫にも犬と同様の腫瘍がみられるが，肛門周囲腺腫はみられない．

肥満細胞腫は内臓に発症する例もみられる．猫ではまれに口腔内に発生することもある．黒色腫は皮膚ばかりでなく口腔粘膜にも発生する．

■4 抗腫瘍薬の作用の基本

抗腫瘍薬は，正常細胞には効かずに，がん細胞だけに毒性作用を示す薬物として探索される．しかし，がん細胞も正常細胞も起源は同じであり，基本的な性格に差は見いだされない．唯一，がん細胞は非常に盛んな分裂増殖能に着目して差別化されるが，正常細胞にも細胞分裂の周期があり，これが抗腫瘍薬の副作用の要因となる．しかし，実際のところはなぜ抗腫瘍薬が正常細胞と比べがん細胞により選択的に効くかというメカニズムはよく分かっていない．例えば，がん細胞の増殖は必ずしも正常細胞のそれよりも速いとは限らないなどの事象がある．

細胞分裂周期と抗腫瘍薬感受性： 神経や心筋細胞を除いて通常の細胞は，分裂期とＧ０期と呼ばれる静止期の２つの状態をとる（図20-2）．細胞の大部分はＧ０期にあるが，必要に応じてＧ１-S-Ｇ２-Mの４つのステージからなる分裂周期に入る．Ｇ１期はDNA合成に必要な酵素を作り，S期ではDNAの複製が行われる．Ｇ２期に入り細胞分裂に必要な様々なタンパク質が合成され，M期で細胞分裂が起こる．抗腫瘍薬の多くは，このＧ１からM期までに起こるいずれかの過程を阻害する．

腫瘍の成長と抗腫瘍薬感受性： 生体内での腫瘍細胞の分裂は，最初はきわめて活発であるが，次第にその速度は遅くなる．活発に活動するためには，酸素や栄養素を補給しなくてはならないが，腫瘍塊が大きくなるにつれてこれを養うための血管網の発達が追いつかなくなるためである．この様な状態になると，腫瘍細胞は増殖を止め正常細胞の仮面をかぶってしまい，抗腫瘍薬の効果は薄れてくる．手術や放射線療法でその様な障害が一部解除されると，腫瘍細胞は再び活発な増殖期に移行し，抗腫瘍薬に対する感受性が回復する．

■5 抗腫瘍薬への抵抗性

腫瘍細胞の中で初めから抗腫瘍薬に対して感受性を持たないものもあるが，治療の途中でがん細胞に耐性が生じ，抗腫瘍薬の効き目が減弱することがある．これは，低濃度の抗腫瘍薬を長期に投与した場合によく見られる現象である．抗腫瘍薬への抵抗性は，①薬剤に対する分解酵素の量が増える，②薬剤の細胞内への取り込みを減弱する，あるいは排出を促進させる，③DNA修復が亢進する，などの機序によってもたらされる．薬剤耐性は，耐性型に突然変異したクローンが生存することにより生じるとされているため，使える薬剤をすべて同時に投与した時に治癒の可能性は最も大きくなる．

抗腫瘍薬に対する耐性は，ある一定の構造を持った薬剤間だけに特異的なものではなく，構造の異なる薬剤にまで及ぶ．これを多剤耐性という．この機序の１つとしてp-糖タンパク質があり，いわゆる多剤耐性遺伝子（multidrug resistance gene）により産生される．p-糖タンパク質による耐性は腫瘍細胞からの薬剤の排出を増大することにより生じる．人では，このタイプの多剤耐性は降圧薬として用いられるベラパミルなどのカルシウムチャネル阻害薬，あるいはCa^{2+}チャネル抑制を持たない誘導体によりある程度克服でき，併用療法が実用化しつつある．

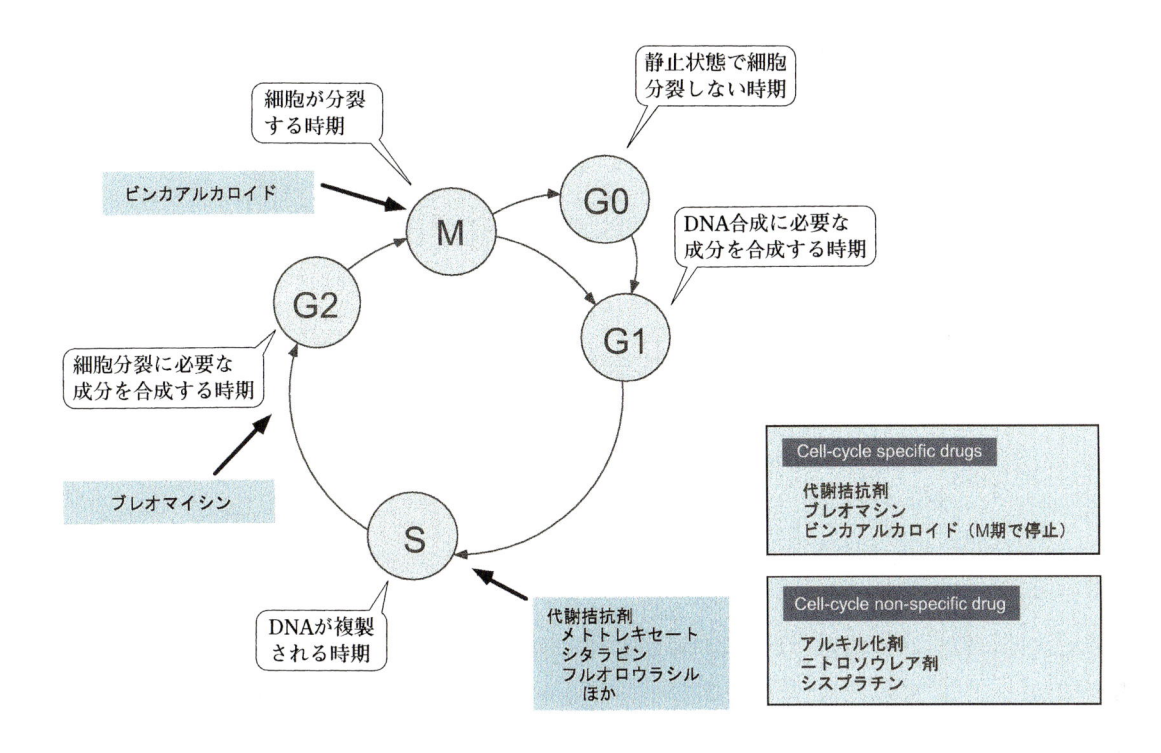

図 20-2　細胞分裂周期と抗腫瘍薬が作用するステージ

　正常細胞も腫瘍細胞も同じ細胞周期を繰り返しているが，腫瘍細胞では分裂状態，すなわち M，G 1，S，G 2 の時期にある細胞数が多い．この様な分裂状態にある細胞のみに作用する薬物を cell-cycle specific drug，静止期である G 0 期にも作用する薬物を cell-cycle non-specific drug という．cell-cycle specific drug は単回投与では感受性を示す周期にある細胞との接触時期が限られるために死滅できる細胞数には限りがある．cell-cycle non-specific drug の多くは DNA に結合して細胞増殖を阻止する．殺細胞効果は投与時間ではなく投与量に従う．

　補足：細胞周期の進行は，DNA 合成の開始を決定する時期（G 1 期から S 期への境界点）と DNA を複製し細胞質分裂を開始すべきかどうかを決定する時期（G 2 期から M 期への境界点）とで制御されている．この様な DNA 合成期と分裂期の間には，種々のプロテインキナーゼが関与し，厳密な共役機構が存在している．

■6　抗腫瘍薬の副作用

一般的な毒性：　体のなかで，口腔の粘膜細胞，消化管の粘膜細胞，骨髄の造血細胞，毛髪細胞などは常に分裂増殖を繰返している．抗腫瘍薬は盛んに分裂する細胞すべてに作用するので，当然のことながらこれらの細胞にも作用してこれを破壊し，これが抗腫瘍薬の副作用となる（BOX-1 参照）．

　一般的に化学療法剤の毒性は，細胞周期のどの部分に特異的かに関連している．例えば，細胞周期全体に活性を示し，静止期にも影響するニムスチン（アルキル化剤）のような薬剤は最も副作用が強い．一方，分裂している細胞で細胞周期のある部分だけに作用するビンクリスチンのような薬剤は，正常の組織にはあまり影響しない．

　消化管粘膜が障害を受けると，食欲が低下し，下痢，嘔吐が起こる．また，骨髄の造血細胞が傷害されると白血球や血小板が減少して免疫力が低下し，感染症にかかりやすくなったり，出血しやすくなる．また脱毛をみる

こともあるが，人と比べて顕著ではない．これらの副作用に対しては，制吐薬，止瀉薬，粘膜保護薬，抗菌薬，免疫賦活薬，あるいは輸液を行うなど，副作用を和らげる手段が講じられる．

抗腫瘍薬の免疫系細胞への副作用も問題となる．重篤な感染症を避けるため，投与スケジュールは一定の間隔を設け，免疫系の回復を待って行うことも重要である．

固有の毒性： 細胞増殖に対する抑制作用をもとに発症する抗腫瘍薬の副作用とは別に，薬剤の持つ固有の作用により毒性が発現することがある．例えば，ドキソルビシンによる心毒性，シスプラチンによる腎毒性，シクロホスファミドによる出血性膀胱炎，ブレオマイシンによる肺線維症などである．これらの毒性の中には，不可逆的で投与を中断しても回復されないものもある．

その他，血管外に漏らすと組織壊死を生じる抗腫瘍薬があり注意を要する．ビンクリスチンやビンブラスチンでは，漏れた部位の皮膚が壊死欠損する場合がある．ドキソルビシンでは，より強い障害が生じ，皮膚，皮下織，筋肉，神経が壊死することがあり，細心の注意が必要である．

犬猫の感受性： 犬猫などの動物は人と比べて抗腫瘍薬療法によく耐えるという意見もあるが，あまり根拠はない．獣医学領域では，管理が十分できないことからあまり強力な化学療法をやらないので，人ほどは問題とならないのかもしれない．抗腫瘍薬で致死的な副作用を経験することもあり，やや強力と思われるプロトコールを実施すると，たとえ事前に十分な説明をしていても飼い主から治療の中止を求められることも少なくない．

BOX-1　抗腫瘍薬の骨髄抑制

抗腫瘍薬の副作用の中で，最も重大なものは骨髄抑制であり，ビンクリスチン，L-アスパラギナーゼ，シスプラチンなどを除く多くの薬剤の用量制限因子となっている．

抗腫瘍薬の骨髄抑制作用により，白血球，血小板，赤血球の産生が抑制されるが，減少の程度は，循環している各血球の寿命による．したがって白血球減少症が最も早期に強く現れ，貧血（赤血球の減少）は生じにくい．このように骨髄抑制の中でも白血球減少症が最も頻繁に生じ，易感染性となるため問題も大きい．

白血球減少の程度，発現時期，回復時期は，薬剤によりやや異なるが，例えばドキソルビシンの場合は，投与5〜10日後に白血球数は最低値に達し，約3週間で回復する．白血球数が4,000〜5,000/mm^{3}以下となったら，抗腫瘍薬を半量にし，3,000〜4,000/mm^{3}以下では中止し，予防的な抗生物質投与および顆粒球コロニー刺激因子(G-CSF)投与を考慮する．特に1,000/mm^{3}以下となった場合は，感染の危険性が非常に高くなり，敗血症を生じやすいので強力な治療が必要である．

軽度から中程度の血小板減少症が生じることがあるが，出血の原因となるほど重度の場合はまれである．

■7　抗腫瘍薬の発がん性

大部分の抗腫瘍薬には発がん性がある．したがって，抗腫瘍薬投与の数年後に投与した抗腫瘍薬が原因で新たながんが形成されることがあり得る．特にアルキル化剤の発がん性が強いといわれる．

しかし，担がん動物においては当面の腫瘍に対する対策が優先されるので問題となることは少ない．むしろ抗腫瘍薬の発がん性が問題となるのは，獣医師や薬を扱う者に対する危険性である．抗腫瘍薬を扱う場合には厳重

な注意が必要である（BOX-2）．

BOX-2　抗腫瘍薬の取り扱い

　抗腫瘍薬は，治療量で，催奇形性，突然変異原性，発がん性を示すため，その取り扱いは，獣医師やテクニシャンのみならず飼い主においても慎重に行う必要がある．

　抗腫瘍薬が付着あるいは摂取される可能性があるのは，バイアルから薬剤を吸引する時，注射筒から空気を押し出す時，注射する時，抗腫瘍薬を投与された動物の排泄物を処理する時，錠剤を割ったりつぶしたりする時であり，吸引したり皮膚や粘膜から吸収する場合が考えられる．したがって，これらの薬剤を取り扱う際には，マスク，ガウン，手袋，メガネなどを装着することが推奨されている．

■8　抗腫瘍薬の用量計算法

　抗腫瘍薬の代謝と毒性を左右する要因として，体内での無毒化や排泄がある．これらの代謝機能に関係する肝臓や腎臓への血液供給量は体重よりも体表面積に対して相関が高い．したがって，毒性の高い抗腫瘍薬の用量は通常体表面積当たりで計算されることが多い（表20-1）．ただし，メルファランとドキソルビシンは，体表面積当たりの投与量が記載されているが，体重当たりで投与した方が作用と副作用が一定であるといわれている．

表 20-1　体重から体表面積を換算する表（犬と猫の両方に適用可能）

kg	m^2	kg	m^2	kg	m^2	kg	m^2
1	0.10	14	0.58	27	0.90	40	1.17
2	0.15	15	0.60	28	0.92	41	1.19
3	0.20	16	0.63	29	0.94	42	1.21
4	0.25	17	0.66	30	0.96	43	1.23
5	0.29	18	0.69	31	0.99	44	1.25
6	0.33	19	0.71	32	1.01	45	1.26
7	0.36	20	0.74	33	1.03	46	1.28
8	0.40	21	0.76	34	1.05	47	1.30
9	0.43	22	0.78	35	1.07	48	1.32
10	0.46	23	0.81	36	1.09	49	1.34
11	0.49	24	0.83	37	1.11	50	1.36
12	0.52	25	0.85	38	1.13		
13	0.55	26	0.88	39	1.15		

Drugs　薬の種類と特徴

　細胞分裂・増殖を阻止する薬剤として，以下のような多くの種類の薬が開発されている．すべて人体用に開発されたもので，動物用のものはない．

■1　アルキル化剤

シクロホスファミド，ダカルバジン，イホスファミド，ニムスチン，ブスルファン，メルファランなどがある．DNAをアルキル化することによりDNAからRNAへの転写を阻害する．これらの薬剤は，放射線療法と似た効果が得られるので放射線類似物質radiomimeticともいわれる．静止期と増殖期の細胞に対して選択性を示さないが，高頻度に分裂を繰り返す細胞に最も高い毒性を示す．

この中で，シクロホスファミドが獣医学領域の抗腫瘍薬として最も幅広く用いられている薬剤で，リンパ腫，各種の肉腫や癌腫，肥満細胞腫，可移植性性器肉腫などが対象となる．骨髄抑制など抗腫瘍薬特有の毒性のほかに無菌性の出血性膀胱炎を誘発する場合がある．膀胱粘膜の潰瘍，壊死，出血，浮腫などがみられ，腎盂をおかすこともある．

■2　代謝拮抗剤

メソトレキセート，シタラビン，フルオロウラシル，エノシタビン，カルモフール，ヒドロキシカルバミドなどがある．構造的に核酸の構成成分であるプリンやピリミジンの前駆体と類似しており，これと拮抗することにより核酸の合成を阻害する．細胞周期のなかでS期の細胞に最も強く作用する．獣医学領域ではリンパ腫の治療によく用いられる．フルオロウラシルは猫では強い神経毒性をもたらすといわれる．

■3　抗腫瘍性抗生物質

土壌細菌がつくる化合物で，アクチノマイシンD，ブレオマイシン，ドキソルビシン（別名：アドリアマイシ

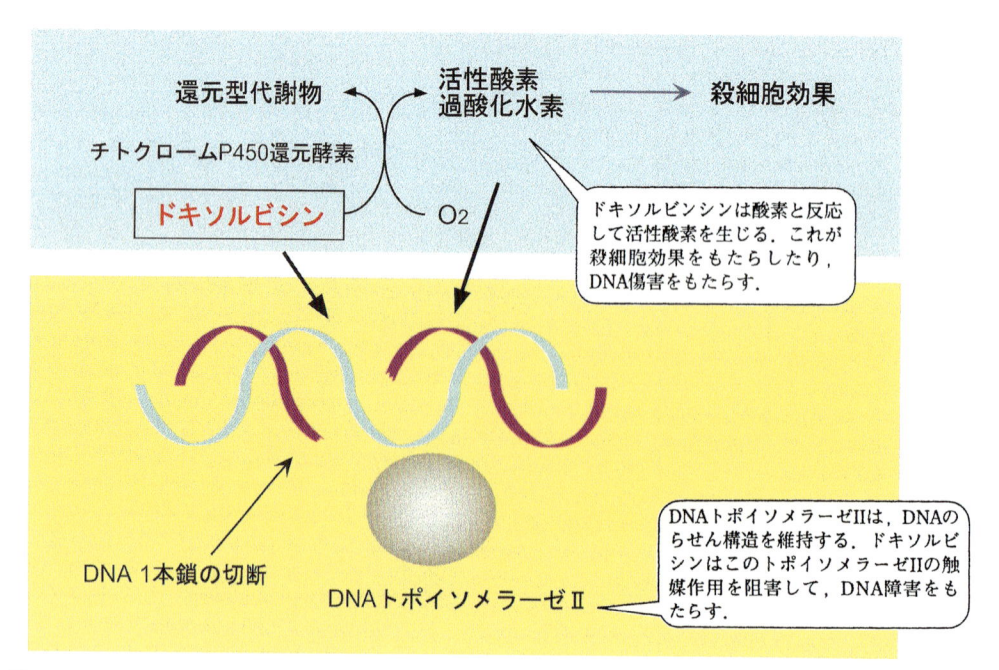

図20-3　ドキソルビシンの作用機序
　ドキソルビシンの抗腫瘍作用には少なくとも2つの作用機序が考えられている．第1は，DNAトポイソメラーゼIIの触媒作用の抑制によるDNA鎖の切断作用（修復の抑制）であり，第2は酸素との反応により生じる活性酸素によるDNA障害ならびに殺細胞効果である．

ン），ダウノルビシン，ミトキサントロン，マイトマイシンC，ジノスタチンなどがある．トポイソメラーゼIIの阻害によるDNAの切断やフリーラジカルによる細胞障害作用を示す（図20-3）．

抗腫瘍性抗生物質は人医療では現在知られる最も有効な薬剤といわれ，特にドキソルビシンについては獣医学領域でも，かなりの知見が得られている．ただし，ドキソルビシンには心臓毒性，腎臓毒性などがあり注意が必要である．心筋細胞は再生することがないので心臓毒性は不可逆的であり，しかも致死的であるので，投与できる総量が規制される．

■4 ビンカアルカロイド

ツルニチニチソウ（*Vinca rosea*）という植物から抽出される化合物で，ビンクリスチン，ビンブラスチンなどがある．微小管（マイクロチューブル）を成分とする分裂糸の形成を阻止し，DNAを等分に2つの細胞へと分配するのを阻害する．微小管（マイクロチューブル）はチューブリンという球状タンパク質が重合してできるが，ビンカアルカロイドはこのチューブリンの重合を阻害する（図20-4）．獣医学領域では，犬のリンパ腫，また特に可移植性性器肉腫に高い治療効果を示すことで知られており使用頻度の高い薬剤である．

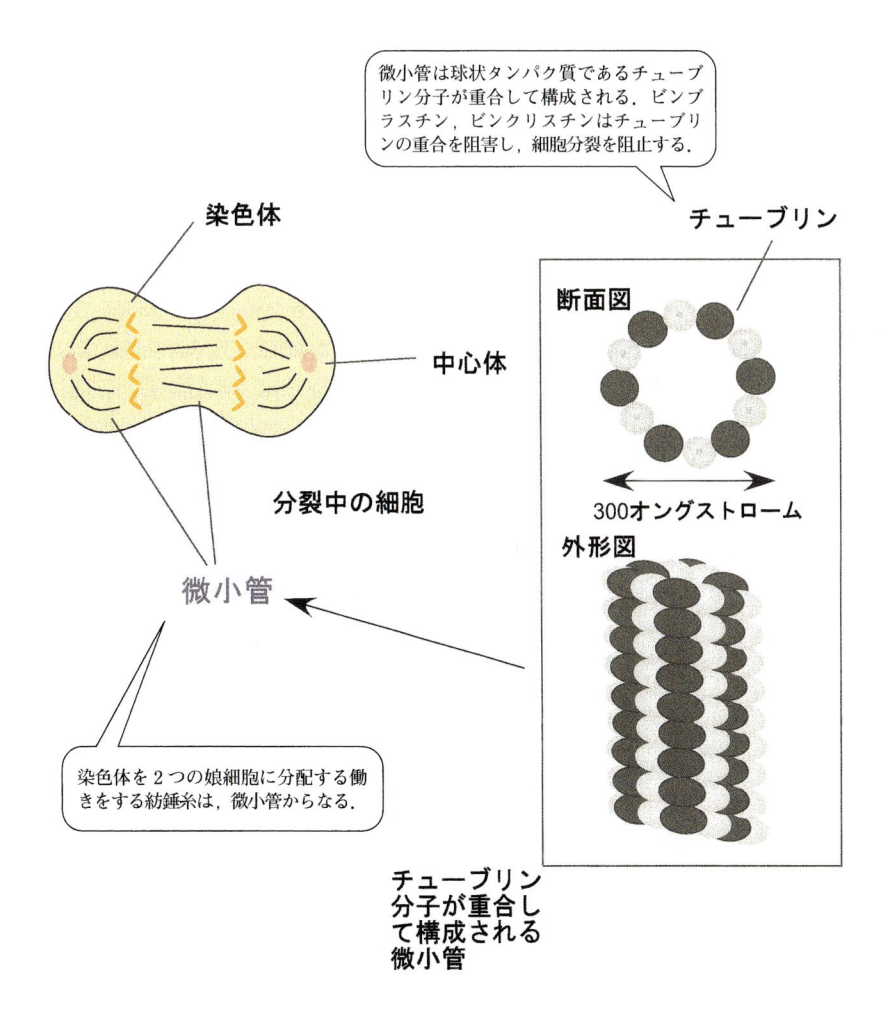

図20-4 ビンカアルカロイド（ビンクリスチン，ビンブラスチンなど）の作用機序

■5 その他の細胞毒性薬

シスプラチン，カルボプラチン，L-アスパラギナーゼ，ミトタン(O,P′-DDD)などがある．シスプラチン，カルボプラチンは白金化合物であり，DNA 鎖を架橋しタンパク質合成を阻害する細胞毒性があり，骨肉腫を中心に用いられる．シスプラチンでは腎毒性が問題となるが，類似物質のカルボプラチンの毒性は低い．L-アスパラギナーゼは必須アミノ酸のアスパラギン酸の加水分解酵素である．リンパ腫の細胞は外からのアスパラギン酸の供給に依存するので，タンパク質合成が阻害されて細胞毒性が発揮される．ミトタンは選択的な副腎皮質細胞毒性作用，およびステロイド合成阻害作用を持ち，副腎腫瘍，クッシング症候群の治療に用いられる．

■6 ホルモン類

1．抗ホルモン薬

乳がんや前立腺腫などの生殖器の腫瘍の形成には性ホルモンが関与しており，性ホルモンの作用を阻害する薬剤が使われる．抗エストロジェン薬としては，タモキシフェンなどがある．タモキシフェンはエストロジェンとエストロジェンレセプターとの結合を競合的に阻害する．

抗アンドロジェン薬としてはフルタミド，エストラムスチンナトリウムなどがあるが，獣医学領域では抗アンドロジェン薬についての報告はほとんどない．これらの薬物には直接の細胞毒性はないが，胆汁うっ滞と肝炎による重篤な肝障害を起こすことがある．

2．副腎皮質ステロイド

副腎皮質ステロイドには，mRNA 合成を制御する作用があり，リンパ腫やリンパ性白血病などのリンパ増殖性疾患，肥満細胞腫に有効である．血液脳関門を通過して作用し，脳浮腫も抑えることから，中枢神経系の腫瘍にも有効である．さらに，副腎皮質ステロイドの強い抗炎症作用は，固形がんに付随して生じる痛みや発熱を抑え全身症状を緩解する．プレドニゾロンやデキサメタゾンなどが用いられる．

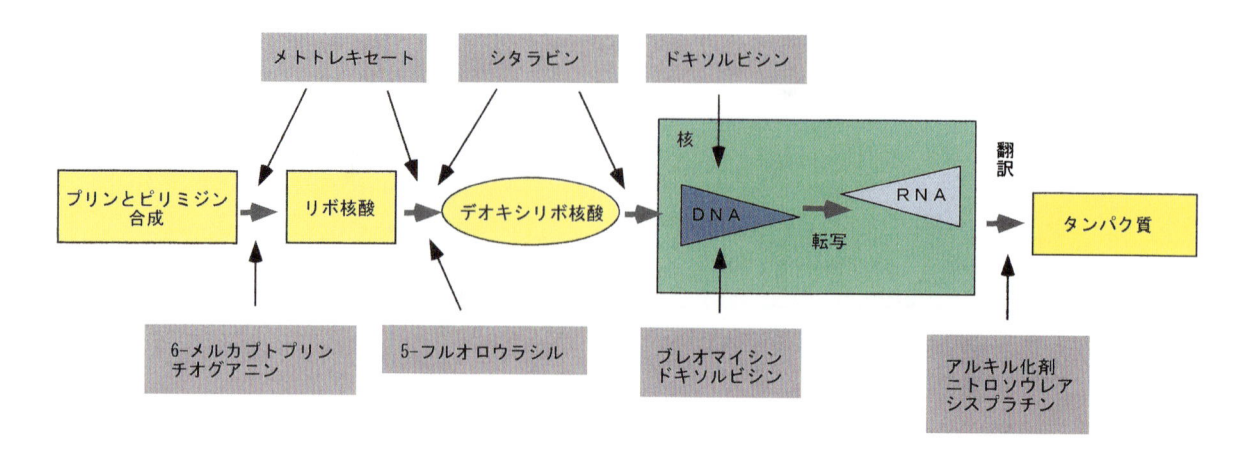

図20-5　各種抗腫瘍薬の作用点の比較

BOX-3　抗がん剤とアポトーシス

　細胞死には、「ネクローシス necrosis（壊死）」と「アポトーシス apoptosis（プログラム細胞死）（完全な同義語ではない）」がある．アポトーシスは，DNA の断片化と，これに続く核濃縮と細胞の断片化を特徴とする，いわば秩序ある細胞死である．ネクローシスとは異なりアポトーシスでは炎症反応は起こらない．DNA の断片化は Ca^{2+} 依存性のエンドヌクレアーゼの活性化を端緒とし，様々なアポトーシス関連遺伝子が関与して起こる．

　最近，シタラビン，メトトレキセート，ビンクリスチン，ドキソルビシン，シスプラチンなど多くの抗腫瘍薬がアポトーシスを誘起することが明らかとなってきた．細胞のがん化の機序の1つとしてp53がん抑制遺伝子とアポトーシス誘導の異常が関係することが明らかとなっているが，抗腫瘍薬の機序にもアポトーシスが関与していることは興味深い．

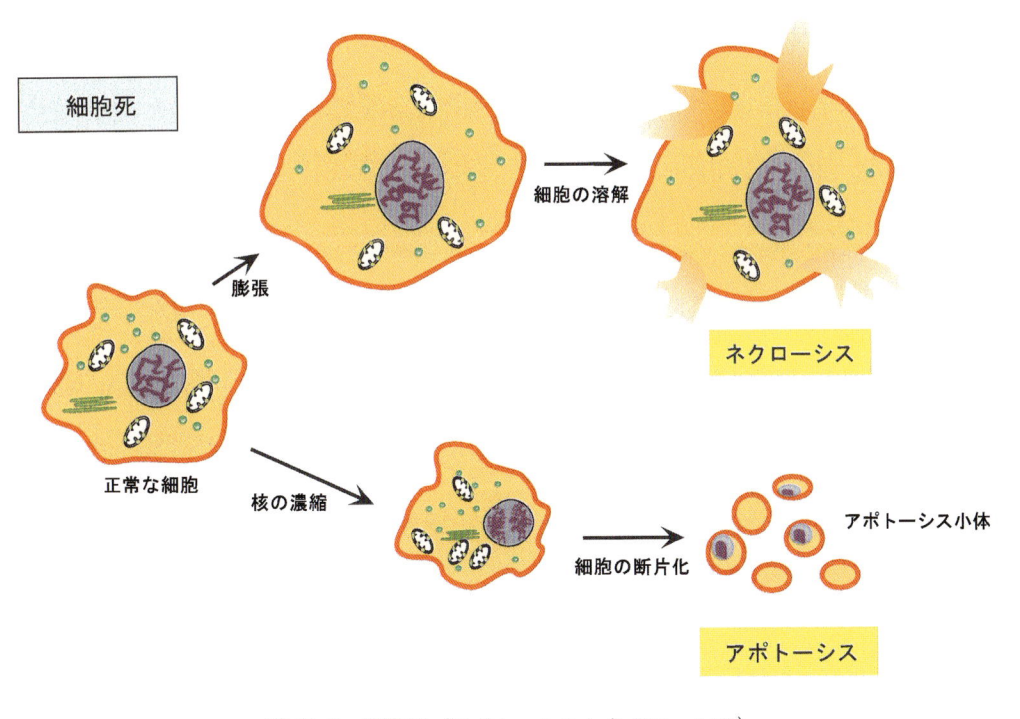

図 20-6　細胞死（アポトーシスとネクローシス）

BOX-4　顆粒球コロニー刺激因子（G-CSF）

　G-CSF（granulocyte-colony stimulating factor）は，骨髄細胞の培養中に好中性顆粒球のコロニー形成を特異的に促進する物質として発見された．生体内では，おもに単球マクロファージによって産生分泌される．主な標的細胞は好中球系前駆細胞とそれ以降の好中球系の細胞で，増殖や分化を促進する．

　組換え体 G-CSF は，抗腫瘍薬や放射線療法による顆粒球減少を回復させる目的で投与される．

> 犬および猫で軽度の白血球減少症となった場合，G-CSF（5 μg/kg, SC, BID）によって好中球数を増加させることができる．ただし，現在入手可能なのはヒト型 G-CSF であり，連投するとヒトタンパク質に対する抗体産生がみられる．また，価格も高い．

Clinics　抗腫瘍薬の使用の実際

■1　抗腫瘍薬投与法の基本

以下に抗腫瘍薬投与時に理解すべき基本的事項を挙げる．

1．ログキル log kill

抗腫瘍薬の効果を判定する場合，がん細胞の数が 70％に減ったとか 30％になったとかと議論するのは意味がない．細胞分裂は常に倍々で増加していくためである．このための「ログキル log kill」という概念で理解される．例えば，通常の診療で白血病は総腫瘍細胞数が 10^9 個に達したときに診断される．ここで，抗腫瘍薬により 99.999％のがん細胞が死滅し 10^4 個となったとき，「5-log kill」という．この時点で患者の症状は軽減する．細菌感染とこれに続く細菌の増殖を考えた場合，この「5-log kill」という効果は十分で，残りの 10^4 個の細菌は免疫系によって完全に排除される．しかし，がん細胞の場合は「5-log kill」では不十分で，さらに別の手段を用いて，あるいはいくつかの手段の組み合わせにより 0 に近いレベルにまで完全に駆逐する必要がある（図20-7）．

2．多剤併用（組み合わせ投与）

現在の化学療法で抗腫瘍薬を単独で用いることはあまりなく，多くの場合いくつかの薬剤を組み合わせて投与する．これは，組み合わせ投与の方がより大きなログキルと高い生存率が得られるためである．いくつかの薬剤を組み合わせたとき，殺細胞効果を最大にして副作用を許容範囲に抑えるためには，①作用機序の異なるものを組み合わせること，②それぞれの薬剤が単独である程度の効果を持つこと，③毒性が重複せず効果が相加・相乗的であること，などが必要である．

3．高用量・短期間使用

抗腫瘍薬の投与は，その副作用や抗腫瘍薬に対する抵抗性の出現などを考慮し，高濃度を短期間で用いることを原則とする．

4．投与間隔

抗腫瘍薬の投与間隔は，腫瘍の倍加時間よりも短く，感受性の高い正常組織の回復に要する時間より長くする．一般に，正常組織の修復は腫瘍細胞のそれよりも短時間に行われる．抗腫瘍薬の副作用として最も大きい問題は，骨髄抑制であり，これが回復するまで，すなわち白血球数の回復を待って治療を再開する．

抗腫瘍薬を 1 日目だけ投与しても，あるいは 1 日目と 8 日目に投与しても，骨髄抑制は変わらない．これは，8

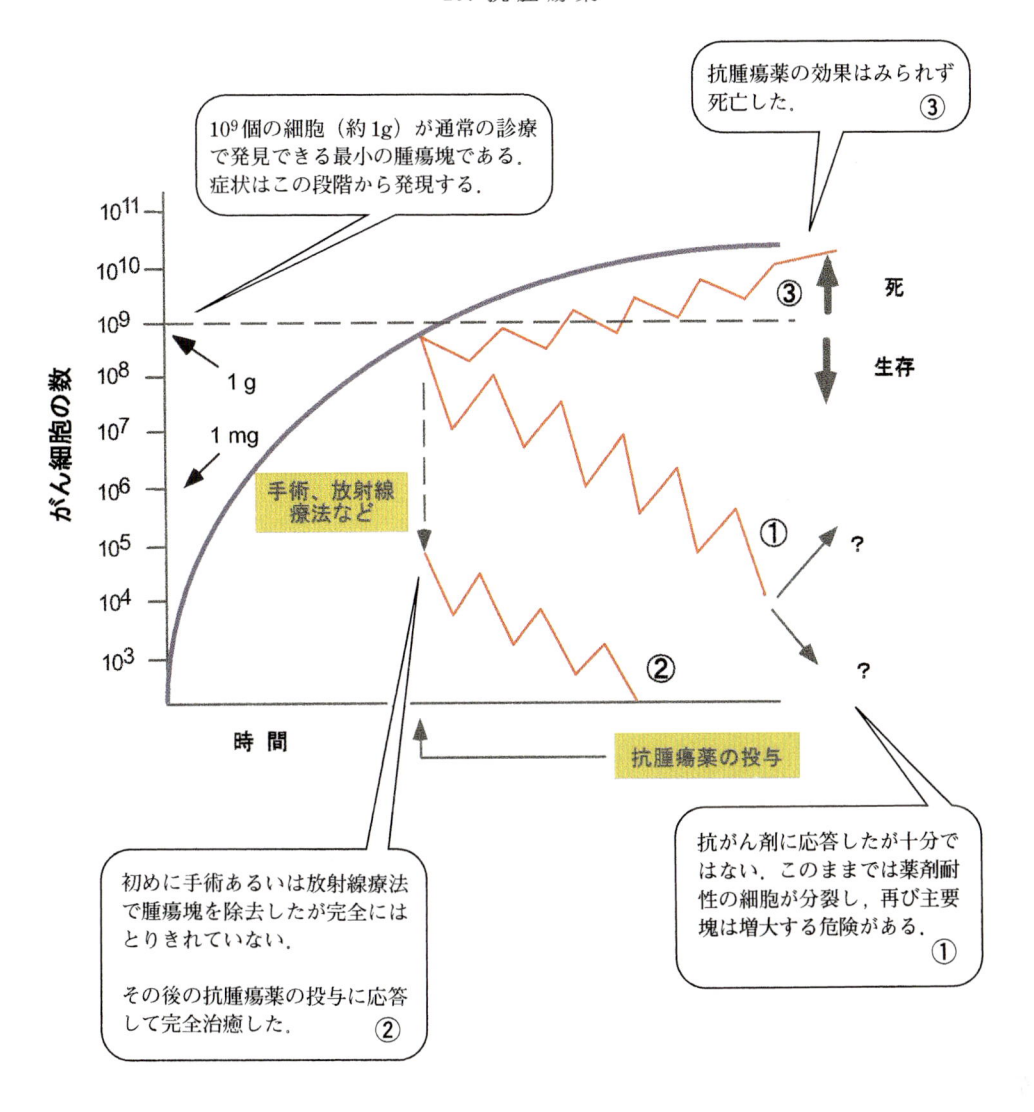

図20-7 腫瘍細胞の増殖と「ログキル」の意味

この図は抗腫瘍薬の投与と腫瘍細胞の数を模式的に示したものである．動物の体内で腫瘍細胞が増え続けると，ある数を超えたところで動物は持ちこたえられずに死亡する．原則として，各種の処置によって腫瘍細胞が限りなく0にならない限り，腫瘍細胞は再び増殖しはじめ再発する．

図中の吹き出し：
- 10^9個の細胞（約1g）が通常の診療で発見できる最小の腫瘍塊である．症状はこの段階から発現する．
- 抗腫瘍薬の効果はみられず死亡した．③
- 初めに手術あるいは放射線療法で腫瘍塊を除去したが完全にはとりきれていない．その後の抗腫瘍薬の投与に応答して完全治癒した．②
- 抗がん剤に応答したが十分ではない．このままでは薬剤耐性の細胞が分裂し，再び主要塊は増大する危険がある．①

日目では骨髄幹細胞が，まだ静止期にあるためだと考えられている．一方，骨髄の初期回復期（16〜21日目）に投与を繰り返すと，重篤な好中球減少症を引き起こす．なお，白血球と血小板が最低値をとる期間が，4〜7日以内であれば，大部分の動物は薬物治療に耐えることができる．

5．中枢神経系のバリアー

例えば抗腫瘍薬に対する白血病細胞の応答は良好で，上記の5-log killはたやすく達成される．しかし，抗腫瘍薬はバリアーのため中枢神経系の中までは浸透することができず，ここに存在する腫瘍細胞を攻撃できない．人では，脊髄内やくも膜下に抗腫瘍薬を投与することがあるが，獣医学領域では行われていない．中枢神経系に到

達できる抗腫瘍薬としてはニムスチンがある．

6．老齢動物への使用

老齢の動物のがんの進展度は遅く，予想される副作用と寿命とを考慮すると抗腫瘍薬療法は適当でない場合が多い．

7．進行の速い腫瘍

一般に病状の進行の速い腫瘍には抗腫瘍薬は効きにくいので抗腫瘍薬療法は選択されない．

■2　各種腫瘍における抗腫瘍薬の使用方法

リンパ性および骨髄性腫瘍などの造血器腫瘍においては抗腫瘍薬に対する感受性が高く，治癒的療法が可能であり，抗腫瘍薬を用いた化学療法が主たる治療法となる．一方，癌腫，肉腫，黒色腫，肥満細胞腫などの固形腫瘍では，抗腫瘍薬に対する感受性は低く，通常単独で治療することは困難である．これらの腫瘍においては，外科的手術が治療の主体となり，さらに放射線療法を組み合わせることにより，ある程度の効果を得ることができる．抗腫瘍薬を用いた化学療法は，主として補助療法として用いられる．

以下，いくつかの腫瘍における抗腫瘍薬の使用方法について説明する．

1．犬の悪性リンパ腫

悪性リンパ腫では，治療を行わないと，通常は診断から4〜6週間で死亡する．しかし，抗腫瘍薬に対して高い感受性を持っており，化学療法を行うと完全治癒はまれであるが高い緩解率が得られる．悪性リンパ腫に関しては以前から数多くの治療法が試みられてきたが，最近の治療法では複数の薬剤を組み合わせることが一般的であり，これによって6ヵ月以上の緩解期間が得られる確率が80〜90％にも達している．

プロトコールには，維持療法期間がないものと6ヵ月〜3年の維持療法期間があるものがある．獣医学領域において維持療法が有益かどうかについては確実な答えは得られていない．しかし，これらのプロトコールは強力な抗腫瘍薬を数種類，しかも繰り返し使用するため，副作用も小さくなく，飼い主の経済的，時間的負担も大きい．そのため，実際には効果は十分でなくとも，簡便な治療法が選択されることもある．

Protocol 1　UM-W（ウイスコンシン大）法

完全緩解率は91％で，緩解期間と生存期間の中央値はそれぞれ36週と51週

キーワード（本章では以下のように用語を定義する）
　完全緩解：　臨床的に腫瘍が消失すること．
　部分緩解：　腫瘍の50％以上が縮小すること．
　安　定：　腫瘍の縮小は50％未満だが，新しい病変はなく症状の悪化もないこと．
　進　行：　腫瘍の25％以上の拡大あるいは新しい病変が出現すること．
　再　発：　完全緩解あるいは部分緩解後に新しい病変が出現すること．
　完全緩解期間：　完全緩解が得られている期間．
　生存期間：　治療後に動物が生存した期間．

導　入：ビンクリスチン　　　　　0.7 mg/m² IV（1，3，6，8週目）
　　　　L-アスパラギナーゼ　　　400 IU/kg IM（1週目）
　　　　プレドニゾロン　　　　　2 mg/kg/day PO 毎日（1週目）
　　　　　　　　　　　　　　　→1.5 mg/kg/day（2週目）→1.0 mg/kg/day（3週目）→0.5 mg/kg/day（4週目）
　　　　シクロホスファミド　　　200 mg/m² IV（2，7週目）
　　　　ドキソルビシン　　　　　30 mg/m² IV（4，9週目）
維　持：ビンクリスチン　　　　　0.7 mg/m² IV
　　　　クロラムブシル　　　　　1.4 mg/kg PO
　　　　メソトレキセート　　　　0.8 mg/kg あるいはドキソルビシン 30 mg/m² IV

　以上の組み合わせを11週目から1週おき，25週目から2週おきに，49週から3週おきに投与する．完全緩解状態にあれば最長2年間まで続ける．

Protocol 2　COP

　完全緩解率は75％で，生存期間の中央値は6ヵ月
シクロホスファミド（C）　　250〜300 mg/m² PO（3週間に1度）
ビンクリスチン（O）　　　　0.75 mg/m² IV（4週間毎週投与その後3週間に1度シクロホスファミドと同時投与する）
プレドニゾロン（P）　　　　1 mg/kg PO（4週間毎日投与，その後は1日おきに投与する）

Protocol 3　COPA

　完全緩解率は83％で，生存期間の中央値は7ヵ月
シクロホスファミド（C）　　250〜300 mg/m² PO（3週間に1度）
ドキソルビシン（A）　　　　30 mg/m IV（シクロホスファミドの代わりに3回に1度(9週間に1度)投与する）
ビンクリスチン（O）　　　　0.75 mg/m² IV（4週間毎週投与その後3週間に1度シクロホスファミドと同時投与する）
プレドニゾロン（P）　　　　1 mg/kg PO（4週間毎日投与その後は1日おきに投与する）

Protocol 4　プレドニゾロン単独

　姑息的な方法ではあるが，費用が安く，「生活の質 QOL」を短期間（約30日間）向上できる．
プレドニゾロン　　1〜2 mg/kg/day PO

ただし最初にプレドニゾロンのみで治療した例では，攻撃的な治療法を行っても緩解が持続し難い．これは多剤耐性によると考えられる．シクロホスファミドの経口投与（50 mg/kg，1週間に4日連投）をプレドニゾロンに加えるのも，比較的費用が安く短期間（1～2ヵ月）の緩解が得られる．

Protocol 5　ドキソルビシン単独

完全緩解率59%で，生存期間の中央値230日

ドキソルビシン　　30 mg/m² IV（3週間に1度，6回まで）

治療期間は短いが比較的良好な成績が得られる．

2．猫の悪性リンパ腫

猫のリンパ腫は猫白血病ウイルス（FeLV）と強く関連しており，リンパ腫の猫の約70%がFeLVに感染している．FeLV陽性の猫での悪性リンパ腫の平均発生年齢は3歳，FeLV陰性の猫のそれは7歳である．また多中心型，縦隔型では80%がFeLV陽性であるのに対し，消化管型では25%以下の陽性率である．

FeLVの感染の有無は，治療に対する緩解期間には関係しないが，生存期間の中央値は，陰性で9.1ヵ月，陽性で4.2ヵ月と，陽性猫の生存期間は短い．疾患のステージも治療に対する反応率，生存期間に影響する．すなわち，臨床ステージが進むほど完全緩解率は下がり，生存期間中央値も減少する．また化学療法で完全緩解が得られる例では，生存期間の中央値が5～7ヵ月だが，部分緩解の例では4～6週間以上抗腫瘍薬に反応する例は少ないことも報告されている．

Protocol 1　COP

完全緩解率は79%で，緩解期間の中央値150日

ビンクリスチン　　　　0.75 mg/m² IV（4週間，その後3週に1回投与）

シクロホスファミド　　300 mg/m² PO（3週間に1回投与）

プレドニゾロン　　　　2 mg/kg PO（連日）

Protocol 2

ビンクリスチン　　　　0.025 mg/kg IV（1, 4, 8, 12週目）

L-アスパラギナーゼ　　400 IU/kg IP（1, 4週目）

プレドニゾロン　　　　5 mg（1～6, 8, 10, 12, 14週目）PO BID

シクロホスファミド	10 mg/kg IV（2，5，10週目）
ドキソルビシン	20 mg/m² IV（2週目）
メソトレキセート	0.8 mg/kg IV（14週目）

　8，10，12，14週目の治療を12ヵ月間続ける．その後同じプロトコールを2週おきに6ヵ月，1ヵ月に1度の頻度で6ヵ月続ける．

Protocol 3

ビンクリスチン	0.5～0.7 mg/m² IV（1，2，3週目）
シクロホスファミド	50 mg/m² PO（3週目5日間連投）
プレドニゾロン	30～40 mg/m² PO（連日投与）

　最初のシクロホスファミド投与3週後からビンクリスチン＋シクロホスファミドを3週間に1度投与（3回に1回はシクロホスファミドの代わりにシタラビン100 mg/m² IVまたはSCを投与）

Protocol 4　ドキソルビシン単独

ドキソルビシン　20 mg/m² IV
　3週間に1度投与するが，9回までで終了する．
　30分以上かけてゆっくり静脈注射する．

3．軟部組織肉腫

　軟部組織肉腫としては，犬では線維肉腫，血管肉腫，血管周囲肉腫が多く，猫では線維肉腫が多い．軟部組織肉腫では，外科的手術が治療の中心であるが，腫瘍が取りきれていない場合，転移がある場合，転移する可能性が高い場合には適応となる（表20-2）．外科的手術は他の療法を行う前に細胞量を減らすためにも重要である．すなわち，細胞量を減らすことにより腫瘍細胞の成長分画が増加し，化学療法や放射線療法の効果が高くなり，さらに血液供給すなわち抗腫瘍薬の運搬も改善する．

　軟部組織肉腫に対する化学療法の是非については，人医学でも獣医学領域でも論争中である．抗腫瘍薬としては，ドキソルビシン，シクロホスファミド，ダカルバジン，ビンクリスチン，メソトレキセート，シスプラチン，アクチノマイシンD，ミトキサントロンが用いられる．このなかでドキソルビシンが単独でも最も効果が高く，広域な抗腫瘍活性を示すため，大部分の組み合わせ投与法にはドキソルビシンが含まれている．

　獣医学領域において手術不能な肉腫に対する化学療法の効果についてのデータはほとんどないが，ビンクリスチン，ドキソルビシン，シクロホスファミドの組合せは，犬の血管肉腫の状態を改善させ外科的手術後の転移を遅らせる可能性がある．

Protocol 1

ドキソルビシン　犬で 30 mg/m² IV　3週間に1度
　　　　　　　　猫で 20〜25 mg/m² IV　3〜4週間に1度

　犬での反応率は22％で，血管肉腫，滑膜細胞肉腫，未分化肉腫，脂肪肉腫，神経線維肉腫などで反応がみられる．線維肉腫，血管周囲細胞腫，粘液肉腫，神経線維肉腫では十分な反応率は得られない．

Protocol 2

ビンクリスチン　　　　0.0125 mg/kg IV　1週間に1度
メソトレキセート　　　0.3〜0.5 mg/kg IV　1週間に1度
シクロホスファミド　1 mg/kg PO　毎日〜1日おき

　猫の線維肉腫で効果がある．

Protocol 3

ドキソルビシン　　　　30 mg/m² IV　1週目
シクロホスファミド　200 mg/m² IV，PO　1週目
ビンクリスチン　　　　0.7 mg/m² IV　2,3週目

　犬に適用するプロトコールである．同じサイクルを3回繰り返す．

Protocol 4

ドキソルビシン　　　　20〜25 mg/m² IV　1週目
シクロホスファミド　50 mg/m² PO　1週目に4日連投

　猫に適用するプロトコールである．線維肉腫に効果が高い．

表 20-2　軟部組織肉腫の転移性

転移性が低い腫瘍（10％以下）	転移性が高い腫瘍（25％以上）
線維肉腫	血管肉腫
血管周囲細胞腫	平滑筋肉腫
粘液肉腫	脂肪肉腫
神経鞘腫	横紋筋肉腫
	悪性線維性組織球腫
	滑膜細胞肉腫
	未分化肉腫

4．犬の骨肉腫

骨肉腫は長骨骨幹端の骨髄腔から発生するものが最も多いが，局所での浸潤性，破壊性が強く，高率に転移する．治療を行わない場合の生存期間は，1～2ヵ月だが，痛みがひどくなったり病的骨折のために早期に安楽死になる場合が多い．

骨肉腫は転移率が非常に高いため，断脚と同時に潜在的に存在する転移に対して抗腫瘍薬の投与を行う．最も標準的な薬剤はシスプラチンであり，断脚後できるだけ早く，少なくとも2回投与することが望ましい．生存率の改善は有意で，1年生存率は約50％である．シスプラチンの投与回数が増えると生存の可能性も増加するが，シスプラチンによる腎毒性の危険性も同時に増加する．

シスプラチンを投与する前は，好中球数が 3,000/mm³，血小板数が 75,000/mm³ 以上，BUN，クレアチニン値が正常値である必要がある．多くの犬で，投与3, 4日後に元気消失，食欲低下が認められる．薬剤投与中に嘔吐がみられることがあるが，一時的なもので継続的にみられることはまれである．その他骨髄抑制も認められるが，血球数が最も減少するのは投与6～16日後である．シスプラチンは強力な尿細管毒性を持つので，大量の生理食塩水（0.9％NaCl）を薬剤投与前後に投与する．

Protocol

0.9％ NaCl（10 ml/kg/hr）を4時間点滴

シスプラチン　70 mg/m² を 0.9％ NaCl で希釈し（10 ml/kg/hr）1時間かけて点滴投与 0.9％NaCl（10 ml/kg/hr）を2時間点滴

　以上のプロトコールを3週間に1度，4回まで行う．0.9％NaClによる利尿については 25 ml/kg/hr で4時間あるいは 22 ml/kg/hr で6時間という報告もある．

犬の骨肉腫に対する他の抗腫瘍薬としては，ドキソルビシンおよびカルボプラチンがある．ドキソルビシンはある程度生存率を改善するが，シスプラチンより作用は弱い．カルボプラチンはシスプラチンと似た薬剤で，犬の骨肉腫において十分な効果が認められている．この薬剤の用量限界因子は骨髄抑制であり，シスプラチンのような高い腎毒性はない．投与量は 300 mg/m² で（3週間に1度投与する），生理食塩水による利尿は必要ない．

5. 癌　腫

　癌腫は上皮組織から起こる悪性腫瘍で，扁平上皮がん，移行上皮がん，腺がんなどが挙げられる．癌腫は抗腫瘍薬に対する感受性が肉腫よりも低い．癌腫に対する化学療法のプロトコールとしては，下記のものを含めいくつか挙げられているが，有効でない場合も多い．

Protocol

ドキソルビシン	30 mg/m² （猫では 20 mg/m²） IV　1日目
シクロホスファミド	50〜100 mg/m² PO　3〜6日目
ブレオマイシン	10 U/m² SC　1，8，15日目

　以上のプロトコールを犬で21日間隔，猫で35日間隔で繰り返す．

6. 黒　色　腫

　犬において黒色腫が最も一般的に発生するのは口腔内で，高度に悪性であり，リンパ性および血行性に転移する．原発腫瘍が発見されたときには既に転移している可能性が高い．原発腫瘍は外科的手術および放射線療法によって治療する．黒色腫に対する抗腫瘍薬の感受性は低いが，手術不能な悪性黒色腫の犬に対してカルボプラチンを投与すると若干の緩解が得られると報告されている．

7. 肥満細胞腫

　肥満細胞腫は，皮下および内臓の様々な部位に発生する．小さくて境界がはっきりし，よく分化した腫瘍（グレードⅠ）では外科的に効果的に管理できる．しかし多くの肥満細胞腫，特に分化度の低いグレードⅢでは，局所再発，領域および全身への播種のため十分な成績を得ることが難しい（表20-3参照）．これらの例では以下のような抗腫瘍薬の投与が行われる．化学療法は，組織的に中間に位置するグレードⅡの例でも用いられることがある．

Protocol 1

プレドニゾロン	40 mg/m²　2週間連日投与し，その後 20 mg/m² まで徐々に減量する．
±シクロホスファミド	50 mg/m² PO　1日おき
±ビンクリスチン	0.5 mg/m² IV　毎週

一方，蒸留水の局所投与が，完全に摘出できなかった肥満細胞腫に対して行われている．これは，肥満細胞に蒸留水を暴露すると低張性ショックで細胞死が生じることによる．完全に摘出できなかった肥満細胞腫に以下のように蒸留水を投与すると，手術のみで治療した場合と比べ局所再発率が低くなったとの報告がある．

Protocol 2

蒸留水　25か26Gの針で，腫瘍摘出後，摘出した部位の筋膜と皮下織内および切開した皮膚の両端の皮内に十分量投与する．
　手術時を含めて4回7～21日間隔で投与する．痛がる場合には，0.02％リドカインを混ぜる．

表20-3　肥満細胞腫の組織分類（グレード）

	細胞の分化の程度	予後
グレードⅠ	分化度が高い（核の異型性がなく，細胞が一様で境界が明瞭，顆粒は大きく濃く染色される）	予後は良い
グレードⅡ	分化度が中程度（核の異型性が小さく，細胞境界が不明瞭なものもある，顆粒が多い）	予後が比較的良いものから，遠隔転移するものまで多様である
グレードⅢ	分化度が低い（核の異型性が高く，細胞の境界不明瞭，核分裂像が多い，顆粒が少ない）	局所再発，領域および全身への転移のため予後不良である

犬の肥満細胞腫では，病理組織分類によるグレード（Ⅰ～Ⅲ）と予後との相関性が高い

8. 犬の可移植性性器肉腫

犬の可移植性性器肉腫は，雄，雌の外部生殖器に発生するが，皮膚，皮下織，リンパ節にも発生する．近年発生件数が非常に少なくなったが，外科手術，凍結手術，放射線療法で治療可能である．また化学療法に強い感受性を示し，ビンクリスチン（0.025 mg/kg，IV，週1回で7回まで）で大きな効果が期待できる．

9. 乳腺腫瘍

犬猫ともに乳腺腫瘍の発現頻度は高く，犬では約半数が悪性である．良性と悪性の乳腺腫瘍を臨床的に区別することは難しいが，臨床的な悪性所見として，急速なしかも境界のはっきりしない成長，皮膚や下部組織への固着，および潰瘍などが挙げられる．悪性腫瘍の場合，遠隔転移（遠隔リンパ節，肺，他の内部臓器）の可能性があるが，肺への転移なしに内部臓器に転移することはまれである．

犬の乳腺腫瘍において，手術の補助療法としての抗腫瘍薬あるいはホルモン剤を用いた化学療法は，局所再発にも遠隔転移にもその効果は確かではない．ドキソルビシンあるいはこれと他の薬剤の組み合わせで効果があったとの報告があるが，分化度が低く周囲組織や血管に重度に浸潤している場合，また遠隔転移がある場合の効果は低いと思われる．

BOX-5　がんと診断した場合のインフォームド・コンセント

―― 抗腫瘍薬を用いる場合，何をどのような順序で説明するか ――

■1　初めに以下の項目を説明する
1) 病気の詳しい状態
2) 手術を含めどの様な治療法があるか
3) それらの治療効果の見込みと副作用の程度
4) 予想される費用　など

以上の項目について十分な話し合いをし，納得した上で以後の治療を継続していくことが必要である．

■2　抗腫瘍薬を使用する場合，その意味と効果を説明する

多くの飼い主は抗腫瘍薬の副作用についての知識を持っている．抗腫瘍薬のプラス面とマイナス面の客観的な知識を授け，その後の飼い主自身の選択を待つことが重要である．以下の点を説明する．

1) 抗腫瘍薬の効果に限界があることは事実で，ある種のがんを除いて抗腫瘍薬だけでがんを治癒させることは不可能に近い．
2) しかし，適正な薬剤が選択されれば確実な効果が得られる場合が多い．
3) リンパ増殖性疾患，骨髄増殖性疾患，可移植性性器肉腫などのいくつかの「がん」は，多くの例で抗腫瘍薬によって劇的に症状は回復し，かなりの延命効果が得られる．
4) 抗腫瘍薬は価格も高く治療にかなりの費用がかかる．

■3　QOLと安楽死を考える

クオリティ・オブ・ライフ（quality of life；QOL）は「生活の質」あるは「生命の質」と訳される．人医療では，いくら最新の医療技術で治療しても，副作用によって社会生活ができなくなる，あるいは社会生活が著しく障害されるなら，治療に意味がないのではないかとの議論である．これは動物医療にも当てはまる．

初期の段階ではよく効いた抗腫瘍薬による治療も，次第に効果がなくなってくることがある．この場合，抗腫瘍薬の種類を変え効果を高めることが必要となる．この様な事態になったとき，予想される新たな副作用に耐えて生命が長くなることを選ぶか，生命は短くても苦しまずに寿命を全うさせるかの判断には，獣医師の適切なアドバイスが必要である．最悪の場合，安楽死を選ぶことを迫られるケースもある．

表20-4 抗腫瘍薬一覧

一般名	商品名	用量	主な適応症*	副作用**
アルキル化剤				
シクロフォスファミド	エンドキサン	50mg/m² PO, 1日1回, 1日おき, 週4日 150〜300mg/m² IV, PO 3週間に1回	犬, 猫リンパ腫, 白血病, 癌腫, 肉腫	出血性膀胱炎
ダカルバジン	ダカルバジン	犬：200mg/m² IV 3週おきに5日連続	犬リンパ腫再発例	
ブスルファン	マブリン	犬：3〜4mg/m² PO SID 寛解まで毎日	犬白血病	
メルファラン	アルケラン	2mg/m² PO 7〜8日間毎日後 2〜4mg/m² PO EOD	多発性骨髄腫	
代謝拮抗剤				
メソトレキセート	メソトレキセート	0.5〜0.8mg/kg IV 1週間おきに1回 2.5mg/m² PO SID	犬リンパ腫	肝障害, 腎尿細管壊死
シタラビン	キロサイド サイトサール	100mg/m² IV, SC SID 2〜4日間	犬, 猫リンパ腫, 白血病	
フルオロウラシル	5-FU	犬：150mg/m² IV 1週間に1回	犬消化器腫瘍, 皮下織腫瘍	猫では強い神経毒性のため禁忌, 犬でも毒性強い
抗腫瘍性抗生物質				
ブレオマイシン	ブレオ	10U/m² IV, SC 1日1回3〜4日間, その後1週間に1回 最高累積用量 200U/m²	犬, 猫扁平上皮癌	投与後のアレルギー反応, 肺線維症
ドキソルビシン	アドリアシン	犬：30mg/m² IV 10〜30分かけて, 3〜4週間おき 最高累積用量 180mg/m² 猫：20〜30mg/m² IV 3〜4週間に1回	犬リンパ腫, 軟部組織肉腫, 猫リンパ腫, 乳腺腫瘍	心臓毒性, 腎臓毒性 血管外漏出に注意
ミトキサントロン	ノバントロン	犬：5.0mg/m² IV 3週間に1度 猫：5.0〜6.5mg/m² IV 3〜4週間に1回	犬, 猫リンパ腫, 癌腫, 肉腫	血管外漏出に注意
ビンアルカロイド				
ビンクリスチン	オンコビン	0.5〜0.75mg/m² IV 1〜2週間に1回	犬, 猫リンパ腫, 軟部組織肉腫	末梢性神経障害, 知覚異常, 便秘 血管外漏出に注意
ビンブラスチン	エクザール ビンブラスチン	2mg/m² IV 1〜2週間に1回	犬, 猫リンパ腫, 白血病	血管外漏出に注意
その他				
シスプラチン	ランダ ブリプラチン	犬：50〜70mg/m² 3〜4週間に1回(投与法は本文) 猫は禁忌	犬骨肉腫, 癌腫	腎毒性 血管外漏出に注意
カルボプラチン	パラプラチン	犬：300mg/m² IV 15分以上かけて, 3〜4週間に1回	犬骨肉腫, 癌腫	
L-アスパラギナーゼ	ロイナーゼ	犬：400U/kg SC, IM, IP 1週間に1回 猫：400U/kg IP 1回のみ	犬, 猫リンパ腫	
ミトタン	オペプリム	25mg/kg PO BID 5〜10日間連投, その後 50〜70mg/kg PO 1週間に1回	副腎皮質腫瘍	
副腎皮質ステロイド				
プレドニゾロン	プレドニン	10〜30mg/m² あるいは, 2mg/kg PO BID, SID 1日おき	犬, 猫肥満細胞腫, リンパ腫	
抗ホルモン薬				
タモキシフェン	ノルバデックス	10mg/m² PO BID	乳腺腫瘍	肝毒性

*抗腫瘍薬の使用範囲は幅広く, ここでは「主たる」適応症を挙げている.
**副腎皮質ステロイド, 抗ホルモン薬を除く全ての抗腫瘍薬には骨髄抑制(白血球減少, 血小板減少など)が副作用として存在する. ここでは, 骨髄抑制が前面に出る前に発現する固有の副作用を挙げている.
***これらの薬剤の多くは, 単独で使われることは稀で, 他剤と組み合わせて使用されることが多い(本文参照)

ポイント

1. 副作用が必ず発現するので薬物の性質を十分理解することが重要である．客観的な副作用のモニターも重要である．
2. 抗腫瘍薬は単剤で使用することは少なく，併用療法が一般的である．
3. シクロホスファミド：リンパ腫をはじめ獣医領域で広範に使用される薬である．一般的な抗腫瘍剤の毒性のほかに出血性膀胱炎がある．
4. ドキソルビシン：肉腫，リンパ腫に用いられる．心臓毒性，腎毒性（特に猫），胃腸毒性がある．単独で使用されるプロトコールもある．
5. ビンクリスチン：様々な腫瘍に組み合わせて用いられる．可移植性性器肉腫には単独で効果がある．
6. 副腎皮質ステロイド：リンパ球融解作用と，リンパ球の増殖を抑制する作用を持つため，リンパ腫やリンパ性白血病などのリンパ増殖性疾患に有効である．
7. リンパ増殖性および骨髄増殖性疾患では，化学療法が主たる治療法になり，良好な成績が得られる場合が多い．
8. 固形がんでは，手術および放射線療法の補助療法として用いられる．特に早期に転移しやすい悪性腫瘍で抗腫瘍薬が用いられる場合が多い．
9. 化学療法に限らず腫瘍に対する治療を行う場合には，確実な診断がついてから行うのが原則である．
10. 腫瘍の広がりや転移の有無などの臨床ステージの評価を十分行ってから治療を行う．
11. 化学療法によって期待される効果と予想される副作用を飼い主に十分説明し，明確な同意を得た上で抗腫瘍薬の投与を開始する．

21. 抗 菌 薬
Antimicrobial drugs

Overview

　細菌感染が原因となる犬，猫の病気は，呼吸器，膀胱や尿道，消化器などの感染や外傷による化膿など様々である．細菌感染の治療には抗菌薬が必須であり，日常の診療で最も頻繁に使用される薬剤となっている．

βラクタム系
a．ペニシリン系薬
- ペニシリン-G penicillin-G（ベンジルペニシリン benzylpenicillin）
- ペニシリン-V penicillin-V
- アンピシリン ampicillin
- カルベニシリン carbenicillin
- アモキシシリン amoxicillin

b．セフェム系注射薬
- セファロチン cephalothin
- セファゾリン cefazolin
- セフスロジン cefsulodin
- セフメタゾール cefmetazole
- セフォペラゾン cefoperazone
- セファロリジン cephaloridine
- セフォタキシム cefotaxime

c．セフェム系経口薬
- セファレキシン cephalexin
- セファクロル cefaclor
- セフィキシム cefixime

d．βラクタマーゼ阻害薬
- クラブラン酸 clavulanic acid
- スルバクタム sulbactum

e．その他
- ラタモキセフ latamoxef
- アズトレオナム aztreonam

合成抗菌薬
a．サルファ薬
- スルファジメトキシン sulfadimethoxine
- スルファモノメトキシン sulfamonomethoxine
- スルファジアジン sulfadiazine

b．葉酸代謝阻害薬
- トリメトプリム trimethoprim
- オルメトプリム ormethoprim
- ピリメタミン pyrimethamine

c．キノロン系薬
- ナリジクス酸 nalidixic acid
- ノルフロキサシン norfloxacin
- オフロキサシン ofloxacin
- エンロフロキサシン enlofloxacin
- シプロフロキサシン ciprofloxacin
- オルビフロキサシン orbifloxacin

d．アミノ配糖体
- ストレプトマイシン streptomycin
- ジヒドロストレプトマイシン dihydrostreptomycin
- カナマイシン kanamycin
- ゲンタマイシン gentamycin
- アミカシン amikacin
- アルベカシン arbekacin
- ネオマイシン neomycin

テトラサイクリン系薬
- テトラサイクリン tetracycline
- オキシテトラサイクリン oxyteracycline
- クロルテトラサイクリン chlortetracycline
- ドキシサイクリン doxycycline
- ミノサイクリン minocycline

マクロライド系薬
- エリスロマイシン erythromycin
- オレアンドマイシン oleandomycin
- ジョサマイシン josamycin
- ミデカマイシン midecamycin

クロラムフェニコール系薬
- クロラムフェニコール chloramphenicol

リンコサミド
- リンコマイシン lincomycin
- クリンダマイシン clindamycin
- バンコマイシン vancomycin
- ホスホマイシン fosfomycin
- リファンピシン rifampicin

Basics 薬の基礎知識

■1 抗生物質と合成抗菌薬

「抗生物質」は，本来微生物が作り出す天然の抗菌性物質を指す言葉である．例えば，代表的な抗菌薬であるペニシリンは青カビによって作られる．カビ類が抗菌性物質を作る目的は，自らの増殖を他の微生物に邪魔されることがないように，他の微生物の発育を妨げることにある．人間はこのような自然の営みをうまく利用し，抗生物質を感染症に使っている．

元来抗生物質という用語は天然の抗菌性化合物を特定して使われる用語であるが，合成化学が進歩した現在では，様々な抗菌性物質が人工合成されている．これらは「合成抗菌薬」とよばれて本来の抗生物質とは区別される．現在では，天然型の抗生物質，天然型をもとに化学修飾を施した半合成型の抗菌薬，あるいは完全な合成型抗菌薬など様々であり，抗生物質と合成抗菌薬という用語の境界は明瞭ではない．

■2 抗菌薬の選択的毒性

抗菌薬には，生体に侵入・寄生した病原体を殺すもの（殺菌的：bactericidal），あるいは発育増殖を抑えるもの（静菌的：bacteriostatic），さらに濃度に応じて殺菌的あるいは静菌的に働くものなどがある（図21-1）．病原体を直接のターゲットとする薬を使った治療は「原因療法」といわれる．原因療法として用いられる抗菌薬は，動物自身には無作用あるいは毒性が低いこと，つまり，病原体に対する高い選択的毒性が要求される．

感染症に利用できる抗菌薬は，細菌と動物細胞の機能のわずかな差を利用して，細菌だけに作用するものが選別される．動物細胞と細菌の決定的な違いは細胞膜の構造にある（図21-2）．動物の細胞は脂質の薄い膜でおおわれ（リン脂質二重層），これがいわばむき出しの状態で外界と接している．これに対して，細菌はこの外側に，さらに細胞壁という硬質の殻がおおっている．グラム陰性菌とグラム陽性菌では細胞壁の構造に差があり，この差が染色の差となって区別される．代表的な抗生物質であるペニシリンは，ペプチドグリカンからなる細胞壁の最内層の合成を阻害する．この層が形成されない菌はオートリジンという細菌内酵素で自己融解して死んでしまう．多くの抗菌薬のなかでもペニシリン系薬は細菌に対する選択的毒性が強いのも，ペニシリン系薬が動物細胞にない細菌独特の構造を作用点とするからである．

その他の抗菌薬の作用機序としては，細菌に特有の核酸やタンパク質の合成を阻害するもの，細胞膜を破壊するものなどがある．

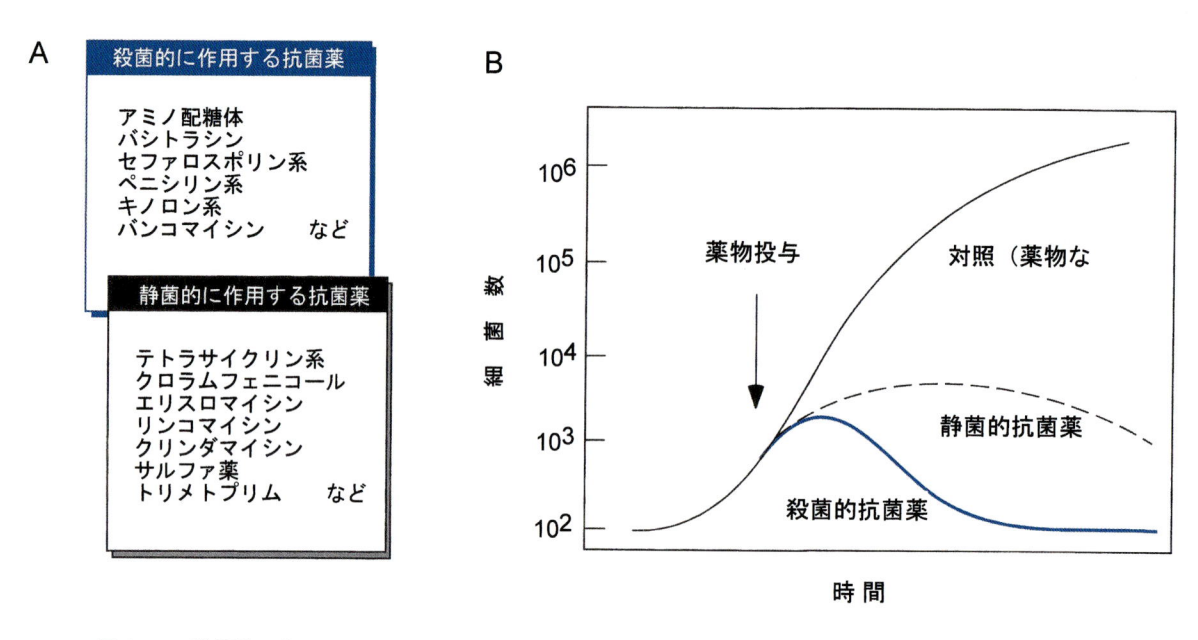

図21-1 殺菌的に作用する薬物と静菌的に作用する薬物（A）の細菌数と時間との関係（B）
殺菌的に作用する薬物はそれ自身で細菌数を減らすことができるが，静菌的に作用する薬物は免疫機構の助けを借りないと減数効果が現れない．

■3 耐 性 菌

　細菌は一般に環境に対する順応性がきわめて高く，抗菌薬を長期に使用していると変異してその抗菌薬を分解する酵素を作ったり，あるいは使用した抗菌薬によって阻害された酵素に代わる別の酵素を作り出して対抗しようとする．この様な菌を獲得耐性菌とよび，元来感受性を持たない自然耐性菌とは区別される．同一の抗菌薬を使い続けると感染菌の薬剤耐性率が高くなる．
　耐性発現の機序は様々で，細菌はほとんど例外なくあらゆる手段を講じて遺伝的に変異し，抗菌薬存在下でも生き延びようとする（表21-1）．

表21-1 抗菌薬に対する耐性発現の生化学的機序

耐性発現の機序	抗菌薬の例
薬物不活性化酵素の産生 　例：βラクタマーゼ産生 　　　ジヒドロ葉酸還元酵素の変異	βラクタム系 クロラムフェニコール アミノ配糖体 サルファ薬 トリメトプリム
薬物作用点の変化 　例：ペニシリン結合タンパク質の変異	βラクタム系 マクロライド系 アミノ配糖体
薬物の細胞内取り込みの減少	テトラサイクリン系 クロラムフェニコール サルファ薬

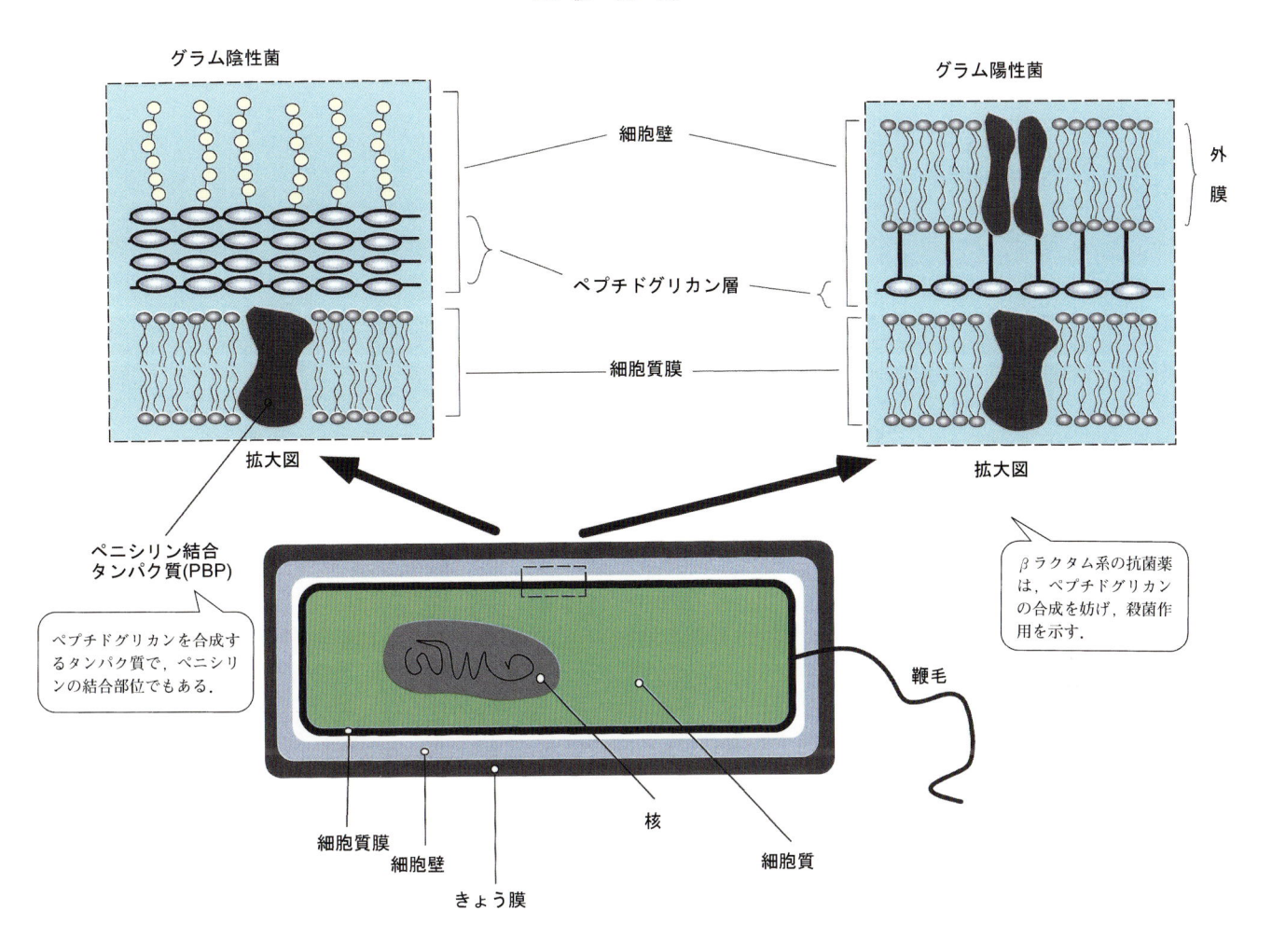

図 21-2　グラム陽性およびグラム陰性菌の細胞膜の構造 ―ペニシリン系薬の作用点―
　動物細胞の細胞膜は細胞質膜だけからなっているが，細菌の細胞は細胞質膜の外側がきょう膜と細胞壁という殻でおおわれている．グラム陽性菌では細胞壁はさらに，リポ多糖体，外膜，リポタンパク質，ペプチドグリカンなどで構成されている．グラム陰性菌では細胞質膜の外側にさらにもう1層のリン脂質の2重層の外膜があり，この間にペプチドグリカン層がある．βラクタム系抗生物質は，細胞壁を構成するペプチドグリカンの合成を阻害する．βラクタム系薬の結合部位はペニシリン結合タンパク質（penicillin binding proteins, PBPs）とよばれ，ペプチドグリカン鎖の形成にあずかる酵素である．

◼ 4　抗菌薬の副作用

　抗菌薬の副作用を分類すると以下のようになる（表21-2）．
　直接の毒性：　抗生物質は元来細菌だけに作用し宿主の細胞には作用を持たないことを前提に開発されているが，なかには強い毒性を持ち十分な注意のもとに使用することが必要な抗菌薬もある．ペニシリン系薬が効かな

表21-2 主要な抗菌薬の副作用

抗菌薬	主な副作用
ペニシリン系薬	過敏性ショック，下痢，腎炎（大量のメチシリン）
エリスロマイシン	注射部位の刺激作用
アミノ配糖体	聴覚障害，腎毒性，神経筋麻痺による運動障害，腸管粘膜刺激による出血性胃腸炎
テトラサイクリン系薬	嘔吐，下痢，菌交代症
キノロン系薬	人では頭痛だが動物では不明，腎毒性，関節軟骨の形成阻害（幼弱動物や妊娠動物で注意，特に犬）
サルファ薬	血液傷害（貧血，白血球減少，血尿）
クロラムフェニコール	造血器傷害（貧血）（特に猫）
クリンダマイシンとリンコマイシン	偽膜性腸炎による下痢

いグラム陰性菌に有効なストレプトマイシンやゲンタマイシンは聴覚や腎臓に障害を起こすし，クロラムフェニコールは造血器に対して障害を起こす．

過敏症： 動物ではあまり多くはないといわれるが，ペニシリン系薬およびセフェム系には過敏性のショックがある．人では薬疹などが100人に1～2人，アナフィラキシーショックは1万人に1人とされる．ペニシリンの代謝産物のペニシロ酸が生体内のタンパク質と結合してハプテンとして働くために起こると考えられている．これらの薬による過敏症には交差性があり，1種類の薬物に反応する場合には他の薬剤にも反応する可能性が高くなる．

腸内細菌叢の変化： 経口的に高用量が投与された場合，腸内の正常細菌叢に影響を与え，下痢などを起こすことがある．したがって，過剰な用量とならぬように，あるいは長期の投与は慎重に行う必要がある．

菌交代症： 真菌や緑膿菌は一般の抗菌薬が効きにくい細菌である．これらの菌の病原性は低いが，強力な抗菌薬を使い続けると，もともといた病原菌と入れ替わって増殖し病原性を発揮することがある．これを「菌交代症」という．最近では獲得耐性菌が増加しており，これらの菌による菌交代症も考慮する必要がある．一般的に抗菌薬は1～2週間程度の投与が限度で，それ以上の投与が必要な場合は薬剤の種類を変える必要にせまられる．

Drugs　薬の種類と特徴

人体薬の分野でも，抗菌薬は非常に大きな市場を形成しており，多数の製薬企業から多くの種類の抗菌薬が発売されている．これらの一部が動物用薬としても使われている．ただし犬や猫に対して適応指定のある薬剤は必ずしも十分でなく，人体用の薬剤を使わざるを得ない場合が多い．

■1　βラクタム系薬

βラクタム系薬は，細菌の細胞壁の合成経路に選択的に作用するので高い安全性を示し，また種類によっては幅広い抗菌スペクトルを示す．ペニシリンをはじめとするβラクタム系薬は，抗菌薬の中で安全性が高く，獣医診療で最も多く使用されている抗菌薬である．

βラクタム系薬は，ペプチドグリカンの合成を阻害するので，グラム陰性および陽性菌のいずれにも作用する．

ただし，グラム陰性菌には外側に脂質の膜があり，βラクタム系薬の浸透を妨げている菌種もあり，この場合は効果が劣る．ペプチドグリカン層を持たないマイコプラズマ，放線菌，真菌には効かない．βラクタム系薬は，ペニシリン系，セフェム系，βラクタマーゼ阻害薬などに分類される．

1．ペニシリン系薬

βラクタム系の中で最も古い歴史があるが，今日でも広く用いられている抗生物質である．天然型のペニシリン-G（ベンジルペニシリン），胃酸に安定で経口投与されるペニシリン-V，小動物臨床の抗菌薬として最もよく用いられれるアンピシリンやアモキシシリンなどがある．

2．セフェム系薬

βラクタム系薬と構造的に類似し，作用も類似している．ただし，細菌の持つ抗生物質分解酵素であるβラクタマーゼに抵抗性が強い．開発時期および作用の特徴から第1〜第3の世代に分けられる．

第1世代(セファゾリン，セファレキシン，セファロリジンなど)： ブドウ球菌，連鎖球菌，大腸菌など広範囲の菌に有効である．経口投与可能なものもある．

第2世代(セフメタゾール，セフォテタンなど)： 第1世代に比べて抗菌力が増している．緑膿菌を除くグラム陰性桿菌にも有効である．

第3世代(セフィキシム，セフォタキシム，セフスロジン，セフォペラゾンなど)： さらに抗菌力が増し，緑膿菌にも効果を示すものもある．院内感染などの特殊な感染に用いるべきで，通常の軽度あるいは中程度の感染症では使用しない．

3．βラクタマーゼ阻害薬（クラブラン酸およびスルバクタム）

βラクタム環を持つ化合物であるが抗菌作用は弱い．しかし，細菌側のβラクタマーゼの基質となりβラクタマーゼに強く結合する．したがって抗菌作用のあるβラクタム系薬とこれらを併用すると，単独での作用と比べ，著しく抗菌作用が増強される（図21-3）．アモキシシリンとクラブラン酸との2：1の合剤（複合抗生物質）が市販されている．

■2 サルファ薬と葉酸代謝拮抗薬

古い歴史のある合成抗菌薬であり，人では尿路感染症によく使われる．動物医療では細菌のみならずリッケチアや原虫疾患にも効果があることから重要な薬剤である．安価で使いやすいが，最近では他に多くの有効な抗菌薬が開発されたため使用頻度が減ってきている．

動物細胞は葉酸をビタミンとして外部から取り入れるが，細菌は細胞内で自身で合成する．サルファ薬およびトリメトプリムは細菌の葉酸代謝を異なる部位で阻害し抗菌作用を発揮する（図21-4）．サルファ薬とトリメトプリムをはじめとする葉酸代謝拮抗薬は同時に使用すると相乗効果を示す．したがって，合剤(ST合剤といわれる)として使用すると副作用が軽減でき有効性が高くなる．細菌性の下痢，気管支肺炎，膀胱炎などの尿路感染症，術後の感染症防止などに用いられる．

■3 キノロン系薬

1984年以降に開発された新しいタイプの合成抗菌薬で，優れた抗菌スペクトルと抗菌力を持っている．ニュー

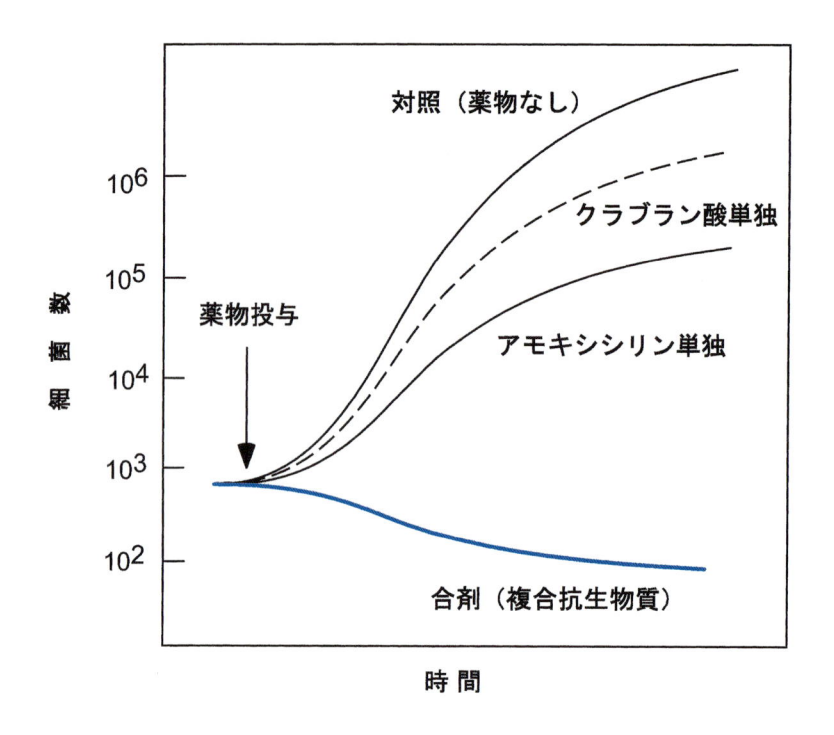

図 21-3　アモキシシリンとβラクタマーゼ阻害薬との併用の効果
　クラブラン酸やスルバクタムはβラクタム環を持つ化合物であるが抗菌作用は弱い．しかし，細菌側のβラクタマーゼの基質となりβラクタマーゼに強く結合する．抗菌作用のあるβラクタム系薬と併用すると，単独での作用と比べ，著しく抗菌作用が増強される．アモキシシリンとクラブラン酸との合剤（複合抗生物質）が市販されている．

　キノロン系も登場し最近急速に普及しつつある抗菌薬である．DNA ギラーゼ（トポイソメラーゼⅡ）阻害によるタンパク質合成阻害が作用機序である．尿中への排泄が速いことから，尿路感染症に用いられることが多い．細菌性の皮膚疾患にも使われる．嫌気性菌には効かないので腸内細菌叢への影響が少なく，下痢を起こしにくいといわれる．したがって，細菌性の下痢にもよく用いられる．
　キノロン系薬の安全性は比較的高いが，関節軟骨の形成を阻害する作用があり，幼弱動物や妊娠動物への投与には注意が必要である．

■ 4　アミノ配糖体薬

　緑膿菌を含めたグラム陰性菌やブドウ球菌にも強い殺菌作用を示す強力な抗生物質である．感染性の腸炎，肺炎などに使われる．作用は強力だが副作用が強いという欠点があり，第 2 選択薬として使用されることが多い．あるいは，外用薬として細菌感染を伴う皮膚炎などに用いられる．タンパク質合成の場であるリボソームの 30 S タンパク質に結合し，アミノ酸からタンパク質への合成過程を狂わせてしまう．抗菌スペクトルが広く，特にグラム陰性菌に有効である．嫌気性菌には効かない．極性が強く，ネオマイシンを除いて経口的には使用できない．
　副作用としては，聴覚障害，平衡器官障害，腎毒性，神経筋麻痺による運動障害などがある．特に聴覚障害や平衡器官の障害は常用量でも発現する可能性があり，しかも不可逆的である．利尿剤フロセミドにもアミノ配糖

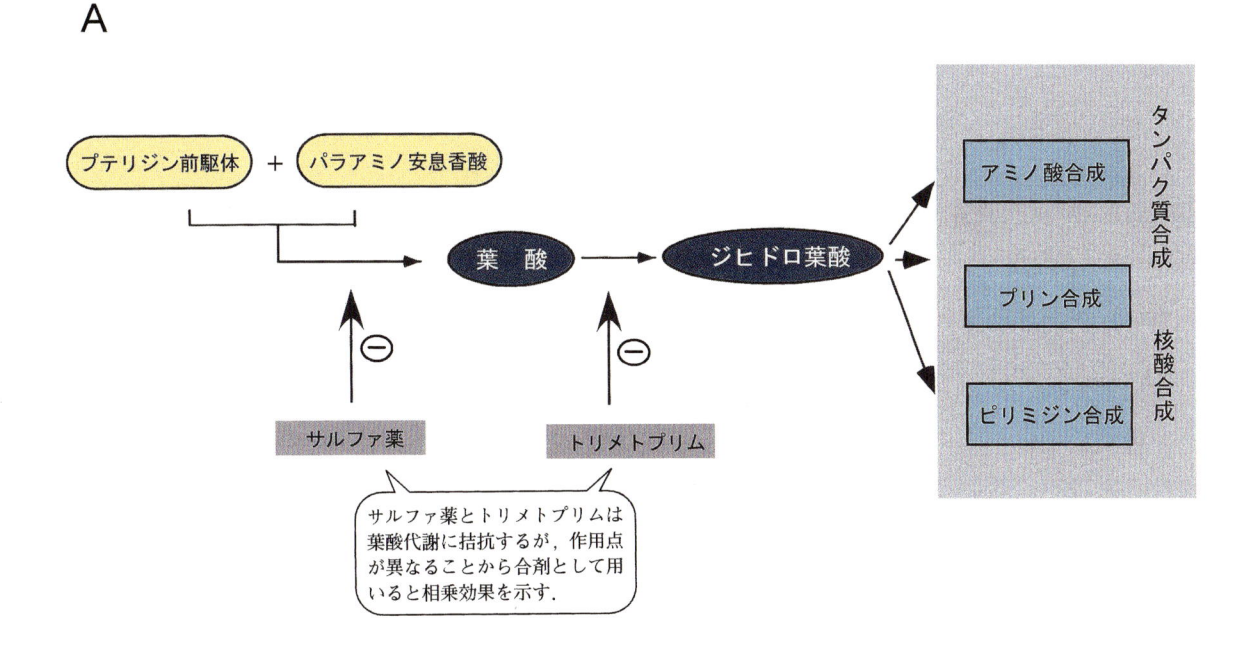

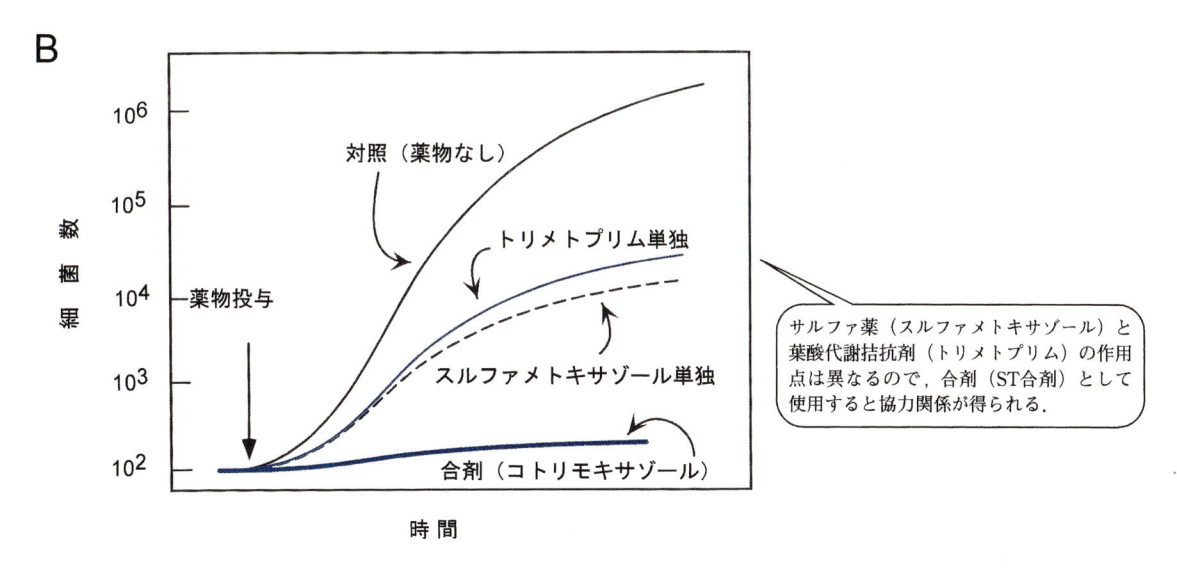

図21-4 サルファ薬とトリメトプリムの作用点（A）とそれらの協力作用（B）
サルファ薬は葉酸代謝拮抗剤であるトリメトプリムと併用することにより強い効果が得られる．

体と同様に聴覚障害の副作用があり，アミノ配糖体との併用で倍加されるので併用は禁忌である．

■5 テトラサイクリン系薬

毒性の少ない抗生物質として知られている．他の薬剤が効きにくいマイコプラズマ，リケッチア，クラミジアなどにも効果があり，動物医療では重要な抗菌薬である．ドキシサイクリンは犬の歯周炎治療に使われる．

■6　マクロライド系薬

　大環状ラクトンに数個の糖がついたものを一般にマクロライド系抗生物質と総称する（イベルメクチンなどのフィラリア予防剤もマクロライド系抗生物質の仲間である）．マクロライド系薬の代表であるエリスロマイシンは，βラクタム系とスペクトラムがほぼ同じで，過敏症が問題となる人の医療ではペニシリン系薬の代わりとして広く使用されている薬物である．動物医療では，肺炎球菌やマイコプラズマなどに抗菌作用を示すことから，急性の呼吸器感染症などに用いられる．ただし，これまでに頻繁に用いられてきたせいで，これらに抵抗性を示す菌種が増加し問題となっている．

■7　クロラムフェニコール系薬

　グラム陽性および陰性菌に対してきわめて広いスペクトラムを有する強力な薬剤である．ただし，貧血を主徴とする副作用が強く，外用を除き命に関わるような重度な疾患に対してのみ使用すべき薬剤でもある．

■8　リンコサミド

　嫌気性菌に対して強い抗菌性を示し，外傷性の疾患に用いられる．犬では膿皮症に用いられる．βラクタム系が無効な場合に選択される．副作用として，偽膜性腸炎による重篤な下痢がある．

■9　その他

1．バンコマイシン

　以前はショックや発熱などの副作用のため使用されなかった薬剤であるが，大多数の抗菌薬に対して耐性を生じたブドウ球菌に効果があることから見直された．MRSA（BOX-1参照）用剤として第1選択薬である．

2．リファンピシン（リファンピン）

　人では抗結核薬として用いられるが，犬ではブルセラ感染症に使われる．MRSAに奏効する場合もある．

Clinical Use　薬物使用の実際

■1　抗菌薬の適応疾患（概要）

　通常の小動物診療でみられる抗菌薬の適応疾患には，膀胱炎や尿道炎などの尿路感染症，感染性の下痢，皮膚炎，肺炎や気管支炎，2次感染の心配がある重度の外傷などがある．さらに，代表的な細菌性の伝染性疾患にはブルセラ症やレプトスピラ症があり，診断がつけば躊躇することなく抗菌薬を投与する．以前はブルセラ症やレプトスピラ症などの感染症はよくみられたが，最近では，飼育環境が良くなったこと，さらに予防注射が普及したせいで減少している．
　一方，ウイルス感染時には白血球が減少し免疫力が低下していることが多い．さらに，ウイルスが粘膜に感染すると上皮細胞を傷害し，びらんを生じる．ここから細菌が重感染する可能性が高い．したがって，細菌ではなくウイルスによる感染症にも，重感染や2次感染を防ぐ目的で抗菌薬が投与される．

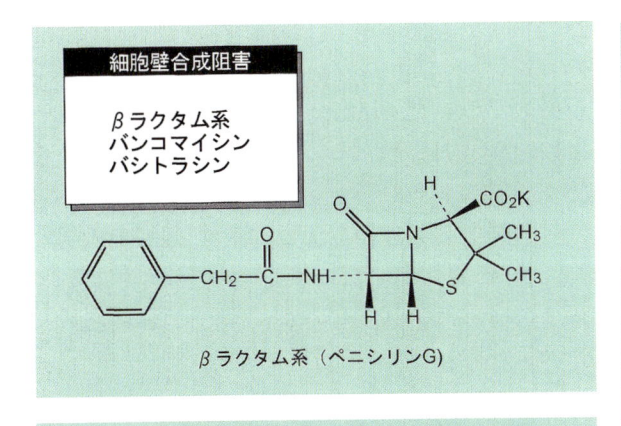

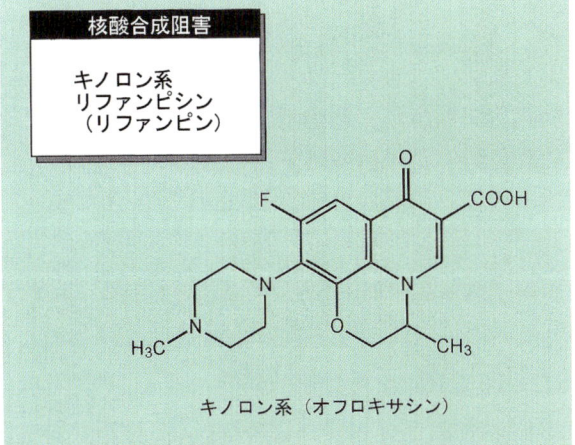

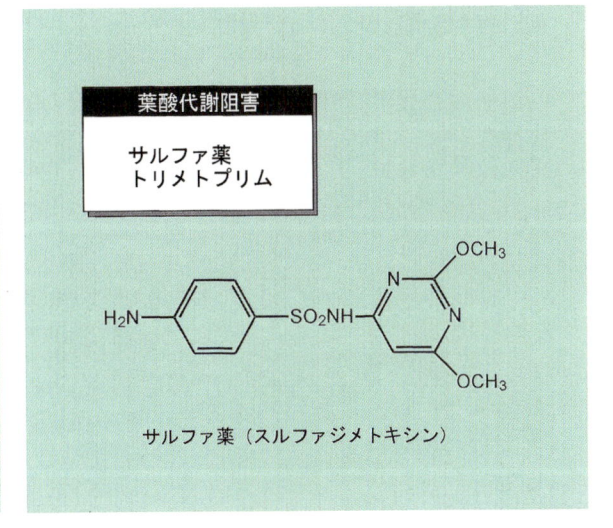

図 21-5　作用機序による抗菌薬の分類と主な薬の構造式

■2　抗菌薬選択の基礎

　抗菌薬投与の目的は，生体が感染微生物を排除しようとするのを手助けすることにある．抗菌薬投与により症状が劇的に改善する場合もあり，このような時には抗菌薬だけで治癒したような錯覚に陥りがちだが，これには生体の防御機構が大きくかかわっていることを忘れてはならない．一方，動物の状態が悪化した場合，あるいは，異物の存在などにより生体免疫機構が十分発揮されない場合などは，十分な効果があると期待される抗菌薬を投与しても，症状改善が認められないことが少なくない．

　抗菌薬を投与するケースとしては，①感染症を実際に発症している場合，②生体免疫力が大きく低下している場合，③手術後などで予防的投与を行う場合，などに分けられる．①および②に対する抗菌薬投与については基本的に異論はないが，③に対する使用に対しては様々な批判があり，十分考慮した上で投与することが望まれる．

実際の症例に対しどの抗菌薬をどのように使用するかを決定する場合には，以下の順序に従って判断し対処するのが望ましい（図 21-6）．

1．本当に細菌感染が存在するかを判断する

細菌感染の存在を，初診の段階で確定するのは必ずしも容易ではないが，表 21-3 に示すような所見から総合的に判断する．

2．異物除去あるいは排膿などの処置が必要かを見極める

異物・壊死組織が原因となって膿瘍となっている場合，骨壊死・内固定材料のある骨髄炎，膿胸，子宮蓄膿症，化膿性前立腺炎，慢性化し耳道が狭窄・肥厚した外耳炎などでは，異物の除去やドレナージ，あるいは手術を行わなければ抗菌薬の十分な効果が認められない場合が多い．これらの処置は，可能なかぎり早い段階で行うのがよい．

3．病原菌の菌種を同定あるいは推定する

抗菌薬の決定には，病原菌が何であるかを知ることが大きな前提となる．病原菌の同定には「細菌培養試験」（通

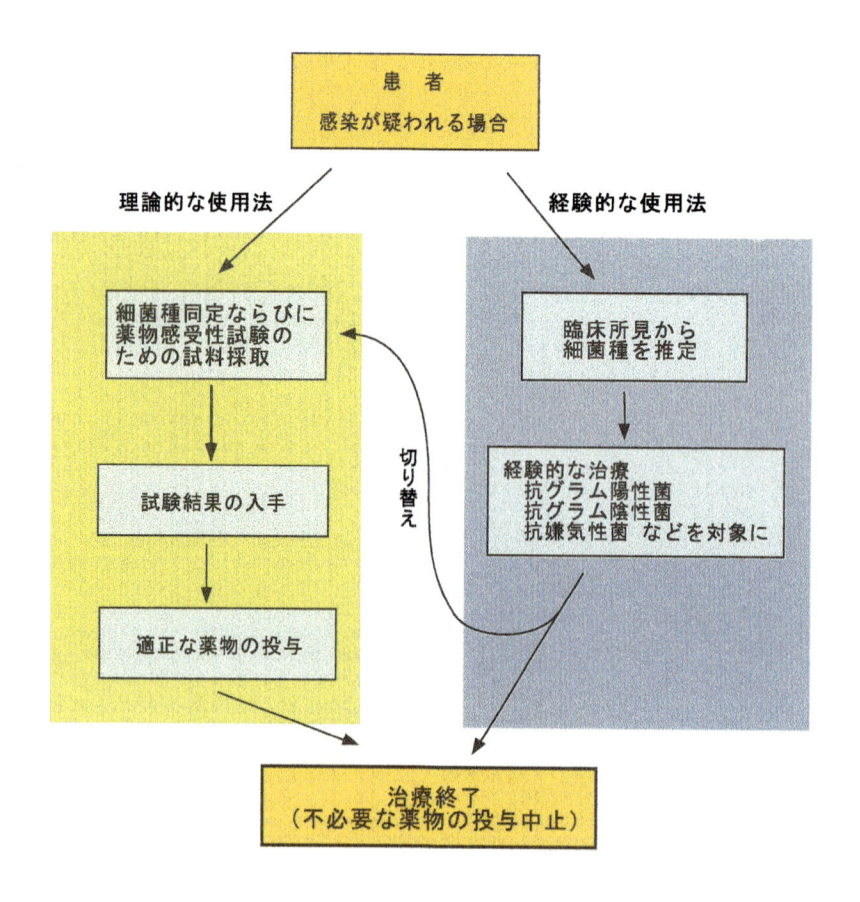

図 21-6　抗菌薬を選択し治療を終えるまでの流れ

表21-3 細菌感染時の症状，所見

全身症状	発熱*，リンパ節腫脹，脾腫など
局所症状	鼻汁，発咳，胸部聴診異常 腹部圧痛，嘔吐，下痢，黄疸など 尿混濁，血尿，頻尿など 陰部排膿 局所の発赤，腫脹，疼痛，排膿など
臨床検査項目	白血球数，白血球分画，採取材料の性質・直接塗抹所見（グラム染色）

* 悪性腫瘍あるいは自己免疫疾患による発熱との鑑別が必要．

常は併せて「薬剤感受性試験」を行う）が必要となるが（後述），多くの場合，細菌培養および感受性試験の結果が得られる前に抗菌薬治療を開始する必要がある．さらにこれら試験を実施しても満足すべき結果が得られない場合，あるいは試験自体を実施できない場合もある．このような場合には，菌を推定する必要がある．動物においても臓器ごとに病原となる可能性の高い細菌種がある程度示されており，これに今までの経験および採取材料塗抹のグラム染色所見などを加え，病原菌の推定を行う．臓器別の好発病原菌例を表21-4に示すが，これは地域ごとあるいは施設ごとに異なった傾向を持つので，自分の施設でのデータの集積と活用が重要である．

表21-4 臓器別の好発病原菌の例

臓　器	細菌種	
尿路系	大腸菌	*Escherichia Coli*
	腸球菌	*Enterococcus* spp.
	ブドウ球菌	*Staphylococcus* spp.
子　宮	大腸菌	*Escherichia Coli*
	連鎖球菌	*Streptococcus* spp.
	ブドウ球菌	*Staphylococcus* spp.
	プロテウス	*Proteus* spp.
	クレブシラ	*Klebsiella pneumoniae*
皮　膚	ブドウ球菌	*Staphylococcus* spp.
	大腸菌	*Escherichia Coli*
	緑膿菌	*Pseudomonas aeruginosa*
骨　髄	ブドウ球菌	*Staphylococcus* spp.
	大腸菌	*Escherichia Coli*
	プロテウス	*Proteus* spp.
	緑膿菌	*Pseudomonas aeruginosa*
敗血症	大腸菌	*Escherichia Coli*
	ブドウ球菌	*Staphylococcus* spp.

4．抗菌薬とその投与方法を決定する

抗菌薬を決定する際には，以下の項目について考慮して選択する．

1) 細菌培養・薬剤感受性試験結果（あるいは推定病原菌）

2）抗菌作用（どのような作用機序か，殺菌的か，静菌的か）
3）投与法（注射投与が可能か，経口投与が可能か，投与間隔は）
4）標的臓器への到達性（移行性）
5）抗菌薬の副作用

　当然のことながら，この中で使用しようとする抗菌薬が感染微生物に感受性があることは第一の前提となる(表21-5)．十分な治療効果を得るためにも，また，耐性菌の出現を抑制するためにも，細菌培養・薬剤感受性試験を行うことは重要である．しかし，細菌が存在しこれを採取しても必ずしも培養が可能とは限らないこと，$in\ vitro$で感受性があることは$in\ vivo$でも有効である可能性を示すだけで，必ずしも「有効」とは限らないことに注意する．ただし，一般に$in\ vitro$で抵抗性ならば$in\ vivo$でも抵抗性である．

表21-5　病原菌種とこれに感受性を示す抗菌薬の種類

菌　種	有効な抗菌薬
ブドウ球菌	広域ペニシリン 第1，2世代のセフェム系 テトラサイクリン系
連鎖球菌	広域ペニシリン 第1〜3世代セフェム系 テトラサイクリン系 マクロライド系
腸球菌	広域ペニシリン テトラサイクリン系 ニューキノロン系
大腸菌	第2，3世代セフェム系 ニューキノロン系 アミノ配糖体
緑膿菌	抗緑膿菌性ペニシリン 第3世代セフェム系
セラチア	第3世代セフェム系 ニューキノロン系 アミノ配糖体
エンテロバクター	第3世代セフェム系 ニューキノロン系 アミノ配糖体
サルモネラ	広域ペニシリン 第1〜3世代セフェム系 ニューキノロン系

　一方，一般に静菌作用を示すものより殺菌作用を持つ抗菌薬の方が効果的であるが，副作用発現の可能性もその分高くなる．さらに，薬剤により投与経路が限定され注射薬のみあるいは経口薬のみでしか使えないという薬剤もあり，実際の薬剤選択はこれらの要因にも左右される．また，例えば嘔吐のある動物に経口薬は使えないし，外来以外の患者に注射薬を使うのは難しい．さらに標的臓器への到達性(移行性，後述)，および前述した副作用も加味して使用する抗菌薬を決定する．

5．治療の途中で抗菌薬の変更が必要かを判断する

　薬剤感受性試験の結果が得られ，使用している抗菌薬に抵抗性であれば，抗菌薬の変更が必要になる．ただし抵抗性であっても全く感受性がないわけではないので，臨床症状が改善する場合もある．一方，前述のように感受性のある薬剤であっても様々な要因で十分な治療効果を得られない場合もあり，そのような時にも薬剤の変更を考慮する．

　抗菌薬による治療効果は，投与開始後2～3日経過してから現れることが多い．有効である場合には，まず解熱，元気，食欲回復などの臨床症状の改善が認められることが多い．その他局所症状として，例えば呼吸器疾患であれば咳の減少などが，尿路感染症であれば排尿回数の減少，尿臭の改善，尿の透明化などが，細菌性下痢であれば下痢症状の消失などが認められる．

6．投与終了時期を決定する

　抗菌薬投与をいつ終了するかも，現実的には判断に迷うことが多い．一応の目安として，症状の改善の見られる例での投与期間は長くても2週間程度といわれているが，感染症の性質により長短がある．例えば，急性の膀胱炎や細菌性下痢の場合は，3～5日の投与で十分なことが多い．

■3　考慮すべき患者側の要因

　抗菌薬の効果は様々な患者側の要因で影響を受けるので，一律に投与できるわけではない．投与の際には以下の項目を考慮して行う．

1．免疫機能

　殺菌的に作用する抗菌薬を投与しても，感染した菌が完全に排除されるためには動物側の免疫力が必要である．免疫機能が減退している動物ではより高用量の薬剤が必要とされる．

2．腎機能

　腎機能が衰えていると抗菌薬の蓄積を招く恐れがあるので，用量や投薬計画を考慮する．

3．肝機能

　抗菌薬のなかでも，特にエリスロマイシンやテトラサイクリンなどは肝臓に集まる性質があり，肝障害のある場合は投与を控える．

4．妊娠と授乳

　ほとんど全ての抗菌薬は胎盤を通過するが，テトラサイクリン（歯芽形成阻害や骨形成阻害作用がある）を除き多くの薬剤は胎子に対しても安全に使用できるとされる．また，出産後に母体が抗菌薬を投与されている場合，授乳を通して子供に移行する．ただし量は少なく大量投与の場合を除いて問題となることは少ない．一方，妊娠直後に発生する危険のある催奇形性に関しては，大多数の抗菌薬で安全性は確認されていないので注意する．

■4 抗菌薬の効果が十分得られない原因

病原菌に感受性があっても，十分な効果が得られない原因としては，以下の事項が考えられる．

1. 感染部位における薬物濃度が十分でない

これには，①投与量が十分でない，②投与経路が適切でない，③感染部位への到達性が十分でない，などが考えられる．例えば，静脈内投与では十分な有効血中濃度が得られても，経口投与では十分な濃度に達しないこともある．これを判断するには，各薬剤投与後の血中濃度の変化と，後述の各病原菌に対する最少発育阻止濃度（MIC）の情報が必要となる．

一方，抗菌薬は様々な経路で投与された後血流に入り，一部は血清タンパク質と結合して全身に分布し，各臓器に到達する．各組織では遊離型の抗菌薬が抗菌活性を示し，最後にこれらは代謝され，腎（尿中へ），肝（胆汁へ），消化管（大腸へ），その他の臓器を通じて外部に排泄される．これらの臓器移行性は薬剤ごとに異なるため，十分な薬物濃度を得るためには，この特徴をよく理解して投与する必要がある（表21-6）．

表21-6 抗生物質の胆汁，尿，髄液への移行性

排泄場所	程度	薬物
胆汁	高	セフェム系 　（セフォペラゾン，セフォテタン，セフゾナムなど） テトラサイクリン系 ニューキノロン系 マクロライド系
	中	セフェム系 　（セファゾリン，セフメタゾールなど） ペニシリン系（アンピシリン，カルベニシリンなど） その他（ホスホマイシン）
	低	アミノ配糖体
尿	高	アミノ配糖体 ポリペプチド系
	中	β-ラクタム系 ニューキノロン系 テトラサイクリン系
	低	マクロライド系
髄液	高	クロラムフェニコール ホスホマイシン ニューキノロン系
	低	アミノ配糖体 β-ラクタム系 テトラサイクリン系

アミノ配糖体系は腎毒性に注意する．
尿中の抗菌作用は尿のpHに左右される．低pHの尿中ではアミノ配糖体系の作用は減弱，高pHではテトラサイクリン系の作用は減弱する．

2. 薬物投与期間が十分でない

治療効果の判定を目安に，投与期間を十分かつ最短期間とする．

3．抗菌薬が病原菌に直接接触していない

前述したように，異物や大きな膿瘍などがあると，抗菌薬が直接病原菌に接触できず，感染のコントロールは難しい．

4．生体の免疫機構が十分でない

殺菌的に働く薬でも，それだけで体内の細菌を完全に除去できるわけではない．抗菌薬投与の目的は「生体が感染微生物を排除しようとする自然の免疫力を手助けすることにある」ことをよく理解すべきである．

■5　薬物感受性試験

多くの細菌感染症では，治療開始時には何が原因菌なのか，あるいはその菌がどの薬剤に感受性かなどの情報が不明なことが多い．したがって，一般的には広域スペクトラムの抗菌薬がはじめに用いられることが多い．あるいは，2つ以上の抗菌薬を組み合わせて使うこともある．しかし，長期に抗菌薬を使う必要のある場合は，耐性菌の発現を防ぐためにも必ず菌種の同定と薬物感受性試験を実施すべきである．菌種が特定され，薬物感受性が明らかとなれば，毒性の強さを考慮しつつ必要最低限の薬剤を選択し投与する．

細菌に対する薬物感受性試験には，希釈法[*1]とディスク法[*2]がある．希釈法は起炎菌に対する抗菌力を表す最少発育阻止濃度（MIC）を直接測定し，ディスク法はMICを間接的に利用した測定法である．治療に際しては，病原菌に対して感受性のあるものの中から，様々な因子を考慮に入れて抗菌薬を選択する．

■6　抗菌薬の予防的投与

抗菌薬の予防的投与の投与基準やその効果については，人においても明確でない部分が多い．多くの場合，獣医師や飼い主の安心のために投与されているというのが正直なところであろう．

予防的投与が考えられるケースには，抗腫瘍薬の投与などにより白血球数が減少している場合，ウイルス感染などで生体の免疫機能が低下していて感染の恐れが強い場合，および手術後などがある．この中で，最も使用頻度が高くかつ批判も強いのは術後の使用であろう．人においては，表21-7に示すように術中汚染度によって4段階に分類されている．これを基に抗菌薬の予防的投与の必要性を以下のように判断する．

無菌手術では，術前および術中に，あるいは手術内容によっては術後3〜4日間投与する．無菌手術以外の例では術後3〜7日間投与されることが多いが，これには，はっきりした根拠がある訳ではない．もっと短期間でよいとする意見もある．感染手術については，一般の感染症と同様に取り扱い，汚染手術も汚染程度が高ければこれ

[*1] MICは，菌の発育を阻止する抗菌薬の最低濃度を表し，MICが小さい場合は抗菌作用が強いことを，MICが大きい場合は抗菌作用が弱いことを示す．希釈法は，MICを直接測定する方法で，一般には微量液体希釈法が用いられている．この方法は国際的な測定基準（NCLS法など）に準拠しているため，測定結果の評価法も国際的にほぼ統一されている．NCLS法では，得られたMIC値を，その値により「感性（sensitive；S，臨床効果が期待できる），中間（intermediate；I），耐性（resistant；R　臨床効果が期待できない）」と評価する．

[*2] ディスク法は，菌の発育速度とディスク中の抗菌薬が培地に拡散するスピードとの競合によって，ディスク周囲に発育阻止円が形成される現象を利用した測定法である．我が国では，このディスク法がよく用いられているが，本法はどちらかというと定性的検査法である．国際基準にのっとった方法とメーカー独自の基準を持つ方法があることに注意する．NCLS法では，希釈法と同様「S，I，R」と評価されるが，それ以外のものでは，「－〜3＋」と評価される．「－〜3＋」と評価する方法は，検査キットの製造会社の独自の設定であり，臨床的根拠が不明瞭な部分が少なくない．

表21-7 手術の術中汚染度による分類

無菌手術	十分な無菌操作が行われた，準無菌手術以外の手術
準無菌手術	口腔，咽頭，呼吸器，消化管，泌尿生殖器の手術
汚染手術	術中に汚染があった手術
感染手術	感染がある手術

に準ずる．なお術後感染の危険性増加因子としては，以下のものがあるので注意が必要である．

1) 高齢，栄養障害
2) 腹部手術，2時間以上の手術，大量出血，組織の大量挫滅
3) 異物（ドレーン，カテーテル，骨折内固定材など）の留置
4) 合併症（糖尿病，自己免疫疾患，悪性腫瘍，肝腎障害など）

なお，予防的に投与される抗菌薬としては，広域ペニシリンか第1世代セフェム系薬で十分である．

BOX-1　MRSA

　最近，人の医療でほとんどの抗生物質が効かないMRSA（メチシリン耐性黄色ブドウ球菌）の病院内感染が問題となっている．動物医療でもMRSAの感染例が報告されている．細菌は常にある確率で突然変異を起こすが，抗生物質存在下で突然変異が起き，これが抗生物質に対して偶然に耐性を持つと，他の細菌の干渉を受けないので急速に増殖し新たな菌種として存続し得る状態となる．現在MRSAの治療薬として実用化されているのはバンコマイシンおよびその類縁化合物のみである．この様な耐性菌が出た場合，これを殺す新たな抗生物質を探し出して対処する他なく，しかも耐性菌は次から次へと出現するために問題となる．抗生物質を産生する微生物の種類は有限であり，また人工的に合成できる化合物の数も限られることから，将来重大な事態を招くとの危惧がある．

　最近，人医療領域ではバンコマイシン耐性の腸球菌（VRE）が出現しさらに問題となっている．VREの出現は，成長促進用の抗菌薬として畜産業で使われた抗菌薬が原因ともいわれている．

■7　耐性菌への対策

　実際の臨床では，多剤耐性菌を持つ症例をしばしば経験し，治療に難渋することも珍しくはない．

　耐性菌対策の第1は，当然のことながら耐性菌を出さないようにすることである．耐性菌の出現をできる限り抑制するための基本は，的確な抗菌薬の使用であるが，これには以下の事項が挙げられる．

1) どのような場合に抗菌薬を使用するか厳密に考慮する．
2) 最適な抗菌薬を最適量，最適期間投与する．
3) 他に感受性のある薬剤があれば，第3世代セフェム系薬などの新しい薬剤の使用は極力避ける．

4) 術後感染予防に使う場合には，広域で抗菌力の強いものは極力避け，最初は中程度の抗菌力のものを最小限に使う．例えば，キノロン系は優れた抗菌作用を有しているが，安易に使用することは極力避けるべきである．

外科手術や長期入院患者の多い病院で，MRSA 感染が発生した場合は，以下の点を考慮しながら十分な対策を講じ，院内感染を防がなくてはならない．

1．MRSA 分離動物への処置

MRSA が分離されても，感染症状のない場合についてはとりあえずの治療対象にはならない．治療対象となるのは，消化管，呼吸器，尿路感染症状あるいは化膿創があり，MRSA が優勢に分離された場合，および，MRSA が血液，血管留置カテーテルなどから分離された場合である．抗菌薬としてはバンコマイシンを使用するが，耐性化があまり認められていない ST 合剤，リファンピシン，アルベカシンなどの使用も考慮する．

2．院内感染への対策

他の患者への感染を防ぐためには以下の点に注意する．
1) 感染動物はできるだけ隔離状態におき，医療器具などを専用とし，患者への接触後は必ず手洗い消毒を行う．
2) 悪性腫瘍，免疫抑制状態，IVH カテーテル留置，高齢，新生子動物などの易感染例に対しては特に気をつける．

表21-8 犬，猫における抗菌薬の用量の例

薬品名	商品名	用量
βラクタム系		
ペニシリン系		
アンピシリン	ペントレックス	犬：10〜40mg/kg IV, IM, SC TID
	ピクシリン　ほか	20〜40mg/kg PO TID
		猫：20〜60mg/kg PO BID, TID
アモキシシリン	サクシリン　ほか	10〜20mg/kg IM, SC, PO BID, TID
セフェム系		
第1世代		
セファゾリン	セファメジン	20〜25mg/kg IV, IM TID, QID
セファレキシン	ケフレックス	10〜30mg/kg PO BID, TID
セファロリジン	ケフロジン	10〜30mg/kg IV, IM TID
第2世代		
セフメタゾール	セフメタゾン	15mg/kg IV, IM, SC TID
セフォテタン	ヤマテタン	30mg/kg IV, SC TID
第3世代		
セフィキシム	セフスパン	10mg/kg PO BID
セフォタキシム	セフォタックス　ほか	20〜80mg/kg IV, IM QID

(つづく)

表21-8 犬，猫における抗菌薬の用量の例（つづき）

薬品名	商品名	用量
アミノ配糖体		
ゲンタマイシン	ゲンタミン	犬：2～4mg/kg IV, IM, SC TID QID 猫：3mg/kg IM, SC TID
アミカシン	アミカマイシン　ほか	10mg/kg IV, IM, SC TID
カナマイシン	カナマイシン	10mg/kg IV, IM, SC BID TID
マクロライド系		
エリスロマイシン	エリスロミン	10～20mg/kg PO BID, TID
テトラサイクリン系		
テトラサイクリン	アクロマイシン	4.4～11mg/kg IV, IM BID TID 15～20mg/kg PO TID
オキシテトラサイクリン	テラマイシン	7.5～10mg/kg IV BID 20mg/kg PO BID
サルファ薬		
スルファジメトキシン	アプシード ジメトキシン　ほか	犬：20～100mg/kg IM, IV SID
ST合剤（スルファジアジンとトリメトプリム）	トリブリッセン	犬，猫：1ml/8kg SC SID
キノロン系		
ノルフロキサシン	バクシダール	22mg/kg PO BID
エンロフロキサシン	バイトリル	2.5～5mg/kg IM, PO BID 5mg/kg IM, PO SID
オルビフロキサシン	ビクタスS	犬，猫：2.5～5mg/kg SC SID
その他		
クロラムフェニコール	クロマイ クロロマイセチン	犬：50mg/kg PO, IV, IM, SC TID 猫：50mg PO, IV, IM, SC BID
リンコマイシン	リンコシン	15～25mg/kg IV, IM, PO BID
バンコマイシン	塩酸バンコマイシン	5～12mg/kg PO QID 20mg/kg IV BID

ポイント

抗菌薬一般

1. 「抗生物質」は本来微生物が作り出す天然の抗菌性物質を指す言葉であるが，合成あるいは半合成の抗菌薬を含めた広い意味で使われ区別されないこともある．
2. 抗菌薬投与の目的は，生体が感染微生物を排除しようとするのを手助けすることにある．
3. 抗菌薬の使用に際しては病原菌の同定が原則である．病原菌を推定し使用を開始した場合でも，感受性試験の結果によっては抗菌薬を変更する．
4. 薬物感受性試験には，希釈法とディスク法があり，また受託機関により評価法が異なる．自分がどの検査法を，また評価法を利用しているのか十分理解しておく必要がある．
5. 抗菌薬の効果が十分得られない場合，原因の究明が求められる．漫然と使い続けるべきではない．
6. 同一の抗菌薬を使い続けると感染菌は遺伝的に変異し薬剤耐性率が高くなる．同一の抗菌薬の使用は1～2週間を目途とする．

7. 感染菌が特定されていないときは広域スペクトルの抗菌薬を用いるが，いったん原因菌が判明したら狭域スペクトルのものに変える．
8. 抗菌薬により臓器到達性が異なるのでこれらの特徴をよく理解して使用する．例えば第1，第2世代のセフェム系やアミノ配糖体，テトラサイクリン系は髄液へはあまり移行しない．
9. 抗菌薬本来の性質に由来する副作用とは別に，固有の副作用を持つものがある．例えばストレプトマイシンは聴覚や腎臓に障害を，クロラムフェニコールは造血細胞に対して障害を起こす．
10. 術後の予防的な抗菌薬投与はその必要性を十分に検討し，必要と認めた場合でも中程度の抗菌作用のもの，例えば広域ペニシリンや第1世代セフェム系薬を用いる．

抗菌薬各論

1. ペニシリンをはじめとするβラクタム系薬は，抗菌薬の中で安全性が最も高く，獣医診療でも最も多く使用されている抗菌薬である．
2. サルファ薬と葉酸代謝拮抗薬（トリメトプリム）は同時に使用すると相乗効果を示すので，合剤（「ST合剤」）として使用すると有効である．
3. キノロン系は新しいタイプの合成抗菌薬で優れた抗菌スペクトルと抗菌力を持っている．獣医領域でも使用頻度が増加しており尿路感染症などに用いられることが多い．
4. ペニシリン系薬とアミノ配糖体は作用機序が異なり併用すれば協力作用が期待できる．ただし，陽電荷を持つアミノ配糖体をペニシリン系薬と注射器のなかで混和すると，ペニシリン系薬の持つ陰電化で不活化されるので別個に注射する．
5. バンコマイシンは大多数の抗菌薬に対して耐性を生じたブドウ球菌に効果があり，MRSA用剤として第1選択薬である．
6. トリメトプリムとサルファ薬の合剤は，犬によっては乾性角膜炎を起こす．長期に使用する場合には注意が必要である．

22. 抗真菌薬
Antifungal drugs

Overview

　真菌は他の細菌と異なり真核細胞である．エルゴステロールを成分とする細胞膜を持ち，さらにキチンを含む硬い細胞壁でおおわれている．真菌症は動物の免疫系が低下した際に発症することが多く，慢性に経過し難治性である．真菌を原因とする皮膚病も多く，抗真菌薬は獣医領域ではきわめて重要な薬である．

抗真菌薬
　a．ポリエン系抗生物質
- アムホテリシンB　amphotericin B
- ナイスタチン　nystatin

　b．アゾール系
- フルコナゾール　fluconazole
- ミコナゾール　miconazole
- イトラコナゾール　itraconazole
- クロトリマゾール　clotrimazole

　c．その他
- フルシトシン　flucytosine
- グリセオフルビン　griseofulvin
- ピマリシン　pimaricin
- チアベンダゾール　thiabendazole

Drugs　薬の種類と特徴

　真菌は，真核細胞であるので細胞の基本的構造や機能が高等生物により近い．したがって，真菌は通常の抗菌薬には耐性であり，また抗真菌薬は動物への副作用も発現しやすい．一般に真菌の病原性は低いが，日和見感染症を起こす場合のように宿主側の抵抗力が落ちた時に致命的な感染症になることも少なくない．一方，全身性真菌症の病原菌のように病原性の高いものもある．
　抗真菌薬には，古くからあるグリセオフルビンやアムホテリシンB，そして新しい薬としてエルゴステロール

という真菌独自の代謝系をターゲットとするアゾール系抗真菌薬がある．外用薬あるいは全身投与薬として用いる．

■1 ポリエン系抗生物質

アムホテリシンBやナイスタチンがある．古くからある抗真菌薬で，真菌細胞膜成分であるエルゴステロールに高い親和性があり，細胞膜に組み込まれてイオンチャネルを形成し，電解質の膜透過性を高めて抗菌（殺菌）作用を示す（図22-1）．哺乳類の細胞のコレステロールにも弱いながら親和性があり，これが副作用となる．犬のヒストプラスマ症や全身性真菌症に，静脈内注射で用いられる．ただし，腎毒性が強く注意が必要である．

■2 アゾール系抗真菌薬

ミコナゾール，ケトコナゾール，フルコナゾール，イトラコナゾール，クロトリマゾールなど多くの誘導体がある．エルゴステロールはラノステロールが脱メチル化酵素（P 450）によって脱メチル化して合成される．アゾール系薬は，この反応を抑制して真菌の細胞膜の合成を阻害して薬効を発揮する（図22-1）．アムホテリシンBと比べ広い抗菌スペクトルを持つ．外用，経口あるいは注射投与で用いる．ポリエン系薬と比べ安全性は高いが，肝障害や消化管毒性が問題となるので注意が必要である．

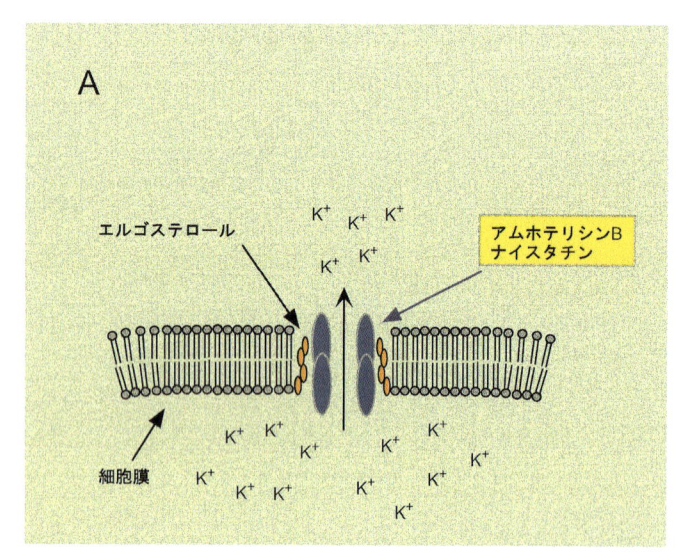

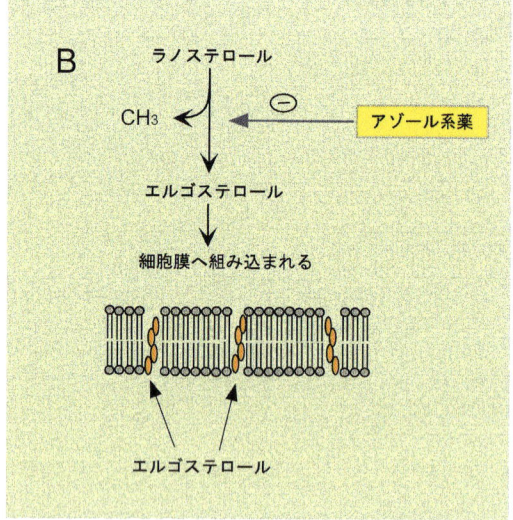

図22-1 抗真菌薬の作用機序

■3 そ の 他

フルシトシン（5-FU）はDNAやタンパク合成阻害を機序とする抗真菌薬で，消化管吸収がよく組織移行性も高い．アムホテリシンBやアゾール系薬と機序を異にするため，副作用を軽減する目的，あるいは耐性菌の発現を防止する目的でこれらと併用して使用されることが多い．グリセオフルビンは，表在性病原真菌の発育を抑制するが，皮膚以外に寄生する真菌にはあまり抗菌力を示さない．静菌的に作用する．ピマリシンは角膜真菌症に用いられ，点眼薬あるいは眼軟膏として用いられる．線虫駆虫薬であるチアベンダゾールには抗真菌作用もあり，鼻腔内の真菌症によく用いられる．

Clinical Use　薬物使用の実際

　真菌には，皮膚糸状菌，カンジダ，アスペルギルス，クリプトコッカスなどがある．真菌症の大部分は皮膚などに存在する表在性真菌症であるが，内臓などに感染する深在性真菌症もある．後者は種々の原因で免疫力，特に細胞性免疫が低下した状態で感染，発症しやすく深刻な問題となることが多い．

■1　皮膚糸状菌症

　犬猫に起こる皮膚糸状菌症は，角化組織への真菌感染症であり，そのほとんどが *Microsporum canis*, *Microsporum gypseum*, *Trichophyton mentagrophytes* の3種の糸状菌による．症状は，脱毛と鱗屑を特徴とし限局性あるいは多巣性の病変として認められる．痒みの程度は様々で，膿疱，丘疹，痂皮などを伴うこともある．特に猫では多彩な臨床症状を呈するため注意が必要である．類症鑑別の必要な皮膚疾患は数多く存在し，確定診断には被毛の鏡検，真菌培養が必要となる．治療は通常局所療法だけで十分であるが，十分な治療効果が得られない場合あるいは病変が全身に及ぶ場合には全身療法が必要となる．

　局所療法としては，病変周囲あるいは全身の剃毛，クロルヘキシジンなどを用いたシャンプーや浸漬，ミコナゾール，クロトリマゾールなどの軟膏の局所塗布（1日2回）などを行う．炎症が強い場合には数日間副腎ステロイド軟膏を使用すると効果的な場合もある．

　全身療法を行う場合には上述の局所療法に加え，グリセオフルビン（10～30 mg/kg, PO, BID, 4～6週間），ケトコナゾール（10 mg/kg, SID），イトラコナゾール（5～12 mg/kg, PO, SID, BID）の経口投与を行う．グリセオフルビンは副作用が強く，時に重篤な副作用を示す．最も多い副作用は嘔吐と下痢である．重篤な副作用としては骨髄抑制があり，特に猫で生じやすい．イトラコナゾールは最も効果的で副作用も少ないが，肝障害に注意が必要である．

　一方，外耳道の感染で最も多いのはマラセチアである．細胞診で真菌感染が確認されたら，抗真菌薬の局所投与を行う．これで十分な効果が得られないときには全身性に抗真菌薬（ケトコナゾール5～10 mg/kg, PO, SID）の投与を行う場合もある．

■2　鼻アスペルギルス症

　鼻の真菌症としては，犬における *Aspergillus fumigatus* 感染（アスペルギルス症）が最も一般的である．この真菌は多くの動物の鼻腔に常在するが，腫瘍，異物，外傷や免疫低下があると本症が引き起こされることがある．鼻アスペルギルス症の症状としては，慢性の膿性粘液性の鼻汁が片側性あるいは両側性に見られ，また，しばしば外鼻腔の潰瘍が認められる．アスペルギルス症の診断は，他の真菌症と同様いくつかの検査結果，臨床症状などを総合して行う．すなわち上述のような症状に加え，X線検査での鼻腔内の境界明瞭な異常陰影，細胞診，生検材料における菌体の確認，目視できる真菌苔から採取した検体の培養結果，および血清の抗体価陽性などから判断する．

　治療としては抗真菌薬であるチアベンダゾール（15～35 mg/kg, PO, BID, 20～45日間），ケトコナゾール（5 mg/kg, PO, BID），フルコナゾール（1.25～2.5 mg/kg, PO, BID），イトラコナゾール（5 mg/kg, PO, BID, 60～90日間継続）の経口投与，クロトリマゾールの局所投与などがある．経口投与は簡単であるが効果がやや劣ることや（チアベンダゾール，ケトコナゾールで約50％，フルコナゾールで約60％，イトラコナゾールで約70％

の治癒率と報告されている），長期間投与が必要なため薬剤によっては費用が非常に高くなるという欠点がある．クロトリマゾールの局所投与は，麻酔を施した犬の外鼻孔と尾側鼻咽頭をバルーンで閉塞し，この中に薬剤（各鼻側に1％クロトリマゾール30 ml）を1時間留置する方法できわめて高い治療効果が得られる．

■ 3　その他の局所感染症

その他まれな疾患として，真菌性髄膜脳炎，真菌性膀胱炎，真菌性関節炎がある．真菌性髄膜脳炎は，全身性真菌症が中枢神経系に波及したものが多いが，クリプトコッカスの場合には，中枢神経系に比較的特異的に感染しやすい．特に猫では鼻から篩板を通して感染することが知られている．クリプトコッカス症の診断は，脳脊髄液（タンパク質濃度，白血球数増加，菌体の検出，真菌培養，莢膜抗原検出），血清抗原検査や鼻汁，リンパ節，肉芽腫検査結果などから行う．治療は，イトコナゾール，フルコナゾール，アムホテリシンBなどを用いるが（下記の全身性真菌症参照），予後は一般に不良である．真菌性膀胱炎は，膀胱にカンジダ，クリプトコッカス，アスペルギルスなどが上行性あるいは血行性に感染することによって生じる．この場合全身あるいは局所免疫力の低下を伴うことが多い．診断は尿中の菌体検出あるいは尿培養検査の結果による．治療はフルシトシン（25～50 mg/kg，PO，QID），フルコナゾール（犬：2.5～5.0 mg/kg，PO，SID，猫：2.5～10.0 mg/kg，PO，BID）など尿中の薬剤濃度が高くなりやすいものを投与する．薬剤投与は2週間間隔で尿培養を行い，2回続けて陰性になるまで行う．一方，真菌性関節炎は真菌性骨髄炎から波及して発症することが多い．

■ 4　真菌性肺炎

肺炎を引き起こす真菌症としては，ブラストミセス症，ヒストプラズマ症，コクシジオイデス症，クリプトコッカス症等が一般的である．これらの真菌は通常呼吸器から侵入するが，多くは症状を呈しないか一過性の症状で終焉するものと考えられる．真菌性肺炎の症状は，咳，発熱，体重減少，リンパ節腫大などであり，胸部X線検査で粟粒大の播種性結節性間質パターンをとることが多い．しかし，腫瘍性変化や他の原因による肺炎でも同様の変化を認める場合もあるので注意が必要である．菌体の証明は気管支肺胞洗浄液あるいは肺吸引検査あるいはこれら検体の真菌培養による．ただし菌体が検出されなくても真菌症を否定することはできない．治療は下記の全身性真菌症に準ずる．

■ 5　全身性真菌症

全身性の真菌症としてはクリプトコッカス症，ブラストミセス症，ヒストプラズマ症，コクシジオイデス症などが知られているが，実際に見られる真菌症の大部分はクリプトコッカス症である．本症は，前述のようにクリプトコッカスが呼吸器から侵入し，鼻や肺に感染を生じこれが血行性に全身に広がって全身性真菌症になると考えられる．感染成立には免疫抑制が関与している場合が多く，猫ではFIVやFeLV感染が基礎疾患として存在することが多い．全身性クリプトコッカス症の症状としては，呼吸器症状，発熱，食欲不振，皮下の肉芽腫性病変，リンパ節腫脹，髄膜脳炎による神経症状，前ぶどう膜炎，脈絡膜炎などが見られる．確定診断は，前述の検査の他，気管支洗浄液，皮下結節，リンパ節などから採材した材料の細胞診，病理組織検査あるいは培養による菌体の検出による．

治療は，フルコナゾール（猫：50 mg/頭，PO，BID；猫で最も効果的），イトラコナゾール（10 mg/kg，PO，SID；犬猫で効果的），アムホテリシンB（生理食塩水と5％ブドウ糖液の混合液で希釈0.5～0.8 mg/kg，SC，週に2～3回）などが単独あるいは組み合わせて使用される．アムホテリシンBは，フルシトシン（25～50 mg/kg，

PO, QID）と組合わせると相乗的に作用し特に中枢神経への感染があるときに効果的であるが，骨髄抑制が出現しやすいので注意が必要である．

表 22-1　犬，猫における抗真菌薬の用量の例

薬品名	商品名	用　量
アムホテリシン B	ファンギゾン	0.5～0.8mg/kg SC 週に2～3回（生理食塩水と5%ブドウ糖液の混合液で希釈）
フルシトシン	アンコチル	25～50mg/kg PO QID
ミコナゾール	フロリードD	クリーム1%
フルコナゾール	ジフルカン	犬：2.5～5.0 mg/kg PO SID（あるいは2分割してBID） 猫：2.5～10.0 mg/kg PO BID または50mg/頭 PO BID
イトラコナゾール	イトリゾール	5～12mg/kg PO SID, BID
グリセオフルビン	グリソビンFP	10～30mg/kg PO BID 4～6週間投与
クロトリマゾール	エンペシド	液1%，クリーム1%
チアベンダゾール	ミンテゾール	15～35mg/kg PO BID 20～45日投与

ポイント

1. 真菌は他の細菌と異なり真核細胞である．真菌は通常の抗菌薬には耐性である．
2. アムホテリシンBやナイスタチンなどのポリエン系抗生物質の作用は強力だが，副作用も強い．
3. アゾール系の抗真菌薬は広い抗菌スペクトルを持ち，安全性も比較的高い．
4. 抗真菌薬を全身投与する場合，組み合わせて使用すると高い抗菌力が得られ，また副作用も軽減できる．
5. 真菌症は免疫力が低下した状態で発症しやすい．基礎となる疾患あるいは免疫力を低下させるような治療に注意する．
6. 真菌症の診断は，症状やいくつかの検査結果を総合して行う必要がある．この時，真菌が検出されなくても真菌症を完全に否定することはできない．
7. 局所真菌症の場合には局所療法だけでは不十分な場合があり，場合によっては全身療法を考慮する．

23. 駆 虫 薬
Anthelmintics

Overview

　都市化や飼育環境の変化によってその数は年々減少傾向にあるが，依然として獣医領域の薬として，駆虫薬の占める割合は大きい．最近は人畜共通感染症としても寄生虫疾患に関心が寄せられている．人医療においては開発途上国で寄生虫感染が多くみられるが，獣医領域で開発された薬剤の一部が人体薬として応用されている珍しい例でもある．大動物を含めると，動物用医薬品の約1/3を駆虫薬が占めている．

線虫類に作用する薬物
- パーベンダゾール parbendazole
- フルベンダゾール flubendazole
- フェバンテル febantel
- レバミゾール levamizole
- ピランテル pyrantel
- ジクロルボス dichlorvos
- カルクロホス calclofos
- ピペラジン piperazine
- メチリジン metyridine
- ジソフェノール disophenol

条虫類に作用する薬
- プラジクアンテル praziquantel
- ニトロスカネート nitroscanate

抗フィラリア薬（成虫）
- メラルソミン melarsomine
- メラルソニル melarsonyl
- チアセタルサミド thiacetarsamide

抗フィラリア薬（ミクロフィラリア）
- ジチアザニン dithiazanine

抗フィラリア薬（予防薬）
- イベルメクチン　ivermectin
- ミルベマイシンオキシム　milbemycin oxime
- モキシデクチン　moxidectine
- ジエチルカルバマジン　diethylcarbamazine
- レバミゾール　levamizole

抗コクシジウム薬
- スルファキノキサリン　sulfaquinoxarline
- スルファジメトキシン　sulfadimethoxine
- スルファモノメトキシン　sulfamonomethoxine
- トリメトプリム　trimethoprim
- オルメトプリム　ormethoprim
- ジニトルミド　dinitolmide
- デコキネート　decoquinate
- ロベニジン　robenidine
- ニカルバジン　nicarbazin
- ハロフジノン　helofuginone
- クロピドール　clopidol

抗トキソプラズマ薬
- 各種サルファ薬

抗ピロプラズマ薬
- ジミナゼン　diminazen

Basics　寄生虫の基礎知識

■1　寄生虫疾患全般

　動物に寄生する内部寄生虫には，線虫，条虫，吸虫があり，蠕虫類 helminthes と総称される（図23-1）．これらにさらに原虫 protozoa が加わる．蠕虫を駆除する薬は単に「駆虫薬」と呼ばれ，原虫を駆除する薬は「抗原虫薬」と呼ばれる．

　蠕虫の大部分は小腸や大腸などの消化管に寄生するが，一部は実質臓器中にも侵入する．消化管内部はいわば体外であり，動物の消化管内に寄生虫がいても通常はさほど重篤な症状を出さない．ただし，感染数が多い場合，あるいは抵抗力のない幼弱な動物が感染すると，栄養状態が悪化し治療の対象となる．

　人獣共通寄生虫症として現在問題となっているのが犬回虫の人への感染である．犬回虫の犬での最終寄生場所は腸管であるが，本来の宿主でない動物に感染すると，消化管が必ずしも最適な環境ではなくなる．したがって，犬回虫が人体に侵入した場合は幼虫がより快適な住みかを求めて体中を移動する場合がある．これを内臓幼虫移行症という．人で特に問題となっているのが網膜に定着する眼幼虫移行症で，視力障害を起こすことがある．公衆衛生の観点からも，寄生虫の駆除は獣医師にとって重要な課題である．

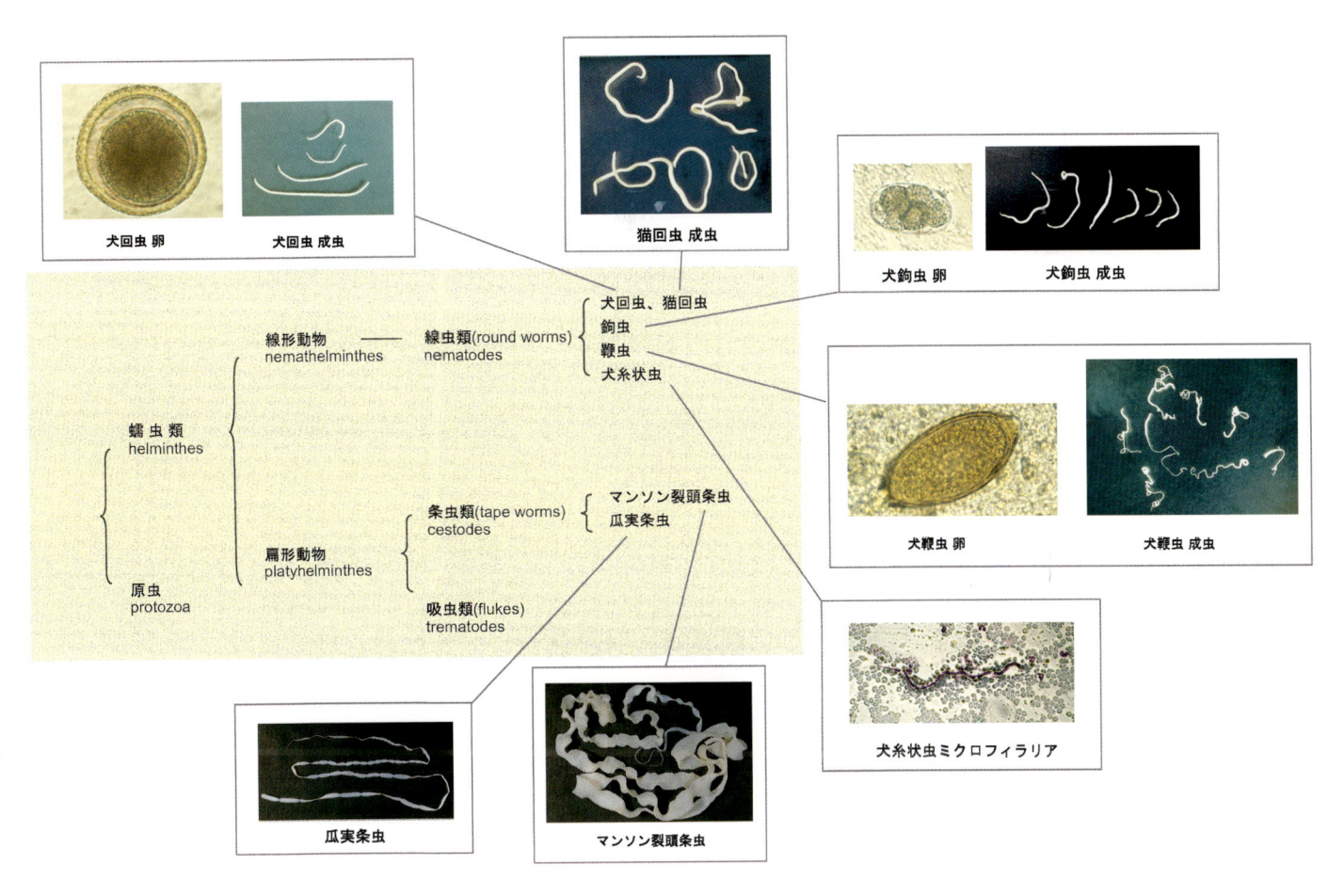

図 23-1　内部寄生虫の分類と写真
（　）内の英語名は俗称．

■2　犬，猫の主な寄生虫

犬，猫によくみられる寄生虫には回虫，条虫，鉤虫，鞭虫などがある（表 23-1）．

1．回　　虫

体長 10〜20 cm の細長い虫で，小腸に寄生する．犬回虫は一般に，成犬の腸には寄生できず子犬だけにみられるのが特徴である．成犬の体では幼虫の段階で種々の臓器の中に潜んでいる．雌犬が犬回虫に感染し妊娠すると，胎盤を通して子犬に移行する．成虫が子犬の腸に寄生した場合でも，あるいは幼虫が臓器の中に寄生した場合でも，ほとんどの場合は無害で無症状で経過するが，子犬の場合には，時として致死的感染となることがあり注意が必要である．猫回虫も同様に，幼猫に多数感染すると，発育不良をもたらし，下痢や腹痛を起こす．

2．条　　虫

マンソン裂頭条虫，瓜実条虫，単包条虫，多包条虫などの種類がある．俗にサナダ虫ともいわれる細長いきし麺のような寄生虫がマンソン裂頭条虫，瓜の種に似た体節が糞のなかに出てくることから名付けられたのが瓜実

条虫である．マンソン裂頭条虫は郊外や田園地域に住む犬や猫がカエルなどを捕食することによって感染する．瓜実条虫はノミやシラミから感染する．条虫の体には消化管がないことが特徴で，体の表面から栄養分を吸収する．ほとんどの場合，寄生しても無症状であるが，感染の程度により，発育不全，栄養障害，腹痛，下痢などがみられる．

単包条虫，多包条虫はエキノコックスともいわれ，成虫は小腸に寄生する．犬がネズミを捕食することで感染する．恐ろしいのは人への感染で，肝臓，肺，脳などに寄生し，致死的な障害を起こす．現在問題となっているのがキタキツネが媒介するエキノコックス症で，北海道で流行がみられる．

3．鉤 虫

犬鉤虫は体長1～2cmの小型の寄生虫で，小腸(空腸)に寄生する．土や水の中にいる幼虫を飲み込んだり，また皮膚から侵入して感染する．鉤虫は腸壁に貼りついて多量の血を吸うので，貧血となる．特に子犬の場合は重篤で，しばしば致死的な経過をたどる．

4．鞭 虫

成虫の体長は4～7cmで，盲腸や結腸に寄生する．重度な感染では盲腸に炎症がおき，下痢や血便などをする．

5．壺形吸虫

体長2mmの小型の吸虫で猫に感染する．中間宿主が共通であるため，マンソン裂頭条虫との混合感染が多い．腸絨毛に固着し，頑固な下痢を起こす．

■3 フィラリア症

犬のフィラリア症は蚊が媒介する犬糸状虫によって起こる病気である．高温多湿で蚊の多いわが国では，非常に多くの犬が感染し，感染率は50％以上といわれる．温暖な地方で特に多くみられる．予防薬の普及で，都市部

表23-1　犬と猫の主な寄生虫と寄生場所

分類項目	寄生虫の種類	寄生場所
条虫	マンソン裂頭条虫	小　腸
	瓜実条虫	小　腸
	単包条虫	小　腸
	多包条虫	小　腸
吸虫	腸管吸虫	小　腸
線虫	鉤　虫	小　腸
	回　虫	小　腸
	犬糸状虫	心　臓
	糞線虫	小　腸
	鞭　虫	盲腸，結腸
	胃　虫	胃
原虫	バベシア	赤血球
	コクシジウム	小　腸
	腸鞭毛虫	小　腸

では蚊のフィラリア保有率が減少しつつある．しかし，依然としてフィラリア症が屋外で飼育する犬の主要な死因の1つであることには変わりがない．

フィラリアの成虫は卵胎生で体長約0.3mmの無数のミクロフィラリアを血液中に産出する．一方，フィラリアの成虫がいるのにミクロフィラリアが検出できないというオカルト感染もよくみられる．

犬糸状虫は単に犬だけに寄生するのではなく，人にも感染する人獣共通寄生虫症である．人への感染は偶発感染であり，眼，皮下，心臓や肺などに寄生する．毎年10例近い症例報告があるが，実際の感染はこれよりはるかに多いと推定されている．

Drugs　薬の種類と特徴・使用法

■1　主として線虫類に作用する薬物

1．ベンズイミダゾール類

パーベンダゾール，フルベンダゾールなどがあり，回虫，鉤虫，鞭虫などの線虫ばかりでなく，さらに吸虫や条虫にも効果がある薬物群で，作用スペクトルの広さと安全性に優れ最も多く用いられている薬である．フェバンテルはプロドラッグであり，体の中に入るとベンズイミダゾールカルバマートに変換しフェンベンタゾールとして駆虫効果を示す．犬，猫ではフルベンダゾールが犬回虫，鉤虫，鞭虫によく利用される．

2．レバミゾール

広域スペクトラムの線虫駆虫薬で，肺および消化管の線虫に特に効果が強い．ニコチン様作用を持ち運動麻痺を起こさせ，駆虫作用を発揮する．犬の回虫と鉤虫に有効であるが，鞭虫には効かない．かつてはフィラリア予防薬として用いられたこともある．

3．ピランテル

回虫，鉤虫，鞭虫に効果があるが，粘膜内にみられる線虫の幼虫型には効果が弱い．酒石酸塩とパモ酸塩がある．酒石酸塩は消化管からの吸収が速く，最高血中濃度は2～3時間で得られる．パモ酸塩は腸管から吸収されず，したがって消化管内での接触時間が長い．神経筋接合部の脱分極作用により寄生虫の筋肉を持続的に興奮させ痙攣性麻痺を起こす．犬の回虫，鉤虫，鞭虫，また猫の鉤虫に使用される．犬糸状虫感染予防と消化管内線虫駆除を同時に行うことを目的として，イベルメクチンとの合剤も市販されている．安全性の高い有用な駆虫薬である．

4．有機リン化合物：ジクロルボス，カルクロホス

有機リン系の化合物で，カルクロホスはジクロルボスのカルシウム錯体で両者は同一の物質とみなされる．徐放製剤として経口投与で与える．犬，猫の回虫と鉤虫に有効である．

アセチルコリンエステラーゼ阻害作用によりアセチルコリンの分解を抑え，運動麻痺を起こさせる．殺虫薬として用いられる他の有機リン化合物と同様に，中毒の危険性を十分認識し，注意して使用すべき薬である．

5. マクロライド系薬：イベルメクチン，ミルベマイシンオキシム，モキシデクチンなど

イベルメクチンが代表的な薬で，放線菌から分離されたマクロライド系の抗生物質の一種である（図23-2）．抗菌，抗真菌，抗原虫作用はないが，回虫，鉤虫，鞭虫をはじめほとんど全ての線虫に有効であるばかりでなく，カイセンダニやシラミなどの外部寄生虫にも有効であり，特に犬の毛包虫にも効果がある．この様にマクロライド系薬は応用範囲が広く，1987年に承認されて以来，獣医領域で最も普及している薬の1つである．

以前は，イベルメクチンの作用点としてGABA受容体が想定されていたが，最近ではグルタミン酸を伝達物質とするCl^-チャネル型の抑制性神経に作用し，抑制機能を強めるとされている．

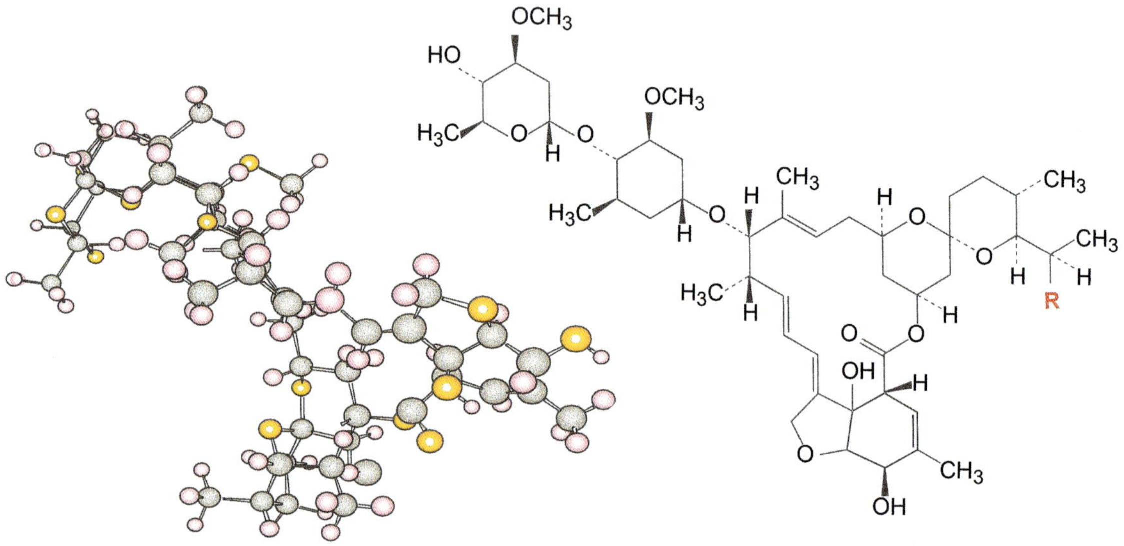

図23-2 イベルメクチンの化学構造（B_{1a}）

Streptomyces avermitilis という放線菌が産生するマクロライド化合物のなかで，抗菌作用を持たないが駆虫作用をもつ複数の物質をアベルメクチン avermectin と呼んでいる．Ivermectin は半合成のアベルメクチンで B_{1a} と B_{1b} を含む混合物である（Rに置換基が入る）．

6. ピペラジン，メチリジン，ジソフェノール

ピペラジンは回虫と鉤虫に効果がある．安価で古くから使用され，一般薬として薬局でも扱われている．しかし，有効性は十分ではなく，神経毒性や過敏症があり，最近では使用頻度は少しずつ減少している．メチリジンは他の駆虫薬が作用しにくい鞭虫に効果があり，犬，猫に皮下注射で用いられる．ジソフェノールは犬鉤虫に皮下注射で用いられる．

■2 主として条虫類に作用する薬

1. プラジクアンテル

安全性の高い条虫駆虫薬として知られている．寄生虫の外皮を形成する細胞を変性させるのが主な作用機序で

あるが，その他ブドウ糖の吸収を抑える作用や，Na^+やCa^{2+}の透過性を高めて痙攣を起こさせて虫を麻痺させる．最近，プラジクアンテルにより寄生虫の外皮が破壊された後，動物の細胞で作られる寄生虫に対する抗体が作用して殺虫効果を示すことがみいだされた．駆虫薬と動物が持つ免疫機能の連携プレーであることが明らかとなり注目されている．副作用として嘔吐がよく見られる．条虫の生活環の中にはノミが存在するので，飼い主に対してノミの駆除もするように指示する必要がある．

2. ニトロスカネート

犬，猫の回虫，鉤虫，条虫(特に瓜実条虫)，鞭虫など広範囲の寄生虫に効果を持つ薬である．エネルギー産生経路の中で酸化的リン酸化を抑制することにより，駆虫効果を発揮する．

■3 抗フィラリア薬

1. 成虫を殺す薬

メラルソミン，メラルソニル，チアセタルサミドなどは砒素を含む有機化合物で，筋肉内あるいは静脈内に注射して使用する．ミクロフィラリアや幼虫には効果がない．これらの薬は成虫の栄養源であるブドウ糖の吸収を抑え，また細胞のエネルギー代謝を抑制する．砒素剤であるこれらの薬物は砒素剤特有の細胞毒性を持つが，この毒性よりもむしろ治療後の肺塞栓の方が問題となり，死亡例もみられるので注意する．注射局所に疼痛や腫脹・炎症がみられることがある．万一砒素剤としての副作用が出た場合には，ジメルカプロール(BAL)を解毒薬として使う．

フィラリアの成虫を血管や心臓の中で駆除すると，死んだ虫が肺に運ばれて塞栓を形成する．したがって，治療にあたっては犬にどれ位の数の成虫が感染しているか，感染による臨床症状がどの程度進行しているかを正確に把握しておくことが重要である．

2. ミクロフィラリアを殺す薬

ミクロフィラリアは腎糸球体を障害することから駆除の必要がある．普通は成虫を駆除した後で行う．青紫色のシアニン色素であるジチアザニンが使用される．この薬を投与している間は便が青く染まる．レバミゾール，イベルメクチン，ミルベマイシンオキシムも高用量ではミクロフィラリアにも効果があり，この目的で使用されることがある．治療に際しては，ショックを予防するため副腎皮質ステロイドを前投与するなどして注意深く行う．

3. フィラリア予防薬

イベルメクチン，ミルベマイシンオキシム，モキシデクチンなどがある．犬糸状虫の感染期間，すなわち蚊に刺される可能性がある期間を通じて連続投与し，犬に感染した直後の幼虫の段階で駆除する感染予防薬である．小動物医療のなかで最も頻繁に処方する薬の1つである．

フィラリア予防薬は幼虫に対して特に強い効果を示し，通常の用量では成虫には効かない．幼虫に対する作用は非常に強力で，しかもほぼ1回の投与で確実に殺虫作用を示す．蚊に刺されてから幼虫が成長しつつ肺動脈と心臓にたどり着くまでには約3ヵ月を要する．したがってこれらの予防薬を投与するのは，この3ヵ月間のどこでもよく，1回の投与で右心室と肺動脈への寄生を阻止できる(図23-3)．実際は，感染期間を通して前後の安全域をとって月に1回投与する．猫の犬糸状虫感染予防にも用いられる．

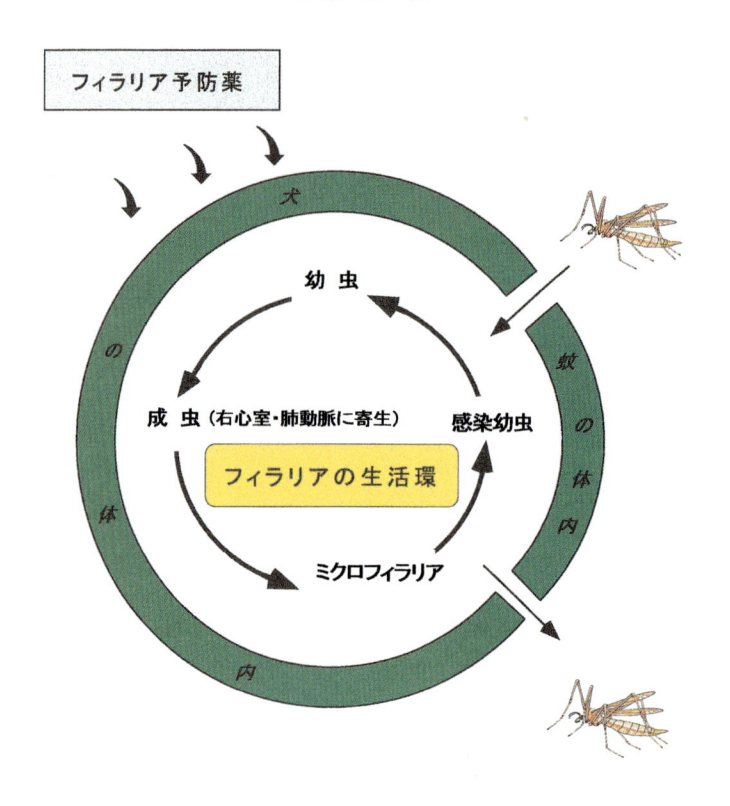

図 23-3　フィラリアの生活環とフィラリア予防薬の作用
　蚊に刺されることによってフィラリアの幼虫が犬に感染する．幼虫は犬の体内を移動し最終的に肺動脈と右心室に到達するが，この間，約3ヵ月を要する．幼虫にフィラリア予防薬が作用して殺すのは，この3ヵ月のどの間でもかまわない．したがって，前後の安全域を考慮し，月に1度程度予防薬を服用させれば，フィラリア感染を完全に予防することが可能となる．

　一方，年1回の投与ですむフィラリア予防剤が最近開発され，注目されている．マイクロスフェアという微小の脂質粒子にモキシデクチンを封じ込めたもので，皮下注射剤として投与する．カプセル内から徐々に製剤が溶け出して拡散するという原理で，最近盛んに研究されだしたドラッグデリバリーシステムの技術から生まれた製剤である．ただし，原理的には動物に対して薬剤に半年以上もの間持続的に作用していることになり，飲み薬を嫌う動物にはよいが，必ずしも好ましいものとは思われない．

　犬がフィラリアに既に感染している場合，すなわちミクロフィラリアが血液中にある場合，上記の予防薬によって多数のミクロフィラリアが一度に死滅すると発熱や下痢，全身のショック症状を起こすことがある．したがって，これらの予防薬を使う前には，血液検査をしてフィラリア感染をチェックすることが推奨されている．フィラリアに感染し成虫がミクロフィラリアを放出している場合は，はじめに成虫を駆除し，その後ミクロフィラリアを駆除した後予防薬を使う．しかし実際は，例えばイベルメクチンの場合，ミクロフィラリアを殺すには幼虫殺滅用量の10倍を必要とし，通常の予防目的で用いられる量でショックを起こす例はそう多くない．

　コリー種はイベルメクチンに対して中毒を起こしやすいといわれ，投薬時には注意が必要とされる．この犬種では，血液-脳関門を通過しやすいためと説明されている．症状としては，流涎，嘔吐，抑うつ，運動失調などである．通常は常用量の10倍程度でみられる副作用であり，フィラリア予防を目的とした低用量の投与であれば問

表 23-2 各種駆虫薬の作用機序

作用機序	薬物名
神経系に作用するもの	
グルタミン酸受容体（Cl$^-$チャネル）	イベルメクチン，ミルベマイシンオキシム
アセチルコリンエステラーゼ阻害	ジクロルボス，カルクロホス
筋，運動器官に作用するもの	
神経筋接合部遮断	ピランテル，レバミゾール，メチリジン
エネルギー代謝に影響するもの	
ミトコンドリアの酸化的燐酸化の抑制	ベンズイミダゾール類
解糖系の抑制	メラルソミン，チアセタルサミド
グルコース取り込みの抑制	ジチアザニン
その他	
微小管の形成の阻害	ベンズイミダゾール類

表 23-3 犬および猫に用いられる主な駆虫薬の効力スペクトル

	犬回虫	犬鉤虫	犬鞭虫	フィラリア（成虫）	ミクロフィラリア	猫条虫	犬条虫（瓜実条虫）	ジアルジア	コクシジウム
ピペラジン	+	−	−	−	−	−	−	−	−
ジクロルボス	++	++	−	−	−	−	−	−	−
パモ酸ピランテル	++	++	−	−	−	−	−	−	−
ニトロスカネート	++	++	++	−	−	++	++	−	−
メラルソミン	−	−	−	++	−	−	−	−	−
チアセタルサミド	−	−	−	++	−	−	−	−	−
ブタミゾール	−	++	++	−	−	−	−	−	−
プラジクァンテル	+	+	−	−	−	++	++	−	−
メトロニタゾール	−	−	−	−	−	−	−	+	−
フェバンテル	++	++	++	−	−	−	−	−	−
イベルメクチン	++	++	++	−	+	−	−	−	−
ミルベマイシンオキシム	++	++	++	−	+	−	−	−	−
スルファジメトキシン	−	−	−	−	−	−	−	−	+

注：+，++はおよその目安

題は少ない．

4．ジエチルカルバマジン，レバミゾール

一世代前のフィラリア予防薬で，幼虫，ミクロフィラリアに効果を示すが，成虫には無効である．マクロライド系の予防薬と違い感染期間を通して経口投与で毎日あるいは隔日に服用する必要があり，使用頻度は減っている．

■4 抗原虫薬

犬，猫の原虫性疾患としては，コクシジウム症やトキソプラズマ症などがある．特に猫のトキソプラズマは人への感染源になっているといわれる．

1．抗コクシジウム薬

サルファ薬： サルファ薬は，一般の病原性細菌に対する抗菌作用に加え，抗原虫作用も示すので，抗原虫薬として用いられる．スルファキノキサリン，スルファジメトキシン，スルファモノメトキシンなどとトリメトプリム，オルメトプリムなどの合剤が使われる．動物細胞は葉酸をビタミンとして外部から取り入れるが，細菌や原虫は細胞内で合成する．サルファ薬およびトリメトプリムは葉酸代謝を異なる部位で阻害し抗菌作用を発揮する．サルファ薬とトリメトプリムやオルメトプリムをはじめとする葉酸代謝拮抗薬は，同時に使用すると相乗効果を示すことから合剤として用いられる（「ST合剤」といわれる）．

アンプロリウム： ビタミンB_1（チアミン）の誘導体であるチアミンピロ燐酸はグルコース代謝経路などの補酵素として働いている．

その他： 合成抗菌薬としてジニトルミド，デコキネート，ロベニジン，ニカルバジン，ハロフジノン，クロピドールなどがある．

2．抗トキソプラズマ薬

犬および猫のトキソプラズマ症が問題となる．各種のサルファ薬が単独で，あるいは葉酸拮抗薬との合剤として用いられる．

表23-4 犬猫の主な駆虫薬

薬物名	商品名	用　量
ジソフェノール	アンサイロール	犬鉤虫：6.5〜7mg/kg SC
メラルソミン	イミトサイド	犬糸状虫：2.2mg/kg IM 3時間間隔で2回
パモ酸ピランテル	ソルビー	犬回虫：12.5〜14.0mg/kg PO
		犬鉤虫：10.0〜12.5mg/kg PO
	ウェルパン	犬回虫・犬鉤虫・犬鞭虫：14.4mg/kg PO
フルベンダゾール	フルモキサール	犬回虫，鉤虫，鞭虫：5〜10mg/kg PO
ニトロスカネート	ロパトール	犬瓜実条虫，回虫，鉤虫 50mg/kg PO
プラジクアンテル	ドロンシット	犬猫条虫・壺型吸虫他：5.7 mg/kg SC
ピペラジン	各　社	犬猫回虫：100〜190mg/kg PO
メチリジン	トリサーブ注射液	犬鞭虫：36〜45mg/kg SC
レバミゾール	ピカシン	犬糸状虫（予防）：2.5mg/kg PO 毎日または隔日
		ミクロフィラリア（駆虫）：10mg/kg PO SID 6〜10日間
ジエチルカルバマジン	フィラリビッツ	犬糸状虫（予防）：5.5mg/kg PO 毎日1回
イベルメクチン	カルドメック	犬糸状虫（予防）：6〜12μg/kg PO 毎月1回
ミルベマイシンオキシ	ミルベマイシンA	犬糸状虫（予防）：0.25〜0.5mg/kg PO 毎月1回
モキシデクチン	モキシデック	犬糸状虫（予防）：2〜4μg/kg PO 毎月1回

3. 抗ピロプラズマ薬

ピロプラズマ類は，バベシア類とタイレリア類に分けられる．ダニによって媒介される赤血球寄生性原虫で，主として反芻獣に発熱と貧血を起こす疾患であるが，犬にもみられる．

ジミナゼンは犬の *B. gibsoni* に特に有効である．毒性が強く，繰り返しの適用で，犬では神経症状や出血がみられるので，注意して使用する．

ポイント

1. 消化管線虫には回虫，鉤虫，鞭虫などがあり，ベンズイミダゾール類やレバミゾールなどが用いられる．
2. 犬糸状虫の感染予防薬として，マクロライド系薬が用いられる．投与を開始する前に，ミクロフィラリアの有無を血液検査で確認する．
3. 犬，猫の条虫駆虫薬として，プラジクアンテルが用いられる．

24. 殺 虫 薬
Insecticides

Overview

　犬猫の皮膚は厚い被毛でおおわれ，ノミやダニなどの有害昆虫の絶好のすみかとなる．特に気候の温暖な時期に活動を開始する．有害昆虫の寄生は，吸血という行為を介して動物に強い瘙痒感を与えるだけでなく，虫自身あるいはその排泄物がアレルギー性の皮膚炎を起こしたり，感染性疾患を誘発する原因ともなる．さらにその被害は飼い主へも及ぶことがある．最近では，毒性をほとんど心配することのないノミ駆除用の経口薬や滴下剤，スプレーなども開発されており，確実で安全な治療と予防が可能となった．

〈ノミとダニの薬〉
有機リン系殺虫薬
- フェンチオン phenthion
- メトリホネート metrifonate
- ジクロルボス dichlorvos
- フェンクロホス fenclorphos
- サイチオアート cythioate

カルバメート系殺虫薬
- プロポクスル propoxur
- カルバリル carbaril

ピレスロイド系殺虫薬
- ピレスリン pyrethrin
- レスメトリン resmethrin
- フルメトリン flumethrin
- ペルメトリン permethrine

幼虫発育阻害薬
- ルフェヌロン lufenuron
- ピリプロキシフェン pyriproxyfen

その他
- イミダクロプリド imidacloprid

- ニテンピラム nitenpyram
- フィプロニル fipronil

〈毛包虫の薬〉
- アミトラズ amitraz
- イベルメクチン ivermectin
- ミルベマイシンオキシム milbemycin oxime
- モキシデクチン moxydectin

Basics　寄生昆虫の基礎知識

■1　ノミとダニ

イヌノミとネコノミがあるが，ネコノミは犬猫両方に寄生する．都会では犬にはネコノミが寄生している場合が多い．ノミは成虫だけが動物に寄生し，雌雄ともに吸血する．雌は吸血した後で被毛の中に産卵し，その卵は動物の体からまき散らされ環境中に散乱する．その後，卵は幼虫，蛹を経て成虫となり，再び動物の体に寄生するというサイクルを形成する．ダニ類としてはフタトゲチマダニやオウシマダニなどの大型ダニ，毛包に寄生する小型ダニであるニキビダニ（毛包虫）などがある．フタトゲチマダニやオウシマダニなどの吸血性のダニは猟犬によくみられる．吸血性のダニには公園などの草むらで遊ばせているときに吸血される．

■2　毛包虫（ニキビダニ）

ニキビダニは毛の根元の毛包や皮脂腺に寄生し，アレルギー反応によって発疹を起こし，痒みを伴う．局所に起こる場合と全身性に広がる場合があり，後者は「膿包型」といって細菌の二次感染を伴う難病で，ひどい場合は衰弱して死亡する．ニキビダニは皮膚の中に寄生するので，他の寄生昆虫と比べ薬剤による駆虫は困難なことが多い．

Drugs　薬の種類と特徴

獣医学の分野では，特に牛や豚など大型家畜に寄生したり被害を与える害虫は数多く，これらの害から動物を守る殺虫薬に関する研究は非常に進んでいる．殺虫薬には作用する昆虫の種類や形態に応じて様々な薬がある．

殺虫薬の使い方には，①環境に使用する方法，②寄生した動物に直接散布または塗布する方法，③経口薬として使う方法などがある．

動物の体に直接使用する場合は，乳剤，水和剤，油剤あるいは粉剤として犬猫の被毛に塗布する，乳剤に薬浴させる，薬剤入シャンプーで体を洗うなどの方法がある．さらに，ビニール成型剤といって，ビニール粉末，可塑剤と殺虫薬を混合して成形したものを首輪として動物に装着するなどの方法もとられる．首輪による方法は，作用の確実性では劣るし，動物が舐めたりかじるなどする事故の危険性もあり，獣医師による使用は次第に減ってきている．

■1 有機リン系殺虫薬とカルバメート系殺虫薬

有機リン系としてはフェンチオン，メトリホネート，サイチオアート，ジクロルボス，フェンクロホスなどがあり，カルバメート系としてはプロポクスル，カルバリルなどがある．いずれも，コリンエステラーゼ阻害薬であり，虫体のアセチルコリンの分解が抑えられ運動麻痺で死ぬ．これらの薬剤は一般にスペクトルが広い．

メトリホネート，サイチオアートは低毒性の有機リン薬であり経口投与による効果が期待できる．フェンチオンは滴下薬として製剤化されている．皮膚から吸収されて血液中に入り，その後にノミが吸血すると薬剤が体内に入り駆虫効果を示す．処置後3〜4週間効果が持続する．

BOX-1　コリン作動性神経と殺虫薬

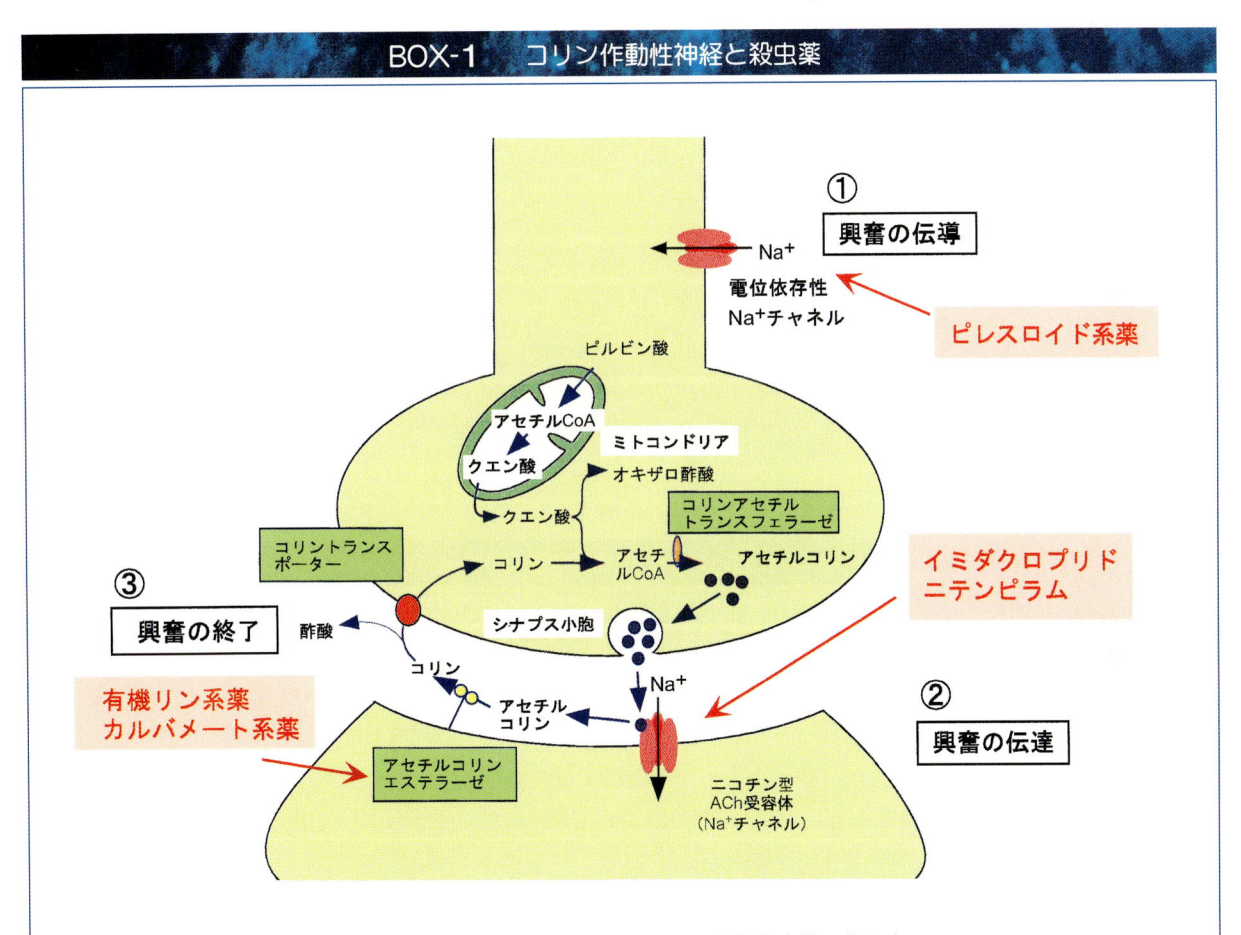

図24-1　コリン作動性神経における各種殺虫薬の作用点

神経興奮は神経軸索の電位依存性Naチャネルの興奮により伝えられる．ピレスロイド系薬はNa$^+$チャネルの開口作用があり，脱分極が持続して神経興奮が伝わらなくなる．

アセチルコリンはコリンとクエン酸からコリンアセチルトランスフェラーゼによって作られる．シナプス小胞に蓄えられたアセチルコリンは，神経興奮によって放出され，シナプス後膜のニコチン型アセチルコリン受容体（Na$^+$チャネル）に結合する．イミダクロプリドやニテンピラムはニコチン受容体に結合して興奮の伝達を遮断する．

アセチルコリンはアセチルコリンエステラーゼで直ちに分解されてコリンとなるが，一部はコリントラン

スポーターによって再び神経終末に取り込まれる．有機リン系薬やカルバメート系薬はアセチルコリンエステラーゼを阻害するので，神経終末ではアセチルコリンの過剰状態となり，興奮の伝達が遮断される．

■2　ピレスロイド系殺虫薬

除虫菊の成分であるピレスリン，レスメトリン，フルメトリン，ペルメトリンなどがある．ピレスロイド系殺虫薬は，神経細胞の細胞膜にある Na^+ チャネルを開いたままの状態に固定して（開口固定），神経興奮の伝導を阻害する．主として外用薬として使用する．有機リン系やカルバメート系薬と比べ，比較的安全性が高い．

■3　その他の新しい即効性殺虫薬

イミダクロプリドは，シナプス後膜のニコチン受容体に作用するニコチン様作用を持つ新しいタイプの速効性殺虫薬である．犬猫のノミ駆除に滴下剤として使用する．ニテンピラムも同様の作用を持ち，これは経口投与が可能である．投与後約6時間で効果が得られる．ニテンピラムはノミ寄生の予防薬として性格を持つルフェヌロン（後述）との合剤として市販されている．

フィプロニルは，農薬から転用された薬で，ゴキブリの駆除剤としても普及している．寄生昆虫の抑制性神経であり Cl^- チャネルでもあるGABA受容体に結合してこれを遮断する薬剤で，脊椎動物のGABA受容体に対する作用はほとんどみられない．スプレー剤や滴下剤として使用するが，皮膚からの吸収もほとんどなく安全性の高い優れた薬であり，最近急速に普及している．皮膚への刺激性があるので，注意して使う．

BOX-2　ニコチン

1828年にタバコの葉から単離されたアルカロイドで，1889年にLangleyとDickinsonによって神経節に対する興奮作用がはじめて報告された．ニコチンは毒性が強く（成人の致死量は約60 mg）臨床応用はできないが，薬理学的道具として頻繁に使用される．タバコに含まれるために誤飲による動物の中毒も多く，獣医師にとって重要な物質である．

■4　昆虫成長制御物質（insect growth regulator；IGR）

ノミやダニなどの外部寄生昆虫の表皮は，キチンとよばれる硬い殻でできている．幼虫発育阻害薬のルフェヌロンはこのキチンの合成を阻害する．ルフェヌロンは内服薬または注射薬（猫）として使われる．動物がこの薬剤を服用すると体内に蓄積され，ノミが吸血すると薬剤がノミの卵に移行する．その結果，卵と幼虫の発育が阻害され，ノミのライフサイクルが絶たれて駆除される（図24-2）．

ルフェヌロンの代謝はきわめて遅く長期間血液中に残留するので，月1回の投与で十分な効果があることも特徴である．月1回の投与という点が，フィラリア予防薬と共通しており，飼い主に対する指導にも適している．ただし，ルフェヌロンは他の薬と違って成虫には効かないので即効性はない．ノミは世代交代に2〜3ヵ月かかると

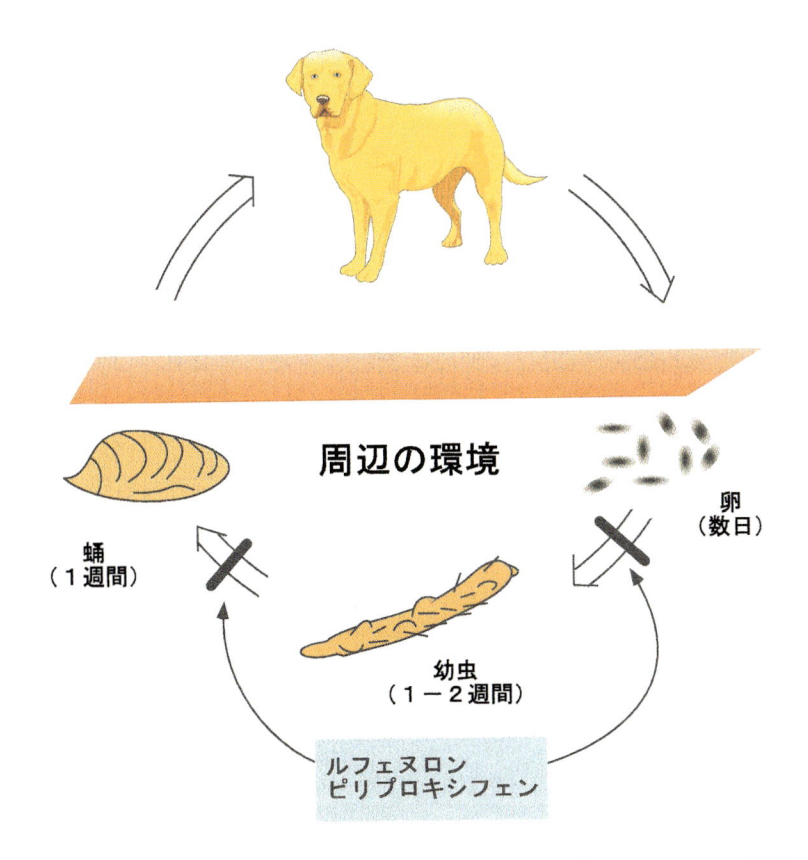

図24-2 ノミのライフサイクルとルフェヌロン，ピリプロキシフェンの作用

いわれているので，完全に駆除されるまでにはかなりの期間が必要であるが，普通は30日以内に90％以上のノミが駆虫される．すでに多数のノミが寄生している場合は，即効性のノミ駆除薬で駆除した後に使用するといっそう効果的である．注射薬（SC）の場合は長く皮膚に留まり，約6ヵ月間効果が持続する．

最近，新しいIGRとして，昆虫幼若ホルモン様物質であるピリプロキシフェンが犬猫用として使用されている．キチン形成阻害物質であるルフェヌロンが外部寄生虫の宿主動物への吸血を前提として外部寄生虫に経口的に摂取されるのに対し，ピリプロキシフェンは経皮的な接触によっても効果を発揮する．製剤としては主に滴下剤として使用されている．ピリプロキシフェンは，ノミの卵に対して孵化阻害，幼虫および蛹に対して羽化阻害，成虫に対して繁殖阻害作用を発現する．動物に滴下後，動物の飼育環境中にもピリプロキシフェンは移行するので，動物に外部寄生しているノミ成虫の他に，飼育環境中に生息しているノミの卵，幼虫，蛹にも防除活性が及び，ノミを総合的に駆除することが可能である．ルフェヌロンと同様に安全性も極めて高い．

■5 毛包虫薬

アミトラズと，イベルメクチン，ミルベマイシンオキシムなどのマクロライド系薬，有機リン系薬がある．

従来毛包虫の薬としてはアミトラズが薬浴や塗布薬としてよく使われてきた．ただし，この薬になかなか反応しない症例も多くあり，また治療に長期間を要するなど，難治性の疾患である．しかし，最近フィラリア予防薬であるイベルメクチンやミルベマイシンオキシムが，犬毛包虫に対しても非常に有効であることが分かり，新し

い治療法として注目されている．イベルメクチンは注射で，ミルベマイシンオキシムは経口で投与するが，血液を介して皮膚の組織にも移行する．この皮膚をダニが採食するとダニの神経に作用し，麻痺して死滅する．アミトラズが効き難い場合にも強い効果を示す．

Clinical Use　臨床応用

■1　応用例（ノミアレルギー性皮膚炎と毛包虫症）

1．ノミアレルギー性皮膚炎

ノミアレルギー性皮膚炎は，ノミの唾液成分に対する即時型あるいは遅延型過敏反応が単独あるいは複合して生じる皮膚炎である．丘疹や発赤斑などの皮膚病変は，尾の付け根，背側腰部などによくみられ，その他内股，腹部などにも病変が認められるが，その程度は前者のほうが強い．臨床症状としては，瘙痒感が強く，病変部を盛んに咬んだり，引っ掻いたり，こすりつけたりする．さらに二次的に脱毛，鱗屑，色素沈着，急性湿性皮膚炎などが認められることが多い．

診断は，特徴的な病変部位とノミの形跡などから行うことができるが，確定診断には皮内反応などの検査も必要となる．治療はノミの駆除が中心となるが，イミダクロプリド，フィプロニル（成ノミ）の局所投与，あるいはルフェヌロン（幼虫発育阻害薬：犬；10 mg/kg，PO，1回/1ヵ月，猫；30 mg/kg，PO，1回/1ヵ月）などの投与を行う．ノミの駆除を行う場合には，同居する犬猫を同時に治療することと，室内，屋外での環境からの駆除も十分に行うことが重要である．ノミの駆除がうまくいかない場合，あるいは症状が軽減しない場合には，副腎皮質ステロイド，あるいはこれに抗ヒスタミン薬や脂肪酸などを加えた全身療法によるアレルギー反応の抑制を行う（第17章参照）．

2．犬毛包虫症

犬毛包虫症は，正常でも少数存在するニキビダニが，免疫不全，基礎疾患，免疫抑制療法などによる免疫抑制状態が引き金となって毛胞などで過剰に増殖することによって生じる炎症性の皮膚疾患である．犬毛包虫症の臨床症状としては，皮膚の脱毛，発赤，毛胞炎，二次性の膿皮症，瘙痒などがあるが，これらの症状が全身的に見られる場合と局所的に生じる場合がある．全身的に見られる場合は，幼若期（3～12ヵ月齢）に家族性あるいは品種特異性に生じ，自然消失する例と，成犬で通常免疫抑制状態を引き起こすような疾患に継発するものとがある．局所的に見られるものは若い犬に多く発生し，病変は口角，眼周囲，鼻先，前肢，体幹などに局在する．

診断は皮膚を引っ掻いてイヌニキビダニが存在することを確かめて行う．局所病変の場合は，自然に治癒する場合もあるが，治療を行う場合は，適切なシャンプーやアミトラズの局所塗布などを行う．ただしアミトラズは農薬であって，認可された薬ではない点に十分な注意が必要である．全身性の場合は，イベルメクチン（0.4 mg/kg，PO，SID，毒性に注意し，徐々に用量を増す．また犬種特異性にも注意する（第23章参照）），ミルベマイシンオキシム（2 mg/kg，PO，SID）による治療を行うこともできる．この方法は，局所性の場合にも用いることができる．毛包虫症は，猫でもまれに見られることがある．

■2 殺虫薬の副作用と毒性

第二次大戦後間もない頃，DDT や BHC などの殺虫薬がノミ取り粉として多量に使われた．これらは当時は安全性の高い薬剤と考えられていたが，化学的にきわめて安定な化合物であるために，自然界に長い間放置されても分解されず，食物連鎖を介して人体に蓄積して害を及ぼすことが明らかにされ問題となった．

現在使われている殺虫薬は，この点を考慮し，分解されやすく自然環境に影響を与えにくい薬剤として開発されている．また，寄生昆虫に対する選択的な毒性も十分に検討されており，現在動物への使用が許可されている殺虫薬は比較的安全に使用できる．ほ乳動物には寄生昆虫と違ってキチンの代謝系が欠けているために幼虫発育阻害薬（ルフェヌロン）の動物に対する毒性は，理論的にもまた実際にも無視することができる．

一方，毛包虫の駆除薬であるアミトラズは交感神経抑制作用が強い．薬浴や塗布薬して用いるが，元気喪失などの症状が出ることもある．イベルメクチンやミルベマイシンオキシムはフィラリア予防で使う時よりも高い用量で使用するので，やはり副作用を注意しながら投与する．

有機リン系薬およびカルバメート系殺虫薬による中毒症状は，ムスカリン様作用，ニコチン様作用および中枢

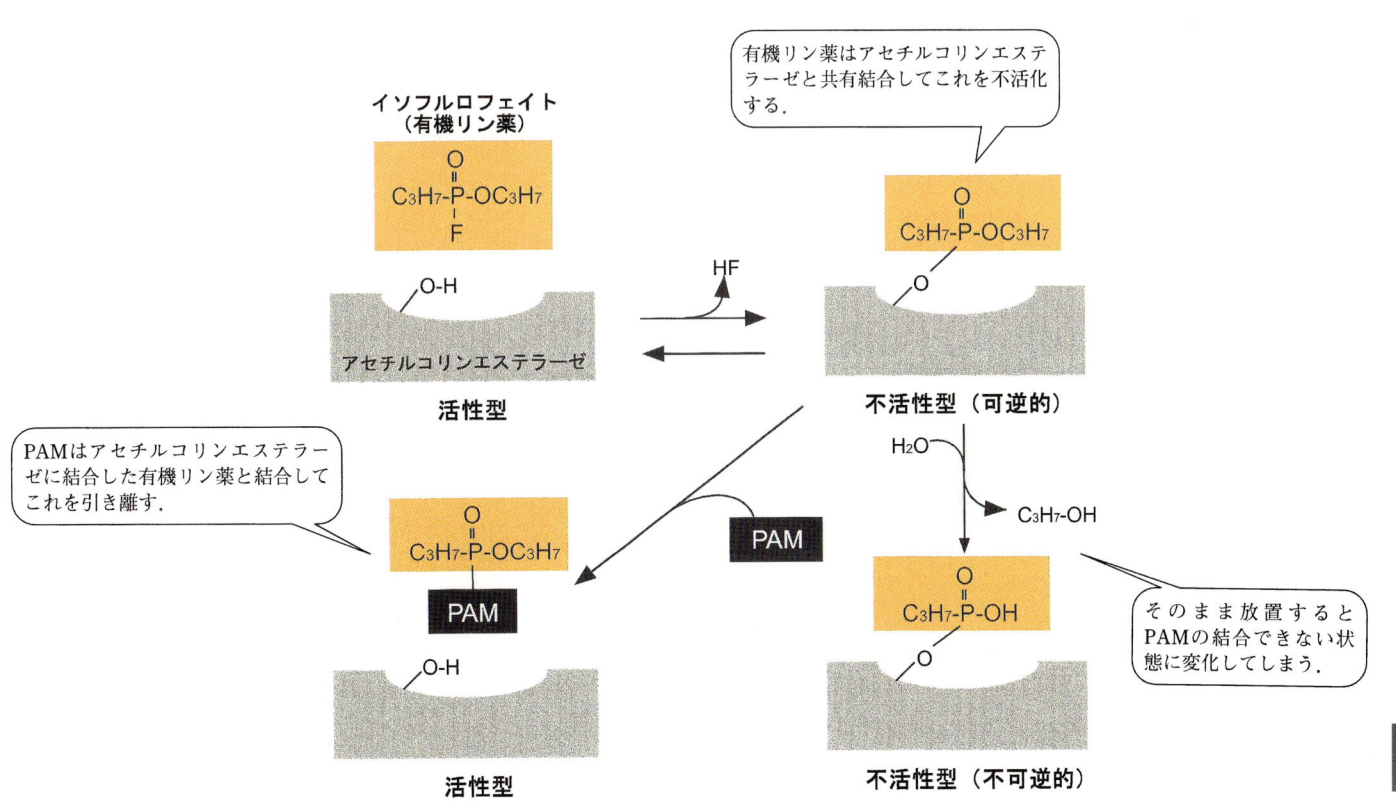

図 24-3　2-PAM の作用機序
　　有機リン薬による中毒の解毒薬として 2-PAM がある．2-PAM はアセチルコリンエステラーゼに結合した有機リン薬と結合し引き離す．有機リン薬中毒の時間が経過すると，2-PAM が作用できない不可逆的な不活性状態となるため，可能な限り早い投与が望まれる．

神経作用によって特徴付けられ(流涎，流涙，排尿，排便，呼吸困難，嘔吐など)，治療としては原因薬剤の除去，呼吸管理，アトロピン，プラリドキシム pralidoxime (2-PAM) の投与などが行われる．アトロピンは主としてムスカリン様作用に対して用いられ，0.2～0.4 mg/kg あるいは散瞳，流涎減少といった効果が得られる用量を 1/4量は静脈内に，3/4量は筋肉内あるいは皮下に投与する．この投与は 3～6 時間間隔で 1～2 日間の投与が必要となる場合がある．またチアノーゼ，徐脈がある場合には，必ず呼吸管理を先に行う．ただしアトロピン過剰となる場合があるので注意が必要である．

2-PAM はアセチルコリンエステラーゼから有機リン薬を引き離す作用がある(図 24-3)．薬剤に暴露されてから 12 時間以内であれば用いることができ，繰り返し投与することによりニコチン様作用に抗することができる．2-PAM は 20 mg/kg (約 2 時間かけて IV，BID) の用量で数日間投与するが，カルバメート系薬剤の場合には逆に症状を悪化させたり遷延させたりするので用いない．

■3　殺虫薬を処方する際の飼い主への注意

飼い主は殺虫薬の安全性に関する関心が高く，適切な説明が求められる．通常の使い方で安全とはいっても，多くの殺虫薬が毒物（劇薬）であることにはかわりなく，手に直接触れた場合は石鹸で手を洗う，幼児の手の届かないところに保管するなど，その取り扱いには十分注意すべきことを指導する必要がある．

表 24-1　主な殺虫薬

薬物名	商品名	用量
フェンチオン	チグホンスポット	犬・猫：ノミ　8～15mg/kg　背部に滴下
サイチオアート	サイフリー	犬：3mg/kg 　ノミ，ダニ　PO 3～4 日間隔で 2 回 1 週間 　かいせん虫　PO 3～4 日間隔で 2 回 4 週間 　毛包虫　PO 3～4 日間隔で 2 回 8 週間
プロポクスル	ロングゲイン	犬：ノミ　首輪型
	ボルホノミとりシャンプー	犬・猫：ノミ　シャンプー剤
ペルメトリン	ディフェンドッグスプレー	犬：ノミ，ダニ　スプレー剤
イミダクロピリド	アドバンテージスポット	犬・猫：ノミ　10～25mg/kg　背部に滴下
ニテンピラム	プログラム A 錠 （ルフェヌロンとの合剤）	犬・猫：ノミ　1～11.4mg/kg PO
フィプロニル	フロントライン	犬・猫：ノミ，マダニ 　7.5～15mg/kg を皮膚に塗布
ルフェヌロン	プログラム錠	犬：ノミ（予防）　10mg/kg PO 毎月
ピリプロキシフェン	サイクリスポット	犬・猫：ノミ（予防）　皮膚に塗布

24. 殺虫薬

ポイント

1. 最近，ルフェヌロン，イミダクロプリド，ニテンピラム，フィプロニル，ピリプロキシフェンなど，多くの安全性の高い殺虫薬が使えるようになった．
2. 有機リン剤中毒は，コリンエステラーゼ阻害によるアセチルコリンの過剰に起因する．流涎，流涙，排尿，排便，呼吸困難，嘔吐の6つの症状が特徴的である．
3. 有機リン剤中毒では，アトロピンによるコリン作動性神経の抑制や，2-PAM によるコリンエステラーゼ活性の回復を図る．
4. 飼い主に対する殺虫薬の安全性に関する教育は重要である．動物だけでなく飼い主の安全性にも十分注意する．

25. 問題行動の治療薬
Drugs used to treat problem behaviors

Overview

　近年，犬を含めたコンパニオンアニマルの様々な問題行動を，薬物で治療する試みが行われている．特に注目されるのが，犬の分離不安症治療薬である．多くの向精神薬の中から，三環系抗うつ薬クロミプラミンがスクリーニングされ，臨床試験を経て，ヨーロッパやアメリカに続いてわが国でも動物薬として認可された．さらに最近では，SSRI と呼ばれる抗不安薬が，動物の種々の行動異常に効果を発揮することが明らかになってきている．本項目を成書で取り上げるのはまだ時期尚早かもしれないが，今後獣医領域の臨床において非常に重要な分野となることが予想されるため，あえて取りあげることにした．

<u>三環系抗うつ薬</u>
- クロミプラミン clomipramine
- アミトリプチリン amitriptyline

<u>選択的セロトニン再取込阻害薬（SSRI）</u>
- フルオキセチン fluoxetine
- フルボキサミン fluvoxamine
- パロキセチン paroxetine

Basics　問題行動の基礎知識

■1　動物の問題行動

　現代は不安症の時代といわれ，おどろくほど多くの人が不安症や神経症といった心の病気に悩んでいる．他人との接触に恐怖を抱く対人恐怖症，手を幾度も洗わずにはいられない強迫神経症，ダイエット願望が高じて生じる摂食障害，声が出せなくなる失語症，生死に関わるような強烈な体験の後に訪れる心的外傷後ストレス障害，誘因もなく発作的に強い不安が訪れるパニック障害など，数えたらきりがない．特にうつ病は7人に1人が1度は生涯に経験するといわれている．

　神経科学が発達した現在，このような心の病の発症の原因が科学的に捉えられるようになり，他の多くの病気と同じようにホメオスタシスの異常，脳の神経細胞の調節機能に変調を来す病気であると理解されるようになっ

てきた．

コンパニオンアニマル，特に犬には様々なタイプの行動異常があることが知られている．しかも最近，犬と人間との接触の度合いが以前にも増して密接になっているという生活環境の急激な変化に伴って，行動異常が増加する傾向にある．動物の行動異常についても，単に性格の悪い動物と決めつけるのではなく，人の心の病気の治療と同じレベル，つまり脳のホメオスタシスの不調が原因と考え，対処すべきであろう．

BOX-1　セロトニン神経の活性を決めるモノアミントランスポーター

　ノルアドレナリン，セロトニン，ドパミンなどのモノアミンは，神経末端から放出された後，それぞれシナプス前膜にある特異的なモノアミントランスポーターによって回収され，神経終末部分での濃度が低下する．すなわち，神経終末部のモノアミン濃度は遊離と再取り込みのバランスによって決まる．一方，回収されたモノアミンは再びシナプス小胞に蓄えられ再利用される．

　個々のモノアミントランスポーターは特異的な構造を持つが，基本的な構造は共通である．12回膜貫通型のタンパク質で，セロトニン，ノルアドレナリン，ドパミンを Na^+ とともに共役輸送する．580〜700個のアミノ酸から構成され，サイクリック AMP 依存性リン酸化酵素，プロテインキナーゼ C，カルシウム-カルモジュリン依存性キナーゼ II などのリン酸化酵素によりリン酸化を受けて修飾される．

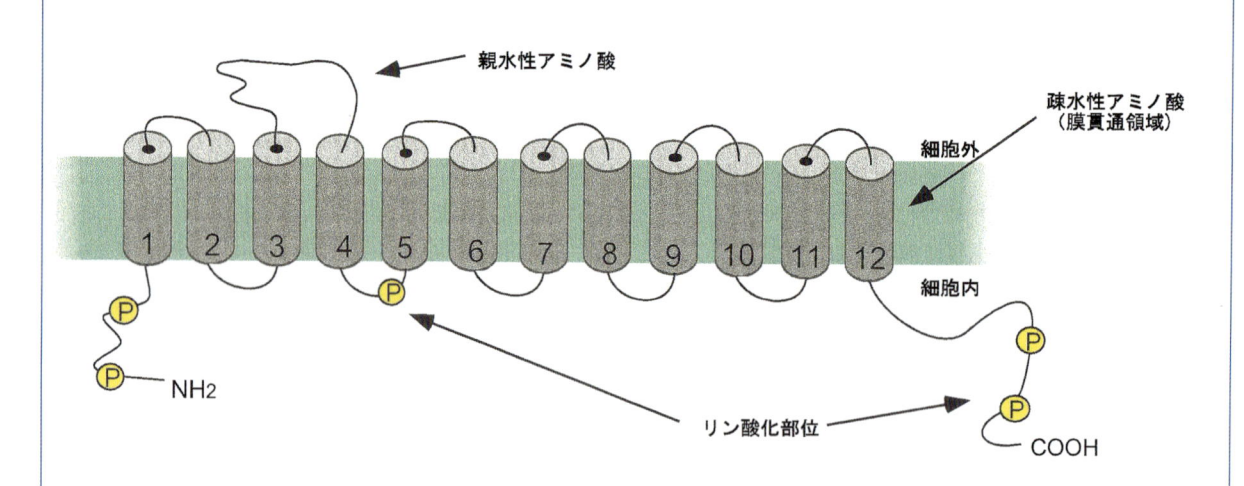

図25-1　アドレナリン，ドパミン，セロトニンなどのアミントランスポーターの基本構造
12回膜貫通型のタンパク質であり，神経終末に存在して Na^+ とアミン類を終末内へ輸送する．

2　セロトニン神経の失調と不安

　不安や恐怖の神経回路は，扁桃核・視床下部・中脳中心灰白質との間に形成される双方向性の複雑な神経回路網と理解されている．種々の構成神経の中で，セロトニン神経の果たす役割が重要であることがこれまでにも指摘されてきたが，SSRI や 5-HT_{1A} 受容体拮抗薬の薬効 (BOX-2) から，薬理学的にも確かなものとして認知され

ている．セロトニンは，不安以外に，強迫観念，パニック，気分障害，攻撃性などにも関わる神経伝達物質として知られている．

Drugs　問題行動の治療薬

■1　三環系抗うつ薬

クロミプラミン（アナフラニール®）などの三環系抗うつ薬 tricyclic antidepressant は，はじめ総合失調症*の治療薬をめざして合成された（図25-2）．残念ながら総合失調症患者に抗精神作用は示さなかったが，1950～1960年代になって抗うつ作用が認められ，現在の名前が付けられるに至った．うつ病の治療薬として使われ始めてから後に，セロトニンとノルアドレナリンの再取り込み阻害作用が見出され，さらにムスカリン性アセチルコリン受容体阻害作用（抗コリン作用），$α_1$アドレナリン受容体阻害作用，ヒスタミン H_1 受容体阻害作用などが見出された．この中で，セロトニンとノルアドレナリンの再取り込み阻害作用が薬効作用で，それ以外は副作用と考えられている．

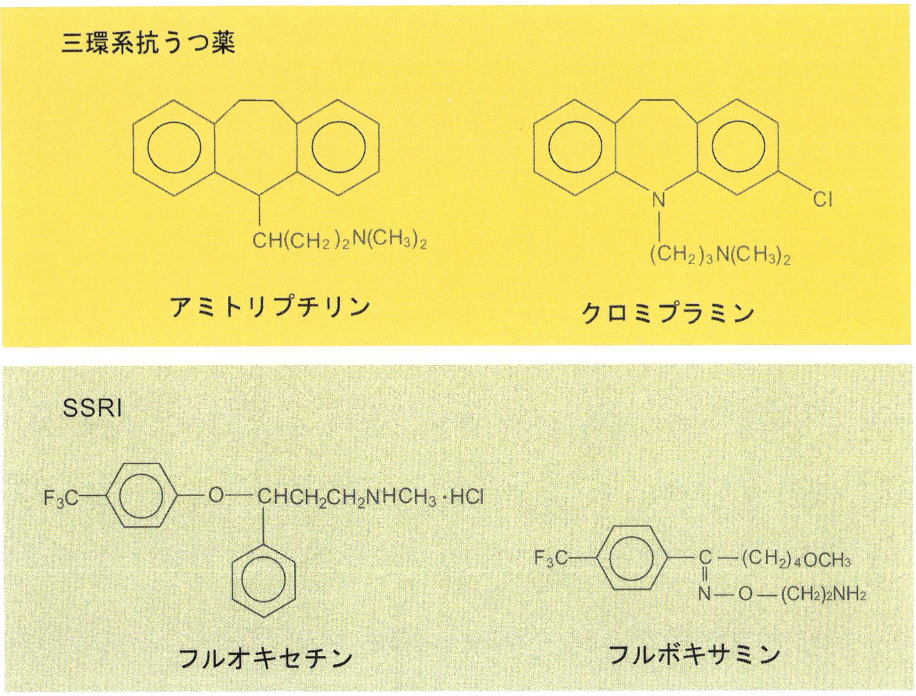

図25-2　三環系抗うつ薬のアミトリプチリンとクロミプラミン，代表的SSRIのフルオキセチンとフルボキサミンの化学構造
　アミトリプチリンとクロミプラミンは動物の抗不安薬として経験が豊富である．クロミプラミンは犬の分離不安症を対象とする動物薬として認可されている．フルオキセチンは最初に開発されたSSRIであり，フルボキサミンは日本でも人体薬として認可された．

---

* かつて精神分裂病と呼ばれていた．2002年に，生理学的にも，また社会的にも不適切とされ改定された．

三環系抗うつ薬の中には，抗うつ作用だけではなく，抗強迫作用や抗パニック作用を持つものもあり，用途も広くなっている．すなわち，三環系抗うつ薬は単なる抗うつ薬ではない．現時点で規定される薬理薬効からするといかにも古めかしい名前であり，再検討が必要である．

■2　選択的セロトニン再取込阻害薬 SSRI

三環系抗うつ薬の副作用を軽減する目的で開発が進められ見出されたのが，選択的セロトニン再取込阻害薬 selective serotonin reuptake inhibitor（SSRI）である．最初に合成されたフルオキセチン（図25-2）には，ノ

BOX-2　セロトニン神経と抗不安薬の作用点

人のうつ病や種々の不安症では不安に関係する神経回路網の終末におけるセロトニン濃度が低く，十分な機能を果たしていない．ここにSSRIを投与し，セロトニンの再取り込みを抑制すると，神経終末部分のセロトニン濃度が上昇する．これによって不安が解消されると考えられている．

一方，セロトニン神経は自らの神経細胞体に投射して，あるいはシナプス前抑制によってネガティブフィードバックをかけ，神経伝達を抑制性に制御している．このネガティブフィードバックに関わるセロトニン受容体のサブタイプは5-HT_{1A}であるが，最近開発された抗不安薬である5-HT_{1A}作動薬（ダンドスピロンなど）を継続して投与すると，この5-HT_{1A}受容体の数が次第に減少してくる．これによってネガティブフィードバックがかかりにくくなり，セロトニン神経の機能が回復する．この知見も，不安とセロトニンの関係を決定的なものとした．

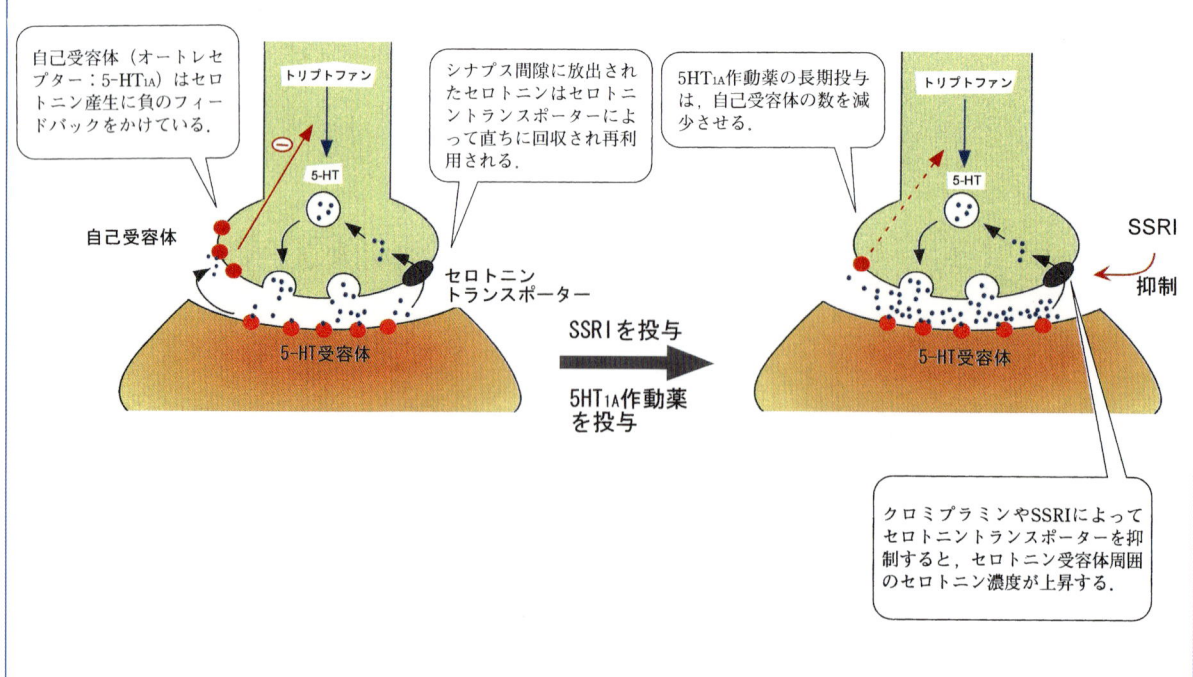

図25-3　クロミプラミンとSSRI，5HT_{1A}作動薬によってセロトニン神経機能が回復する機序

ルアドレナリン再取込み作用も消失していたが，抗不安作用という治療効果には影響しなかった．プロザック®として世に出たフルオキセチンは，副作用のない抗不安薬として広く医師に受け入れられ，また驚きをもって社会にも受け入れられた．現在では，パニック障害，強迫神経症，社会恐怖など，多くの不安症の治療薬として普及している．一方，SSRIの劇的な抗不安作用は，不安という精神症状にセロトニンが深く係わっていることを証明することにもなった．

現在，フルオキセチン以外にフルボキサミン（Luvox®），パロキセチン（Paxil®），セルトラリン sertraline（Zoloft®）などのSSRIが開発されている．人医療では不安症に対してSSRIの処方が主流になりつつあり，動物医療においてもこの流れが模索されている．SSRIの効果はこれまでの抗不安薬と比べて明らかに勝っており，また見るべき副作用がほとんどないというのがその理由である（投与初期に嘔吐がみられることがある）．

■3 動物の問題行動と治療薬

1．犬の分離不安症

犬は飼い主から引き離されることにより不安を感じ様々な異常行動をとる．これを分離不安 separation-related anxiety といい，ある閾値を超えて人間との共同生活が正常に営めなくなった時，分離不安症と診断される．分離不安症の症状は，過剰な吠え，家具を傷つけるなどの破壊行動，不適切な排泄などであり，いずれも家族が不在の時にのみ見られる行動である．身体症状としては，流涎，嘔吐，下痢，抑うつ，食欲不振，過剰な舐めによる皮膚炎（舐性皮膚炎）などがみられる．特に，老齢犬に多い．

分離不安が起こると，犬は大きなストレスを感じ行動によってこのストレスを解消しようとする．様々な行動は決して飼い主を困らせようとしているのではない．行動によって不安という苦痛を癒すことができず，かえって不安をかき立て悪循環に陥っていると考えられている（図25-4）．

このような問題行動を抑制する治療薬として，クロミプラミンやアミトリプチリンなどの三環系抗うつ薬が有効であることが臨床獣医師によって明らかにされ，これをきっかけに臨床試験で確かめられた．このうち，欧米およびわが国で認可されたのはクロミプラミン（クロミカルム®）である．使用に際しては，表25-2に示す様に，理解しておくべき基本的事項が幾つかある（BOX-3も参照）．クロミプラミンは，主としてセロトニン再取り込み阻害作用を介して，分離不安の軽減に寄与していると考えられる．このことは後述のフルオキセチンなどのSSRIも分離不安に有効であるという知見からも明らかである．

2．攻撃行動*

犬の攻撃性は大部分は防衛本能から来るもので，その一部には自分が攻撃される，あるいは地位が脅かされるのではないかとの不安に根ざした行動が含まれている．犬は人間と自分を含め1つの群と考えており，人の中に強力なリーダーがいないと判断すると，自分がリーダーとなって優位性を誇示する．この時も大きな不安が同居している．攻撃性は他人に向けられることもあるし，飼い主に向けられることもある．

最近の研究で，クロミプラミンやアミトリプチリンなどが，犬の飼い主に対する攻撃行動 owner-directed dom-

---

* 犬の攻撃行動は専門家による訓練や普段からのしつけでかなりの部分解決できるが，一般の飼い主にとっては専門的な訓練が簡単に行えるとは思えないし，訓練を継続することも困難であろう．一般の獣医師が使用できるプロトコールはまだ開発されていないが，分離不安症の場合と同様に薬の助けがあれば，容易に症状が改善できる症例も多いものと思われる．

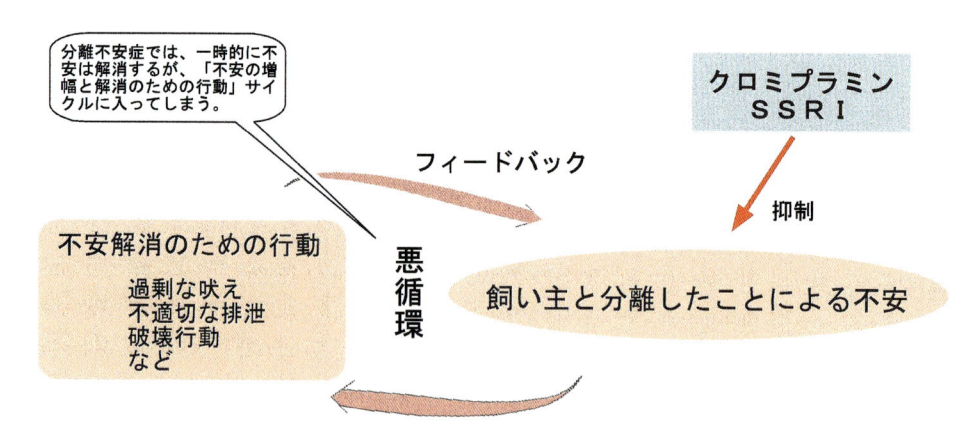

図25-4 不安と解消行動の悪循環

　通常の犬であれば，特異な行動を取らなくても不安を解消できる．しかし，分離不安症の犬では不安解消のために，吠え，不適切な排泄，破壊などの行動をとることによって，不安の解消を図ろうとする．軽度の症状であれば一度の行為によって慰められ，不安が断ち切られる．しかし，治療を必要とする犬では悪循環に入り，幾度もこれらの行為を繰り返そうとする．これらの不安解消の過程の中で，セロトニン神経が重要な役割を担っているが，分離不安の犬ではこの機能が障害されていると考えられる．クロミプラミンやSSRIはこの機能を回復させる．

BOX-3　アミントランスポーター作動薬の分類

　選択的セロトニン再取込阻害薬 selective serotonin reuptake inhibitor（SSRI）については本文で述べたが，アミトリプチリンやクロミプラミンなどの三環系抗うつ薬をセロトニン再取込阻害薬 serotonin reuptake inhibitor（SRI）と呼んでいる論文も見られる．主作用がセロトニン取り込み阻害に基づくと考えられているからである．その他，選択的ノルエピネフリン再取り込み阻害薬 selective norepinephrine reuptake inhibitor（SNRI）があり，これも抗うつ薬としての開発が進んでいる．

　クロミプラミンは生体内で代謝を受け，一部がデスメチルクロミプラミンに変化する．クロミプラミンはセロトニンへの選択性が高く，デスメチルクロミプラミンはノルアドレナリンへの選択性が高い．犬では人と比べ代謝経路の差からクロミプラミンの血中濃度の比が高く，生体内ではSSRIとして働いていると考えられる．ただし，抗コリン作用などの副作用が残っており，新規に開発されたSSRIの様に真に選択性が高い薬物というわけではない．

表25-1　各種抗うつ薬のモノアミン取り込みの選択性

薬物	モノアミン再取り込み阻害作用			
	セロトニン	ノルエピネフリン	ドパミン	セロトニン選択性
セルトラリン	0.19	160	48	840
パロキセチン	0.29	81	5,100	280
フルボキサミン	3.8	620	42,000	160
フルオキセチン	6.8	370	5,000	54
クロミプラミン	1.5	21	4,300	14
アミトリプチリン	39	24	5,300	0.62

注：値はIC_{50}値（nM）で小さいほどトランスポーターへの親和性が高いことを示す．選択性は数字が大きいほど高い．

表25-2 分離不安症にクロミプラミンを用いる場合の注意点

項　目	注意点
類症鑑別	甲状腺機能障害，疼痛，糖尿病，クッシング病，膀胱炎，腎臓病，尿失禁，大腸炎などの有無を検証する．
行動療法との併用	飼い主への過度な依存心を軽減させるため，行動療法を併用する．むしろ行動療法をバックアップする薬と認識すべきである．クライアントへの適切な指導が要求される．
治療期間	脳をターゲットとする薬には，血液脳関門を通過することが要求されるため，効果が現れるまでに時間を要することが多い．クロミプラミンの場合も，効果がみられるまでに少なくとも1週間を要する．治療期間は2〜3ヵ月で，治療終了後も行動療法を続けるよう指導する．
副作用	人での使用経験も多く，決められた用量を守っていれば重篤な副作用が現れることはない．口渇，ドライアイ，軽い嘔吐，下痢，便秘，食欲不振など，クロミプラミンの持つ抗コリン作用を主とする自律神経系への副作用が投与開始直後に見られることがある．いずれの副作用も一過性であるが，消化器症状には注意を必要とする．

inance aggressionの抑制に有効であることが分かってきた．また，フルオキセチンやパロキセチンなどのSSRIも有効とされている．

　猫にも，犬と同様に攻撃行動がみられる．さらに，猫が定められた場所以外に放尿するスプレー行動にも不安が関係するといわれる．これまで，ジアゼパムなどの種々のベンゾジアゼピン系薬が用いられてきたが，アミトリプチリンやクロミプラミン，そしてSSRIであるパロキセチンが有効とされる．また，雄猫の去勢後に黄体ホルモンのクロルマジノンを投与すると，問題行動が減少することも報告されている．

3．強迫神経症

　強迫神経症（obsessive compulsive disorder；OCD）は人の不安症として最も頻繁にみられる病気である．アメリカの統計では，この病気で苦しむ人は全人口の2〜3％にのぼるといわれている．人に何らかの危険が降りかかると，これを避けるために何かをしなくてはという強迫観念obsessionが発生する．この強迫観念は，危険を回避あるいは解消しようとする強迫行為compulsionをもたらす．これは，身の安全を守ろうとする本能的なものであり，動物の基本行動様式である．通常は一度の強迫行為によって強迫観念が癒され行為はそこで収束するが，強迫観念と強迫行為という一連の動作が終わることなく悪循環に陥り，反復持続的にこれを繰り返すというのが，強迫神経症の病態である．人の症例で最も頻繁にみられるのが，自分の手が菌で汚染されていると思い，幾度も手を洗うという症状を示す不潔恐怖・洗浄強迫である．現在，強迫神経症の治療薬としては，三環系抗うつ薬の中でクロミプラミンが知られており，約半数の症例で何らかの効果を示すといわれている．最近では，フルオキセチンをはじめとする各種のSSRIの有効性が確かめられている．

　この様に，無意味であるということを自覚しているにもかかわらず幾度も同じ行為を繰り返すという行動は，犬や猫などの動物にもみられ，人の強迫神経症と同じものであると考えられている．犬の強迫行動としては，尾追い行動，旋回などがよくみられるが，特にテリア種で多い．これにはクロミプラミンが有効であり，また最近になってSSRIの臨床試験も行われている．猫にも同じ行動を幾度も繰り返す強迫神経症がみられる．特に多いのが心因性の舐め癖psychogenic alopeciaで舐性皮膚炎を起こすことで発見される．これにもクロミプラミン，アミトリプチリン，そしてSSRIのフルオキセチンが有効といわれる．犬にも舐性皮膚炎が強迫神経症の症状としてみ

られることがあるが，これにもフルオキセチンが有効である．

■ **4　行動療法の併用**

　人の不安症や神経症の治療では，薬はあくまで補助的なものと考えられている．実際の診療では，薬に加えカウンセリングや行動療法を組み合わせて治療される．そして，このような治療を続けていくと，本来正常に働いていなかった脳の機能が次第に正常に近づき，ついには薬を止めても不安や恐怖を完全に解消させることが可能となる．脳という臓器は他の臓器にはない驚くほどの柔軟性があり，上手に治療すれば完治を期待することも可能である．

　行動療法による行動異常の治療は，薬と組み合わせることで確実に効果は上がるが，一般の飼い主は，病院を訪れる前からすでにしつけや訓練に想像以上の根気と忍耐をもって当たってきたことを獣医師はよく認識しておく必要がある．行動療法の意味をクライアントに理解してもらうことは重要であるが，実際の診療では多くの困難を伴うこともまた事実であろう．

ポ イ ン ト

1. 犬の分離不安症の治療には行動療法が効果的であるが，クロミプラミンやSSRIを使用するとスムースに行うことができる．
2. 攻撃行動などの治療にも，SSRIは有効とされる．

26. ワクチン
Vaccine

Overview

　動物は常に細菌やウイルスの感染に脅かされている．細菌は抗生物質で殺すことができるが，ウイルス感染には現在のところ有効な治療薬はほとんどない．小動物病院に訪れる第1の理由はワクチン接種であり，予防医療という意味でもワクチン接種はきわめて重要な医療行為である．すなわち，接種時には健康診断が必須であり，一般的な健康チェックの場ともなるからである．

Basics　ワクチン接種による感染予防の基礎知識

■1　細胞性免疫と体液性免疫

　動物は病原性の細菌やウイルス，毒素など，常に外敵の侵入の危険にさらされている．これに対して，生体は細胞性免疫と体液性免疫という2つの防護システムを持っている．細胞性免疫は細胞障害性T細胞（キラーT細胞）やマクロファージによって仲介され，ウイルスに感染した細胞を攻撃してそれ以上の感染を防ぐシステムである．体液性免疫は，B細胞によって産生される免疫グロブリンによって体液中のウイルスや細菌を中和する免疫システムである．

1. 体液性免疫

　ウイルスや細菌，異物が体に侵入すると，マクロファージや樹状細胞などの抗原提示細胞（APC）に取り込まれる．抗原提示細胞は異物を自己の成分とは違うかどうかを判断し，異物であると認知すると，MHCクラスIIを介してこの情報をヘルパーT細胞（CD4＋陽性）に伝える．ヘルパーT細胞はこの情報をB細胞に伝え最終的に抗体が作られる．抗体は細胞の外に出て血液やリンパ液に溶けて全身を循環し，血液中や粘膜上で異物と結合することによって細胞への進入を阻止する．ヘルパーT細胞には細胞障害作用はないが，多量のサイトカインを分泌して後述の細胞性免疫を含む免疫系全体を刺激することになる（図26-1）．

　この一連の過程の中で，T細胞の働きは特に重要である．異物に対する判断があまりに敏感すぎると，自分の体を構成するタンパク質にも反応してしまい，いわゆる「自己免疫病」といわれる状態を作ってしまう．一方，B細胞の作る抗体（イムノグロブリン）はY字型をしたタンパク質で，1つの異物に対して必ず1種類の抗体がつくられる．抗体は異物に結合し，マクロファージによって処理されて免疫の過程が完了する．

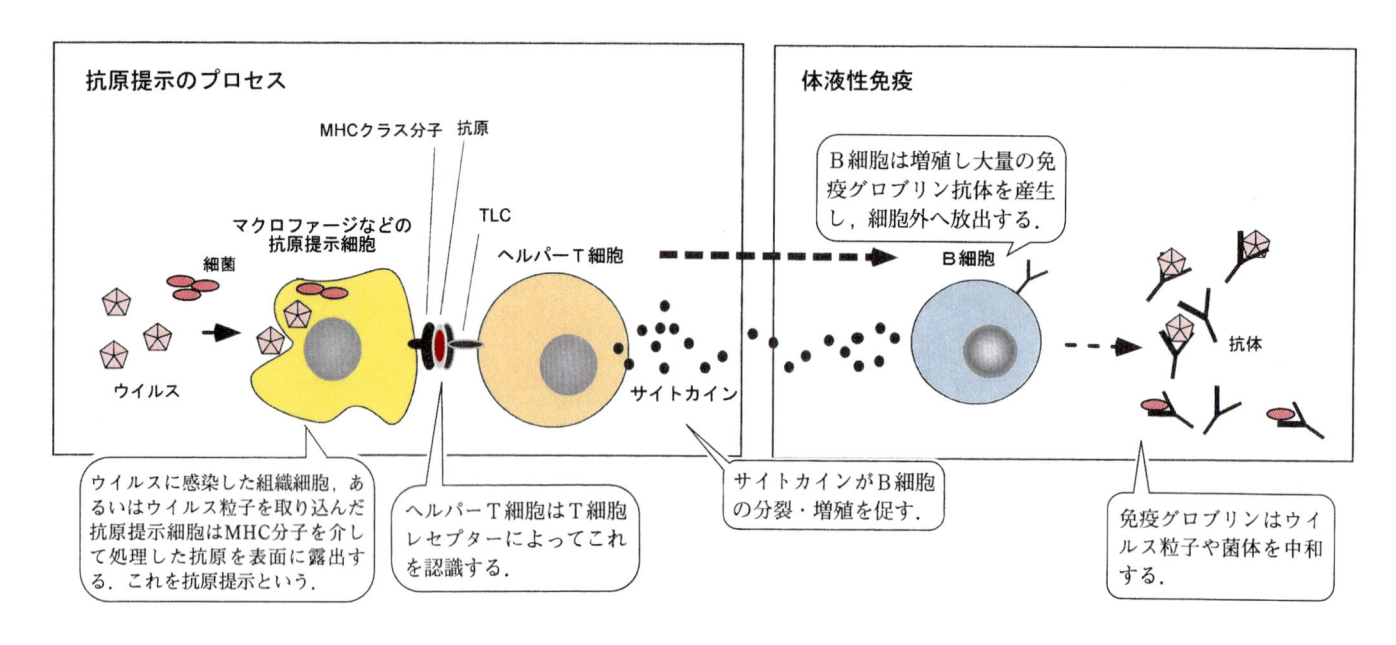

図26-1 抗原提示と体液性免疫

抗原提示のプロセス

- ウイルスに感染した組織細胞，あるいはウイルス粒子を取り込んだ抗原提示細胞はMHC分子を介して処理した抗原を表面に露出する．これを抗原提示という．
- ヘルパーT細胞はT細胞レセプターによってこれを認識する．
- サイトカインがB細胞の分裂・増殖を促す．

体液性免疫

- B細胞は増殖し大量の免疫グロブリン抗体を産生し，細胞外へ放出する．
- 免疫グロブリンはウイルス粒子や菌体を中和する．

2．細胞性免疫

ウイルスは細菌と違ってそれ自身では増殖することができない．ウイルスは体の中へ入ると細胞の中へ取り込まれ，ウイルスの持つ遺伝子（DNAやRNA）を細胞に注入する．ウイルス遺伝子は感染細胞の助けを借りて遺伝子を増殖させる．同時にウイルスの構成タンパク質を作り，ウイルス粒子のコピーの作製に取りかかる．ウイルス感染細胞では，ウイルスタンパク質がMHCクラスI分子と結合し細胞の表面に移動してウイルスタンパク質を抗原マーカーとして露出する．細胞障害性T細胞は，この細胞表面上のウイルス抗原マーカーを識別してこれと結合し，活性化する．活性化した細胞障害性T細胞は細胞障害性サイトカインを分泌して感染細胞を破壊する．また，細胞障害性T細胞はFasと呼ばれるアポトーシスを起こすリガンドを介して，感染細胞をアポトーシスへと導く．このような免疫を細胞性免疫という．

■2 自然免疫と獲得免疫：ワクチンの意義

免疫系のもう1つの分け方に，自然免疫と獲得免疫がある．すなわち，免疫機構には動物がもともと持つ自然免疫系と，自然感染や人工感染（ワクチン）などにより後天的に得られる獲得免疫とがある．自然免疫とは，いわば感染に対抗する通常部隊のようなもので，病原体が侵入すると直ちにこれを攻撃し，排除しようとする．貪食能を持ちこれを処理するマクロファージ，貪食した後に自己融解する好中球，ウイルス感染細胞を攻撃するNK細胞（細胞障害性T細胞と異なるが似た機能を持つ）などがあり，異物と見なせば直ちに排除しようとする機構である．最近の研究で，自然免疫にはToll-like receptor（TLR）という，リポポリサッカライドなどの菌体成分や，細菌に特有のDNA構造などを認識する受容体が関わっていることが明らかとなってきた．現在，TLRには9種類存在することが分かっており，マクロファージや樹状細胞の細胞膜に発現して，外界からの病原体の侵入に備えている．自然免疫は即効性があるが異物を完全に排除できる能力はない．これを補うのが獲得免疫であ

る．

　獲得免疫には記憶というメカニズムが関与している．つまり，1度目の感染によって抗原が記憶されていると，2度目の感染の場合により早く対応できる．これには記憶細胞（記憶B細胞と記憶ヘルパーT細胞）が関与し，1度目の感染の後リンパ節に留まってひそんでいる．細菌やウイルスが再度侵入した場合，はじめの幾段階かの免疫反応をスキップしてより早くそして強く対処できる．ワクチンはこの獲得免疫機構を利用した感染防護の方法である．

　なぜ，一度感染すると長期に記憶されるのか．免疫学的な記憶のメカニズムは未だ解明されていないが，以下の2つの可能性が考えられている．1つは，初感染により誘導された感作リンパ球が長い寿命をもっていて2回目の感染まで生き残っているという可能性．もう1つの可能性は，初感染で感作されたリンパ球が，体内で幾度も新たなリンパ球を刺激し続けるという可能性である．

BOX-1　ブースター効果

　ワクチン接種による抗体産生が，1回目に比べ2回目の接種で飛躍的に増加する現象をブースター効果という．通常ワクチンはある間隔をおいて複数回接種されるが，これをブースター投与という．生後すぐにワクチン接種する場合の複数回投与，ならびに自然に減衰していく抗体価を維持することを目的する2年目以降の追加接種には大きな意味がある．

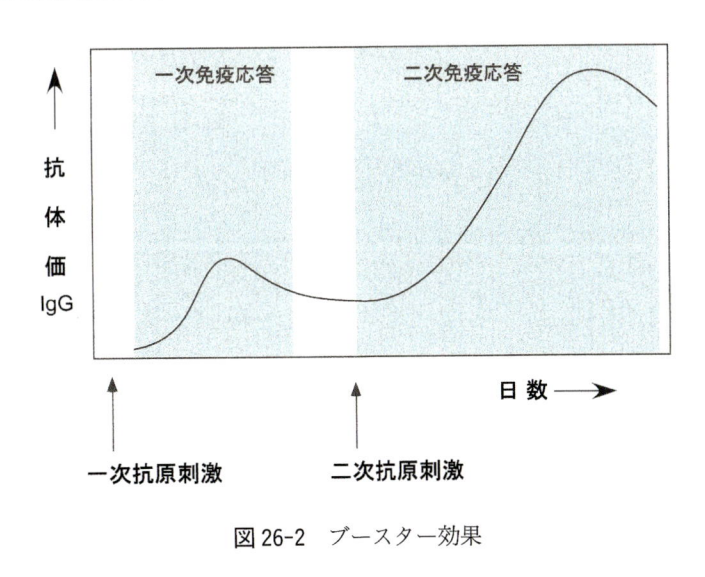

図26-2　ブースター効果

■3　生ワクチンと不活化ワクチン

　かつてジェンナーやパスツールが実験用のワクチンとして用いたものは，毒力の低い感染力のある生きたウイルスそのものであり，これは現在でも弱毒生ワクチンとして生かされている．生ワクチンは自然の免疫機能を利用した方法で有効性が高いという特徴がある．一方，細菌やウイルスをホルマリンなどで不活化（死菌化）したものは不活化ワクチンといわれる．不活化ワクチンには感染する能力はない．不活化ワクチンは一般に生ワクチ

表 26-1 犬の主な感染症

病　名	説　明
犬狂犬病 Rabies virus: RV	世界中に分布する人畜共通感染症で，一度発症すると100％死亡する恐ろしい病気である．猫にも感染する．日本では1957年以降発生していないが，狂犬病ウイルスが野生動物を宿主としているために海外ではいまなお発生が続いている（日本を除き，オーストラリアが唯一の非汚染地域）．そのため万全の防疫対策が必要との判断から予防接種が義務づけられている．感染した犬や動物に咬まれると，狂犬病ウイルスは末梢神経を伝わって中枢神経へと拡散する．この速度が遅いため潜伏期が長く，感染を疑われた後に免疫注射をしても発病阻止に十分な効果が期待できる（暴露後接種）．
犬ジステンパー Canine distemper virus: CDV	犬の代表的な伝染病で，下痢，嘔吐などの消化器症状と，咳，鼻汁，くしゃみなどの呼吸器症状を呈するものとがある．1ヵ月以上を経過すると痙攣などの神経症状がでることがある．伝染性が強く，経口感染で伝播する．細菌感染を併発していることが多く，症状を悪化させる原因となっている．死亡率も高い．
犬パルボウイルス Canine parvovirus: CPV	1980年頃から急速に広がった感染症で，心筋炎型，腸炎型があり死亡率が高い．
犬伝染性肝炎 Infectious canine hepatitis virus: ICHV	肝炎が急速に進行し子犬が感染すると数日で死亡してしまう．成犬では発熱，下痢，嘔吐をみる．回復期にはブルーアイといわれる角膜の白濁がみられることがある．
犬伝染性咽頭気管炎 Canine laryngotracheitis	咳を主徴とする呼吸器症状を示す感染症で，死亡率はそれほど高くない． 注：犬伝染性肝炎の原因ウイルスはアデノウイルス1型，犬伝染性咽頭気管炎の原因ウイルスはアデノウイルス2型である．アデノウイルス1型と2型のウイルスは別種のウイルスであるが，共通の抗原性を持ち，どちらか一方のワクチンで2つのウイルス感染を同時に予防できる．1型のワクチンは軽度であるが副作用があり，2型ワクチンを使う方法が主流である．
犬コロナウイルス Canine coronavirus: CCV	下痢，嘔吐などの消化器症状を呈する感染症で，ジステンパーとともに犬に多発する．
犬パラインフルエンザ Canine parainfluenza: CPI	呼吸器症状を呈する疾患で，細菌による混合感染を起こすと重篤になる．
犬レプトスピラ Canine leptospirosis	レプトスピラ（細菌）が原因で起こる感染症で，腎炎型と出血性黄疸型とがある．感染動物の尿を介して伝染する．

ンに比べ，免疫の持続性は劣る（表26-3参照）．

　弱毒化あるいは不活化したワクチンとはいっても多量に接種された場合の危惧，あるいはワクチンが安定でいつも一定の効果が得られるかどうかという問題もある．この様な観点から，最近ではウイルスタンパクの成分の中で抗原性を示す部分だけを分離したワクチンも作られている．これを成分ワクチンという．また，組替え遺伝子の技術を使って，感染性ウイルス遺伝子の中で免疫を発現させる部分だけを病原性のない別のウイルスに導入し，これをワクチンとする新生ワクチンの開発も試みられている．

表 26-2 猫の主な感染症

病　名	説　明
猫汎白血球減少症 Feline parvovirus: FPLV	パルボウイルスによって引き起こされる消化器疾患である．猫にとって最も重要なワクチンで，きわめて有効性の高いワクチンの1つである．
猫ウイルス性鼻気管炎 Feline viral rhinotrachetis: FVR （または猫ヘルペスウイルス感染症：Feline helpesvirus: FHV）	猫ヘルペスウイルスⅠ型による上部気道疾患である．主な症状は重度のくしゃみ，眼および鼻からの分泌物，潰瘍性角膜炎である．慢性に移行すると，細菌による2次感染がみられる．FVRワクチンは重度な疾病になるのを防ぐが，感染は予防しない．
猫カリシウイルス Feline calicivirus：FCV	眼および鼻からの分泌物を伴う上部気道感染症である．舌および口腔内の潰瘍，重度の間質性肺炎，腸炎または関節炎などの症候群の原因ともなる．FCVワクチンは重度な疾病になるのを防ぐが，感染は予防しない．
猫白血病ウイルス Feline leukemia virus: FeLV	レトロウイルス感染症で，持続性のウイルス血症，リンパ肉腫，白血病，免疫抑制を引き起こす．1996年から日本でもワクチンが実用化された．
猫免疫不全ウイルス Feline immunodeficient virus: FIV	猫エイズともいわれるレトロウイルス感染症で，感染後軽度の症状を示した後長期に無症候状態が続く．数年後，免疫抑制が起こり様々な二次感染を起こし死亡する．現在のところ有効なワクチンはない．
猫コロナウイルス	致死的な猫伝染性腹膜炎FIPを起こす．類縁の腸コロナウイルスは不顕性感染が多い．日本ではワクチンは未発売．
猫クラミジア	上部気道感染症と慢性結膜炎および慢性肺炎を症状とする．

表 26-3 生ワクチンと不活化ワクチンの長所短所

	生ワクチン	不活化ワクチン
長　所	1. 免疫付与効果が高い 2. アジュバントを含まない 3. アレルギー反応を起こしにくい 4. 安価である	1. 安全性が高い 2. 貯蔵法が簡易である
短　所	1. 微生物混入を招きやすい 2. 扱いが難しい（過誤による人への注射，傷口からの侵入の可能性など） 3. 貯蔵方法を厳守する必要がある（温度管理など） 4. 弱毒とはいえウイルス感染の可能性がある	1. 免疫持続時間が短い 2. アジュバントによる局所の炎症を起こしやすい 3. 繰り返しの接種が必要なため費用が高くなる 4. 防腐剤（ペニシリン，ストレプトマイシン，抗黴剤など）が含まれている

Clinical Use　ワクチン接種の実際

■1　ワクチン接種の時期と種類（ワクチン接種プログラム）

　生後間もない動物の免疫機能は未発達で十分機能していないが，母親の母乳（初乳）からあるいは胎盤から移行した様々な抗体で免疫機能が付与されている．この様な母子免疫は自然の摂理からするときわめて有効な感染防御の仕組みであるが，ワクチン接種という観点からはマイナスの結果をもたらす．すなわち，この時期にワク

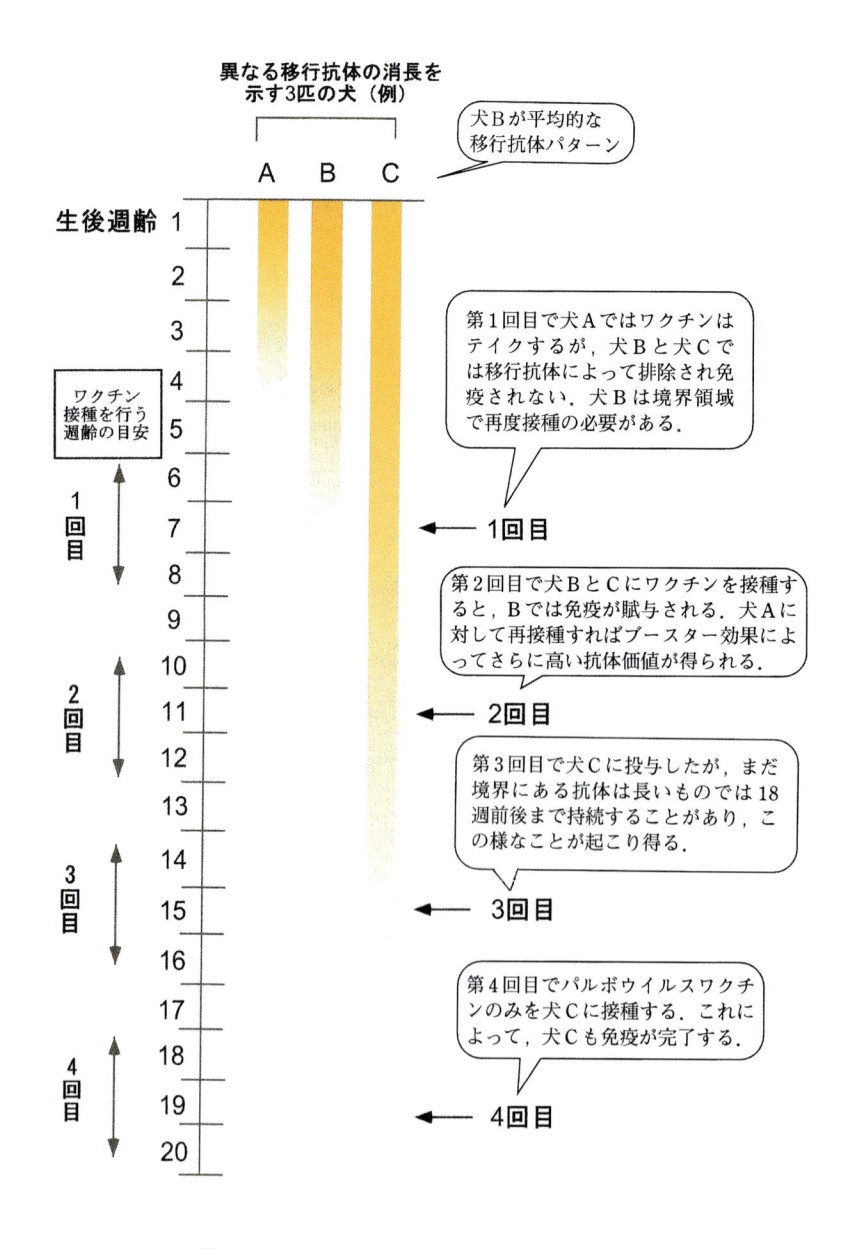

図26-3　混合ワクチン接種のタイミング

チンを接種しても移行抗体によってワクチンは排除（中和）され，免疫を獲得することができない．免疫が未発達で体力も十分でないこの時期に万一病原ウイルスに感染すると重大である．したがって，ワクチン接種は母親からの移行抗体が切れた直後に行うのが理想といえるが，初乳の飲み方もまちまちで接種のタイミングも一定ではないという不都合がある．図26-3で，移行抗体量の異なる3匹の犬の例を挙げ，ワクチン接種プログラムの考え方を説明している．

表26-4と表26-5に混合ワクチンの接種プログラムの例を示すが，例えば犬パルボウイルスの免疫は16週までの間では移行抗体により排除されやすく，18〜20週でもう1度接種することが推奨される（4回目の接種）．正確には4回目の接種ではパルボウイルスの単味ワクチンで十分であるが，日常の診療では煩雑さから4回目も混合ワクチンが使われるケースが多い．

ワクチンによる副作用はまれであるが，レプトスピラや猫白血病ワクチンでの副作用発現頻度は比較的高いといわれている．また狂犬病も比較的高い．したがって，これらのワクチンは初回の幼弱時ではなく2〜3回目以降に接種するのがよい．一方，レプトスピラ症は温暖な気候の地（特に九州以南の県）に多く見られるので，この地域におけるワクチン接種は重要である．一方，室内で飼い，屋外に出すことのない犬や猫のワクチン接種の必要性は必ずしも高くない．

残念ながら，現在のところ人の医療と異なり，動物用ワクチンに関する教科書的なワクチンプログラムはない．獣医師により個別に判断されているのが現状である．生活環境（気候，室内犬か野外犬か，猟をするかなど）や周囲の流行などを勘案することが必要である．可能なら抗体検査を行って既に抗体を持つものがあればそのワク

表26-4 犬のワクチンプログラムの例（米国で推奨されているもの）

ワクチン	1回目（6〜10週）	2回目（10〜12週）	3回目（14〜16週）
犬ジステンパーウイルス	○	○	○
犬アデノウイルス1型，2型	○	○	○
犬パルボウイルス	○	○	○
犬パラインフルエンザウイルス	○	○	○
犬コロナウイルス	○	○	12〜14週
レプトスピラ	−	○	12〜16週
		その後は毎年1回	

注：犬パルボウイルスに対する移行抗体は18週ごろまで持続することがあり，18〜20週に4回目を接種することが推奨されている．

表26-5 猫のワクチンプログラムの例

ワクチン	1回目（6〜8週）	2回目（9〜11週）	3回目（12〜14週）
猫汎白血球減少症　FP	○	○	○
猫ウイルス性鼻気管炎　FR	○	○	○
猫カリシウイルス　FC	○	○	○
猫白血病ウイルス　FeLV	−	○	○
		その後は毎年1回	

表 26-6　臨床検査で確認できるウイルス抗体

犬	猫
犬ジステンパーウイルス	猫白血病ウイルス
犬パルボウイルス	猫免疫不全ウイルス
犬アデノウイルス1型，2型	猫汎白血球減少症ウイルス
犬コロナウイルス	猫伝染性腹膜炎ウイルス
犬パラインフルエンザウイルス	猫カリシウイルス
犬ヘルペスウイルス	猫ヘルペスウイルス

チンの接種は行わないという選択肢もある(表26-6).理想的には，単味のワクチンを組み合わせて使うのが理にかなった使い方といえるが，これらはあくまで理想論で，煩雑さや費用の点を考えると現実的とはいえないかもしれない．

■2　ワクチンの副作用

　現在，市場に出ているワクチンは厳重な品質管理のもとで作られており，有効性とともに安全性にも十分な配慮がはらわれている．しかし，弱毒生ワクチンは弱毒とはいえウイルスが動物に感染するため，動物の状態が悪い場合には併発症がみられることは皆無とはいえない．また，ワクチンには製造時にウイルスを増殖させるときに用いた培養液の成分や，免疫力を高めるためにアジュバンドが添加されているため，これらにアレルギー反応を示す場合もある．

　症状として局所的に現れるものには，注射部位の痛み，腫れ，発熱などがある(表26-7).これらの副作用は数時間から24時間以内に起こる．例数は少ないが，猫において線維肉腫やその他の腫瘍が注射部位でみられることがある．これらは悪性の腫瘍であり外科切除が必要となる．

　一方，全身的な副作用としてアナフィラキシーが起こることがある．軽いものでは元気消失，食欲減退などで，重度の場合には全身血圧の低下，呼吸困難，下痢，嘔吐などの症状が出る．ワクチン製造時に使われる牛血清などの異種タンパクが原因で起こる．この反応はIgEが媒介するⅠ型のアレルギー反応で（第17章参照），接種後数分～30分以内に起こる．

　ただし，最近のワクチンの安全性はきわめて高く，局所の軽度の腫脹といった軽い副作用で5%未満，その他でも1%未満，重篤で命に関わるような全身性ショックはきわめてまれにしか起こらないといわれる．アレルギー疾

表 26-7　ワクチン接種時にみられる副作用

注射部位に発生するもの	全身症状
疼痛 腫脹 発熱 線維肉腫，その他の腫瘍	元気消失 食欲消失 顔面腫脹（ムーンフェイス） 下痢 嘔吐 蕁麻疹，瘙痒 アナフィラキシーショック（全身性） 　血圧下降，呼吸困難 　虚脱，体温低下，流涎，ふるえ，痙攣，尿失禁

患を有する動物では副作用が出やすいので注意する．もし副作用が現れた場合には，以後の事故発生を予防するためにワクチンメーカーに連絡することも重要である．

■3 アナフィラキシーショック時の処置

万一アナフィラキシー反応が出た場合は，抗ヒスタミン薬や副腎皮質ステロイドなどを投与する．血圧低下の

表 26-8 犬のワクチン

ワクチン名（製品名）	成　分	種　類
単味ワクチン		
日生研狂犬病 TC ワクチン	R (RC-HL 株)	不
狂犬病 TC ワクチン（化血研）	R (RC-HL 株)	不
狂犬病 TC ワクチン（チバ）	R (RC-HL 株)	不
狂犬病ワクチン-TC	R (RC-HL 株)	不
松研狂犬病 TC ワクチン	R (RC-HL 株)	不
狂犬病 TC ワクチン（北研）	R (RC-HL 株)	不
イヌパルボ不活化ワクチン	P	不
犬パルボ不活化ワクチン（化血研）	P	不
京都微研犬パルボウイルス感染症生ワクチン	P	生
レスカミューン P-ML	P	生
ドヒバックパルボ	P	不
イヌパルボ不活化ワクチン	P	不
犬パルボ不活化ワクチン「北研」	P	不
バンガード CPV	P	生
レスカミューン P-MLNZ	P	生
レスカミューン P-ML	P	生
ノビバック　PARVO-C	P	生
ユーリカン　P-XL	P	生
ドヒバック L	L	不
混合ワクチン		
ドヒバック DA2	D, A2	生, 生
ドヒバック 5	D, A2, Pi, P	生, 生, 生, 生
ドヒバック 7	D, A2, Pi, P, L	生, 生, 生, 生, 不
デュラミューン 5	D, A2, Pi, P	生, 生, 生, 生
デュラミューン 8	D, A2, Pi, P, CC, L	生, 生, 生, 生, 不, 不
犬用ビルバゲン DA2Parvo	D, A2, P	生, 生, 生
京都微研イヌ 2 型混合生ワクチン	D, A2	生, 生
京都微研イヌ 4 種混合生ワクチン	D, A2, Pi, P	生, 生, 生, 生
京都微研キャナイン-8	D, A2, Pi, P, L	生, 生, 生, 生, 不
レスカミューン DA2P	D, A2, Pi	生, 生, 生
レスカミューン DA2PL	D, A2, P, L	生, 生, 生, 不
犬ジステンパー肝炎混合ワクチン（化血研）	D, A1	生, 生
バンガード 7	D, A2, Pi, P, L	生, 生, 生, 生, 不
バンガード DA2P	D, A2, Pi	生, 生, 生
レスカミューン DA2PNZ	D, A2, Pi	生, 生, 生
ノビバック　DHPPi＋L	D, A2, Pi, P, L	生, 生, 生, 生, 不
ノビバック　PUPPY DP	D, P	生, 生
ノビバック　DHPPi	D, A2, Pi, P	生, 生, 生, 生
ユーリカン 5	D, A2, Pi, P	生, 生, 生, 生
ユーリカン 7	D, A2, Pi, P, L	生, 生, 生, 生, 不
ユーカリン P-XL	P	生

D：犬ジステンパー，A1：犬伝染性肝炎（犬アデノウイルス 1 型），A2：犬伝染性咽頭気管炎（犬アデノウイルス 2 型），Pi：犬パラインフルエンザ，P：犬パルボウイルス，L：犬レプトスピラ，R：狂犬病，CC：犬コロナウイルス．

激しいときはエピネフリン（1:10,000のエピネフリンを0.5～1.0 ml, IV, 必要なら20～30分間隔で投与をくり返す）などを静脈内注射する．以前に副作用がみられた患者には，コハク酸ヒドロコルチゾン（100～500 mg, IV），またはコハク酸メチルプレドニゾロン50～200 mg, IV）などの副腎皮質ステロイドや，抗ヒスタミン薬(ジフェンヒドラミン1.0～2.0 mg/kgゆっくりIV)を前もって投与することも有効である．ただし，高用量の副腎皮質ステロイドは免疫付与に干渉し，ワクチンの効果を減弱することを知っておく必要がある．

表26-9 猫のワクチン

ワクチン名（製品名）	成　分	種　類
単味ワクチン		
パナゲンP	FP	不
フェバキシンFeLV	FeLV	不
リュウコゲン	FeLV	組換え型
混合ワクチン		
京都微研ネコ3種不活化ワクチン	FP, FR, FC	不, 不, 不
猫用ピルパゲンCRP	FP, FR, FC	生, 生, 生
パナゲンFVR C-P	FP, FR, FC	不, 生, 生
フェロバックス3	FP, FR, FC	不, 不, 不
フェロセル CVR	FP, FR, FC	生, 生, 生
フェリドバックPCR	FP, FR, FC	不, 不, 不

FP：猫汎白血球減少症ウイルス，FR：猫ウイルス性鼻気管炎ウイルス，FC：猫カリシウイルス，FeLV：猫白血病ウイルス

ポイント

1. 細胞性免疫はT細胞によって仲介され，ウイルスに感染した細胞を攻撃してそれ以上の感染を防ぐ．体液性免疫はB細胞が産生する免疫グロブリンによって，体液中のウイルスや細菌を中和する免疫システムである．
2. ワクチン接種時期の選択は重要で，母子免疫の消長を理解することが重要である．
3. ワクチン接種は確実に感染の機会を低下させるが，完全なものではない．ただし，仮に感染したとしても確実に症状を軽減できる．
4. ワクチン接種による重篤な副作用はきわめてまれにしか起こらないが，局所的な炎症などはしばしば経験する．
5. 接種直後はアナフィラキシー反応が出ないかどうかを見極めて帰宅させる．急性のアナフィラキシーは数分～30分で発現する．念のため接種後2～3日は激しい運動を控えさせるように指示する．
6. 追加接種の場合は，以前にアナフィラキシー反応があったかどうかをカルテあるいは問診により確認する．
7. 予防接種においてもインフォームドコンセントは重要である．ワクチン接種の意味，副作用について説明し，次回接種の時期を通知する（徹底のため郵便により通知するのもよい）．

27．動物医療における医薬品と法規制

　獣医師には法的に人の医師にない多くの裁量権が付託されていることは意外と知られていない．反面，このことは獣医療の環境が十分に整備されていないことを示し，限られた選択肢の中からその時々に応じた最も高度な医療サービスを提供できるようにとの配慮ともいえる．一方，この幅広く認められた権利と表裏一体の関係として重い責任を負っていることも認識すべきである．薬の使用に関して認められている幾つかの裁量権も，獣医師に与えられた権利の1つである．ここでは，動物医療の現場で獣医師が知っておく必要がある薬物に関する法規制について述べる．関連する法規は，薬事法，飼料安全法，獣医師法，麻薬および向精神薬取締法，その他毒物劇物に関する政令などである．

■1　人体用医薬品と動物用医薬品，一般薬と要指示薬

　医薬品には，人に用いられる「人体用医薬品」と動物に用いられる「動物用医薬品」があり，どちらも薬事法の規制を受けている．獣医診療の場合，動物用医薬品を用いることが推奨されているが，十分な種類が満たされておらず，人体用医薬品も使用される．小動物診療で用いられている人体用医薬品のしめる割合は80％あるいはそれ以上ともいわれている．日本で認可されている動物用医薬品は，欧米と比べ数も少なくまた値段も高い．その理由として，①日本では動物用医薬品の治験に1～2億円もの費用がかかる，②したがって価格が高くなる，③価格が高いので獣医師が積極的に使用しない，④獣医師が利用しないのでメーカーの開発意欲がわかない，という悪循環によっている．治験の簡素化や海外とのデータの相互利用を認めることも徐々に進んでいるが，獣医師サイドの協力で動物用医薬品が増えるよう努力すべきである．「要指示薬」とは，医薬品の中で，使用の際に医師，歯科医師，獣医師などの専門的な知識を有する者の監督下のもとで使われることが義務づけられた薬で，薬事法によって指定され，一般の人は上記の医師の処方箋や指示書がなくては購入できない（後述）．これらは薬局などで自由に買える「一般薬」と区別される．

■2　医薬品の適正使用

　動物用医薬品には添付文書が必ず同梱されている．添付文書は法律に定められた基準に従って，①対象動物，②効能または効果，③用法および用量，④使用上の注意などが書かれている．獣医師は，これらの指示に従って適正に使用することが原則である．添付文書からはずれて使用することは「承認外使用」となり，獣医師には裁量権として認められている行為であるが，医療事故が生じた場合は使用した獣医師の過失を問われる可能性がある．逆に添付文書通りの方法で適正に使用したにもかかわらず，添付文書に記載のない副作用が出た場合，通常は獣医師の責任は問われない．

　人体用医薬品や海外から輸入された薬（後述）を使用して事故が生じた場合は，その使用法に対して合理的な説明が求められることになるが，製造上の欠陥以外は獣医師の責任を問われる可能性が強い．

■3　調　　剤

　調剤とは，医薬品の有効成分から製剤が作製される過程をいうが，元来調剤は薬剤師の専管業務である．しかし，獣医師には自らの処方箋で調剤することが認められている．調剤された薬剤は薬事法の規制を受けない．調剤も獣医師に認められた裁量権の1つであるが，それだけに事故があれば責任は全て獣医師が持つことになる．調剤は以下の注意事項を守って行うべきである．

1) 調剤は必要最低限とする．
2) 調剤薬の被包などには必要な指示事項を記載する．
3) 調剤で生じた医療事故は，通常は民法の適用範囲であるが，場合によっては製造物責任法（PL法）の適用事項ともなる．
4) 他の獣医師への譲渡，販売はしてはならない．

■4　適応外使用

　小動物を対象とした獣医療の現場でやむを得ず人体用医薬品あるいは大動物用医薬品を使用する場合，これを「適応外使用」という．適応外使用は獣医師に認められた行為であるが，この場合，確かな知識と情報に基づいた慎重な使用でなくてはならない．単に個人の経験に基づいた使用で事故が生じた場合は，獣医師の責任となることがあるので注意を要する．

■5　処方箋，指示書の交付

　獣医師は処方箋を交付することができるが，動物用医薬品を調剤する薬局はほとんど存在しない．したがって，現状では獣医師自身による調剤が実際的である．一方，要指示薬は前述のようにその販売や使用が法的に規制されているが，獣医師は飼い主が直接買って使用できるように指示書を発行できる．しかし，要指示薬に指定されている薬物にはそれなりの理由があるからであり，慎重で最小限の行為とすべきである．当然，処方箋や指示書の発行には事前の診療が前提となる．

■6　個 人 輸 入

　診療で必要な薬剤で，しかもそれが国内で調達できない場合，医療サービスをより充実させるための行為として，獣医師が海外へ出た際の携帯品として輸入することが認められている．ただしワクチンなどの生物製剤は許可されず，総額で10万円を超えてはならない．限度を超えた輸入や診療に無関係な譲渡は違法行為となる．この制度は個人使用に限った特例的な制度であることを自覚し，濫用は厳に慎まなくてはならない．今後，運用の変更があり得る事項である．

■7　副作用などの報告の義務

　医薬品は十分な調査研究によって市場に出たものであるが，開発時には予想できなかった副作用などが生じることがある．医薬品の事故防止の観点，あるいは市場に出た薬剤の成熟のためにも，副作用などが起こった場合，農林水産省へ報告する義務が課されている．

■8　毒劇薬の取り扱い

　医薬品の中で毒性の強いものは毒薬として，毒薬ほど強くはないが取り扱いに注意の必要なものは劇薬として指定されている．検査や消毒などで使用する，医薬用外毒物劇物とともに輸送や販売，保管法が規制されている．医薬品として用いられる毒薬劇薬は薬事法の対象となり，鍵のかかる保管庫で保管し，十分な管理のもとに使用しなくてはならない．以下には医薬用外毒物劇物の取り扱いの注意点を述べる．

1) 保管庫はスチール製などの堅固なものとし，必ず施錠できること
2) 保管は毒物劇物専用として，他の薬品類とは別にする
3) 管理簿により在庫量を常に把握する
4) 保管庫に，「医薬用外毒物」，「医薬用外劇物」の表示をする
5) 毒物劇物は必ず販売業の登録を有する者から購入する

■9　麻薬の取り扱い

　麻薬は，強力な鎮痛薬として有用性が高く，適切な使い方をすれば安全性も高い．しかしその濫用を防ぐために，取り扱いは厳しく規制されており，使用にあたっては免許が必要となる．以下その概略について述べるが，詳細については，各都道府県の麻薬担当係に問い合わせてほしい．

　1) 免　　許：　飼育動物診療施設で麻薬を使おうとする獣医師は，診療に従事している診療施設を業務所とする「麻薬施用者」の免許を受けなくてはならない．この免許は隔年ごとに更新される．麻薬施用者の免許は個人に与えられるものであるから，同一診療施設内に麻薬施用者の免許を受けている獣医師が他にいても，実際に麻薬を使う獣医師が免許を受けていなければ，その獣医師は麻薬を取り扱うことはできない．また麻薬施用者が2名以上いる診療施設では，その診療施設の麻薬を管理するものを定めて，麻薬管理者として別途免許を取得することが必要となる．

　2) 保　　管：　当該麻薬診療施設で管理する麻薬は，麻薬以外の医薬品と区別して，診療施設内に設けた鍵をかけた堅固な設備内に保管しなければならない．

　3) 記録，届ほか：　麻薬の譲り受けには，譲受証と譲渡証が必要で，譲渡証は2年間保管する．麻薬施用者が麻薬を使用したときは，患者の氏名，麻薬施用者免許番号，使用年月日，麻薬管理者から交付を受けた麻薬注射液の品名，数量，使用量，残量および返納者を記した「麻薬施用票」を作成し，さらに診療録に患者（飼い主）の住所，氏名，病名および主要症状，麻薬の品名および数量ならびに使用した年月日を記載しなくてはならない．診療録は5年間保存しなくてはならない．麻薬管理者（または使用者）は，麻薬診療施設に帳簿を備え，麻薬の受け払いにあたり，譲り受け，譲渡，あるいは使用した麻薬の品名，数量およびその年月日を記載する．麻薬管理者は，毎年，年間に当該麻薬診療施設の開設者が譲り受けた麻薬，および使用した麻薬の品名，数量等を届け出なければならない．

　4) 検　　査：　必要に応じて立入り検査が行われる．

■10　向精神薬の取り扱い

　近年，麻薬や覚醒剤以外にも睡眠薬，精神安定剤などの向精神薬の濫用が増加している．このため平成2年に法改正が行われ，これらの薬剤も［麻薬および向精神薬取締法］により取り扱いが規制されるようになった．以下注意点を列記する*．

---

* 麻薬と向精神薬に関する法令では「施用」という法律用語が使われ，また一部難解な文章がみられるが，筆者の独断で表現を変えて表記した．必要であれば原文に当たってほしい．

図 27-1　東京都の麻薬施用者免許申請書

1) 向精神薬に該当する薬剤は，精神安定剤，催眠鎮静剤，鎮痛剤等で濫用のおそれがあるものとして［麻薬および向精神薬取締法］で指定されたものであり，その容器および直接の被包に⑳の表示がある．向精神薬はその乱用の危険性および医療上の有用性の程度により第一種から第三種までに分類され，それぞれ規制内容が異なる（特に問題となる第一種，第二種の主な薬物を表27-1に示した）．
2) 飼育動物診療施設が向精神薬を取り扱う場合，新たな免許収得の必要はない．
3) 向精神薬は，飼育動物診療施設の開設者が譲り受けるのであって，獣医師個人の資格では譲り受けができない．
4) 保管場所が無人となる場合は，部屋の出入り口に施錠，または鍵のかかる保管庫に保管する．
5) 決められた数量以上の紛失などが生じたときは届け出なければならない．明らかに盗難と思われる場合は，数量に関わらず届け出る．

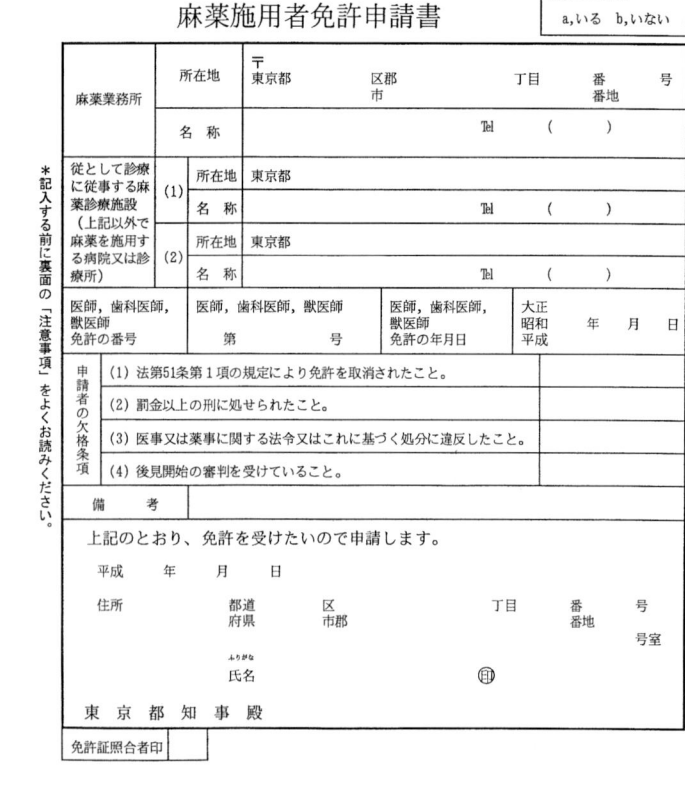

6) 第一種，第二種の向精神薬を，譲り受け，譲り渡し（患者への使用は除く），または廃棄したときは，品名（販売名），数量，年月日，譲り受けまたは譲り渡しの相手方の営業所などの名称・所在地を記録し，2年間保存しなければならない（伝票の保存でも可）．

7) 麻薬と同様，必要に応じて立入検査が行われる．

表27-1 市販されている第一種および第二種向精神薬に該当する主な医薬品

種別	一般名称	医薬品の販売名
第一種	セコバルビタール	注射用アイオナールナトリウム
	メチルフェニデート	リタリン散・錠
第二種	アモバルビタール	イソミタール，イソミタールソーダ
	ブプレノルフィン	レペタン注・座薬，ザルバン注，ハイマペン注
	フルニトラゼパム	サイレース錠・注，ロヒプノール錠・注，ビビットエース錠
	ペンタゾシン	ソセゴン注射液，ペンタジン注射液，ペルタゾン注射液，トスパリール注，ヘキサット注
	ペントバルビタール	ラボナ錠，ネンブタール注射液，ソムノペンチル（動物用医薬品）

28. 薬に関するインフォームド・コンセント

　獣医師にとって，クライアントと信頼関係を築くことの重要性はいうまでもない．獣医師が行うインフォームド・コンセント*として，①検査内容，②病状，③治療内容，④予後，⑤費用などがあるが，治療内容，とりわけ治療の中心となる薬についての十分な知識をクライアントに持ってもらうことは，治療効果をあげる上でも，あるいは医療事故を防止する上でもきわめて重要である．ここでは，クライアントに薬の説明をする際の，一般的知識（薬理学総論）に関するポイントとなる事項について説明する．

■1　薬の作用様式による分類
－ 薬はその作用様式から2種類に分類されることを理解してもらう －

　薬理作用は，①興奮作用，②抑制作用，③刺激作用，④補充代償作用，⑤抗感染作用などに分けられる．①〜④は，動物の体，細胞に直接作用する薬に当てはまる．これらの薬は，その多くがただ単に症状を軽減することを主な目的としている．つまり，一時的に症状を改善して悪循環を絶ち，その後の自然の治癒力を待つことを原則にしている．①〜④に属する薬は，いわば「対症療法」ともいえる薬の使い方である．

　もう1つは，感染症に用いられる薬であり，原因となる細菌，ウイルス，寄生虫などの病原体を「殺す」ことを目的とする薬である．抗生物質，抗ウイルス剤や駆虫薬などがこれにあたる．抗がん剤は，動物のがん化した動物細胞を殺す薬であるが，正常な細胞に効いて欲しくない薬なので，後者の分類といってもよい．対症療法に対して，病原体を直接殺そうとする治療は「原因療法」といわれる．原因療法に用いられる薬は，動物自身の細胞には無作用あるいは毒性が低いこと，すなわち，病原体に対する高い「選択性」が求められる．

■2　薬の投与法と作用の特徴
－ 剤型による薬の作用の違いを理解してもらう －

　薬には，注射剤，液剤，粉末や錠剤，軟膏やクリーム，吸入薬など様々な形がありこれは「剤型」といわれる．同じ薬でも，投与方法を選択できるようにするために異なる剤型で作られていることもある．一部の外用薬を除き多くの薬は吸収されて血液中に入り全身に分布することを期待して投与される．同じ薬でも，例えば経口薬と注射薬，あるいは外用薬を比較すると以下のような特徴があり，獣医師がこれらを使い分けていることをクライ

---

* 「説明と同意」あるいは「納得診療」と訳される．以下，柳田邦男（「犠牲」文芸春秋社）の説明を引用する．──── 丁寧に伝えるなら，「医師は診断データや治療の方針について十分な情報の提供と説明をし，これに対して患者が理解・納得し同意あるいは選択した上で治療を受ける診療原則のこと」．もともとこの考え方は，アメリカなどで患者の知らないうちに実験的な治療法が施されたり，開発中の新薬が投与されたりという人権侵害がかつてまかり通っていたことから，患者の人権を擁護する目的で提唱されたものだった．それが1980年代に日本でも重要なキーワードとして導入され，そのガイドラインが必要だという論議が盛んになった．日本では患者の人権擁護というよりは，よりよい医者・患者関係とか，患者の積極的治療参加という観点から論じられる傾向がはじめから強かった．

アントに理解してもらうことも必要である.

1) 経口投与：　経口薬は錠剤, 液剤, 散剤などの剤型で使われ, 口から強制的にあるいは餌に混ぜて投与する. 経口投与された薬は主として小腸で吸収されるが, 吸収された薬は肝臓をいったん経由し分解されるので, 効率という観点に立つと経口薬ははなはだ不利である. 一部の薬剤は腸肝循環に入り再び作用を表すこともある.

経口投与は投与が容易で, 比較的長時間作用すること, 投与直後に急激に血液中の濃度が上がらず急性の副作用がみられないなどの利点がある(図28-1). 注射をきらうクライアントも多いが, 全ての薬が経口薬として利用できるわけではないこと, あるいはケースによっては注射による投与が必要であることなどを告げる必要がある.

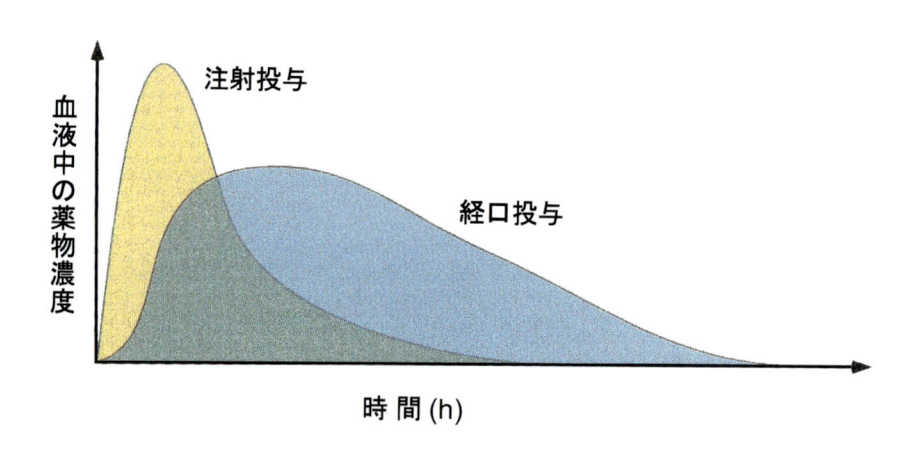

図28-1　経口投与と注射投与の違い

2) 注射投与：　注射剤による投与は分解を受けずに速やかに吸収されるので, 効果が確実で緊急の治療に適した投与法である. 同じ注射でも, 静脈内注射, 筋肉内注射, 皮下注射などがあり, これらについてさらに説明を要する場合もある. 作用が急速に発現するので注射直後の経過を観察しなくてはならないことの理解も大切である. 糖尿病のインスリン注射の様に, 慢性疾患で長期にわたり投与しなくてはならず, しかも経口剤を選択できない場合は家庭で行うこともあり得る.

3) その他：　外用薬には皮膚に塗る軟膏やクリーム剤, 点眼薬, 点鼻薬, 点耳薬, さらに直腸に挿入する坐薬などがある. ただし, 人と違って動物では, 皮膚に使う軟膏を直ぐに舐めたりふき取ってしまうので適切な投与法でない場合が多い. 舐めた薬の量が多いと, 全身吸収され副作用となることもある.

■3　有効濃度域と毒性域の理解
　　― 投薬間隔の重要性を理解してもらう ―

まず, 薬が吸収されても, ある一定以上の血中濃度に到達しないと作用を現すことはできないことを理解してもらう. この濃度の範囲を「無作用域」というが, 作用が出始める濃度との境目を「域値」という. 域値を超えて期待する効果を発現する濃度が「有効濃度域」または「治療域」である. これを超える濃度になると期待しない有害作用, つまり副作用が生じる恐れがある. これは「毒性域」といわれる (図28-2).

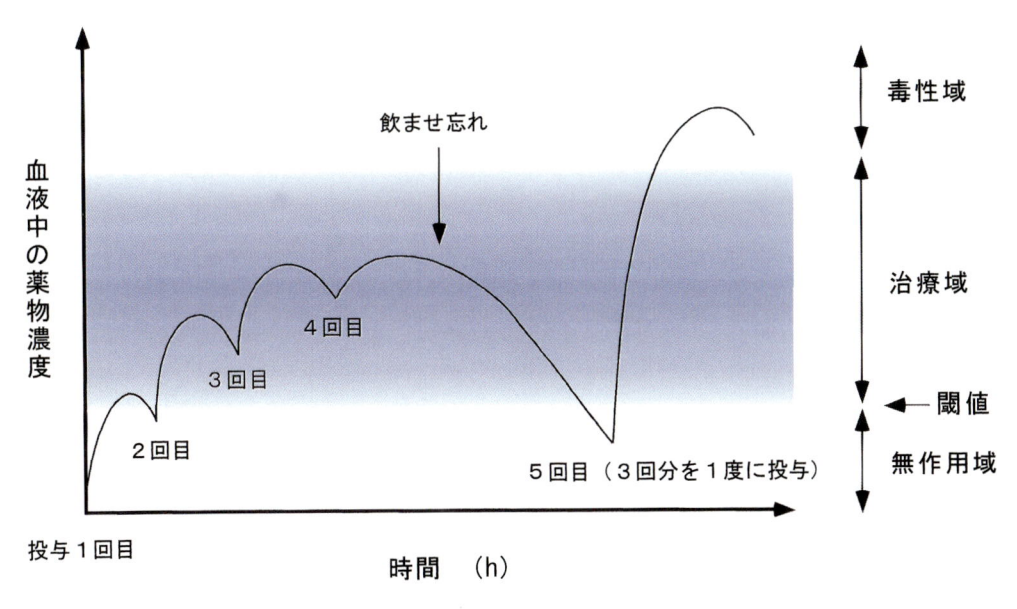

図 28-2　薬物投与後の血中濃度の推移

　薬による治療の際には，薬の血液中の濃度が常に治療域のなかに入っていることが望ましい．したがって，薬を処方された場合，決められた指示に従って服用することが非常に大切なことをこれらの説明で理解してもらう．飲み忘れ，飲ませ忘れは治療の中断を意味する．

■ 4　薬の副作用
　― 薬の主作用と副作用を理解してもらう ―

　治療していく上で期待されない作用は「有害作用」あるいは「副作用」といわれる．薬を使う際に最も気になるのは副作用であり，クライアントも獣医師以上に心配する事柄である．薬は動物の体にとってはその機能を無理矢理変えようとする「異物」であり，いかに安全な薬といわれるものであっても，使用法や使用量を誤れば副作用が出てくることを知ってもらう必要がある．

　ただ，いたずらに副作用を恐れるあまり薬を使うことを拒否してしまうことを戒める説明も必要である．薬を使って病気を治すことのプラス面と，副作用によってもたらされるマイナス面のバランスを正確な知識をもとに判断すればよいことを伝える（図 28-3）．

　副作用と一口にいってもその内容は様々で，例えば眠気が出るとか喉が乾くといった不快な症状で，薬の服用を止めれば消えてしまうものから，ある種の臓器，例えば薬物代謝にかかわる肝臓や腎臓，赤血球や白血球などをつくる造血器を障害してしまうといった重篤なものまで様々であることを説明する．後者の場合，一般に長期にわたって薬を投与した場合にみられる副作用なので，予見される具体的な副作用の症状を示し，場合によってはこれらの副作用の発現をクライアント側から指摘してもらう．

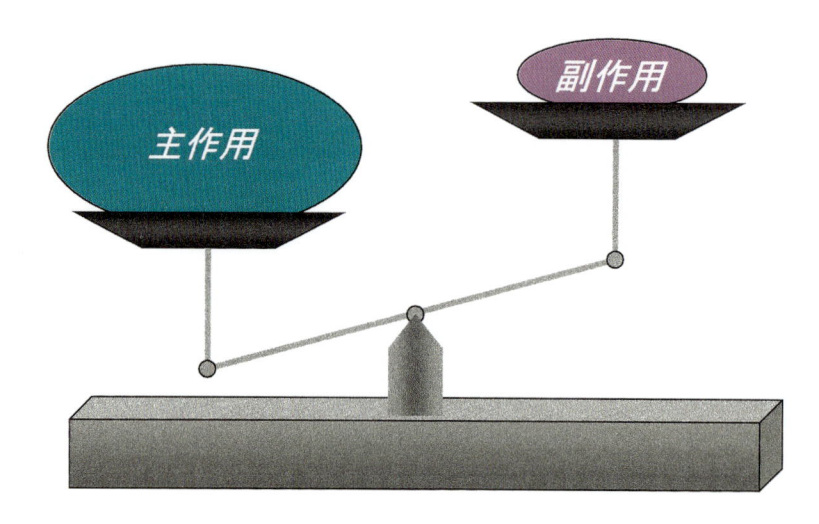

図 28-3 主作用と副作用のバランス

■ 5　副作用の説明の一例
　― 抗がん剤の副作用を例に ―

　最近，小動物のがんが増えている．がんの様な命にかかわる重大な病気の場合，副作用を承知で薬を使うこともあることをクライアントに理解させることが重要である．抗がん剤はがん細胞だけを選択的に殺すことを目的に作られているが，どうしても正常な細胞にも作用してしまう．しかし，他に選択すべき治療手段がなく，副作用を考慮しても回復の効果が大きいと判断した場合は，あえてこれを使う場合もあることを説明する．ある種のがんは薬物治療で根治できることも付け加える．

■ 6　薬物アレルギーと催奇形性
　― 薬物による偶発的な事故について理解してもらう ―

　薬の副作用として特に注意を必要とするものに，薬物アレルギーがある．例えば，ある種の抗生物質あるいはワクチンは大多数の動物に対しては安全に使用できるが，ごく一部の個体はこれらを排除すべき異物ととらえ，急激でしかも全身性の炎症反応が起きて，時に死に至ることがあり得る．このような症状を「ショック」というが，ショックの症状としては，皮膚の発疹，呼吸困難，血圧低下，腸炎などがあり，この様な症状が出たら，直ちに獣医師に報告し緊急の処置を行う必要があることを告げる．
　もう1つの重大な副作用として「催奇形性」と「胎子毒性」がある．器官形成期である妊娠後数日間の発生過程で遺伝子に影響を与える薬を投与すると，奇形が発生する恐れがある．さらに母体には無作用で胎子にだけ有害作用を示す薬もある．薬を開発する段階で催奇形性は十分に調べられているが，これらはネズミを使った実験であり，犬や猫など臨床の個々のケースで本当に大丈夫かというと十分なデータは事実上ないことが多い．妊娠の機会が予想されている場合，あるいは妊娠中の動物への薬の投与は慎重であるべきことを，獣医師自身が自覚するとともに，必要に応じてクライアントにも説明する．

■7　薬剤の効能の検索
ー　薬の効能をさらに知りたいというクライアントに　ー

　最近の傾向として，使用する薬物の名前や効能を確かめたいというクライアントが増えている．小動物の治療に際しては主に動物用医薬品が使われるが，人体用医薬品も使われることを説明することが必要となる．人体用医薬品の詳細を知りたければ，最近書店に多くみられる解説書を利用することをすすめる．この時，薬の名前には一般名と製品名があることを説明する．古くからある薬や，特許が切れ独占的に売ることができなくなった薬では同じ薬が複数のメーカーから発売されることがあり，メーカーごとに独自の製品名が付けられることがあることも説明する．

■8　一般用医薬品の説明
ー　薬局で売られている動物用薬について説明する　ー

　薬局では，要指示薬でない一般用医薬品が売られ自由に買うことができる．例えば，駆虫薬，下痢止め，皮膚疾患治療薬，ノミ取りの薬，目薬などである．副作用などの点であまり問題とならないことから薬局で一般向けに売られることが認められている薬である．

　人体薬も含め，上手に使えば医療費を節約することも可能となる．副作用の少ない分，効き目についても十分な期待はできないこと，家庭薬といえども使い方を誤ると副作用や事故につながることを説明する．使用時には注意書きをよく読んで使うこと，何か異常があればすぐに獣医師に連絡することもアドバイスする．

　一方，薬局で売られている人体用の薬を素人療法で動物に与えることは慎むように指導する．薬は動物の種類によって，吸収や代謝の速さ，作用の強さ，副作用の出方が異なっており，思わぬ事故につながる可能性を理解してもらう．

クライアントに指導すべき薬を飲ませるときの注意点

　動物に薬を投与したことのないクライアントは意外と多い．初めて来院したクライアントには薬の飲ませ方を知っているかを尋ね，以下のアドバイスをするとよい．

1. まずは素早く手際よくやること．経験がない場合，整腸剤（ビオフェルミンなど）のような無害な錠剤で練習するのもよい．
2. 服用する時刻を守ること．適切な薬の有効濃度を保つためにも，決められた服用のスケジュールを守ることを指導する．
3. それでも飲み忘れた場合，飲み忘れた分を一度に飲まないことを指導する．特に，ジギタリス製剤のような強心薬，糖尿病に使う血糖降下薬は要注意である．
4. 症状がよくなったからといって勝手にやめない．特に心不全治療薬，副腎皮質ステロイド薬には具体的な事例（リバウンドなど）を挙げて説明する．

付　表

小動物臨床に用いられる医薬品一覧

薬物名	商品名	製薬会社名	薬効	用量
亜酸化窒素	笑気　他	昭和電工	吸入麻酔薬	MAC＝188％（犬），255％（猫）
アセタゾラミド	ダイアモックス　他	日本ワイスレダリー	利尿薬（緑内障治療薬）	犬：5〜10mg/kg PO BID,TID
アセチルサルチル酸（アスピリン）	アスピリン	各社	抗凝固薬（抗血小板薬）	犬：5〜10mg/kg PO 24〜48時間おき 猫：25mg/kg PO 72時間おき
			非ステロイド性抗炎症薬	犬：10〜25mg/kg PO BID,TID 猫：10〜20mg/kg PO EOD
アセチルプロマジン	PromAce	FortDodge（USA）	トランキライザー	0.05〜0.2mg/kg IV, IM,SC 最大4mg
			制吐薬	0.025〜0.2mg/kg IV, IM, SC 最大4mg 1〜3mg/kg PO
アチパメゾール	アンチセダン	明治製菓	α₂受容体拮抗薬	犬：メデトミジンの4〜6倍量 猫：メデトミジンの2〜4倍量
アテノロール	テノーミン　他	住友製薬	血管拡張薬（交感神経遮断薬 β遮断薬）	犬：0.2〜1.0mg/kg PO SID,BID 猫：6.25〜12.5mg/head PO SID
			抗不整脈薬（クラスⅡ）	同上
アミカシン	アミカマイシン　他	明治製菓	抗菌薬	10mg/kg IV,IM,SC TID
アミノフィリン	ネオフィリン	各社	強心薬（キサンチン誘導体）	犬：10mg/kg IM,PO TID 猫：4.0mg/kg IM,PO BID
			気管拡張薬	犬：6〜11mg/kg IM,SC,PO TID 猫：4〜6 mg/kg IM,PO BID
アムホテリシンB	ファンギゾン	ブリストル製薬	抗真菌薬	0.5〜0.8mg/kg SC 週に2〜3回（生理食塩水と5％ブドウ糖液の混合液で希釈）
アムリノン	アムコラル カルトニック	明治製菓 山之内製薬	強心薬（PDE Ⅲ阻害薬）	1〜3mg/kg bolus ＋30〜100 μg/kg/min IV
アムロジピン	ノルバスク アムロジン	ファイザー製薬 住友製薬	血管拡張薬（カルシウムチャネル阻害薬）	犬：0.1mg/kg PO SID 猫：0.625mg/head PO SID
アモキシシリン	サワシリン　他	昭和薬品化工	抗菌薬	10〜20mg/kg IM,SC,PO BID,TID
アンピシリン	ビクシリン　他	明治製菓	抗菌薬	犬：10〜40mg/kg IV,IM,SC TID 　　20〜40mg/kg PO TID 猫：20〜60mg/kg PO BID,TID
安息香酸エストラジオール	オバホルモン　他	帝国臓器製薬	堕胎薬（着床前）	総量5〜10 μg/kg SC　48時間おきに2分割あるいは3分割（副作用に十分注意）
イソフルラン	イソフル　他	大日本製薬	吸入麻酔薬	犬：MAC＝1.28％ 猫：1.63％
イソプロテレノール（塩酸）	プロタノール	日研化学	強心薬（カテコラミン薬）	0.8mgを500mlの5％ブドウ糖液に溶解．効果が得られるまでゆっくり投与

薬物名	商品名	製薬会社名	薬効	用量
イトラコナゾール	イトリゾール	協和発酵工業	抗真菌薬	5～12mg/kg PO SID,BID
イベルメクチン	カルドメック	大日本製薬	駆虫薬	犬糸状虫（予防）-6～12μg/kg PO 毎月1回
イミダクロピリド	アドバンテージスポット	バイエル	殺虫薬	犬・猫：ノミ 10～25mg/kg 背部に滴下
インスリン	各種	各社	糖尿病治療薬	第18章参照
ST合剤（スルファジアジン+トリメトプリム）	トリブリッセン	共立製薬	抗菌薬	犬・猫：1ml/8kg SC SID
エナラプリル	エナカルド　他	メリアル・ジャパン	血管拡張薬（アンギオテンシン変換酵素阻害薬）	犬・猫：0.25～0.5mg/kg PO SID,BID
エピネフリン	ボスミン	第一製薬	強心薬（カテコールアミン薬）	0.01～0.2mg/kg　IV,IT,IC
エフェドリン	エフェドリン	大日本製薬	気管拡張薬（βアドレナリン受容体刺激薬）	犬：5～15 mg/head PO BID,TID 猫：2～5 mg/head PO BID,TID
エリスロマイシン	エリスロマイシン	富山化学工業	抗菌薬	10～20mg/kg PO BID, TID
L-アスパラギナーゼ	ロイナーゼ	協和発酵工業	抗腫瘍薬	犬：400U/kg SC,IM,IP 1週間に1回 猫：400U/kg IP 1回のみ
エンロフロキサシン	バイトリル	バイエル	抗菌薬	2.5～5mg/kg IM,PO BID 5mg/kg IM,PO SID
塩化ナトリウム	-	-	催吐薬	犬：咽頭部に茶さじ1杯
塩酸プロカインアミド	アミサリン	第一製薬	抗不整脈薬（クラスI）	犬：6～10mg/kg ゆっくり IV 　　6～20mg/kg IM QID 　　10～20mg/kg PO QID 猫：3～8mg/kg IM,PO TID,QID
オキシテトラサイクリン	テラマイシン	ファイザー製薬	抗菌薬	7.5～10mg/kg IV BID 20mg/kg PO BID
オキシトシン	アトニン-O	帝国臓器製薬	分娩促進薬	犬：3～20U/head IM 効果がなければ 30分おきに投与（3回まで） 猫：5U/head IM
オメプラゾール	オメプラゾン　他	三菱ウェルファーマ	プロトンポンプ阻害薬	0.7mg/kg PO SID
オルビフロキサシン	ビクタスS	大日本製薬	抗菌薬	犬・猫：2.5～5mg/kg SC SID
オンダンセトロン	ゾフラン	グラクソ・スミスクライン	制吐薬	0.5～1.0mg/kg IV,PO 抗がん薬投与30分前
カナマイシン	カナマイシン　他	明治製菓	抗菌薬	10mg/kg IV,IM,SC BID,TID
カプトプリル	カプトリル	三共	血管拡張薬（アンギオテンシン変換酵素阻害薬）	犬：0.5～2mg/kg PO BID,TID 猫：2mg/kg PO BID,TID
カルプロフェン	リマダイル	ファイザー製薬	非ステロイド性抗炎症薬	犬：4.4mg/kg PO SID あるいは 　　2.2mg/kg PO BID 14日間まで
カルボプラチン	パラプラチン	ブリストル製薬	抗腫瘍薬	犬：300mg/m^2 IV 15分以上かけて、3～4週間に1回

薬物名	商品名	製薬会社名	薬効	用量
キシラジン	セラクタール	バイエル	鎮静薬	0.5〜1.0mg/kg IV, 1.0〜2.0mg/kg IM
			催吐薬	猫：0.4〜0.5mg/kg IV,IM
グリセオフルビン	グリソビンFP 他	三共	抗真菌薬	10〜30mg/kg PO BID 4〜6週間投与
クレマスチン	タベジール	日本チバガイギー	アレルギー病治療薬	犬：0.05〜0.1mg/kg PO BID 猫：0.15mg/kg PO BID
クロトリマゾール	エンペシド	バイエル薬品	抗真菌薬	液1%, クリーム1%
クロルフェニラミン	アレルギン 他	三共	アレルギー病治療薬	犬：0.4mg/kg PO TID 猫：0.44mg/kg PO BID
クロナゼパム	リボトリール	中外製薬	抗てんかん薬	0.5mg/kg PO BID
クロプロステノール	エストラメイト 他	ナガセ医薬品	堕胎薬（着床後）	1〜2μg/kg SC SID で5〜7日間投与
			堕胎薬（着床前）	1〜2.5μg/kg SC SID 4〜5日間投与
クロラムフェニコール	クロロマイセチン	三共	抗菌薬	犬：50mg/kg PO,IV,IM,SC TID 猫：50mg/head PO,IV,IM,SC BID
ケイ酸アルミニウム	アルミワイス	メルク・ホエイ	止瀉薬	犬・猫：0.3〜1g/head PO BID
ケタミン	動物用ケタラール	三共エール薬品	注射用全身麻酔薬	第2章参照
ケトプロフェン	ケトフェン	メリアル・ジャパン	非ステロイド性抗炎症薬	2mg/kg SC 1mg/kg PO SID（5日間まで）
ゲンタマイシン	ゲンタミン	日本全薬工業	抗菌薬	犬：2〜4mg/kg IV,IM,SC TID,QID 猫：3mg/kg IM,SC TID
コデイン	リン酸コデイン 他	三共	鎮咳薬（麻薬性）	犬：0.1〜0.3mg/kg PO QID
コハク酸メチルプレドニゾロンナトリウム	ソル・メドロール	ファルマシア	副腎皮質ステロイド薬	第16章参照
サイチオアート	サイフリー	甲陽化学工業	殺虫薬	犬：3mg/kg ノミ・ダニ− PO 3〜4日間隔で2回 1週間 かいせん虫− PO 3〜4日間隔で2回 4週間 毛包虫− PO 3〜4日間隔で2回 8週間
酢酸オサテロン	ウロエース錠	帝国臓器製薬	前立腺肥大治療薬	0.25〜0.5mg/kg PO SID 7日間まで
酢酸クロルマジノンインプラント	ジースインプラント	帝国臓器製薬	避妊薬	クロルマジノン含有ペレットを皮下に埋没
			前立腺肥大治療薬	10mg/kg SC
酢酸クロルマジノン	プロスタール	帝国臓器製薬	前立腺肥大治療薬	2mg/kg PO SID
酢酸コルチゾン	コートン	万有製薬	副腎皮質ステロイド薬	第16章参照
酢酸メチルプレドニゾロン	デポ・メドロール	ファルマシア	副腎皮質ステロイド薬	第16章参照
酢酸メドロキシプロゲステロン	プロベラ 他	住友製薬	前立腺肥大治療薬	3mg/kg SC 1回投与（最小量50mg）

薬物名	商品名	製薬会社名	薬効	用量
酸化セルロース	サージカル・アブソーバブル・ヘモスタット	ジョンソン・エンド・ジョンソン	可吸収性創腔充填止血剤	局所投与
ジアゼパム	ホリゾン	山之内製薬	トランキライザー	0.1〜0.5mg/kg IV
			抗てんかん薬	0.5〜1.0mg/kg PO BID,TID
ジギトキシン	ジギトキシン 他	塩野義製薬	強心薬（ジギタリス製剤）	0.02〜0.03mg/kg PO TID
シクロホスファミド	エンドキサン	塩野義製薬	抗腫瘍薬（アルキル化剤）	50mg/m^2 PO 1日1回 1日おき 週4日, 150〜300mg/m^2 IV, PO 3週間に1回
ジゴキシン	ジゴシン 他	中外製薬	強心薬（ジギタリス製剤）	犬：0.22mg/m^2 あるいは 0.005〜0.01mg/kg PO BID 猫：2〜3kg − 0.0312mg PO EOD, 4〜5kg − 0.0312mg PO EOD,SID, >6kg − 0.0312mg PO BID
シサプリド	日本では発売中止	−	胃腸機能調整薬	犬：0.1〜0.5mg/kg PO BID,TID 猫：2.5〜5mg/head PO BID,TID
次硝酸ビスマス	各種	各社	止瀉薬	犬・猫：0.3〜3g/kg PO（分割投与）
シスプラチン	ランダ 他	日本化薬	抗腫瘍薬	犬：50〜70mg/m^2 3〜4週間に1回（投与法は第20章参照） 猫は禁忌
ジソフェノール	アンサイロール	ナガセ医薬品	駆虫薬	犬鉤虫：6.5〜7mg/kg SC
シタラビン	キロサイド 他	日本新薬	抗腫瘍薬（代謝拮抗剤）	100mg/m^2 IV,SC SID 2〜4日間
ジノプロスト	パナセランF 他	第一ファインケミカル	子宮内膜炎・子宮蓄膿症の治療薬	0.25mg/kg SC SID で抗生物質とともに5〜7日間投与
			堕胎薬（着床前）	10〜250μg/kg IM,SC BID,FID 3〜11日間投与
ジフェンヒドラミン	レスタミン 他	興和	アレルギー病治療薬	犬：2.2mg/kg PO TID
			制吐薬	4〜8mg/kg PO TID
ジプロフィリン	ネオフィリンM 他	エーザイ	気管拡張薬（キサンチン誘導体）	犬：5〜10 mg/kg IV(slow), IM, SC, PO TID 猫：2〜5 mg/kg PO,SC,IM BID
シメチジン	タガメット 他	住友製薬	消化性潰瘍用薬（H$_2$受容体拮抗薬）	5〜10mg/kg PO TID
臭化カリウム	各種	各社	抗てんかん薬	20〜40mg/kg PO SID あるいは分割
臭化プロパンテリン	プロ・バンサイン	ファルマシア	止瀉薬	犬：0.25〜0.5mg/kg PO BID,TID
硝酸イソソルビド	ニトロール	エーザイ	血管拡張薬（ニトロ化合物）	犬：0.5〜2.0mg/kg PO BID,TID
ジルチアゼム	ヘルベッサー	田辺製薬	抗不整脈薬（クラスIV）	0.25mg/kg PO から始め； 犬：0.5〜1.5mg/kg PO TID 猫：0.5〜2.5mg/kg PO TID
			血管拡張薬（カルシウムチャネル阻害薬）	同上

付表：小動物臨床に用いられる医薬品一覧

薬物名	商品名	製薬会社名	薬効	用量
スクラルファート	アルサルミン	中外製薬	粘膜保護薬	犬：0.5～1.0g/head PO TID 猫：0.25g/head PO BID, TID
スピロノラクトン	アルダクトンA 他	ファルマシア	利尿薬	2mg/kg PO SID
スルファサラジン	サラゾピリン	ファルマシア	慢性大腸炎治療薬	10～30mg/kg PO BID, TID
スルファジメトキシン	アプシード 他	第一製薬	抗菌薬	犬：20～100mg/kg IM, IV SID
セファゾリン	セファメジン 他	藤沢薬品工業	抗菌薬	20～25mg/kg IV, IM TID, QID
セファレキシン	ケフレックス 他	塩野義製薬	抗菌薬	10～30mg/kg PO BID, TID
セファロリジン	ケフロジン	塩野義製薬	抗菌薬	10～30mg/kg IV, IM
セフィキシム	セフスパン	藤沢薬品工業	抗菌薬	10mg/kg PO BID
セフォタキシム	セフォタックス 他	中外製薬	抗菌薬	20～80mg/kg IV, IM QID
セフォテタン	ヤマテタン	山之内製薬	抗菌薬	30mg/kg IV, SC TID
セフメタゾール	セフメタゾン 他	三共	抗菌薬	15mg/kg IV, IM, SC TID
セボフルラン	セボフレン	丸石製薬	吸入麻酔薬	MAC＝2.4％（犬），2.58％（猫）
ゼラチン	スポンゼル	山之内製薬	可吸収性創腔充填止血剤	局所投与
ダカルバジン	ダカルバジン	協和発酵工業	抗腫瘍薬（アルキル化剤）	犬：200mg/m² IV　3週おきに5日連続
タモキシフェン	ノルバデックス	アストラゼネカ	抗腫瘍薬（抗ホルモン薬）	10mg/m² PO BID
タンニン酸アルブミン	各種	各社	止瀉薬	0.3～1g/kg PO BID
チアミラール	イソゾール 他	三菱ウェルファーマ	注射用全身麻酔薬	17.6mg/kg IV(麻酔前投薬がない場合の標準用量)
チアベンダゾール	ミンテゾール	万有製薬	抗真菌薬	15～35mg/kg PO BID　20～45日投与
チオペンタール	ラボナール	田辺製薬	注射用全身麻酔薬	13.2～26.4mg/kg IV(麻酔前投薬がない場合の標準用量)
チロキサポール	アレベール	アズウェル	去痰薬	1回1～5mlを溶解液に混合して噴霧吸入
D-マンニトール	マンニットール 他	日研化学	利尿薬	0.5～1.0g/kg 30～45分かけて IV
テオフィリン	テオロング（徐放薬）	エーザイ	気管拡張薬	犬：25mg/kg PO BID 猫：25mg/kg PO SID
デキサメタゾン	各種	各社	副腎皮質ステロイド薬	第16章参照
デキストロメトルファン	メジコン	塩野義製薬	鎮咳薬（非麻薬性）	犬・猫：1～2mg/kg PO TID
テトラサイクリン	アクロマイシン	日本ワイスレダリー	抗菌薬	4.4～11mg/kg IV, IM BID, TID 15～20mg/kg PO TID
テルブタリン	ブリカニール	アストラゼネカ	気管拡張薬（βアドレナリン受容体刺激薬）	犬：0.03 mg/kg PO TID 　　0.01mg/kg SC q4h 猫：1.25 mg/head PO BID

薬物名	商品名	製薬会社名	薬効	用量
ドキサプラム	ドプラム	キッセイ薬品工業	呼吸中枢刺激薬	犬・猫：5〜10mg/kg IV 新生犬：1〜5mg/head 新生猫：1〜2mg/head
ドキソルビシン	アドリアシン	協和発酵工業	抗腫瘍薬 （抗腫瘍性抗生物質）	犬：30mg/m^2 IV10〜30分かけて，3〜4週間おき最高累積用量180mg/m^2 猫：20〜30mg/m^2 IV 3〜4週間に1回
ドパミン	イノバン	協和発酵工業	強心薬 （カテコールアミン薬）	犬：2〜20μg/kg/min IV 猫：2〜10μg/kg/min IV
ドブタミン	ドブトレックス	塩野義製薬	強心薬 （カテコールアミン薬）	犬：2.5〜20μg/kg/min IV 猫：1〜10μg/kg/min IV
トラネキサム酸	トランサミン 他	第一製薬	止血薬（抗線溶薬）	犬・猫：5〜30mg/kg IV,IM,SC PO
トリアムシノロン	レダコート	日本ワイスレダリー	副腎皮質ステロイド薬	第16章参照
ドロペリドール	ドロレプタン	三共	トランキライザー	2.2mg/kg IM，0.55〜1.1mg/kg IV
ニテンピラム	プログラムA錠 （ルフェヌロンとの合剤）	ノバルティスアニマルヘルス	殺虫薬	犬・猫：ノミー1〜11.4mg/kg PO
ニトログリセリン	軟膏：バソレーター 舌下錠：ニトロペン	三和科学研究所 日本化薬	血管拡張薬 （ニトロ化合物）	軟膏―犬：0.65〜2.5cm TID 耳介 舌下錠―犬：0.3mg/3〜5kg
ニトロスカネート	ロパトール	ノバルティスアニマルヘルス	駆虫薬	犬瓜実条虫，回虫，鉤虫―50mg/kg PO
濃グリセリン	グリセオール 他	大塚製薬工場	利尿薬	0.5/kg 15〜20分かけて IV BID,TID
ノルフロキサシン	バクシダール	杏林製薬	抗菌薬	22mg/kg PO BID
パモ酸ピランテル	ソルビー	アズウェル	駆虫薬	犬回虫―12.5〜14.0mg/kg PO 犬鉤虫―10.0〜12.5mg/kg PO
バルプロン酸ナトリウム	バレリン 他	大日本製薬	抗てんかん薬	20〜60mg/kg PO BID,TID
ハロタン	フローセン	武田薬品工業	吸入麻酔薬	MAC＝0.87%（犬），1.19%（猫）
パンクレアチン	パンクレアチン	各社	消化酵素	正常便となる量
バンコマイシン	塩酸バンコマイシン	日本イーライリリー	抗菌薬	5〜12mg/kg PO QID，20mg/kg IV BID
ビタミンK$_1$ （フィトナジン）	ケーワン	エーザイ	止血薬（凝固促進薬）	犬・猫：初回2.2 mg/kg SC，その後1.1 mg/kg SC,PO BID
ヒドララジン	アプレゾリン	日本チバガイギー	血管拡張薬	犬：0.5mg/kg BID から始め，臨床症状に応じて，3mg/kg PO BID まで 猫：0.5〜0.8mg/kg PO BID
ヒドロキシジン	アタラックス	ファイザー製薬	アレルギー病治療薬	犬：2.2mg/kg PO TID
ヒドロクロロチアジド	ダイクロトライド	万有製薬	利尿薬	2〜4mg/kg PO SID,BID
ヒドロコルチゾン	各種	各社	副腎皮質ステロイド薬	第16章参照
ピペラジン	各種	各社	駆虫薬	犬猫回虫―100〜190mg/kg PO
ヒマシ油	各種	各社	下剤	犬：5〜25ml PO
ピリプロキシフェン	サイクリスポット	住化ライフテク	殺虫薬	犬・猫：ノミ（予防）皮膚に塗布

薬物名	商品名	製薬会社名	薬効	用量
ピロキシカム	バキソ	富山化学工業	非ステロイド性抗炎症薬	犬：0.3mg/kg PO SID, 0.5mg/kg PO EOD
ビンクリスチン	オンコビン	塩野義製薬	抗腫瘍薬（ビンアルカロイド）	0.5～0.75mg/m² IV 1～2週間に1回
ビンブラスチン	エクザール	イーライリリー	抗腫瘍薬（ビンアルカロイド）	2mg/m² IV 1～2週間に1回
ファモチジン	ガスター	山之内製薬	H_2受容体拮抗薬	0.5～1.0mg/kg PO SID, BID
フィプロニル	フロントライン	メリアル・ジャパン	殺虫薬	犬・猫：ノミ，マダニ 7.5～15mg/kg を皮膚に塗布
フェノバルビタール	フェノバール	藤永製薬	抗てんかん薬	2～2.5mg/kg PO BIDから開始し，必要に応じて増量する．血中濃度が治療域（犬：25～40μg/ml，猫：10～30μg/ml）を超えないように注意
フェンタニル	フェンタネスト	三共	鎮痛薬（オピオイド）	犬・猫：0.001～0.002mg/kg IV 犬：0.001～0.006mg/kg/hr 猫：0.001～0.004mg/kg/hr
	デュロテップ（貼布剤）	ヤンセンファーマ		5kg未満：2.5mgパッチ半折 5～10kg：2.5mgパッチ 10～20kg：5mgパッチ 20～30kg：7.5mgパッチ 30kg以上：10mgパッチ
ブスルファン	マブリン	日本ワイスレダリー	抗腫瘍薬（アルキル化剤）	犬：3～4mg/m² PO 緩解まで毎日
ブチルスコポラミン	ブスコパン 他	日本ベーリンガーインゲルハイム	止瀉薬	犬：0.3～1.5mg/kg PO TID
ブトルファノール	スタドール	ブリストル製薬	鎮痛薬（オピオイド）	0.2～0.5mg/kg IM,IV,SC
ブピバカイン	マーカイン	アストラゼネカ	局所麻酔薬	犬：2mg/kg，中毒量3.5～4.5mg/kgを超えないよう注意
ブプレノルフィン	レペタン	大塚製薬	鎮痛薬（オピオイド）	0.01～0.02mg/kg IM,SC
プラジクアンテル	ドロンシット	バイエル	駆虫薬	犬猫条虫・壺型吸虫他―5.7 mg/kg SC
プラゾシン	ミニプレス	ファイザー製薬	血管拡張薬（交感神経遮断薬α遮断薬）	犬：15kg以下では1mg TID, 15kg以上では2mg TID
プラノプロフェン	ティアローズ	千寿製薬	非ステロイド性抗炎症薬	犬：点眼剤
プリミドン	マイソリン	大日本製薬	抗てんかん薬	犬：10～15mg/kg PO TID
フルオロウラシル	5-FU	協和発酵工業	抗腫瘍薬（代謝拮抗剤）	犬：150mg/m² IV 1週間に1回
フルコナゾール	ジフルカン	ファイザー製薬	抗真菌薬	犬：2.5～5.0 mg/kg PO SID（あるいは2分割してBID） 猫：2.5～10.0 mg/kg PO BID または 50mg/head PO BID
フルシトシン	アンコチル	中外製薬	抗真菌薬	25～50mg/kg PO QID
フルニキシンメグルミン	フィナジン	大日本製薬	非ステロイド性抗炎症薬	犬：1mg/kg SC,PO SID（3～5日間まで）

薬物名	商品名	製薬会社名	薬効	用量
フルベンダゾール	フルモキサール	セラケム	駆虫薬	犬回虫・鉤虫・鞭虫：5～10mg/kg PO
フルマゼニル	アネキセート	山之内製薬	ベンゾジアゼピン拮抗薬	0.022～0.11mg/kg IV
ブレオマイシン	ブレオ	日本化薬	抗腫瘍薬（抗腫瘍性抗生物質）	10U/m^2 IV,SC 1日1回3～4日間，その後1週間に1回 最高累積量 200U/m^2
プレドニゾロン	プレドニン	各社	副腎皮質ステロイド薬	第16章参照
			抗腫瘍薬	第20章参照
フロセミド	ラシックス 他	アベンティスファーマ	利尿薬	利尿－2～4mg/kg（急性腎不全時最大8mg/kg）IV,IM BID,TID 浮腫・腹水－1～2mg/kg PO,SC SID,BID
プロプラノロール	インデラル	住友製薬	血管拡張薬（交感神経遮断薬 β遮断薬）	犬・猫：0.2～1.0mg/kg PO TID，0.02～0.06mg/kg IV ゆっくり投与
			抗不整脈薬（クラスII）	犬：0.02mg/kg ゆっくりIV 効果が得られるまで繰り返す（最大0.1mg/kg），0.2～1.0mg/kg PO TID
プロポクスル	ボルホノミとりシャンプー	バイエル	殺虫薬	犬・猫：ノミーシャンプー剤
プロポフォール	ラピノベット	武田シェリング・プラウアニマルヘルス	注射用全身麻酔薬	犬：5.5～7.0mg/kg 猫：8.0～13.2mg/kg を目安に60～90秒かけてゆっくり投与（前投与薬がない場合）
ブロモクリプチン	パーロデル	日本チバガイギー	堕胎薬（着床後）	50～100μg/kg PO BID
プロリゲストン	コビナン	インターベット	避妊薬	20mg/kg SC，2回目は3ヵ月後，3回目はその4ヵ月後，4回目はその5ヵ月後
ベタメタゾン	リンデロン	塩野義製薬	副腎皮質ステロイド薬	第16章参照
ベナゼプリル	フォルテコール	ノバルティスアニマルヘルス	血管拡張薬（アンギオテンシン変換酵素阻害薬）	犬：0.25～1.0 mg/kg PO SID
ヘパリンナトリウム	ノボ・ヘパリン	レオファーマシューティカルプロダクツ	抗凝固薬	DIC治療時：最少用量－5～10IU/kg SC TID 低用量－100～200IU/kg SC TID 中用量－300～500IU/kg SC,IV TID 高用量－750～1000 IU/kg SC,IV TID
ベラパミル	ワソラン	エーザイ	血管拡張薬（カルシウムチャネル阻害薬）	犬：0.5～2.0mg/kg PO TID 猫：0.5～1.0mg/kg PO TID
			抗不整脈薬（クラスIV）	犬：0.05mg/kg 緩徐にIV（5分ごと総量0.15mg/kgまで），0.5～2.0mg/kg PO TID
ベルベリン	ベルベリン	扶桑薬品工業	止瀉薬	犬・猫：0.15～0.25g/head PO TID
ペルメトリン	ディフェンドッグスプレー	ビルバックジャパン	殺虫薬	犬：ノミ，ダニースプレー剤
ペントバルビタール	ネンブタール	大日本製薬	注射用全身麻酔薬	犬：10～30mg/kg IV（効果が得られるまで）

薬物名	商品名	製薬会社名	薬効	用量
ミコナゾール	フロリードD	持田製薬	抗真菌薬	クリーム1%
ミソプロストール	サイトテック	ファルマシア	消化性潰瘍用剤（プロスタグランジン製剤）	犬：2〜5μg/kg PO TID
ミダゾラム	ドルミカム	山之内製薬	トランキライザー	0.1〜0.3mg/kg IM,IV
ミトキサントロン	ノバントロン	武田薬品工業	抗腫瘍薬（抗腫瘍性抗生物質）	犬：5.0mg/m^2 IV 3週間に1度 猫：5.0〜6.5mg/m^2 IV 3〜4週間に1回
ミトタン	オペプリム	アベンティスファーマ	抗腫瘍薬	下垂体性副腎皮質亢進症−1日量50mg/kgを2分割してPO 5〜10日間，その後50〜70mg/kg POを1週間に1度 副腎腫瘍−50〜75mg/kgで10日間，その後75〜100mg/kg POを1週間に1度
ミルベマイシンオキシム	ミルベマイシンA	三共	駆虫薬	犬糸状虫（予防）−0.25〜0.5mg/kg PO 毎月1回
メソトレキセート	メソトレキセート	日本ワイスレダリー	抗腫瘍薬（代謝拮抗剤）	0.3〜0.8mg/kg IV 1週間に1回 2.5mg/m^2 PO SID
メチリジン	トリサーブ注射液	フジタ製薬	駆虫薬	犬鞭虫：36〜45mg/kg SC
メチルプレドニゾロン	メドロール ソル・メドロール 他	住友製薬 ファルマシア	副腎皮質ステロイド薬	第16章参照
メデトミジン	ドミトール	明治製菓	鎮静薬	犬：20〜80μg/kg IM 猫：80〜150μg/kg IM
メトクロプラミド	プリンペラン 他	藤沢薬品工業	胃腸機能調整薬	犬：0.2〜0.4mg/kg PO TID 猫：0.1〜0.2mg/kg PO TID
メトロニダゾール	フラジール	塩野義製薬	腸疾患の薬	25mg/kg PO BID
メトプロロール	セロケン 他	アストラゼネカ	血管拡張薬（交感神経遮断薬 β遮断薬）	犬：5〜60mg/head PO TID 猫：2〜15mg/head PO TID
メラルソミン	イミトサイド	共立製薬	駆虫薬：犬糸状虫	2.2mg/kg IM 3時間間隔で2回
メルファラン	アルケラン	グラクソ・スミスクライン	抗腫瘍薬（アルキル化剤）	2mg/m^2 PO 7〜8日間 毎日後 2〜4mg/m^2 PO EOD
モキシデクチン	モキシデック	共立製薬	駆虫薬：犬糸状虫（予防）	2〜4μg/kg PO 毎月1回
モルヒネ	塩酸モルヒネ	各社	オピオイド	犬：0.1〜1.0mg/kg IM,SC 猫：0.05〜0.1mg/kg IM,SC
薬用炭	各種	各社	止瀉薬	犬・猫：2〜8g/kg PO
ラクツロース	モニラック 他	中外製薬	下剤	1ml/4.5kg PO TID
ラニチジン	ザンタック	グラクソ・スミスクライン	消化性潰瘍用剤（H$_2$受容体拮抗薬）	2mg/kg PO BID,TID
ラミプリル	バソトップ	三鷹製薬	血管拡張薬（アンギオテンシン変換酵素阻害薬）	犬：0.125〜0.25mg/kg PO SID

薬物名	商品名	製薬会社名	薬効	用量
リドカイン	キシロカイン 他	藤沢薬品工業	局所麻酔薬	犬：4〜7mg/kg，中毒量11〜20mg/kgを超えないよう注意
			抗不整脈薬（クラスI）	犬：2mg/kg ゆっくりIV，効果が得られるまで繰り返す（最大8mg/kg）±25〜80μg/kg/min 持続IV 猫：0.25〜0.5mg/kg ゆっくりIV ±10〜20μg/kg/min 持続IV
硫酸キニジン	硫酸キニジン	日研化学 他	抗不整脈薬（クラスI）	犬：6〜20mg/kg IM QID 6〜16mg/kg PO QID 猫：4〜8mg/kg IM,PO TID
硫酸マグネシウム	各種	各社	下剤	犬：5〜25g PO 猫：2〜5g PO
リンコマイシン	リンコシン	住友製薬	抗菌薬	15〜25mg/kg IV,IM,PO BID
ルフェヌロン	プログラム錠	ノバルティスアニマルヘルス	殺虫薬	犬：ノミ（予防）− 10mg/kg PO 毎月
レバミゾール	ピカシン	共立製薬	駆虫薬	犬糸状虫（予防）− 2.5mg/kg PO 毎日または隔日 ミクロフィラリア（駆虫）− 10mg/kg PO SID 6〜10日間
ロペラミド	ロペミン	ヤンセンファーマ	止瀉薬	犬：0.08〜0.2mg/kg PO BID,TID 猫：0.08〜0.16mg/kg PO BID
ワルファリン	ワーファリン	エーザイ	経口抗凝固薬	犬：0.1〜0.2mg/kg PO SID 猫：0.05〜0.1mg/kg PO SID

参 考 図 書

1) 浦川紀元・大賀　晧・唐木英明・大橋秀法・中里幸和　編：新獣医薬理学．近代出版，2001．
2) 大石　勇：犬糸状虫症．文永堂出版，1990．
3) 小沼　操・小野寺節・山内一也　編：動物の免疫学．文永堂出版，1996．
4) 関　顕・北原光夫・上野文昭・越前宏俊　編：治療薬マニュアル．医学書院，2001．
5) 田中千賀子・加藤隆一　編：NEW薬理学．南江堂，2002．
6) 吐山豊秋　著：新編家畜薬理学．養賢堂，1994．
7) 豊田順一・熊田　衛・小澤瀞司・福田康一郎・本間研一　編：標準生理学．医学書院，2002．
8) 日本臨床薬理学会　編：臨床薬理学．医学書院，1996．
9) 橋本信也　編：イラスト治療薬ハンドブック．羊土社，1999．
10) 長谷川篤彦　監修：犬の診療最前線．インターズー，1997．
11) 長谷川篤彦　監修：サウンダース小動物臨床マニュアル．文永堂出版，1997．
12) 長谷川篤彦　監修：猫の診療最前線．インターズー，1999．
13) 藤永　徹　監訳：小動物のがん化学療法．学窓社，1995．
14) 柳沢淑夫ほか　監訳：循環器疾患薬物ハンドブック．メディカルサイエンスインターナショナル，1993．
15) 柳谷岩雄・大賀　晧・浦川紀元　編：改訂獣医薬理学．文永堂出版，1994．
16) Aiello, S.E. ed.：The Merck Veterinary Manual 8 th ed. Merial, 1998.
17) Bonagura, J.D. ed.：Kirk's Current Veterinary Therapy XIII. WB Saunders, 2000.
18) Ettinger, S.J. and Feldman, E.C. ed.：Textbook of Veterinary Internal Medicine 5 th ed. WB Saunders, 2000.
19) Hardman, J.G. and Limbird, L.E. eds.：Goodman & Gilman's The pharmacological basis of therapeutics. McGraw-Hill, 1996.
20) Harvey, R.A. and Champe, P.C. eds.：Pharmacology. Lippincott Williams & Wilkins, 1997.
21) Morgan, R.V. ed.：Handbook of Small Animal Practice 3 rd ed. WB Saunders, 1997.
22) Nelson, R.W. and Couto, C.G. eds：Small Animal Internal Medicine. Mosby, 1998.
23) Paddleford, R.R.：Manual of Small Animal Anesthesia 2 nd ed. WB Saunders, 1999.
24) Stoeling, R.K.：Pharmacology & Physiology in Anesthetic Practice 2 nd ed. JB Lippincott, 1991.

日本語索引

あ

アウェルバッハ神経叢 153
亜鉛 219
アカルボース 221
悪性高熱 11
悪性腫瘍 239
悪性リンパ腫 250, 252
アクチノマイシンD 244
アクチン 65, 81
アザチオプリン 178, 190
アザペロン 29
亜酸化窒素 6
アシドーシス 19, 20
亜硝酸薬 66
L-アスパラギナーゼ 246, 251, 252
アスピリン 74, 111, 118, 173, 177
アスピリンジレンマ 111
アセタゾラミド 123
アセチルコリン 82, 129, 138, 303
アセチルコリンエステラーゼ 307
アセチルコリンエステラーゼ阻害 293
アセチルサリチル酸 173
N-アセチル-L-システチン 130
アセチルプロマジン 28, 33
アセプロマジン 22, 118, 144
アゼラスチン 203
アゾール系抗真菌薬 284
アチパメゾール 29, 34
圧過負荷 83
圧受容器 82
アテノロール 69, 74, 102, 102, 104
アトピー 201
後負荷 75, 84
アドリアマイシン 244
アドレナリン 90
α_2アドレナリン受容体作動薬 29, 34
アドレナリン受容体遮断薬 102
βアドレナリン受容体遮断薬 102
アドレノメジュリン 63
アトロピン 22, 142, 308
アナフィラキシー 116, 199
アナフィラキシーショック 200, 266, 326
アネキシンI 186
阿片アルカロイド 48
アポトーシス 247
アポモルヒネ 146
アミド結合 55
アミトラズ 305, 306
アミトリプチリン 315
アミノカプロン酸 113
アミノグリコシド系抗生物質 126
アミノ配糖体薬 268
アミノフィリン 130, 201
アミノペンタマイド 161
γ-アミノ酪酸 17
アミロイドーシス 116
アムホテリシンB 284
アムリノン 91, 97
アムロジピン 68
アモキシシリン 146, 161
アラキドン酸 166
アラキドン酸カスケード 167
アルカローシス 19
アルキル化剤 241, 244
アルテプラーゼ 113
アルドステロン 63, 83, 121
α_{1A}受容体 229
α受容体遮断薬 68
アレルギー 131, 189, 195, 302
アレルギー性気管支炎 132
アレルギー皮膚テスト 33
アレルゲン 196, 199
アンギオテンシンII 63, 70, 83
アンギオテンシンII受容体拮抗薬 71
アンギオテンシン変換酵素阻害薬 70
安全域 21
アンチトロンビンIII 112
アンドロジェン 229
アンピシリン 161
アンプロリウム 298
安楽死 258

い

胃 134
イオン型 57
胃穿孔 146
イソソルビド 122
イソフルラン 9, 10
イソプレナリン 90
イソプロテレノール 90, 104, 130
痛み 43
1型糖尿病 212
一次止血 108
一次知覚神経 44
一次痛 47
一酸化窒素 64, 129, 155, 159
一般薬 142, 329
胃底腺 136
イトラコナゾール 284, 285
犬糸状虫 292
イブプロフェン 177
イブプロフェンピコノール 203
イプラトロピウム 130
イベルメクチン 294, 295, 305, 306
イホスファミド 244
イミダクロプリド 304, 306
イムノグロブリン 319
インスリン 208
インスリン受容体 210
インスリン製剤 218
インスリン療法 222
インターフェロン 172
インターロイキン 170, 197
インターロイキン-1 44
インターロイキン-6 44
インフォームド・コンセント 258, 335
インプラント剤 230, 233

う

ウイルス性鼻気管炎（猫） 323
うっ血性心不全 72, 124, 179
うつ病 313
ウフェナマート 203
ウロキナーゼ 109, 113, 117
ウワバイン 85

え

エイコサノイド 166, 186
エキノコックス 292

壊死　247
エステル結合　55
エストラジオール　230
エストラジオールベンゾエート　231
エストラムスチンナトリウム　246
エストリオール　230
エストロジェン　226，229，230
エタクリン酸　121
エーテル　7
エトドラク　176
エナラプリル　70，73
エノシタビン　244
エピネフリン　90，97，103，201，328
エフェドリン　130
エメチン　146
エリキシル　95
エリスロマイシン　141，158，161，270
エルゴステロール　284
嚥下困難　147
エンケファリン　44
炎　症　116，166
炎症性サイトカイン　187
炎症性疼痛　48
遠心性肥大　83
エンテロトキシン　160
エンドセリン　64
エンドトキシン　160，189
エンドヌクレアーゼ　247
エンドルフィン　44，48
エンハンサー　187
エンフルラン　9，10
エンプロスチル　143
塩類下剤　158
エンロフロキサシン　161

お

黄色ワセリン　158
黄　体　229
黄体形成ホルモン　226
嘔　吐　34，51，104，139，147，241
嘔吐中枢　29
オキシトシン　229，233
オキセンドロン　233
オサテロン　233
オータコイド　166
オートクライン　110
オートリジン　263
オピエート　48

オピオイド　43，48，134，160，161，178
オピオイドペプチド　44
オメプラゾール　142，146，147，179
オーラノフィン　178
オリーブ油　158
オルノプロスチル　143
オルプリノン　91
オルメトプリム　298
穏和神経安定薬　28

か

外因系経路　109
介在ニューロン　44，141
外耳炎　199
可移植性性器肉腫　257
回　虫　291
解離性麻酔薬　21
化学受容器　82
化学受容器引金帯　29，139
覚　醒　5
拡張型心筋症　85
拡張不全　83
獲得免疫　320
角膜真菌症　284
瓜実条虫　291
ガストリン　138，156
ガス麻酔薬　6
カタレプシー　33
褐色細胞腫　74，213
活性化部分トロンボプラスチン時間　115
活性炭　160
活動電位　17，80
カテコールアミン　10，104
カテコールアミン薬　89
カハールの介在細胞　153
過敏症　264
カフェイン　93
カプサイシン　46
　──の受容体　45
カプトプリル　70，73
花　粉　199
カリウム保持性利尿薬　122
カリクレイン　43
カリシウイルス（猫）　323
顆粒球コロニー刺激因子　242
カルシウム拮抗薬　67
カルシウムセンサイタイザー　94

カルシウムチャネル阻害薬　67
カルシウムブロッカー　67
カルテオロール　124
カルバゾクロム　113
カルバメート系殺虫薬　303，307
カルバリル　303
カルプロフェン　177，178
カルボキシメチルセルロース　158
カルボプラチン　246
カルメロースナトリウム　158
カルモジュリン　29
カルモフール　244
がん遺伝子　238
冠血流量　4
肝硬変　213
肝疾患　124
関節リウマチ　190
完全緩解　250
肝不全　20，114，116
眼房水　123
顔面腫脹　326
眼幼虫移行症　290
カンレノ酸カリウム　122

き

記憶B細胞　321
記憶ヘルパーT細胞　321
期外収縮　18，103
気管支喘息　132
気管支平滑筋収縮　169
キサンチン誘導体　93，130
希釈法　277
キシラジン　22，29，34，146
基礎リズム　152
気　道　129
キニジン　101，103
キニノーゲン　43
キニン　196
キニン類　63
キノロン系抗菌薬　143
キノロン系薬　158，267
揮発性麻酔薬　6
キマーゼ　71
逆蠕動　140
キャリアガス　2
キャンピロバクター　158
吸引性アレルギー　199
求心性ニューロン　152

急性腎不全　117, 125
急性膵壊死　116
急性腹症　51
吸着剤　158
吸入麻酔薬　1
強化インスリン療法　219
狂犬病（犬）　322
強心ステロイド　85
強心配糖体　85, 95
強心薬　79
強迫神経症　317
強力精神安定薬　28
局所ホルモン　166
局所麻酔薬　55
去　勢　234
巨大結腸症　162
去痰薬　130
菌交代症　266
筋小胞体　11
筋層間神経叢　153
筋攣縮　104

く

グアニル酸シクラーゼ　66
グアネチジン　68
クエン酸ナトリウム　113
クエン酸マグネシウム　158
駆虫薬　157, 289
クッシング症候群　213
クマリン誘導体　112
クラブラン酸　267
クラミジア（猫）　323
グラム陰性菌　263
グラム陽性菌　263
グリコーゲン　208
グリコサミノグリカン　112
グリコピロレート　104
グリセオフルビン　284, 285
グリセオール　122
グリセリン　158, 161
クリプトコッカス症　286
グリベンクラミド　219
クリンダマイシン　161
グルカゴン　208
グルクロン酸抱合能　23
αグルコシダーゼ阻害薬　221
グルコーストランスポーター　210
グルコン酸カルシウム　233

グルタミン酸　294
L-グルタミン酸　17
クレアチニン　125, 180
クレオソート　158
クレマスチン　202, 205
クロストリジウム　157, 161
クロトリマゾール　284, 285
クロナゼパム　38, 41
クロニジン　29, 68
クロピドール　298
クロプロステノール　231
クロミプラミン　313, 315, 317
クロモグリク酸ナトリウム　203
クロラムフェニコール　158
クロラムフェニコール系薬　270
クロラムブシル　251
クロルフェニラミン　202, 205
クロールプロマジン　28, 144, 148
クロルヘキシジン　285
クロルマジノン　230, 233, 235
クローン病　161

け

経口血糖降下薬　219
経口投与　336
ケイ酸アルミニウム　158
形態変化　109
頚動脈小体　128
頚動脈洞　82
痙攣誘発　22
劇　薬　308
　　――の取り扱い　331
下　剤　158
ゲストノロン　233
ケタミン　21, 34
血　圧　62
血液-ガス分配係数　3
血液凝固系　107
血液-脳関門　139
血管拡張薬　61
血管強化薬　114
血管透過性亢進　169
血管内皮細胞　108
血管平滑筋　18
血　腫　115
血漿膠質浸透圧　124
血漿タンパク値　19
血小板　108, 169, 175, 255

血小板活性化因子　110, 129, 196
血小板減少症　231, 242
血小板由来増殖因子　110
血栓症　116, 179
血栓溶解薬　113
血糖値　216
血糖調節　208
ケトアシドーシス　222
ケトコナゾール　284, 285
ケトチフェン　203
ケトプロフェン　177, 178
解熱作用　173
ケミカルメディエーター　171, 200
ケミカルメディエーター遊離抑制薬　202
下　痢　156, 159, 241
原因療法　263, 335
原　虫　290
原　尿　121
原発性心疾患　83

こ

抗圧作用　124
抗アルドステロン　122
好塩基球　200
交感神経抑制薬　68
抗菌薬　157, 261
攻撃行動　315
高血圧　74
抗原提示細胞　197
抗コリン薬　130, 142, 144, 160
好酸球　198
鉱質コルチコイド　184
抗腫瘍　235
抗腫瘍性抗生物質　244
抗真菌薬　283
抗神経病薬　28
合成抗菌薬　263
向精神薬の取り扱い　331
抗生物質　263
抗　体　197, 319
鉤　虫　292
好中球　255
好中球減少症　111
抗てんかん薬　37
抗動揺作用　202
行動療法　318
抗トキソプラズマ薬　298

交尾 226
抗ヒスタミン薬 201，205，328
抗ピロプラズマ薬 299
抗フィラリア薬 295
抗不整脈薬 99
後方心不全 124
抗ホルモン薬 246
硬膜外 50
硬膜外麻酔 59
抗利尿ホルモン 63，121
誤嚥性肺炎 133，146，147
呼吸器系 127
呼吸中枢抑制 34
呼吸不全 114
呼吸抑制 51，105
コクシジウム症 298
コシジオイデス 286
黒色腫 256
個人輸入 330
孤束核 144
骨格筋 11，19
骨　髄 255
骨髄幹細胞 249
骨髄抑制 231，242
骨肉腫 255
コデイン 131
ゴナドトロピン 226
コハク酸メチルプレドニゾロン 189
コラーゲン 108
コリンアセチルトランスフェラーゼ 303
コリンエステラーゼ阻害薬 157，303
コルチコステロイド 183
コルチゾール 229
コルチゾン 185
コレシストキニン 156
コレステロール 284
コロナウイルス（犬） 322
コロナウイルス（猫） 323
昏　睡 126
昏睡状態 146
昆虫成長制御物質 304
コンドロイチン硫酸 112

さ

催奇形性 243，338
細菌培養試験 272
剤　形 335

最小肺胞内濃度 3
最少発育阻止濃度 276
サイチオアート 303
サイトカイン 211
細胞障害性 T 細胞 319
細胞性免疫 320
細胞分裂 240
細胞壁 263
殺菌的 263
殺鼠剤 115
殺虫薬 301
サブスタンス P 44
サリチル酸 161
ザルトプロフェン 176
サルファ薬 161，267，298
サルブタモール 130
サルモネラ 157
酸塩基平衡 19，103，141
酸塩基平衡異常 147
三環系抗うつ薬 313
三尖弁 83
酸素消費量 16
散　瞳 51
酸反跳 143

し

ジアゼパム 22，29，34，38，41
ジエチルエーテル 7
ジエチルカルバマジン 267
ジエチルスチルベストロール 230
視覚犬 20
ジギタリス 73，104
ジギタリス製剤 85，143
ジギトキシン 86
子宮筋収縮作用 143
糸球体 120
糸球体腎炎 117
糸球体濾過率 11
子宮蓄膿症 232
子宮内膜炎 232
死菌化 321
ジクマロール 112
シクロオキシゲナーゼ 167
ジクロフェナク 176
ジクロフェナミド 123
シクロホスファミド 190，244，251～254，256
ジクロルボス 293，303

刺激性気管炎 131
刺激性下剤 158
刺激伝導系 99
ジゴキシン 86，95，104
自己免疫病 319
シサプリド 141，147
指示書 330
視床下部 226
次硝酸ビスマス 158
糸状虫（犬） 292
シシリアンガンビット 101
視神経 124
ジステンパー（犬） 322
シスプラチン 148，246，255
自然免疫 320
ジソフェノール 294
シタラビン 244
自動能不整脈 100
シトクロム P 450 142
ジニトルミド 298
ジノスタチン 245
ジノプロスト 231，232
紫斑病 114
ジヒドロピリジン系薬 68
ジピリダモール 111，118
ジフェンヒドラミン 144，201，202，328
ジブカイン 56
ジプロフィリン 130
脂肪酸 205
脂肪組織 19
ジミナゼン 299
シメチジン 146，179
ジメンヒドリナート 144，202
瀉下薬 158
臭化カリウム 40
臭化ブチルスコポラミン 142
シュウ酸塩 113
重炭酸イオン 138
重炭酸ナトリウム 13
収れん薬 158
主作用 337
出血傾向 111，113，114，173
腫　瘍 114
腫瘍壊死因子 172
受容弛緩 136
受容体 11，15，17，30，45，47，138，140～143，145，210，229，304

日本語索引 357

受容体拮抗薬　71
受容体作動薬　29, 34
受容体遮断薬　68, 102, 144
循環血液量低下　19
消化管潰瘍　191
消化性潰瘍　139, 146, 179
笑　気　6
使用禁忌　180
症候性てんかん　38
硝酸イソソルビド　67, 73
上室性期外収縮　103, 104
上室性頻脈　103, 104
消失半減期　18
脂溶性　19
条　虫　291, 294
小　腸　152
小腸性下痢　159
承認外使用　329
食餌性アレルギー　189, 199
食道炎　147
食欲不振　147
ショック　19, 146, 189
初　乳　324
処方箋　330
徐　脈　69, 103
シメチジン　141
ジルチアゼム　68, 74, 102, 104
腎　120
腎機能　11
真　菌　190
心筋酸素消費量　21
心筋症　117, 179
真菌性肺炎　286
心筋肥大　83
心筋保護作用　68
神経因性疼痛　48
神経弛緩鎮痛法　35
神経節　143
腎血流量　11
人工呼吸　134
人工呼吸器　11
人工涙液　21
腎疾患　74
心室性期外収縮　20, 103
心室性頻脈　103
心室性不整脈　58
心室中隔欠損　85
浸潤性　239

浸潤麻酔　59
腎障害　179
腎性高血圧　75
真性てんかん　38
心臓毒性　245
人体用医薬品　329
心タンポナーデ　83
人獣共通寄生虫症　290
伸展受容器　154
心電図　103
浸透圧性下剤　158
浸透圧利尿薬　122
心内膜炎　118
新生ワクチン　322
心拍出量　4
心不全　82
腎不全　20, 114, 191
心房細動　104
心房ナトリウム利尿ホルモン　63
蕁麻疹　326

す

膵　炎　114
水酸化アルミニウム　143
水酸化マグネシウム　143
膵　臓　208
頭蓋内圧上昇　22
スクラルファート　143, 146, 179
スコポラミン　142, 144, 148
ストレス　184
ストレプトキナーゼ　113
G-ストロファンチン　86
スーパーアスピリン　176
スピロノラクトン　122, 124
スプロフェン　203
スルバクタム　267
スルファサラジン　161
スルフォニルウレア　209
スルフォニル尿素剤　219

せ

静穏作用　28
静穏薬　27
生活の質　251
生菌剤　157
静菌的　263
制酸薬　143
静止膜電位　80

性周期　226
生殖器　225
精神安定薬　28
性腺刺激ホルモン　226
整腸剤　157
成長ホルモン　209
制吐薬　144, 146
精嚢腺　170
成分ワクチン　322
咳　129
赤色血栓　109
セクレチン　154, 156
節遮断作用　142
接触性アレルギー　199
セファゾリン　267
セファレキシン　267
セファロリジン　267
セフィキシム　267
セフェム系薬　267
セフォタキシム　267
セフォテタン　267
セフォペラゾン　267
セフスロジン　267
セフメタゾール　267
セボフルラン　9, 10
セルトラリン　315
セロトニン　43, 63, 110, 129, 141, 196, 314
セロトニン神経　312
線維素溶解系　109
全身痙攣　104
全身性真菌症　286
選択的セロトニン再取込　314
蠕虫類　290
先天性心疾患　85
蠕動運動　152
センナ　158
全般発作　38
線溶系　109
前立腺　229
前立腺肥大　229

そ

造血細胞　241
総合失調症　313
僧帽弁　83
僧帽弁閉鎖不全症　85
組織プラスミノーゲン活性化因子

113
ソーダライム 11
ソマトスタミン 208

た

体液性免疫 319
体温 172
代謝拮抗剤 244
代謝性アシドーシス 141
代謝性アルカローシス 141
対症療法 335
耐性 53, 191
耐性菌 264, 278
大腸 152
大腸菌 161
大腸性下痢 159
大動脈弓 82
大動脈小体 128
大脳辺縁系 21
ダイノルフィン 48
ダウノルビシン 245
ダウンレギュレーション 91
ダカルバジン 244
タクロリムス 204
多剤耐性 240
多剤併用 248
堕胎 230
脱顆粒 197
脱水 140
ダニ 302
多包条虫 291
タムスロシン 233
タモキシフェン 246
単球マクロファージ 247
炭酸イオン 156
炭酸カルシウム 143
炭酸水素ナトリウム 143
炭酸脱水素酵素阻害薬 123
胆石 51
ダントロレン 13
タンニン酸 158
単包条虫 291

ち

チアジド系利尿薬 121
チアセタルサミド 295
チアベンダゾール 284, 285
チアミラール 16

チオペンタール 16, 18
チオリンゴ酸ナトリウム 178
チクロピジン 111
着床 230
注射投与 336
注射用全身麻酔薬 15
チューブリン 245
腸 151
腸クロム親和細胞 155
腸クロム親和様細胞 138, 155
調剤 330
腸内細菌 157
腸内細菌叢 266
チロキサポール 130
鎮咳作用 51
鎮咳薬 130
鎮痙薬 157
鎮静薬 21, 27
鎮痛作用 173
鎮痛薬腎症 173

つ

痛覚受容器 43
通常拡張型心筋症 104
壺形吸虫 292

て

帝王切開 134
低カリウム血症 121, 141
低カルシウム血症 121
低クロル血症 141
低クロル性アルカローシス 126
低酸素血症 7
ディスク法 277
低タンパク血症 20, 23, 124
低ナトリウム血症 141
低分子ヘパリン 115
ティレタミン 21
テオフィリン 93, 130, 131, 132
テオブロミン 93
適応外使用 330
デキサメタゾン 144, 186, 246
デキストロメルファン 130
デコキネート 298
デトミジン 29
テトラカイン 56
テトラサイクリン 143, 161, 269
デノパミン 96

テルブタリン 130, 131, 132
電解質 156
電解質異常 147
てんかん 37, 146
転写調節因子 187
天井効果 51
点状出血 115
伝染性咽頭気管炎（犬） 322
伝染性肝炎（犬） 322

と

糖化タンパク質 216
瞳孔 21
糖質コルチコイド 184
洞徐脈 103
洞性徐脈 104
洞調律 103
疼痛管理 52, 59
糖毒性 216
糖尿病 74, 117, 191, 207
洞拍動 18
洞頻脈 103
動物用医薬品 329
洞房結節 99
動脈管開存 85
動揺病 140
ドカルパミン 96
ドキサプラム 134
トキソプラズマ症 298
ドキソルビシン 244, 251, 253, 254, 256
毒性域 336
特発性心筋症 73
特発性てんかん 38
毒薬の取り扱い 331
突然変位原性 243
ドパミン 89, 96, 104, 144, 201, 230
ドパミン神経 29
ドブタミン 89, 96
トポイソメラーゼⅡ 245, 268
ドラッグデリバリーシステム 173, 296
トラニラスト 203
トラネキサム酸 113
トランキライザー 21, 53
トリアムシノロン 186
トリアムテレン 122
トリプシン 114

トリメトプリム 267, 298
ドルゾラミド 123
トルブタマイド 219
トログリタゾン 221
ドロペリドール 29, 33, 35
トロポニン 65, 81
トロポミオシン 81
トロンビン 109
トロンボキサン 129, 175
トロンボキサンA_2 110
ドンペリドン 141

な

内因系経路 109
ナイスタチン 284
内臓幼虫移行症 290
内皮細胞 64
ナサルプラーゼ 113, 114, 117
ナフトピジル 233
生ワクチン 321
ナロキソン 134

に

2型糖尿病 213
ニカルジピン 68
ニカルバジン 298
ニキビダニ 302
ニコチン 304
ニコチン酸アミド 222
ニコチン受容体 304
二酸化炭素濃度 128
二次止血 109
ニテンピラム 304
ニトラゼパム 38
ニトレンジピン 68
ニトロ化合物 66
ニトログリセリン 67, 73
ニトロスカネート 295
ニフェジピン 67, 68
ニムスチン 241, 244
乳酸菌製剤 161
乳腺腫瘍 257
ニューロキニンA 44
尿細管 121
尿素 121
ニルバビジン 68
妊 娠 226, 275

ね

ネオスチグミン 157
ネオマイシン 158, 268
ネクローシス 247
ネフロン 120
粘液細胞 136
粘滑性下痢 158
粘着 109
粘膜保護薬 143, 160

の

脳下垂体 226
脳灌流圧 16
濃グリセリン 122
脳血流量 4
脳腫瘍 189
脳腸ホルモン 156
濃度効果 2
脳波 38
脳保護作用 16
ノスカルピン 130
ノミ 302
ノミアレルギー 189
ノミアレルギー性皮膚炎 306
乗り物酔い 140
ノルエピネフリン 82

は

バイオプシー 24
敗血症 117
敗血症性ショック 190
背根神経節 44
肺水腫 126
肺動脈狭窄 85
肺毒性 105
肺胞 4
肺胞換気量 2
ハウスダスト 199
ハエとり行動 38
白色血栓 108
白内障 216
播種性血管内凝固 114
バソプレッシン 63, 121
発がん性 242, 243
白血球 169
白血球減少症 231
白血病ウイルス（猫） 252, 323

発情 226
発熱 171
鼻アスペルギルス症 285
バニロイド受容体 45
跳ね返り現象 191
パーベンダゾール 293
パラインフルエンザ（犬） 322
バルビツール酸誘導体 16, 38
バルプロン酸ナトリウム 39, 41
パルボウイルス（犬） 322
パロキセチン 315
ハロタン 8, 10
ハロフジノン 298
ハロプレドン 185
バンコマイシン 270
斑状出血 115
反跳現象 191
汎白血球減少症（猫） 323

ひ

非アドレナリン非コリン作動性神経 129, 155
非アドレナリン非コリン作動性抑制神経 64
ヒアルロン酸 112
非イオン型 19, 57
ビグアナイド系薬 221
ピコスルファートナトリウム 158, 162
ビサコジル 158, 162
微小管 245
ヒスタミン 43, 63, 129, 138, 196
非ステロイド性抗炎症薬 165
ヒストプラズマ症 286
肥大型心筋症 104
ビタミンE 222
ビタミンK 113, 115
ヒダントイン誘導体 38
ヒドララジン 71
ヒドロキシカルバミド 244
ヒドロキシジン 202
ヒドロクロロチアジド 121
ヒドロコルチゾン 185, 201
避妊 230
皮膚炎 197
皮膚糸状菌症 285
皮膚病 189
非ペプチド性ロイコトリエン 169

ピペラジン　294
ヒマシ油　158
ピマリシン　284
肥満　19
肥満細胞　43, 112, 170, 196, 200
肥満細胞腫　256
ピモベンダン　94
表面麻酔　58
ヒヨスチン　142
ピランテル　293
ピリプロキシフェン　305
ピレスリン　304
ピレスロイド系殺虫薬　304
ピレタニド　121
ピレンゼピン　143
ピロカルピン　124
ピロキシカム　178
ビンカアルカロイド　245
ビンクリスチン　245, 251〜254, 256
貧血　231
ビンブラスチン　245
頻脈　103

ふ

ファモチジン　141, 146
ファロー四徴症　85
フィブリノーゲン　109
フィブリン　109
フィブリン凝固血栓　109
フィプロニル　304, 306
フィラリア症　116, 179, 292
フィラリア予防薬　295
フェニトイン　38
フェニルアルキルアミン系薬　67
フェニレフリン　97
フェノチアジン系薬　28, 33, 144
フェノバリン　158, 162
フェノバルビタール　16, 38, 39
フェノールフタレイン誘導体　158
フェノール誘導体　158
フェンクロホス　303
フェンサイクリジン　21
フェンタニル　35, 48, 51
フェンチオン　303
不応期　99
不活化ワクチン　321
副作用　330, 337
副腎機能亢進症　117

副腎ステロイド　285
副腎皮質機能亢進症　74
副腎皮質刺激ホルモン　184
副腎皮質ステロイド　13, 131, 143, 144, 146, 177, 183, 205, 246, 327
腹水　124
ブシラミン　178
ブースター効果　321
ブスルファン　244
不整脈　10, 18, 100, 202
ブチロフェノン系薬　29, 33
ブドウ糖　208
ブドララジン　71
ブトルファノール　22, 51, 130, 131
ブピバカイン　56, 58
ブフェキサマク　203
ブフォルミン　221
ブプラノール　69
ブプレノルフィン　52
部分緩解　250
ブメタニド　121
ブラジキニン　43, 170
プラジクアンテル　294
ブラストミセス症　286
プラズマキニン　43, 170
プラスミノーゲンアクチベーター　116
プラスミノーゲン活性化因子　113
プラスミン　109
プラゾシン　68
プラトー相　80
プラノプロフェン　177
プリミドン　39
フルオキセチン　314, 317
フルオロウラシル　244
プルキンエ線維　100
フルコナゾール　284
フルシトシン　284
ブルセラ感染症　270
フルタミド　246
フルニキシン　175, 177
フルニトラゼパム　29, 34
フルベンダゾール　293
フルホキサミン　315
フルマゼニル　30
フルメトリン　304
ブレオマイシン　244, 256
ブレチリウム　102

プレドニゾロン　132, 146, 185, 189, 246, 251, 252, 253, 256
プロウロキナーゼ　113, 118
プロカイン　13, 55
プロカインアミド　101, 103
プロキネティクス　141
プログラム細胞死　247
プロジェステロン　226, 230
プロスタグランジン　44, 129, 166, 186, 196
プロスタグランジン$F_{2\alpha}$　229, 230, 232
プロスタグランジンH合成酵素　167
プロスタグランジンI_2　64
プロスタグランジン製剤　233
プロスタサイクリン　64, 175
プロスタノイド　166
フロセミド　74, 121, 124, 125, 268
プロテインキナーゼA　92
プロトピック軟膏　204
プロドラッグ　111
プロトロンビン　109
プロトロンビン時間　115
プロトンポンプ　138, 142
プロトンポンプ阻害薬　142
プロパンテリン　161
プロピオン酸系薬　177
プロピレングリコール　34
プロプラノロール　68, 74, 102, 103
プロポクスル　303
プロポフォール　23
プロマジン　28
ブロムヘキシン　130
プロメタジン　144, 202
ブロモクリプチン　232
プロモーター　187
プロラクチン　226, 230
プロリゲストン　230
分化度　257
分節運動　152
分泌性下痢　156
分娩　226
分娩促進薬　233
分離不安症　315

へ

平滑筋　64, 129, 152
平衡感覚　140

壁細胞 136
ペースメーカー 99, 104
ペースメーカー細胞 153
β細胞 211
β遮断薬 68, 103
ベタメタゾン 186
ペチジン 48
ベナゼプリル 71, 73
ペニジピン 68
D-ペニシラミン 178
ペニシリン 266
ペニシリン系薬 267
ヘパラン硫酸 112
ヘパリン 112, 114, 118
ペプシノーゲン 136
ペプシン 136
ペプチド性ロイコトリエン 169
ベラドンナ 142
ベラパミル 67, 74, 102, 104, 240
ヘリコバクター 146, 149
ヘルパーT細胞 319
ペルフェナジン 144, 148
ベルベリン 157
ペルメトリン 304
ベンズイミダゾール類 293
ベンゾジアゼピン 22
ベンゾジアゼピン系薬 29, 34, 41
ベンゾジアゼピン受容体 30
ベンゾジアゼピン誘導体 38
ベンゾチアゼピン系薬 68
ベンダザック 203
鞭虫 292
ペントバルビタール 16, 18
便秘 51, 161
ヘンレのループ 121

ほ

房室ブロック 69, 103, 104
房室弁不全 104
放射線類似物質 244
膨張性下剤 158
ボグリボース 221
ホスホジエステラーゼ 92
ホスホジエステラーゼ阻害薬 91
ホスホリパーゼA_2 167, 186
発作 37
ボーマン嚢 120
ポリエン系抗生物質 284

ホルター心電図 103
ホルマリン 321

ま

マイクロスフェア 296
マイクロチューブル 245
マイトマイシンC 245
前負荷 75, 84
マクロファージ 43, 170, 197, 319
マクロライド系 141
マクロライド系薬 270, 294
麻酔深度 1
マニジピン 68
麻薬の取り扱い 331
マラセチア 285
慢性胃炎 146
慢性肝炎 213
慢性気管支炎 132
マンソン裂頭条虫 291
マンニトール 125
D-マンニトール 122

み

ミオシン 65, 81
ミクロフィラリア 296
ミコナゾール 284, 285
ミスメイト 229
ミソプロストール 143, 147, 178, 179
ミダゾラム 22, 29, 34
ミトキサントロン 245
ミトコンドリア 136
ミトタン 246
ミルベマイシンオキシム 294, 295, 305, 306
ミルリノン 91

む

無呼吸 18
ムスカリン受容体 142
ムーンフェイス 326

め

メクリジン 202
メゲステロール 235
メサドン 48
メソトレキセート 244, 251, 253, 254
メタゾラミド 123
メチオニン-エンケファリン 48

メチシリン耐性黄色ブドウ球菌 278
メチリジン 294
メチルセルロース 158
メチルプレドニゾロン 186, 189, 328
メッセンジャーRNA 187
メディエーター 197
メデトミジン 22, 29, 34
メトクロプラミド 141, 147
メトフォルミン 221
メトプロロール 69
メトリホネート 303
メドロキシプロゲステロン 235
メトロニダゾール 161
メフェニトイン 38
メフルシド 121
メラルソニル 295
メラルソミン 295
メルファラン 244
メチルプレドニゾロン 201
免疫介在性疾患 190
免疫介在性溶血性貧血 117
免疫不全ウイルス（猫） 323
免疫抑制薬 178, 204

も

毛包虫 294, 302
毛包虫症（犬） 306
網膜症 216
毛様体 123
モキシデクチン 294, 295
木防己湯 131
モチリン 141, 156
モノアミントランスポーター 312
モルヒネ 48, 50, 130
問題行動 311
門脈体循環短絡 162

や

薬剤感受性試験 273
薬剤耐性 264
薬物アレルギー 200, 338
薬物感受性試験 277
薬用炭 158

ゆ

有機リン系殺虫薬 303, 305, 307
有効濃度域 336
粥贅性心内膜炎 117

幽門　136
幽門狭窄　147

よ

葉酸代謝拮抗薬　267
要指示薬　329
幼若動物　141
容量過負荷　83
容量血管　18
容量性負荷　124
溶連菌　113
ヨヒンビン　29

ら

ラキソベロン　162
βラクタマーゼ阻害薬　267
βラクタム薬　266
ラクツロース　158，162
ラニチジン　141，146，179
ラミプリル　71
卵巣　226
卵巣・子宮摘出術　232
ランソプラゾール　142
卵胞　226
卵胞刺激ホルモン　226

り

リアノジン受容体　11
リエントリー不整脈　100
リドカイン　20，56，58，101，103，257
利尿薬　119
リバウンド　190，191
リバウンド現象　130
リファンピシン　270
リファンピン　270
リポコルチン　186
リポポリサッカライド　172
硫酸ナトリウム　158
硫酸プロタミン　219
硫酸マグネシウム　158，161
流涎　147
流動パラフィン　158，162
良性腫瘍　239
緑内障　124
緑膿菌　266，268
リンコサミド　270
リン脂質　166，186
リンパ管　239
リンパ球　43，169

る

ルフェヌロン　304，306

ループ利尿薬　121

れ

レスメトリン　304
レセルピン　68
レニン-アンギオテンシン系　63，124
レバミゾール　293，295，297
レプトスピラ（犬）　322
レプトスピラ症　325
レントゲン検査　24

ろ

ロイコトリエン　129，168，196
ロイシン-エンケファリン　48
老齢動物　250
ログキル　248
ロサルタン　71
ロベニジン　298
ロペラミド　157，161

わ

ワクチン　319
ワクチン接種プログラム（猫）　324
ワルファリン　112，114

外国語索引

A

acarbose 208
ACE 70
acetazolamide 119
acetylcysteine 128
acetylpromazine 27
ACE阻害薬 70, 124
acid rebound 143
ACTH 184
adaptive relaxation 136
ADH 121
ADP 110
adrenal cortiosteroid 183
adrenaline 79
adriamycin 238
afterload 75
AGEタンパク質 216
alminum silicate 151
alteplase 107
ambroxol 128
amikacin 262
aminocaproic acid 107
aminopentamide 151
aminophylline 79, 127
amiodarone 99
amitraz 302
amitriptyline 311
amlodipine 61
amoxicillin 261
AMPA受容体 17
amphotericin B 283
ampicillin 261
amrinone 79
analgesic nephropathy 173
anesthetics 15
anthracene derivatives 152
antiepileptic 37
AP-1 187
apomorphine 136
apoptosis 247
arbekacin 262
L-asparaginase 238
aspirin 107, 165

atenolol 61, 99
atipamezole 27
ATP 47, 138, 155
A-Vブロック 34
azaperone 27
azelastine 195
aztreonam 262
Aδ線維 44

B

B細胞 197
bactericidal 263
bacteriostatic 263
benazepril 62
bendazac 196
berberine 151
betamethasone 183
bisacodyl 152
bismuth subnitrate 151
bleomycin 238
bromocriptine 225
budoralazine 62
bufexamac 195
buformin 207
bumetanide 119
BUN 126
bupivacaine 55
buprenorphine 43
busulfan 237
butorphanol 43

C

C線維 44
Ca^{2+} 110
Ca^{2+}チャネル 11, 28, 49, 65, 80, 209
Ca^{2+}チャネル阻害薬 104
calcium sensitizer 94
calclofos 289
cAMP 49, 92
cancer 237
captopril 62
carbaril 301
carbazochrome sodium sulfonate 108

carbenicillin 261
carbocisteine 127
carbo mediciralis 151
carboplatin 238
carboxymethylcellulose 151
Cardiotonic 79
cardiotonic steroid 86
carmofur 237
carprofen 165
castor oil 152
CCK 156
CCKB受容体 138
cefaclor 261
cefazolin 261
cefixime 261
cefmetazole 261
cefoperazone 261
cefotaxime 261
cefsulodin 261
cephalexin 261
cephaloridine 261
cephalothin 261
cGMP 66
CGRP 64
CHF 124
chloramphenicol 263
chlormadinone 225
chlormadinone acetate 226
chlorphenylamine 195
chlorpromazine 27, 136
chlorteracycline 262
cimetidine 135
ciprofloxacin 262
cisapride 135
cisplatin 238
Cl^-チャネル 17, 31, 38, 294, 304
clavulanic acid 261
clemastine 195
clindamycin 263
clomipramine 311
clonazepam 37
clonidine 27
clopidol 290
cloprostenol 225

clotrimazole 283
codein 127
cortisone 183
COX 167
COX-1 168, 173
COX-2 168, 177, 229
COX-2 選択的阻害薬 176
CTZ 29, 51, 139, 144
cyclophosphamide 237
cytarabine 237
cythioate 301

D

D_2受容体 145
D_2受容体遮断薬 144
D_3受容体 140, 141
dacarbazine 237
daunorubicin 238
DDS 173
decoquinate 290
detomidine 27
dexamethasone 183, 238
dextromethorphan 127
diazepam 27, 37
dibucaine 55
DIC 114
dichlorvos 289, 301
diclofenac sodium 165
diclorfenamide 119
diethylcarbamazine 290
diethyl ether 1
diethylstilbesterol 225
digitoxin 79
digoxin 79
dihydrostreptomycin 262
diltiazem 61, 99
dimenhydrinate 136, 195
diminazen 290
dimorpholamine 127
dinitolmide 290
dinoprost 225
diphemhydramine 195
diphenhydramine 136
diprophylline 127
dipyridamole 107
disodium cromoglycate 195
disophenol 289
disseminated intravascular coagulation 114
dithiazanine 289
DNA 241, 245
DNA ギラーゼ 268
dobutamine 79
domperidone 135, 136
dopamine 79
dorzolamide 119
doxaplam 127
doxorubicin 238
doxycycline 262
DRG 44
droperidol 27
DSCG 195

E

EC 細胞 155
ECL 細胞 138, 155
EDTA 107, 113
emethine 136
enalapril 62
enfluarane 1
enlofloxacin 262
enocitabine 237
enprostil 135
ephedrine 127
epinephrine 79
ergometrine 225
erythromycin 135, 262
estradiol 225
estriol 225
ethacrynic acid 119
etodolac 165

F

famotidine 135
febantel 289
FeLV 252, 286
fenclorphos 301
fentanyl 43
fipronil 302
FIV 286
flubendazole 289
fluconazole 283
flucytosine 283
flumazenil 27
flumethrin 301
flunitrazepam 27
flunixin 165
fluorouracil 237
fluoxetine 311
fluvoxamine 311
fosfomycin 263
FSH 226
5-FU 237, 284
furosemide 119

G

G 細胞 138
GABA 30
GABA 受容体 17
GABA トランスアミナーゼ 39
G-CSF 242, 247
gentamycin 262
glibenclamide 207
glycerin 119
granisetron 136
granulocyte-colony stimulating factor 247
griseofulvin 283
G-strophanthin 79

H

H_1受容体 140, 201
——遮断薬 144
H_2受容体 138
——拮抗薬 141
Hageman 因子 109
halopredone 183
halothane 1
HbA1c 218
helminthes 290
helofuginone 290
heparin 107
H^+,K^+-ATPase 138
5-HT_3受容体 140
——遮断薬 144
5-HT_4受容体 145
hydralazine 62
hydrochlorothiazide 119
hydrocortisone 183
hydroxycarbamide 237
hydroxyzine 196

I

ibuprofen 165

ibuprofen piconol 195
IDDM 212
IFN 172
ifosfamide 237
IgE 197
IGR 304
IL-4 198
IL-5 202
imidacloprid 301
indomethacin 165
Inhalation anesthetics 1
ISA 69
isoflurane 1
isoprenaline 79, 127
isoproterenol 79
isosorbide 119
isosorbide dinitrate 61
itraconazole 283
ivermectin 290, 302

J

josamycin 262

K

K^+チャネル 49, 57, 66, 80
K^+チャネル抑制薬 102
kanamycin 262
KATPチャネル 209
ketamine 15
ketoprofen 165
ketotifen 195

L

lacturose 152
lansoprazole 135
latamoxef 262
levamizole 289, 290
LH 226
lidocaine 55, 99
lincomycin 263
log kill 248
loperamide 151
losartan 62
low molecular weght heparin 107
LPS 172
lufenuron 301

M

M_1受容体 143
M_3受容体 138, 145
MAC 3
manidipine 61
D-mannnitol 119
MAPキナーゼ 210
meclidine 195
medetomidine 27
mefenamic acid 165
mefruside 119
melarsomine 289
melarsonyl 289
melphalan 237
menatetrenone 107
mephenytoin 37
metazolamide 119
metformin 208
methotrexate 237
methylcellulose 151
methyldigoxin 79
methylpredonisolone 183
metoclopramide 135, 136
metoprolol 61
metrifonate 301
metyridine 289
MHCクラスII 319
MIC 276, 277
miconazole 283
midazolam 27
midecamycin 262
milbemycin oxime 290, 302
milrinone 79
minocycline 262
misoprostol 135
mitomycin C 238
mitotane 238
mitoxantrone 238
morphine 43
motion sickness 140
moxidectin 290
moxydectin 302
mRNA 246
MRSA 270, 278
multidrug resistance gene 240

N

Na^+チャネル 17, 57, 80, 122
Na^+チャネル抑制薬 101
Na^+ポンプ 136
Na^+-Ca^{2+}交換機構 87
Na^+：$2Cl^-$：K^+共輸送 121
naftopidil 226
Na^+-H^+交換機構 122
Na^+,K^+-ATPase 86
nalidixic acid 262
naloxone 43
NANC 64, 129
NANC神経 155
naproxen 165
nasaruplase 107
NECROSIS 247
neomycin 262
neostigmine 151
neurolept-analgesics 35
nexus 100
NF-AT 187
NF-κB 187
nicarbazin 290
nicardipine 61
NIDDM 212
nifedipine 61
nilbadipine 61
nimustine 237
nitenpyram 302
nitrazepam 37
nitrendipine 61
nitroglycerin 61
nitroscanate 289
nitrous oxide 1
NK細胞 320
NLA 35
NMDA受容体 15, 17
NO 64, 129, 155, 159
N_2O 1
noradrenaline 79
norepinephrine 79
norfloxacin 262
NSAIDs 143, 165, 172, 203
nystatin 283

O

OCD 317

ofloxacin 262
oleandomycin 262
olprinone 79
omeprazole 135
ondansetron 136
opioid analgesic 43
orbifloxacin 262
ormethoprim 262, 290
ornoprostil 135
osaterone 226
OTC 142
ouabain 79
oxybuprocaine 55
oxyteracycline 262
oxytocin 225

P

P波 103
$P_{2 \times 3}$受容体 47
p 53 238, 247
PAF 110, 129, 159, 196
2-PAM 307
parbendazole 289
paroxetine 311
PDE阻害薬 91, 97
PDE III阻害薬 73
PDGF 110, 170
penicillin-G 261
penicillin-V 261
penidipine 61
pentazocine 43
pentobarbital 15
permethrine 301
perphenazine 136
PGE_1 143
PGE_2 143
PGHS 167
PGI_2 111
pH 19
phenobarbital 37
phenovaline 152
phenthion 301
phenylephrine 79
phenytoin 37
phytondione 107
pimaricin 283
pimobendan 79, 94
piperazine 289

pirenzepine 135
piretanide 119
piroxicam 165
PIVKA 115
pKa 56
potassium bromide 37
potassium canrenoate 119
PPI 142
pranoprofen 165
praziquantel 289
prazosine 61
prednisolone 238
predonisolone 183
preload 75
primidone 37
procainamide 99
procaine 55
progesterone 225
prokinetics 141
proligestone 225
promazine 27
promethazine 136, 195
propantheline 151
propofol 15
propoxur 301
propranolol 61, 99
prostaglandin $F_{2\alpha}$ 225
protamine sulphate 107
protozoa 290
prourokinase 107
pyrantel 289
pyrethrin 301
pyrimethamine 262
pyriproxyfen 301

Q

QOL 251, 258
QRS波 103
quinidine 99

R

radiomimetic 244
ramipril 62
ranitidine 135
resmethrin 301
rifampicin 263
robenidine 290

S

salicylic acid 165
scopolamine 136
scopolamine butylbromide 135, 151
sedative 27
sevoflurane 1
SNRI 316
sodium pikosulphate 152
sodium valproate 37
spironolactone 119
SRI 316
SRS-A 168
streptokinase 107
streptomycin 262
sucralfate 135
sulbactum 261
sulbutamol 127
sulfadiazine 262
sulfadimethoxine 262, 290
sulfamonomethoxine 262, 290
sulfaquinoxarline 290
sulindac 165
suprofen 195

T

tamoxifen 238
tamsulosin 226
tannic acid 151
terbutaline 127
tetracaine 55
tetracycline 262
Th細胞 197
theophylline 79, 127
thiabendazole 283
thiacetarsamide 289
thiamylal 15
thiopental 15
thrombin 107
thrombocyte 175
ticropidine 107
TNF 172
tolbutamide 207
torsade de pointes 202
t-PA 107, 109, 113, 114, 117
tranexamic acid 108
tranilast 195
tranquilizer 27

treamterene 119
triamcinolone 183
trimethoprim 262, 290
troglitazone 208
tyloxapol 127

U

ufenamate 195
urokinase 107

V

vancomycin 263
vasodilator 61

Vaughan Williams の分類 101
verapamil 61, 99
vinblastine 238
vincristine 238
VIP 64, 129, 155
voglibose 208
von Willebrand 因子 109
VR 1 45

W

warfarine 107

X

xylazine 27

Y

yohimbine 27

Z

zinostatin 238

Ω

Ω-3 196, 205
Ω-6 196, 205

□著　者□

尾﨑　博
　　東京大学大学院農学生命科学研究科　助教授

西村　亮平
　　東京大学大学院農学生命科学研究科　助教授

小動物の臨床薬理学　　　　　　定価（本体16,000円＋税）

2003年4月30日　初版第1刷発行　　　　　　　＜検印省略＞

著　者　尾　﨑　　　博
　　　　西　村　亮　平
発行者　永　井　富　久

発　行　文永堂出版株式会社
東京都文京区本郷2丁目27番3号
電　話　03(3814)3321（代表）
ＦＡＸ　03(3814)9407
振　替　00100-8-114601

©2003　尾﨑　博　　印刷 エイトシステム

ISBN 4-8300-3190-5 C 3061

文永堂出版の獣医学書

動物遺伝学 柏原孝夫・河本 馨・舘 鄰 編
定価（本体7,000円＋税）〒510円
メンデルの法則から現在の遺伝学まで，動物遺伝学に関わることを多面的に扱い，かつエッセンシャルな内容のテキスト。

動物発生学 第2版 江口保暢 著
定価（本体7,000円＋税）〒510円
発生学の基礎を総合的に解説し，最新の情報も豊富に掲載。種による特徴や相違が一読してわかるように工夫された，理解しやすいテキスト。

家畜の生体機構 石橋武彦 編
定価（本体7,000円＋税）〒510円
解剖学と生理学との有機的統合を図って家畜体の仕組みを学ぼうとするという観点に立って講述。イラストを多用した家畜解剖学のテキスト。

動物病理学総論 第2版 日本獣医病理学会 編
定価（本体12,000円＋税）〒510円
関連諸科学領域の最新の情報を積極的に取り入れ編集した，動物病理学のテキスト。進歩しつつある学問分野の理解に必携の書。

動物病理学各論 日本獣医病理学会 編
定価（本体12,000円＋税）〒580円
『動物病理学総論』の姉妹編。臓器，組織の疾病別にその病理変化を解剖，生理的な部分も含めて解説したテキスト。

獣医病理組織カラーアトラス 板倉智敏・後藤直彰 編
定価（本体15,000円＋税）〒510円
1990年出版の第1版に不足した病例および新しい病例を36例増補した改訂版。世界でも類をみない病理組織学のカラーアトラス。

獣医生理学 第2版 高橋迪雄 監訳
定価（本体17,000円＋税）〒650円
疾患のメカニズムを理解するうえで必要な生体の正常機能を豊富なイラストを用いて分かりやすく解説。臨床との結び付きに重点をおいて詳述。

獣医生化学 大木与志雄・久保周一郎・古泉 巖 編
定価（本体10,000円＋税）〒510円
大学の獣医生化学の教科書，獣医師国家試験のための参考書として，各大学の獣医生化学担当教官を中心に分担執筆された新しい『生化学』。

薬理学・毒性学実験 比較薬理学・毒性学会 編
定価（本体3,500円＋税）〒510円
『薬理学実験－薬理実験・毒性実験－』の改訂版。薬理実験および毒性実験について，目的・使用薬物・使用動物・準備・方法などを具体的に解説。

獣医微生物学 見上 彪 編
定価（本体9,000円＋税）〒510円
各論では病原体の性状やそれらと病気などとの関係を表示。獣医微生物学における最新の知見を取り入れ，獣医微生物学分野に幅広く対応。

獣医感染症カラーアトラス 見上 彪・丸山 務 監修
定価（本体16,000円＋税）〒580円
感染症を病原微生物に区分けし，病原微生物の形態，臨床症状，病理組織像をオールカラーで掲載し，構成。

動物の免疫学 第2版 小沼 操・小野寺節・山内一也 編
定価（本体9,000円＋税）〒510円
免疫学の基礎的役割から，小動物臨床現場で問題となっている自己免疫疾患などを含む臨床免疫まで，豊富な図を用いてわかりやすく解説。

獣医応用疫学 杉浦勝明 訳
定価（本体8,000円＋税）〒510円
家畜防疫の先進国の1つであるフランスのアルフォール大学のB.Toma教授らにより執筆された実践的な獣医疫学書の日本語版。

家畜衛生学 菅野 茂・鎌田信一・酒井健夫・押田敏雄 編
定価（本体8,000円＋税）〒510円
獣医師国家試験のガイドラインに沿って『新版 家畜衛生学概論』を全面的に改訂。学生のみならず，家畜衛生の現場で活用できる1冊。

獣医公衆衛生学 第2版 小川益男・金城俊夫・丸山 務 編
定価（本体8,000円＋税）〒510円
疾病予防，ズーノーシス，食品衛生，環境衛生を中心に，広範な獣医公衆衛生の全般にわたり最新の知見をもとに解説したテキスト。

新版 獣医臨床寄生虫学 新版 獣医臨床寄生虫学編集委員会 編
　産業動物編　定価（本体15,000円＋税）〒580円
　小動物編　　定価（本体12,000円＋税）〒510円
本邦常在の寄生虫だけでなく，世界的に重要なものも網羅し，原虫から節足動物に至る広い範囲を取り上げ，病気の症状・診断・治療・予防を詳説。

獣医寄生虫検査マニュアル 今井・神谷・平・茅根 編
定価（本体7,000円＋税）〒510円
獣医学を学ぶ学生の実習で行う基礎的な検査法から，臨床などの現場で行う応用的な方法まで網羅した寄生虫検査法のテキスト。

新獣医内科学 川村・内藤・長谷川・前出・村上・本好 編
定価（本体18,000円＋税）〒650円
各章ごとに総論を設け，各動物の共通した病因を系統的に理解できるようにしたテキスト。

獣医内科診断学 長谷川篤彦・前出吉光 監修
定価（本体8,000円＋税）〒510円
本書は獣医学部の学生のテキストとして出版されたものであるが，臨床獣医師にとっても貴重な診断指針となりうる。

生産獣医療における 牛の生産病の実際 内藤善久・浜名克己・元井葭子 編
定価（本体9,000円＋税）〒510円
牛群全体の生産性に影響する疾患を網羅。臨床獣医師および臨床病理検査やプロファイルテストを実施している獣医師が使用するのに最適。

獣医繁殖学 第2版 森 純一・金川弘司・浜名克己 編
定価（本体10,000円＋税）〒510円
生殖器の解剖学，内分泌学，繁殖生理学，受精・着床・妊娠・分娩と系統的に記載。最新のクローン，性判別，遺伝子導入などの新技術も紹介。

獣医繁殖学マニュアル 獣医繁殖学協議会 編
定価（本体4,800円＋税）〒510円
『獣医繁殖学 第2版』の姉妹書として編集された実習書。大学での実習のみならず，実用書として臨床現場でもすぐに利用できる1冊。

獣医臨床放射線学 菅沼常徳・中間實徳・広瀬恒夫 監訳
定価（本体18,000円＋税）〒650円
解説に1,500枚以上の鮮明で適切なX線写真を用い，さらに比較し理解が得やすいように超音波検査やCTの写真も加えたテキスト。

動物の保定と取扱い 北 昂 監訳
定価（本体15,000円＋税）〒580円
動物に無用なストレスや外傷を与えることなく捕獲，制御，保定するためのテクニックを800点以上に及ぶ写真を用いながら具体的に解説。

ブラッド 獣医学大辞典 友田 勇 総監修
定価（本体32,000円＋税）〒790～1,300円
獣医学の研究・学習および臨床の場で必要となる50,000語を超える用語を収録。用語は獣医学の全分野にわたり網羅，獣医学辞典の決定版。

野生動物救護ハンドブック－日本産野生動物の取り扱い－
野生動物救護ハンドブック編集委員会 編
定価（本体8,000円＋税）〒510円
野生動物救護の意義から実際の救護の方法まで，経験者が詳しく執筆。野生傷病鳥獣の保護，治療にかかわるすべての人に必携の1冊。

野生動物の研究と管理技術 大泰司紀之・丸山直樹・渡邊邦夫 監修
定価（本体20,000円＋税）〒720円　鈴木正嗣 編訳
生態調査からその解析，応用・実用と野生動物の研究と管理について，あらゆることを網羅。関係者必携の1冊。

Bun・eido 文永堂出版
〒113-0033　東京都文京区本郷2-27-3　TEL 03-3814-3321
URL http://www.buneido-syuppan.com　FAX 03-3814-9407